U0263566

本书列入

2017年国家社会科学基金重大委托项目
“十三五”国家重点图书出版规划项目

中华传统文化百部经典

九章算术

郭书春　解读

科学出版社

图书在版编目（CIP）数据

九章算术／郭书春解读．-- 北京：科学出版社，2019.12

（中华传统文化百部经典／袁行霈主编）

ISBN 978-7-03-063814-4

Ⅰ．①九… Ⅱ．①郭… Ⅲ．①数学－中国－古代②《九章算术》－注释 Ⅳ．① O112

中国版本图书馆 CIP 数据核字（2019）第 282045 号

科学出版社官方微信

书　　名　九章算术

著　　者　郭书春　解读

责任编辑　李春伶　耿　雪　胡庆家　李秉乾

责任校对　韩　杨

封面设计　敬人设计工作室　黄华斌

出　　版　科学出版社（100717　北京市东城区东黄城根北街 16 号）

发　　行　010-64031293　64017321　64030059　64034548
　　　　　64009435（图书馆）　64034142（网店）

E-Mail　lichunling@mail.sciencep.com

Website　www.sciencep.com

经　　销　新华书店

印　　装　中国科学院印刷厂

版　　次　2019 年 12 月第 1 版　2020 年 7 月第 3 次印刷

开　　本　710 × 1000（毫米）　1/16

印　　张　30.75

字　　数　396 千字

书　　号　ISBN 978-7-03-063814-4

定　　价　68.00 元（平装）

本册审订

许逸民　冯立昇　邹大海

中华传统文化百部经典

编纂办公室

张　洁　　梁葆莉　　张毕晓　　马　超　　华鑫文

编纂缘起

文化是民族的血脉，是人民的精神家园。党的十八大以来，围绕传承发展中华优秀传统文化，习近平总书记发表了一系列重要讲话，深刻揭示出中华优秀传统文化的地位和作用，梳理概括了中华优秀传统文化的历史源流、思想精神和鲜明特质，集中阐明了我们党对待传统文化的立场态度，这是中华民族继往开来、实现伟大复兴的重要文化方略。2017 年初，中共中央办公厅、国务院办公厅印发《关于实施中华优秀传统文化传承发展工程的意见》，从国家战略层面对中华优秀传统文化传承发展工作作出部署。

我国古代留下浩如烟海的典籍，其中的精华是培育民族精神和时代精神的文化基础。激活经典，熔古铸今，是增强文化自觉和文化自信的重要途径。多年来，学术界潜心研究，钩沉发覆、辨伪存真、提炼精华，做了许多有益工作。编纂《中华传统文化百部经典》（简称《百部经典》），就是在汲取已有成果基础上，力求编出一套兼具思想性、学术性和大众性的读本，使之成为广泛认同、传之久远的范本。《百部经典》所选图书上起先秦，下至辛亥革命，包括哲学、文学、历史、艺术、科技等领域的重要典籍。萃取其精华，加以解读，旨在搭建传统典籍与大众之间的桥梁，激活中华优秀传统文化，用优秀传统文化滋养当代中国人的精神世界，提振当代中国人的文化自信。

这套书采取导读、原典、注释、点评相结合的编纂体例，寻求优秀传统文化与社会主义核心价值观之间的深度契合点；以当代眼光审视和解读古代典籍，启发读者从中汲取古人的智慧和历史的经验，借以育人、资政，更好地为今人所取、为今人所用；力求深入浅出、明白晓畅地介绍古代经典，让优秀传统文化贴近现实生活，融入课堂教育，走进人们心中，最大限度地发挥以文化人的作用。

《百部经典》的编纂是一项重大文化工程。在中宣部等部门的指导和大力支持下，国家图书馆做了大量组织工作，得到学术界的积极响应和参与。由专家组成的编纂委员会，职责是作出总体规划，选定书目，制订体例，掌握进度；并延请德高望重的大家耆宿担当顾问，聘请对各书有深入研究的学者承担注释和解读，邀请相关领域的知名专家负责审订。先后约有 500 位专家参与工作。在此，向他们表示由衷的谢意。

书中疏漏不当之处，诚请读者批评指正。

2017 年 9 月 21 日

凡　例

一、《中华传统文化百部经典》的选书范围，上起先秦，下迄辛亥革命。选择在哲学、文学、历史、艺术、科技等各个领域具有重大思想价值、社会价值、历史价值和学术价值的一百部经典著作。

二、对于入选典籍，视具体情况确定节选或全录，并慎重选择底本。

三、对每部典籍，均设“导读”“注释”“点评”三个栏目加以诠释。导读居一书之首，主要介绍作者生平、成书过程、主要内容、历史地位、时代价值等，行文力求准确平实。注释部分解释字词、注明难字读音，串讲句子大意，务求简明扼要。点评包括篇末评和旁批两种形式。篇末评撮述原典要旨，标以“点评”，旁批萃取思想精华，印于书页一侧，力求要言不烦，雅俗共赏。

四、原文中的古今字、假借字一般不做改动，唯对异体字根据现行标准做适当转换。

五、每书附入相关善本书影，以期展现典籍的历史形态。

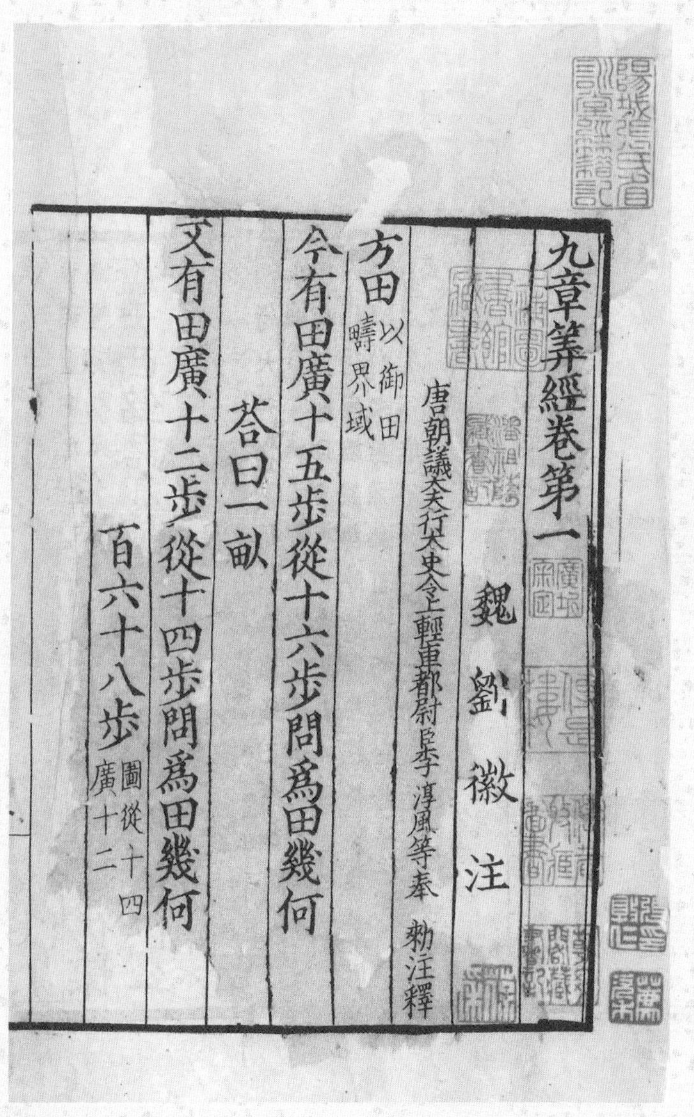

九章筭經卷第一

魏 劉徽 注

唐朝議大夫行太史令上輕車都尉臣李淳風等奉 勑注釋

方田以御田疇界域

今有田廣十五步從十六步問爲田幾何

荅曰一畝

又有田廣十二步從十四步問爲田幾何

百六十八步圖從十四廣十二

九章筭经九卷 （魏）刘徽注 （唐）李淳风等注释 宋庆元六年（1200）
鲍澣之刻本 上海图书馆藏

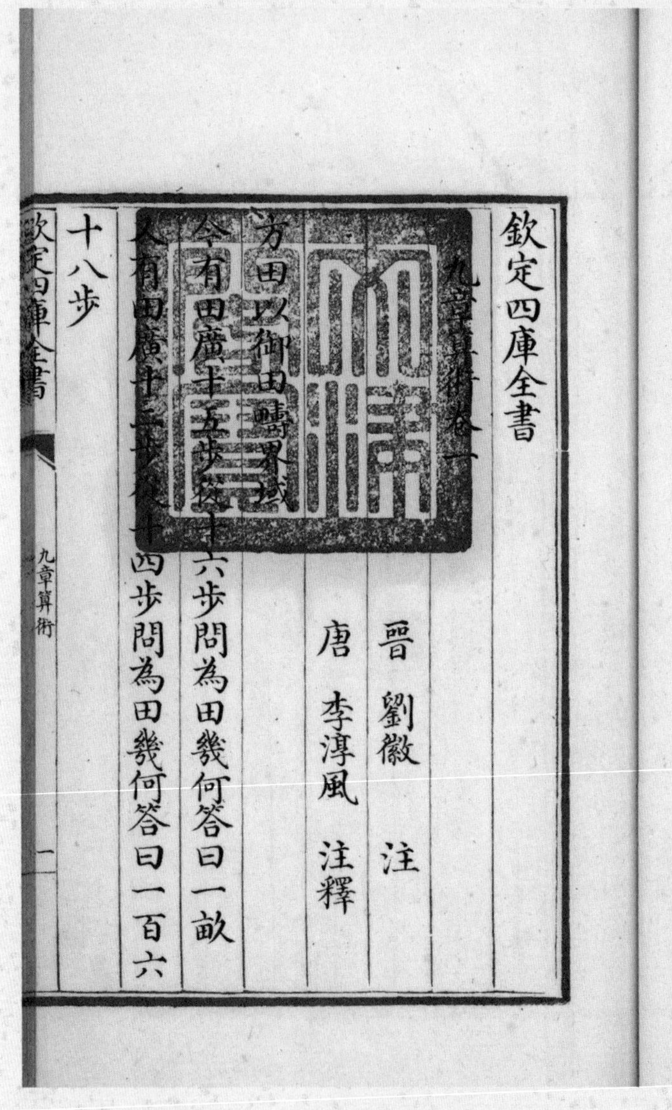

欽定四庫全書

九章算術卷一

晉 劉徽 注

唐 李淳風 注釋

方田以御田疇界域

今有田廣十五步從十六步問為田幾何答曰一畝

又有田廣十二步從十四步問為田幾何答曰一百六

十八步

九章算术九卷　（魏）刘徽注　（唐）李淳风注释　清文津阁《四库全书》本

国家图书馆藏

目　录

导读

九章筭术

导 读

《九章算术》是中国古代最重要的数学经典，历来被尊为算经之首。传本《九章算术》含有西汉《九章算术》本文、三国魏刘徽《九章算术注》和唐李淳风等《九章算术注释》三种内容。所谓《九章算术》有狭义和广义两种含义。狭义地说，仅指西汉张苍（？—前 152）、耿寿昌（前 1 世纪）等编纂的《九章算术》本文。广义地说，还包括刘徽的《九章算术注》与李淳风等的《九章算术注释》。一般说来，言《九章算术》的编纂、特点等，常用狭义的含义，言《九章算术》的版本、校勘等，则常用广义的含义，而言成就及在中国数学史、世界数学史上的影响则兼而有之。

一、《九章算术》

（一）《九章算术》和《算经十书》

《九章算术》是《算经十书》之一。《算经十书》是汉至唐初数学著作的总集。唐初李淳风（602—670）等整理《周髀算经》《九章算术》等十部算经，作为算学馆的教材和明算科的考试科目。北宋元丰七年（1084）秘书省刊刻十部算经，时《夏侯阳算经》《缀术》已亡佚，前者以唐中叶一部实用算术书充任，后者则付之阙如。秘书省刻本今皆不存。南宋庆元六年（1200）至嘉定六年（1213）天算学家鲍澣之翻刻了北宋秘书省刻本，同时还刊刻了《数术记遗》，世称南宋本。到清初南宋本仅存《周髀算经》、《九章算术》（半部）、《孙子算经》、《张丘建算经》、《五曹算经》、《缉古算经》、《数术记遗》和《夏侯阳算经》等七部半。康熙二十三年（1684）汲古阁主人毛扆影钞之，世称汲古阁本。该本后来流入清宫，藏于天禄琳琅阁。1932 年，北平故宫博物院影印，收入《天禄琳琅丛书》，原本现藏于台北故宫博物院。清中叶南宋本《缉古算经》和《夏侯阳算经》不知流落何处。1980 年，北京文物出版社影印了尚存的南宋本算经，称为《宋刻算经六种》。明初修《永乐大典》，将此前算书分类抄入，现仅存卷一六三四三和一六三四四。清乾隆年间修《四库全书》，戴震从《永乐大典》辑录出《周髀算经》、《九章算术》、《海岛算经》、《孙子算经》、《五曹算经》、《五经算术》和《夏侯阳算经》七部算经，并加校勘，抄入《四库全书》，并排印入《武英殿聚珍版丛书》。乾隆四十一年（1776）年底至次年年初戴震分别以汲古阁本和《永乐大典》的戴震辑录本（下简称戴震辑录本）为底本校勘汉唐算经，由孔继涵刊刻，始称《算经十书》，世称微波榭本。钱宝琮以微波榭本在清末庚寅年（1890）的一个翻刻本为底本校点《算经十书》，1963 年由中华书局出版。郭书春等分别以南宋本或汲古阁本、戴震辑录本为底本点校《算经十书》，1998 年由辽宁教育出版社出版，其繁体字修订本于 2001 年由台湾九章出版社出版。

（二）《九章算术》的内容

《九章算术》凡九卷，卷一《方田》，即刘徽所说“以御田畴界域”，有各种面积公式及世界上最早最完整的分数四则运算法则。卷二《粟米》，即刘徽所说“以御交质变易”，是以今有术（今之三率法）为主体的比例算法。卷三《衰分》，即刘徽所说“以御贵贱禀税”，是比例分配算法，还有若干可以归结到今有术的比例问题。卷四《少广》，即刘徽所说“以御积幂方圆”，是面积与体积问题的逆运算，最重要的是提出了世界上最早的开平方与开立方程序。卷五《商功》，即刘徽所说“以御功程积实”，是各种体积公式和土方工程工作量的分配算法。卷六《均输》，即刘徽所说“以御远近劳费”，是赋税的合理负担算法，还有各种算术难题。卷七《盈不足》，即刘徽所说“以御隐杂互见”，是盈亏类问题的算法及其在其他计算问题中的应用。卷八《方程》，即刘徽所说“以御错糅正负”，是现今之线性方程组解法，还有正负数加减法则及列方程的方法。卷九《勾股》，即刘徽所说“以御高深广远”，是勾股定理、解勾股形、勾股容方、勾股容圆及简单的测望问题。

《九章算术》含有近百条十分抽象的术文，即公式、解法及246道例题。其中分数四则运算法则、比例和比例分配算法是这类算法在世界上最早的文献记录；盈不足算法、开方法、线性方程组解法、正负数加减法则及部分解勾股形方法等都超前其他文化传统几百年甚至千余年，是具有世界意义的重大成就。

（三）《九章算术》的体例和编纂

《九章算术》是经过几代人长期积累而成的，但到底是什么时候编定的则诸说不一。《九章算术》之名在现存资料中最先见于东汉灵帝光和二年（179）的大司农斛、权的铭文中：

“依黄钟律历、《九章算术》，以均长短、轻重、大小，用齐七政，令海内都同”（国家计量总局编：《中国古代度量衡图集》，北京：文物出版社，1984年）。

它在2世纪已成为官方规范度量衡器的经典，说明它的编纂成书要早得多。

1.《九章算术》的体例

为了解决《九章算术》的编纂问题，首先要分析它的体例。

学术界通行《九章算术》是一部应用问题集的说法。这种概括不够准确和全面，实际上它的主要部分并不是一题、一答、一术的问题集，而是算法统率例题的形式。

关于《九章算术》的术文与题目的关系，大体说来有以下几种情形（郭书春:《关于中国传统数学的“术”》，林东岱、李文林、虞言林主编:《数学与数学机械化》，济南：山东教育出版社，2001 年；郭书春:《郭书春数学史自选集》，济南：山东科学技术出版社，2018 年。本文又做了修正）:

1）一类问题的抽象性术文统率一道或几道例题

这类内容往往是一术一题或一术多题，甚或数术数题。这里又有不同的情形：

（1）先给出一道或几道例题，然后给出一条或几条抽象性术文。例题中只有题目和答案，没有术文。比如，方田章列出 3 道分数加法的例题后给出了“合分术”，即分数加法法则。方田章全部，粟米章 2 条经率术、其率术和反其率术，少广章开方术、开圆术、开立方术和开立圆术，商功章除城垣等术与刍童等术及其例题之外的全部内容，均输章均输 4 术，盈不足章两盈两不足术及其一术、盈适足不足适足术等 3 术，勾股章勾股术、勾股容方、勾股容圆和测邑等 5 术，都属于这种情形，共 71 术，102 道例题。

（2）先给出抽象术文，再列出几道例题。例题只有题目和答案，亦没有术文。商功章城垣等术、刍童等术及其例题，盈不足章盈不足术及其一术及其例题便属于这种情形，共 4 术，14 道例题。

（3）先给出抽象性总术，再给出若干例题。例题包含了题目、答案及应用总术的术文。粟米章今有术及其 31 道例题，衰分章衰分术、返衰术及其 9 道例题，少广章少广术及其 11 道例题，盈不足章使用盈不足术解决的 11 个一般计算问题，以及方程章方程术、正负术、损益术及其 18 道例题，共 7 术（盈不足诸术不再计在内），80 道例题。

这三种情形共 82 术，196 道题目，约占全书的 80%。在这里，术文是中心，是主体，都非常抽象严谨，而且具有普适性，换成现代符号就是公式或运算程序。题目是作为例题出现的，是依附于术文的，而不是相反。我们将之称为术文统率例题的形式。

2）应用问题集的形式

这类内容往往是一题一术。其术文的抽象程度也有所不同：

（1）关于一种问题的抽象性术文。比如均输章“凫雁”问，其术文虽未离开日数这种对象，但没有具体数字的运算，可以离开题目而独立存在，对同一类问题都是适用的。均输章长安至齐、牝牡二瓦、矫矢、假田、程耕、五渠共池等问术文，勾股章持竿出户等问术文也如此。

（2）具体问题的算草。衰分章的非衰分题目、均输章的非均输类的大部分题目、勾股章的大部分解勾股形问题及“立四表望远”等题目的术文都以具体数字入算，是不能离开题目而独立存在的。

这部分共有 50 个题目，全部是衰分章的非衰分类问题、均输章的非典型均输类问题，以及勾股章的解勾股形和立四表望远等问题。它们都以题目为中心，术文只是所依附的题目的解法或演算细草。尽管第一种术文对某一种问题具有普适性，却不具有《九章算术》多数术文那样高度的抽象性、广泛的普适性等特点。

不言而喻，不能将《九章算术》概括为“一题、一答、一术”的应用问题集。我们认为，数学史上起码存在过三种不同体例的著作，一是像欧几里得《原本》那样形成一个公理化体系；一是像丢番图《算术》那样的应用问题集，中国的《孙子算经》等著作也是如此；《九章算术》的主体部分不同于这两者，而是第三种，即算法统率例题的形式。

不难看出,《九章算术》的术不是一个层次的。它起码可以分成三个层次:一是一类问题的非常抽象、严谨且具有普适性的算法;二是一种问题的比较抽象的算法;三是具体问题的算草。

这些抽象的和比较抽象的术文,当然是数学理论的体现。

2.《九章算术》的编纂

关于《九章算术》的编纂不仅涉及《九章算术》本身,而且涉及张苍、耿寿昌等某些历史人物的定位,还关系到对先秦数学的认识,是中国数学史研究中的重大问题。

1)《九章算术》编纂诸说

关于《九章算术》的编纂与成书年代主要有以下几种说法。刘徽《九章算术·序》说:

“周公制礼而有九数,九数之流,则《九章》是矣。往者暴秦焚书,经术散坏。自时厥后,汉北平侯张苍、大司农中丞耿寿昌皆以善筭命世。苍等因旧文之遗残,各称删补。故校其目则与古或异,而所论者多近语也”(郭书春汇校:《九章筭术新校》,合肥:中国科学技术大学出版社,2014年。本书凡引《九章筭术》及其刘、李注的文字除另外说明均据此,恕不再注)。

这就是说,“九数”在先秦已发展成《九章算术》,因暴秦焚书而散坏,西汉张苍、耿寿昌收集遗文,先后删补而成。这是现存史料中关于《九章算术》编纂的最早记载。

唐初王孝通《上缉古算经表》说:“昔周公制礼而有九数之名,窃寻九数即《九章筭术》是也。”[(唐)王孝通:《缉古算经》,郭书春点校。郭书春、刘钝校点:《算经十书》,沈阳:辽宁教育出版社,1998年版;繁体字修订本,台北:台湾九章出版社,2001年。本书凡引《缉古算经》的文字均据此,恕不再注]南宋鲍澣之、清屈曾发等亦持是说。这种看法是将刘徽的说法修正成“九数”就是《九章算术》。

唐赝本《夏侯阳算经》说："黄帝定三数为十等，隶首因以著《九章》。"（郭书春点校：《夏侯阳算经》，郭书春、刘钝校点：《算经十书》）北宋贾宪将其所著书名冠以"黄帝"二字，当然亦认为《九章算术》系黄帝或隶首所作。南宋荣棨、元莫若等皆持此说。

清戴震否定张苍删补《九章算术》，他说："今考书内有长安、上林之名。上林苑在武帝时，苍在汉初，何缘预载？知述是书者，在西汉中叶后矣。"[（清）戴震：《九章算术提要》，"武英殿聚珍版丛书"本《九章算术》；郭书春主编：《中国科学技术典籍通汇·数学卷》第1册，郑州：河南教育出版社，1993年，郑州：大象出版社，2002年、2015年；郭书春汇校：《九章筭术新校》附录二]戴震此说一出，张苍未参与删补《九章算术》，似成定论。尽管钱宝琮发现汉高祖时已有上林苑（实际上，秦朝就有上林苑[（汉）司马迁：《史记·秦始皇本纪》，北京：中华书局，1959年]，然而他没有推翻戴震的看法，反而将《九章算术》的成书时代向后推到公元1世纪下半叶（钱宝琮：《戴震算学天文著作考》，《浙江大学科学报告》1934年第1卷第1期；李俨、钱宝琮：《李俨钱宝琮科学史全集》第9卷，沈阳：辽宁教育出版社，1998年）。此后除少数学者仍坚持刘徽的说法外，论者多在西汉中叶至东汉中叶各抒己见，有西汉中叶齐人所作说，有公元前1世纪成书说，有公元元年前后新莽时期刘歆完成说，也有东汉马续编纂《九章算术》说。其中影响比较大的是钱宝琮的看法与近年李迪提出的刘歆完成说（李迪：《中国数学通史·上古到五代卷》，南京：江苏教育出版社，1997年）。

我们认为刘徽的说法最为可靠。戴震、钱宝琮等尽管有不同程度的考证，但都没有足以推翻刘徽论断的史料；相反我们有充分证据说明刘徽的话是言之有据的。而且，今天的研究者不能将刘徽的论述与近人、今人的一些猜测等量齐观。刘徽去古未远，不仅能师承前贤关于《九章算术》编纂的可靠说法，而且能看到比戴震等人多得多的资料。如果找不到刘徽的话与历史事实有矛盾，就只能相信刘徽的话，其他的说法都是不足为凭的。为了彻底解决这个问题，我们着重分析一下“九数”与《九章算术》的关系，以及《九章算术》所反映的物价所处的时代。

2）先秦“九数”

不管人们对《九章算术》编纂的看法多么相左，但都不否认《九章算术》与“九数”有联系。《周礼·地官司徒》云：

“保氏掌谏王恶而养国子以道，乃教之六艺。一曰五礼，二曰六乐，三曰五射，四曰五驭，五曰六书，六曰九数。”

东汉郑玄（127—200）引郑众（？—83）曰：

“九数：方田、粟米、差分、少广、商功、均输、方程、赢不足、旁要。今有重差、夕桀、勾股也”（《周礼》，北京：中华书局，1979 年影印清阮元校刻《十三经注疏》本。本书凡引用《周礼》文字，均据此）。

唐陆德明认为“夕桀”系衍文。郑众认为“方田”至“旁要”是先秦固有的数学门类，“重差”“勾股”是汉代发展起来的。

从春秋起，铁器在手工业和农业中的使用越来越普遍，大大促进了生产力的发展。王权衰微，整个社会的经济关系和政治结构经历着大变革。商、西周普遍实行的井田制开始解体。齐桓公实行按亩征收租税，鲁宣公十五年（前 594）实行“初税亩”，履亩而税的实物租税制逐步取代力役租税制。这就需要准确测算耕地面积，促进了面积计算方法的进步。《左传》有两次筑城的记载，一次是宣公十一年，“令尹蒍艾猎城沂，使封人虑事，以授司徒。量功命日，分财用，平板干，称畚筑，程土物，议远迩，略基趾，具餱粮，度有司。事三旬而成，不愆于素”。一次是昭公三十二年（前 510），与此大同小异（《春秋左氏传》，北京：中华书局，1979 年影印清阮元校刻《十三经注疏》本）。其中要用到粟米互换、衰分方法、体积公式、测望方法及包括均输在内的其他数学方法。战国时代，农业、手工业和商业得到更大发展。与此相适应，春秋战国时期的思想文化和学术也发生了变革。春秋时期“学在官府”的局面被打破，学术下移，畴人四散，私学兴起。到战国时，思想界出现了百家争鸣的繁荣局面。诸子互相辩诘，促进了学术的发展，提高了人们的抽象思维能力。这些都直接或间接地刺激了数学的发展。西周初年的“九数”发展到春秋战国，从内容到方法都发生了很大的飞跃，成为“二郑”所说的九个分支。而且九个分支所属的算法大都是抽象性比较高的，是先秦人们抽象思维能力较强的反映。

实际上，先秦典籍和出土文物中有若干“九数”的蛛丝马迹。《管子·问篇》云“人之开田而耕者几何家”，《商君书·算地》说“世主欲辟地治民”就必须“审数”，要计算各种形状的田地面积。《管子·小匡》载管仲提出“相地相衰其政”，这需要采取按田地的好坏分等级收税的衰分方法。以正方形来衡量田地的面积是最直观的。当土地不是正方形时，则要截长补短化为正方形。《墨子·非攻》载墨子说古者汤封于亳（bó），文王封于歧周，都是“绝长继短，方地百里”，《孟子·滕文公上》云“今滕绝长补短，将五十里也”。这是少广术的内容，并进而讨论乘方的逆运算——开方法。《管子·度地》谈到水土工程时，说春分之后，“夜日益短，昼日益长，利于作土功之事”，所以人们要区分四季的“程功”，即标准工作量。“均输”并不是汉武帝太初元年（前 104）开始实行的，《周礼》“均人掌均地政、均地守、均地职、均人民牛马车辇之力政”，显然是均输的思想。《管子》云“上下相命，若望参表，则邪者可知也”，应是旁要的方法。

学术界公认，秦汉数学简牍的绝大多数问题是秦和先秦的，其中有方田、粟米、衰分、少广、商功、均输、盈不足、勾股等类型的问题（彭浩：《张家山汉简〈算数书〉注释》，北京：科学出版社，2001 年；陈松长：《岳麓书院所藏秦简综述》，《文物》2009 年第 3 期）。

3）“九数”与《九章算术》

先秦“九数”与《九章算术》的章名相比较，只有差分、赢不足、旁要三项有差异，后者分别作衰分、盈不足、勾股。其中前两者含义无疑是一样的：“衰”（cuī）和“差”（cī）都是不同差别等级之义，“赢”和“盈”都是多余的意思，它们可以分别互训。“旁要”和“勾股”的名称差异较大，但据北宋贾宪的提示，旁要包括勾股术、勾股容方、容圆和简单的测望问题（主要是测邑方诸问）等内容（郭书春：《古代世界数学泰斗刘徽》，济南：山东科学技术出版社，1992 年，2013 年再修订版；繁体字修订本，台北：明文书局，1995 年）。

前面关于《九章算术》体例的分析说明，其中采取术文统率例题形式的三种情形覆盖了方田、粟米、少广、商功、盈不足、方程等六章的全部，以及衰分章的衰分问题、均输章的均输问题和勾股章的勾股术、勾股容方、勾股容圆、测邑等问题。而采取应用问题集形式的内容则是余下的衰分章的非衰分类问题、均输章中的非均输类问题，以及勾股章解勾股形和立四表望远等问题。这部分内容不仅体例、风格与术文统率例题的部分完全不同，而且衰分章、均输章中这些题目的性质与篇名不协调，编纂思想也有较大的差异，是明显的补缀。那么若将这三章剔除这些内容，并将卷九恢复“旁要”的篇名，则《九章算术》余下的内容不仅完全与篇名相符，都采取术文统率例题的形式，而且与“二郑”所说的“九数”惊人的一致。这无可辩驳地证明，郑众所说的“九数”在春秋战国时期确实存在，刘徽所说“九数之流，则《九章》是矣”是言之有据的。换言之，在先秦，确实存在着一部由“九数”发展而来的以传本《九章算术》的主体部分为基本内容，主要采取术文统率例题形式的《九章算术》。

4）《九章算术》所反映的物价所处的时代

日本堀毅《秦汉法制史考论》（北京：法律出版社，1988 年版）中的《秦汉物价考》一文考证了《九章算术》中的物价所反映的时代。他引述《史记》《盐铁论》《汉书》及居延汉简等文献中粟、黍、麦、马、牛、羊、犬、豕、素、缣、丝、劳动收入、客庸、黄金、白金、土地、漆、酒等的价格，并与《九章算术》做比较，得出尽管有的物价，《九章算术》与汉代十分相近，但总的来说，差别是相当大的结论。他又分析了秦代及战国谷物、牛、羊、豕、犬、布疋、劳动收入等的物价，得出结论："《九章算术》基本上反映出战国、秦时的物价。"他认为，尤其是劳动收入的相近对证实上述结论具有很大的意义。因此，《九章算术》从整体上说反映了战国与秦代的物价水平，而不是汉代的物价水平。这为刘徽的说法提供了新的佐证。只是堀毅仍沿袭《九章算术》公元1世纪成书说，使其论述难以自洽。

将《九章算术》中的价格所反映的时代分野与其体例的差异结合起来分析将更加强刘徽的看法。《九章算术》与汉代的价格的比较分析共涉及31个问题，其中与汉代价格相差较大而与战国、秦代接近的问题有粟米章第34、37、39—44问，衰分章第13、19问，均输章第3、4问，盈不足章第4、6、7问，方程章第7、8、11、17、18问，凡20问。除了衰分章的第13、19问外，其体例全部属于术文统率例题形式的第一、三两种情形。与汉代价格相近而与战国、秦代价格相差较大的题目有：粟米章第35、36问，衰分章第10—12、14、15问，均输章第7、15问，盈不足章第5、12问，而与秦、战国时代尚无法比较的3问，共11问。其中有7问属于应用问题集的形式，只有粟米章2问、盈不足章2问属于术文统率例题形式的第三种情形，后2问还无法与秦、战国比较。

总之，在与战国、秦代价格接近，而与汉代差别较大的20个题目中，有18个，即90%属于术文统率例题的体例。与汉代价格接近而与战国、秦代差别较大的11个题目中，有7个，即超过60%属于应用问题集的体例。换言之，《九章算术》中的价格所反映的时代分野大体与其体例的差异相吻合，为刘徽“九数之流，则《九章》是矣”的论断提供了佐证。

5)《九章算术》的编纂

上述考察都证明《九章算术》的主体，即采取术文统率例题的部分的方法和大多数例题在战国及秦代已完成了，而带有明显补缀性质的衰分、均输二章的后半部分以及勾股章解勾股形和立四表望远等内容，即采取应用问题集形式的部分是西汉人所为。换言之，刘徽关于《九章算术》编纂的论述是完全正确的。

否定刘徽关于张苍删补《九章算术》的论述的最重要论据就是汉武帝时才实行均输法。事实上，《盐铁论》提到的两种均输中，古之均输与《九章算术》的均输法相类似，而汉武帝时推行的今之均输与此不同。与《算数书》同时出土的竹简中有均输律。阜阳双古堆西汉文帝时的一个墓葬中出土的数学著作的残简上，有“□万一千二百户行二旬各到输所”(第28号简)、“千六百”(第20号简)等文字(胡平生:《阜阳双古堆汉简数术书简论》，中国文物研究所编:《出土文献研究》第四辑，北京:中华书局，1998年)，显然是《九章算术》均输章第一问的残文。这都从根本上推翻了戴震等人否定刘徽论述的论据。总之，现有的历史资料不仅没有与刘徽的论述相矛盾之处，反而证明了刘徽的看法。

此外，刘徽具有实事求是的严谨学风和高尚的道德品质，他的话是可信的。他如果没有可靠的资料，没有看到张苍、耿寿昌删补《九章算术》的确凿记载，对《九章算术》的编纂这样严肃的问题，是绝对不可能信口开河的。以刘徽的记载是孤证，没有旁证为由否定刘徽的话，是没有道理的。因为岁月延宕，天灾人祸，刘徽当时能看到的资料，流传到清中叶和今天的，百无一二。在这百无一二的残存中，即使像戴震和钱宝琮这样的大师也不可能全读到，读了也不可能全记住。对《史记》这样的史学经典中关于上林苑的多次记载，戴震都不甚了了，遑论其他。可见不宜囿于一己之知识随意否定历史文献的记载。

张苍等整理《九章算术》的指导思想是荀派儒学。荀子（约前 313—前 238）将《春秋左氏传》“授张苍”，张苍将《左传》传给贾谊［（汉）刘向:《别录》，北京：中华书局，1979 年影印清阮元校刻《十三经注疏》本；（唐）孔颖达:《春秋左传注疏》，北京：中华书局，1979 年影印清阮元校刻《十三经注疏》本］，荀子、张苍、贾谊是嫡传的师生关系。贾谊是西汉初荀派儒学的主要代表人物，可见张苍是信奉荀派儒学的。《荀子・儒效》将学问分成闻、见、知、行四个层次，而“学至于行而止矣”。《荀子・正名》同时主张“名无固宜，约之以命。约定俗成谓之宜，异于约则谓之不宜”。事实上，《九章算术》汇集了近百条对国计民生十分有用的抽象性极高的数学公式、解法，具有长于计算，以算法为中心，算法以解决实际问题为根本目的等特点，表现了“实事求是”的作风，正是接受了荀子的唯物主义思想（钱宝琮:《〈九章算术〉及其刘徽注与哲学思想的关系》，李俨、钱宝琮:《李俨钱宝琮科学史全集》第 9 卷，沈阳：辽宁教育出版社，1998 年）。另外，《九章算术》对数学概念不作定义，对数学公式、解法没有推导和证明，也体现了荀子的上述思想。

6）《算数书》不是《九章算术》的前身

学术界一直关心《算数书》与《九章算术》的关系。1985 年年初，出土《算数书》的消息公布于世，到同年年底，人们透露出来的消息说，《算数书》的算法类包括《合分》《增减分》《分乘》《径分》和《约分》等，算题类别还有《方田》《粟米》《衰分》《少广》《商功》《均输》和《盈不足》等，它同《九章算术》有很多相同之处，而时代要比《九章算术》早二百多年，它是《九章算术》之源（陈跃钧、阎频:《江陵张家山汉墓的年代及相关问题》，《考古》1985 年第 12 期）。这段话模棱两可，容易理解成《九章算术》的方田、粟米、衰分、少广、商功、均输、盈不足等七章的章名，都是《算数书》的标题。因此，学术界多数认为《算数书》是《九章算术》的前身。有的学者甚至认为《算数书》是张苍编撰的。笔者对没有研究的东西历来不敢轻言。在《算数书》释文公布之后，我们发现其标题与《九章算术》的章名相同的只有方田、少广两条，其中《算数书》的方田条还是用赢不足术求 1 亩方田的边长，而不是传统的面积问题。除这两条外，两者术名相同的也只有约分、合分、径分（《九章算术》作“经分”）、少广、大广、里田等 6 条，而它们的题目和文字也有相当大的差别，只是少广条的题目与《九章算术》少广术的前 9 道例题的数字相同。认为《算数书》是《九章算术》的前身的学者忽视了一些重要事实：这部分内容在《算数书》中不足十分之一；《算数书》与《九章算术》有许多同类的内容，但却是不相同的题目；更重要的，《算数书》中有超过三分之二的内容是《九章算术》所没有的。因此，《算数书》不可能是《九章算术》的前身。当然，它们的某些内容有承袭关系或有一个共同的来源，则是无可怀疑的。至于孰早孰晚，有待于进一步考察［郭书春：《关于〈筭数书〉与〈九章筭术〉的关系》，《曲阜师范大学学报（自然科学版）》，2008 年第 34 卷第 3 期；郭书春：《郭书春数学史自选集》，济南：山东科学技术出版社，2018 年］。当然，这些论述完全适用于秦简《数》和《算书》。

3. 算筹——《九章算术》时代的主要计算工具

由于《九章算术》及其刘徽注是一部高级数学著作，对计算工具没有介绍，但是多次使用“筭”字。它有多种含义，其中最重要的就是指计算工具算筹和筹算，如卷四开方术及开立方术中有“借一筭”，指借用一根算筹。用算筹计算，就是筹算。卷五阳马术刘徽注云“数而求穷之者，谓以情推，不用筹筭”。将《九章算术》及其刘徽注的公式、计算程序用于解决各种应用问题的计算，都是借助于算筹和筹算完成的。

算筹又称为筭、算、筹、策、算子等。它一般用竹或木制作，也有用象牙、骨或金属制作的。算筹是什么时候产生的，不可考。《老子》说“善数者不用筹策”。《左传・襄公三十年》（前 543）记载一位老人年纪的旬日数为一个亥字的字谜。“史赵曰：亥有二首六身，下二如身，是其日数也。士文伯曰：然则二万六千六百有六旬也。”亥字拆开来为═丅⊥丅，即 26 660 日。这正是用算筹记数。这都说明最迟在春秋时期人们已经普遍使用算筹（图 1）。

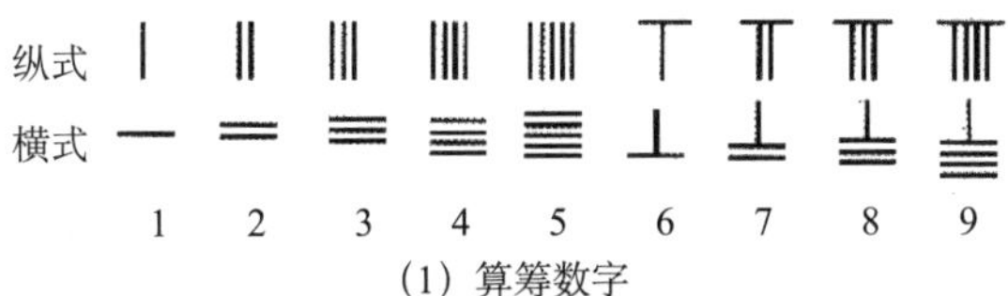

(1) 算筹数字

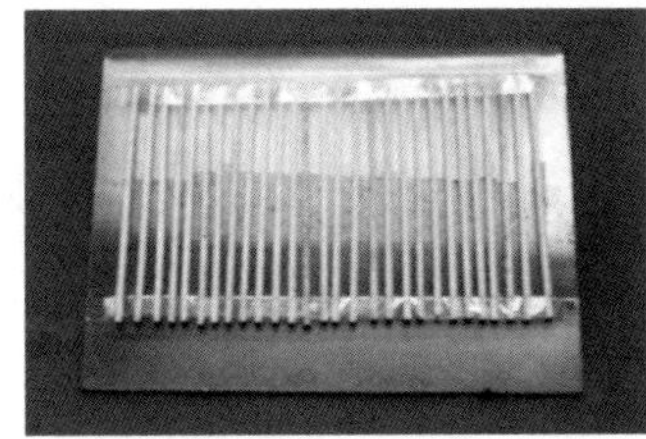

(2) 陕西旬阳出土西汉算筹

图 1 算筹

算筹采用位值制记数，分纵横两式，如图 1（1）。《孙子算经》云：“一从十横，百立千僵，千十相望，万百相当。”这是现存关于算筹记数法的最早记载。《夏侯阳算经》又补充道：“满六已上，五在上方。六不积算，五不单张。”20 世纪 70 年代几次出土了骨制算筹，截面为圆形，证实《汉书 · 律历志》关于算筹“径一分，长六寸”（分别合今 0.23 厘米、13.8 厘米）的记载是准确的（宝鸡市博物馆、千阳县文化馆、自然科学史研究所：《千阳县西汉墓中出土算筹》，《考古》1976 年第 2 期）。图 1（2）是 20 世纪 70 年代陕西旬阳县出土的西汉算筹。为避免滚动与布算面积过大，后来算筹逐渐变短，截面由圆变方。20 世纪 70 年代末石家庄东汉墓出土的算筹截面已变为方形，长度缩短为 8.9 厘米左右（李胜伍、郭书春：《石家庄东汉墓及其出土的算筹》，《考古》1982 年第 3 期。《郭书春数学史自选集》下册，山东科学技术出版社，2018 年版）。算筹是当时世界上最方便的计算工具。将算筹纵横交错，并用空位表示 0，可以表示任何自然数，也可以表示分数、小数、负数，高次方程和线性方程组，甚至表示多元高次方程组。算筹加上先进的十进位值制记数法，是为中国古典数学长于计算的重要原因。算筹是明中叶以前中国的主要计算工具，中国古典数学的主要成就大都是借助算筹和筹算取得的。

自唐中叶起，随着商业繁荣，人们需要计算得快，便创造了各种乘除捷算法，并利用汉语数字都是单音节的特点，编成许多口诀，更加便于传诵记忆。乘除捷算法和歌诀的改进、简化，导致出现了新的矛盾：嘴念口诀很快，手摆弄算筹很慢，得心无法应手，导致最迟在宋代发明了珠算盘。珠算产生后与筹算并用了很久，在明中叶完全取代了筹算，到明末甚至数学家握算（筹）不知纵横，完成了中国计算工具的改革。此后一直到 20 世纪，珠算在中国、朝鲜、日本及东南亚国家和地区人们的生产、生活中发挥了巨大的作用。也许不是巧合，随着珠算的普及，中国古典数学走向衰微。个中原因，有待进一步探讨。

4. 张苍和耿寿昌

自戴震、钱宝琮等否定刘徽关于《九章算术》编纂的论述起，张苍、耿寿昌就被赶出了中国古代著名数学家的队伍。这很不公正。实际上，张苍、耿寿昌不仅是两汉最大的数学家，也是陈子（前 5 世纪）之后，刘徽之前约 700 年间最重要的数学家。

1）张苍

张苍，阳武（今河南原阳东南）人，秦汉政治家、数学家、天文学家。他仕秦为御史，主柱下方书，掌管文书、记事及官藏图书，明悉天下图书计籍。因获罪，逃归阳武。秦二世三年（前 207），参加刘邦起义军。汉高祖三年（前 204），因功封为北平侯。同年迁计相，以列侯居萧何丞相府，为主计，掌管各郡国的财政统计工作。他善于计算，精通律历，受高祖之命“定章程”[（汉）司马迁：《史记》，北京：中华书局，

1959 年]。高祖十一年，平定黥布反叛后，高祖命张苍为淮南王相。吕后当政时，高后六年（前 182）张苍升迁为御史大夫。吕后崩，张苍等协助周勃立刘恒为帝，是为文帝。汉文帝前元四年（前 176）张苍为丞相。前元十五年与公孙臣进行水德、土德的争论失败，由此起自绌。文帝后元二年（前 162）张苍遂以病辞职。景帝前元五年（前 152）去世，享年百余岁。张苍陪葬安陵（黄展岳：《张家山不会是张苍墓》，载《中国文物报》1994 年 5 月 1 日），一说葬在原籍阳武（《阳武县志》卷一）。

西汉初年，公卿将相多军吏，像张苍这样的学者封侯拜相，实属凤毛麟角。“苍本好书，无所不观，无所不通，而尤善律历。”他还著《张苍》十八篇，《汉书·艺文志》将其列入阴阳类［（汉）班固《汉书》，北京：中华书局，1962 年］。“定章程”是张苍最重要的科学活动，如淳注“章程”曰：“章，历数之章术也。程，权、衡、丈、尺、斗、斛之平法也。”因此，它应包括历法、算学、度量衡等几个方面。确定汉初使用的历法，是张苍“定章程”中最重要的工作。《汉书·律历志上》说他比较了《黄帝》等六家历法，认为《颛顼历》“疏阔中最为微近”。司马迁说“汉家言律历者，本之张苍”，并非过誉之辞。张苍还“吹律调乐，入之音声，及以比定律令”，确定了汉初的律令。张苍又“若百工，天下作程品”，确立汉初的度量衡制度。汉承秦制，汉初的度量衡制度基本上沿袭秦制，肯定秦始皇统一度量衡的工作，也是张苍的贡献。

刘徽说张苍等“皆以善筭命世”，因《九章算术》“旧文之遗残，各称删补”，是为《九章算术》编定过程中最重要的阶段，大约也是张苍“定章程”中最杰出的工作。

2）耿寿昌

耿寿昌，数学家、理财家、天文学家。生卒及籍贯不详，宣帝（前 73—前 49 年在位）时为大司农中丞，是刘徽所说整理《九章算术》的第二位学者。大司农中丞的职务为他提供了收集、总结人们实际生产、生活中的数学问题，加以发展、提高，增补《九章算术》得天独厚的条件。《汉书 · 食货志上》说他 “善为算，能商功利”，得到宣帝的信任。他 “习于商功分铢之事”。五凤（前 57—前 54）中，宣帝根据他的建议，“籴三辅、弘农、河东、上党、太原郡谷，足供京师，可以省关东漕卒过半”。耿寿昌又 “令边郡皆筑仓，以谷贱时增其贾而籴，以利农。谷贵时减贾而粜，名曰常平仓，民便之”。皆收到了良好的社会效益，因而赐爵关内侯。耿寿昌还是天文历法学家。在浑天、盖天之争中，他主张浑天说［（汉）扬雄：《扬子法言 · 重黎》：“或问浑天，曰：落下闳营之，鲜于妄人度之，耿中丞象之，几乎几乎莫之能违也。” 见《二十二子》，上海：上海古籍出版社 1986 年］。甘露二年（前 52），他奏称 “以图仪度日月行，考验天运状”［（晋）司马彪：《后汉书 · 律历志中》，北京：中华书局，1965 年］。《汉书 · 艺文志》记载他还著《月行帛图》《月行度》，均亡佚。

（四）《九章算术》的历史地位

《九章算术》确立了中国古典数学的基本框架，为数学成为中国古代最为发达的基础科学学科之一奠定了基础，深刻影响了此后 2000 余年间中国和东方的数学。

1.《九章算术》的特点

一些古希腊数学家认为，数学是人们头脑思辨的产物，他们主要关注基于逻辑推理的抽象化的理论数学知识，对实际应用关注较少。而数学理论密切联系实际是《九章算术》的突出特点，因此必然重视计算。这是与古希腊数学的重要不同之处。《九章算术》以术文为中心，大部分术文是抽象的计算公式或计算程序。即使是面积、体积和勾股测望等几何问题，也没有关于图形的性质的任何命题。所有的问题都必须计算出其长度、面积、体积等数值，实际上是几何问题与算法相结合，或者说是几何问题的算法化。刘徽《九章算术序》说 “至于以法相传，亦犹规矩、度量可得而共”，十分精辟地概括了《九章算术》形数结合这一特点。这与古希腊数学着重考虑数和图形的性质，而较少考虑数值计算根本不同。

《九章算术》的算法具有机械化和构造性的特点。吴文俊说："我国古代数学，总的说来就是这样一种数学，构造性与机械化，是其两大特色。"（吴文俊：《从〈数书九章〉看中国传统数学构造性与机械化的特色》,《吴文俊论数学机械化》，济南：山东教育出版社，1995 年）《九章算术》当然是这两大特色的奠基性著作和突出代表。《九章算术》中的分数四则运算法则，开平方、开立方程序，方程术等，还有后来魏刘徽的求圆周率精确近似值的割圆术、方程新术等，都具有规格化的程序，是典型的机械化方法。

2.《九章算术》规范了中国古典数学的表达方式

《九章算术》与《数》《算书》《算数书》等秦汉数学简牍的表达方式有明显的不同。《九章算术》的表达方式十分规范、统一。而秦汉数学简牍的表达方式十分繁杂，没有统一的格式。这是先秦数学固有的，还是原简中的舛误？不能完全排除它们在传抄过程中出现舛误的可能性。但是，要说这些不同或大部分不同都是舛误，则不可能。我们认为，秦汉数学简牍关于分数、除法、问题的起首、发问和答案的各种各样的表示方式是先秦数学所固有的，秦汉数学简牍数学术语的纷杂表示方式反映了前《九章算术》时代中国古典数学的真实情况。有的学者以《九章算术》为模式改动《算数书》，是不合适的，因为这篡改了反映先秦数学真实状况的极为宝贵的原始资料。事实上，秦汉数学简牍所反映的先秦时期数学术语表达方式的多样性是数学早期发展的必然现象。那时诸侯林立，列国纷争，诸子辩难，百家争鸣，全国各地语言文字相左，数学术语不可能统一。秦朝短命，也来不及统一规范数学术语。张苍、耿寿昌整理、编定《九章算术》时，才完成了数学术语的统一与规范化。他们统一了分数的表示，选取先秦已有的一种方式，将非名数分数 $\frac{a}{b}$ 统一表示为 b 分之 a，将名数分数 $m\frac{a}{b}$ 尺（或其他单位）表示为 m 尺 b 分尺之 a。他们统一了除法的表示，选取先秦的一种方式，先指明“法”，再指明“实”，最后，对抽象性的术文，说“实如法而一”或“实如法得一”，对非抽象性的具体运算，说“实如法得一尺（或其他单位）”。他们以先秦数学中已有的一种方式统一了问题的起首与发问，对问题的起首，一般用“今有”，同一条术文有多道例题时，自第 2 个题目起用“又有”，而对发问，则用“问……几何”。或“问……几何……”对问题的答案，张苍、耿寿昌统一采用“荅曰”来表示，等等。张苍、耿寿昌的这些工作实现了中国数学术语在西汉的重大转变，对规范中国古典数学术语具有巨大贡献。《九章算术》统一、规范数学术语的意义非常重大，它标志着中国古典数学发展到了一个新的阶段。此后直到 20 世纪初中国古典数学中断，中国数学著作中，分数、除法、答案的表示一直沿用《九章算术》的模式，数学问题的起首与发问方式，唐以后有的著作虽有变化，但都是“今有”与“几何”的同义语。

《九章算术》成书之后，中国古典数学著述基本上采取两种方式，一是以《九章算术》为楷模撰著新的著作，一是为《九章算术》作注，两者都取得了杰出的成就。历史上到底出现过多少种注释《九章算术》的著作，已不可考。目前学术界公认最重要的并且在不同程度上传世的是三国魏刘徽的《九章算术注》和唐李淳风等的《九章算术注释》，以及 11 世纪上半叶北宋贾宪的《黄帝九章算经细草》、南宋景定二年（1261）杨辉的《详解九章算法》。

3.《九章算术》与世界数学的主流

吴文俊基于对中国古典数学具有构造性、机械化的特点的认识，进而阐发了对世界数学主流的全新看法。他指出：“贯穿在整个数学发展历史过程中有两个中心思想，一是公理化思想，另一是机械化思想。”（吴文俊：《数学中的公理化与机械化思想》，《吴文俊论数学机械化》，济南：山东教育出版社，1995 年）不久他又修正为“两条发展路线”，使表述更为清晰。接着他指出这两条发展路线互为消长，并明确道出了数学发展的主流：“在历史长河中，数学机械化算法体系与数学公理化演绎体系曾多次反复，互为消长，交替成为数学发展中的主流。”（吴文俊：《〈现代数学新进展〉序》，《吴文俊论数学机械化》，济南：山东教育出版社，1995 年）这就从理论上回答了什么是世界数学发展的主流问题。而“中国古代数学，乃是机械化体系的代表”，从而解决了中国古典数学属于世界数学发展主流，并且是主流的两个主要倾向之一的问题。这就是说，在吴文俊看来，“数学发展的主流并不像以往有些西方数学史家所描述的那样只有单一的希腊演绎模式，还有与之平行的中国式数学，而就近代数学的产生而言，后者甚至更具有决定性的（或者说是主流的）意义”（李文林：《古为今用的典范——吴文俊教授的数学史研究》，林东岱、李文林、虞言林主编：《数学与数学机械化》，济南：山东教育出版社，2001 年）。《九章算术》及其所奠基的中国古典数学属于世界数学的主流。吴文俊从数学发展路线和模式的高度阐发世界数学的主流，从理论上批驳了某些西方权威关于中国古典数学“对于数学思想的主流没有重大的影响”（〔美〕M. 克莱因：《古今数学思想》第一册，张理京、张锦炎译，上海：上海科学技术出版社，1979 年）的错误看法。张苍、耿寿昌编定《九章算术》之时，处于地中海沿岸的灿烂辉煌的古希腊数学已越过它的顶峰。《九章算术》的成书标志着中国（及后来的印度和阿拉伯）已成为世界数学研究的一个重心，并为几个世纪之后中国取代古希腊成为世界数学研究最重要的中心奠定了基础，也标志着以研究数量关系为主、以归纳逻辑与演绎逻辑相结合的算法倾向逐渐取代以研究空间形式为主的公理化倾向，并成为世界数学发展的主流。

4.《九章算术》的缺点

不过,《九章算术》的缺点也十分明显。首先,分类标准不同一,其九章有的按应用,如方田、粟米、商功、均输等。有的按方法,如衰分、少广、盈不足、方程、勾股等。其次,内容有交错,有的文不对题,如若干异乘同除类问题是今有术问题,却编入衰分章。第三,对任何数学概念都没有定义。第四,对数学公式、解法没有推导,不做证明。这丝毫不是说《九章算术》在得出这些公式、解法时没有推导。因为其中有的非常复杂,不可能由直观或悟性得出,当时必有某种或严谨或粗疏的推导。实际上,刘徽《九章算术注》所记述的方亭、刍甍、刍童等多面体的棋验法所构造的长方体的体积,恰恰是这些多面体体积公式中的各项,说明当时是用棋验法推导其公式的。数学著作中没有定义,没有推导的缺点长期影响着中国古典数学。后来的数学著作除了刘徽的《九章算术注》等少数例外,大都没有定义和证明。

二、刘徽《九章算术注》和李淳风等《九章算术注释》

刘徽注是现存最早、成绩最大的《九章算术》注。它以演绎逻辑为主要方法全面证明了《九章算术》的算法,奠定了中国古典数学的理论基础。刘徽注的完成标志着中国古典数学发展到一个新的阶段。

(一)刘徽的籍贯与品格

刘徽,史书无传,生平不详。关于他的史料,除了他自述"幼习《九章》,长再详览","探赜之暇,遂悟其意",遂"采其所见,为之作注"外,则只有《隋书·律历志》《晋书·律历志》说的"魏陈留王景元四年刘徽注《九章算术》"。

刘徽《九章算术注》原十卷,后来刘徽自撰自注的第十卷《重差》单行,改称《海岛算经》。刘徽还著《九章重差图》一卷,已佚。《隋书·经籍志》载有刘徽《九章算田草》九卷、《九章术义序》一卷，后者可能是刘徽的《九章算术序》。还载《九章六曹算经》一卷（《玉海》作刘徽撰）。《九章算田草》《九章六曹算经》与刘徽《九章算术注》的关系，不得而知。

1．刘徽籍贯考

我们根据现有资料推定，刘徽的籍贯是淄乡，在今天山东省邹平县。

严敦杰（1917—1988）最先注意到，《宋史·礼志》算学祀典中，刘徽被封为淄乡男（严敦杰：《刘徽简传》，《科学史集刊》第 11 集，北京：地质出版社，1984 年）。同时受封 66 人，黄帝至殷、西周期间 10 人，多系传说人物或记载不详。春秋之后 56 人，其爵名来源有四种：①以其籍贯，有祖冲之等 41 人，占七成以上；②少数以其郡望；③少数以其主要活动地区之名；④个别的以其生前的爵名升级；后三种情况共 9 人。对于刘徽等 6 人，现存史籍中未找到他们的籍贯的记载。他们的爵名不出以上四种情况。男爵是最低的一级，淄乡男不可能是刘徽生前爵名升级，淄乡也不是刘姓郡望。那么，淄乡或者是刘徽的籍贯，或者是刘徽生前的主要活动地区。这两者中以前者的可能性较大。因此淄乡应该是刘徽的籍贯（郭书春：《刘徽祖籍考》，《自然辩证法通讯》1992 年第 14 卷第 3 期；郭书春：《郭书春数学史自选集》，济南：山东科学技术出版社，2018 年）。

北宋王存《元丰九域志》淄州条载邹平县有一淄乡镇："邹平……孙家、赵岩口、淄乡、临河、啀婆五镇。"（［宋］王存：《元丰九域志》，北京：中华书局，1984 年）《金史·地理志》记载淄乡为邹平三镇之一［（元）脱脱等：《金史》，北京：中华书局，1975 年］。《元丰九域志》成于元丰三年（1080），距刘徽受封的大观三年（1109）不到 30 年。因此，北宋所封淄乡男之淄乡当即邹平县淄乡。淄乡又作甾乡。古文淄、甾、菑相通。淄乡、菑乡、甾乡应是一个地方。

邹平县淄乡起码可以追溯到西汉。西汉有甾乡，据《汉书·王子侯表》，甾乡是西汉菑乡厘侯刘就的封国，封于建昭元年（前 38），子逢喜嗣，免。据《汉书 · 诸侯王表》，刘就是梁敬王刘定国之子，刘定国是文帝刘恒子梁孝王刘武的玄孙。因此，菑乡侯刘就是文帝的七世孙。《汉书》中有两处淄乡的记载。一是《汉书 · 地理志》载山阳郡有一淄乡侯国。山阳郡在今山东西南部。一是《王子侯表》注明的甾乡侯封国，在济南郡。两者不同。《汉书 · 地理志》出自班固之手，《汉书 · 王子侯表》是班昭参考东观藏书写的。我们认为后者应更可靠些：菑乡侯的封地在济南郡。汉时邹平县属济南郡，联系到宋、金两朝邹平县有淄乡镇。因此，西汉所封之菑乡侯国就位于北宋邹平县的淄乡镇。菑乡侯二世而免，而菑乡的名称则保留了下来。

通过对刘徽籍贯的考察，可以探知他的生平与社交的某些线索，了解他成长的文化传统和氛围，因而是有意义的。刘徽成长的齐鲁地区，自先秦至魏晋，一直是中国的文化中心之一，魏晋时还是辩难之风的中心之一。齐鲁地区的数学自先秦至魏晋居全国的前列，两汉时期研究《九章算术》的学者许商、刘洪、郑玄、徐岳、王粲等，或在齐鲁地区活动过，或就是齐鲁人。刘徽的同代人，以重差术为其数学基础的《制图六体》的提出者裴秀虽不是齐鲁人，但他在魏末被封为济川侯，封地在高苑县济川墟［（唐）房玄龄等:《晋书 · 裴秀传》，北京：中华书局，1974 年］，距刘徽的家乡淄乡不远。刘徽与裴秀是否有交往，不得而知。但淄乡的人文环境为刘徽注《九章算术》，在数学上做出空前的贡献，提供了良好的客观环境和坚实的数学基础。

2. 刘徽的品格及其注《九章算术》时的年龄

刘徽具有实事求是的严谨学风和高尚的道德品质。他设计了牟合方盖，指出了解决球体积的正确途径，虽然功亏一篑，没有求出牟合方盖的体积，但他不仅没有掩饰自己的不足，反而直言自己的困惑，表示“以俟能言者”，表现了一位伟大学者实事求是的精神和虚怀若谷的胸怀。“隶首作数”是当时的传统看法，他却说“其详未之闻也”。在描绘了堑堵的形状之后，他说“未闻所以名之为堑堵之说也”。整个刘徽注洋溢着言必有据、不讲空话的崇高精神。

由刘徽与嵇康（223—262）、王弼（226—249）等玄学名士思想上的联系，我们可以推断，刘徽的生年大约与嵇康、王弼相近，或稍晚一些，就是说，刘徽应该生于公元3世纪20年代后期或之后。换言之，魏景元四年（263）他注《九章算术》时，年仅30岁上下，或更小一点。蒋兆和将正在注《九章算术》的刘徽画成一位耄耋老人，有悖于魏晋的时代精神和特点［郭书春：《重温吴先生关于现代画家对古代数学家造像问题的教诲——庆祝吴文俊先生90华诞》，原载于台湾师范大学《HPM通讯》2009年第12卷第10期与《内蒙古师范大学学报（自然科学版）》2009年第5期；郭书春：《郭书春数学史自选集》，济南：山东科学技术出版社，2018年；纪志刚、徐泽林主编：《论吴文俊的数学史业绩》，上海：上海交通大学出版社，2019年］。

（二）刘徽《九章算术注》与魏晋辩难之风

1. 魏晋辩难之风

东汉末年起，中国的经济、政治和社会思想发生了重大变革。汉末战乱和军阀混战使东汉开始出现的自给自足的庄园经济得到进一步发展，到魏晋已成为主要的经济形态。它们占有大量依附农民、佃客和部曲。部曲成为一个人数相当广泛的社会阶层，并带有世袭的性质。他们平时为庄园主劳动，战时为庄园主打仗。佃客、部曲与庄园主有极强的依附关系，他们的社会地位虽有所下降，但却使失去土地的农民重新耕种土地，缓和了社会危机，有利于遭到破坏的农业和手工业的恢复，因而是一种进步。

与庄园经济相适应的是门阀世族制度的确立。门阀世族发轫于西汉末年，东汉出现了若干世代公卿的家族。曹操主张用人“唯才是举”，曹丕实行九品中正制，其本意是不完全根据世族高低，也要以人才优劣选士，但由于各州郡的中正官大都被著姓世族把持，反而出现了“上品无寒门，下品无世族”的局面。门阀世族取代了秦汉的世家地主，占据了政治舞台的中心。

社会动乱的加剧，伦理纲常的颓败，满口仁义道德的“名士”的丑行，动摇了儒学在思想界的统治地位，烦琐的两汉经学退出了历史舞台。人们试图从先秦诸子或两汉异端思想家那里寻求思想武器，作为维护封建秩序、名教纲常的理论根据，并为乱世中的新贵们服务。思想界面临着一次大解放，西汉独尊儒术之后受到压制的先秦诸子，甚至被视为异端的墨家，重新活跃起来，玄学与辩难之风兴起。何晏（？—249）、王弼等思想家将道家的“道法自然”与儒家的名教融会在一起，主张“名教本于自然”，用道家的“无为”取代儒家的“有为”，因他们活跃于正始年间（240—249），史称“正始之音”。他们用以谈资的《老子》《庄子》和《周易》称为“三玄”，后人将他们的学问称为“玄学”。玄学家们经常在一起辩论一些命题，互相诘难，称为“辩难之风”。玄学已经取代了儒家的正统思想地位，成为社会主要思潮。公元249年，司马懿发动政变，杀死曹魏的代表人物及何晏等正始名士，控制了政权，迫使一些名士进一步走上玄虚淡泊的道路。此后嵇康、阮籍（210—263）等竹林七贤任性不羁，蔑视礼法，主张“越名教而任自然”[（三国魏）嵇康：《释私论》，《晋书·嵇康传》，北京：中华书局，1974年]，宣称“非汤武而薄周孔”[（三国魏）嵇康：《与山巨源绝交书》，《文选》卷四三，北京：中华书局，1977年]，突破了正始之音力图调和儒道的观点，学术界的思想进一步解放。

玄学是研究自然与人的本性的学问，主张顺应自然的本性。玄学名士反对谶纬迷信，重视“理胜”。探讨思维规律，成为学者们的一项重要任务，这就是“析理”。“析理”最先见之于《庄子·天下篇》：“判天地之美，析万物之理。”（郭庆藩辑：《庄子集释》，北京：中华书局，1961年）

但在此后很长一段时间内，“析理”并没有方法论的意义。而在魏晋时代，它却成为正始之音和辩难之风的要件（侯外庐、赵纪彬、杜国庠：《中国思想通史》第三卷，北京：人民出版社，1957 年）。“析理”是名士们进行辩论的主要方法，甚至成为辩难之风的代名词。一般认为，“析理”是郭象（252—312）注《庄子》时概括出来的。实际上，嵇康、刘徽早已使用“析理”。嵇康说：“非夫至精者，不能与之析理。”[（三国魏）嵇康：《琴赋》,《文选》卷一八，北京：中华书局，1977 年］刘徽自述他注《九章算术》的宗旨是“解体用图，析理以辞”。玄学名士和刘徽“析理”时都遵循“易简”的规范。

数学由于其严密、艰深的特点，经常成为玄学家们“析理”的楷模。王弼《周易略例》说：“夫情伪之动，非数之所求也。故合散屈伸，与体相乖，形燥好静，质柔爱刚，体与情反，质与愿违，巧历不能定其算数。”嵇康《声无哀乐论》也说：“今未得之于心，而多恃前言以为谈证，自此以往，恐巧历不能纪耳。”巧历是指高明的天文学家和数学家。思想界公认，数学家是“析理”至精之人。嵇康还以数学知识之未尽说明摄生之理亦不能尽：“况天下微事，言所不能及，数所不能分，是以古人存而不论……今形象著名有数者，犹尚滞之，天地广远，品物多方，智之所知未若所不知者众也。”[（三国魏）嵇康：《难张辽叔〈宅无吉凶摄生论〉》,《嵇中散集》卷八,《文渊阁四库全书》本]

2. 刘徽的“析理”与辩难之风

数学的发展受到魏晋玄学的深刻影响。刘徽析《九章算术》之理，与思想界的“析理”当然有不同的内容，但是，刘徽对数学概念进行定义，追求概念的明晰，对《九章算术》的命题进行证明或驳正，追求推理的正确、证明的严谨等，即在追求数学的“理胜”上，与思想界的“析理”是一致的，格调是合拍的。在“析理”的原则上，刘徽与嵇康、王弼、何晏等都认为“析理”应“要约”“约而能周”，主张“举一反三”“触类而长”，反对“多喻”“远引繁言”。不难看出，刘徽析数学之理，深受辩难之风中“析理”的影响。

事实上，刘徽不仅思想上与嵇康、王弼、何晏等有相通之处，而且他的许多用语、句法都与这些思想家相近。比如，刘徽在方田章合分术注说的“数同类者无远，数异类者无近。远而通体知，虽异位而相从也；近而殊形知，虽同列而相违也”，显然脱胎于何晏的“同类无远而相应，异类无近而不相违”[（三国魏）何晏：《无名论》，张湛注：《列子集释·仲尼篇》，北京：中华书局，1979 年]，但其寓意径庭；刘徽粟米章今有术注说的“少者多之始，一者数之母”是《老子》“无名天地之始，有名万物之母”与王弼《老子注》“一，数之始而物之极也”[（三国魏）王弼：《老子注·三十九章》，《二十二子》，上海：上海古籍出版社，1986 年]的缩合，而其旨趣迥异。这类例子还可以举出很多。因此，刘徽在数学中的“析理”应是当时辩难之风的一个侧面，他与魏晋玄学的思想家们应该有某种直接或间接的联系。

辩难之风中活跃起来的先秦诸子也成为刘徽数学创造的重要思想资料。儒家在魏晋时虽有削弱，但仍不失为重要的思想流派。刘徽自然受到儒家的影响。他直接引用孔子的话很多，比如反映他的治学方法的“告往知来”，源于《论语·学而》，“举一反三”源于《论语·述而》；他阐述出入相补原理的“各从其类”，源于孔子为《周易》乾卦写的“文言”。至于他受到被儒家视为经典的《周易》《周礼》的影响更明显：“算在六艺”“周公制礼而有九数”，都是《周礼》的记载。刘徽《九章算术序》中还引用了《周礼》用表测望太阳的记载及其郑玄注；刘徽关于八卦的作用及两仪四象的论述，反映他的分类思想的“方以类聚，物以群分”，治学方法的“引而申之”“触类而长之”，治学中要“易简”的思想，反映他对“言”与“意”关系的“言不尽意”，等等，都来自于《周易·系辞》。

道家在汉以后成为中国统治思想的一部分。同时，道家作为一个学派仍然存在。辩难之风的三玄中，专门的道家著作居其二，即《老子》和《庄子》。《周易》是各家都尊崇的经典。《九章算术》方程章建立方程的损益术与《老子》的有关论述相近。刘徽说应该像庖丁了解牛的身体结构那样了解数学原理，应该像庖丁使用刀刃那样灵活运用数学方法，庖丁解牛的故事便出自《庄子 · 养生主》。刘徽在使用无穷小分割方法证明刘徽原理时提出的“至细曰微，微则无形”的思想，源于《庄子 · 秋水》中“至精无形”“无形者，数之所不能分也”。

不过，在先秦诸子中，刘徽最推崇的应该是墨家。一个明显的事实是，刘徽《九章算术序》及《九章算术注》中引用过大量先秦典籍，但是，明确提出书名的只有《周礼》《左氏传》及《墨子》这三部。事实上，刘徽割圆术中“割之又割，以至于不可割”的思想与《墨经》中“不可斮”的端的命题一脉相承，而与名家“万世不竭”的思想明显不同。

这些都说明，当时思想界的“析理”与数学相辅相成、相得益彰。

（三）《九章算术注》的结构和创新

1.《九章算术注》的结构——“悟其意”与“采其所见”

自戴震起，人们实际上把刘徽注的内容都看成是刘徽自己的思想，这是一种误解。刘徽关于注《九章算术》的自述表明，他的《九章算术注》包括两部分内容：一是他“探赜之暇，遂悟其意”者，亦即自己的数学创造。二是“采其所见”者，即他搜集前代和同代人研究《九章算术》的成果。有人将“采其所见”翻译成“就提出自己的见解”，无疑是因不承认刘徽注中有前人的东西而做的曲译。

钱宝琮、严敦杰已经注意到刘徽注含有前人的贡献。钱宝琮在《中国数学史》中把圆周率和圆面积、圆锥体和球体积、十进分数、方程新术等内容称作刘徽在“《九章算术注》中的几个创作”，而把齐同术、图验法、棋验法视为《九章算术注》中“整理了各项解题方法的思想系统，提高了《九章算术》的学术水平”的部分。严敦杰在《刘徽简传》中把刘徽学习《九章算术》分成“刘徽注文引《九章算术》以前的旧说”与“刘徽参考了他稍前或同时的各家《九章算术》”两种情况。

认识《九章算术注》的结构意义重大。首先，这填补了中国数学史的某些空白。例如,《九章算术》某些体积公式和解勾股形公式非常复杂、正确而抽象，刘徽注中以出入相补原理为基础的图验法和棋验法就是《九章算术》时代推导这些公式的方法。这对准确认识早期的中国数学史是不可多得的史料。

其次，可以准确地认识刘徽。刘徽注一方面多次严厉批评使用周三径一的做法，一方面又有大量使用周三径一的内容。如果将刘徽注的内容全部看成刘徽的创造，那么刘徽就是一位成就虽大但是思想混乱的人。若在刘徽注中剔除了“采其所见”者，那么刘徽就是一个成就伟大、思想深邃、逻辑清晰的学者。

最后，是正确校勘《九章算术》的基础。当戴震等人发现同一术的刘徽注中有不同思路时，便武断地将第二种思路改成李淳风等注释，盖导源于不懂得刘徽《九章算术注》有“采其所见”者。

2. 刘徽注中“采其所见”者

刘徽注中“采其所见”的内容大体如下：

刘徽在圆田术注中说：“世传此法，莫肯精核，学者踵古，习其谬失。”在圆垛壔术注中又指出：“此章诸术亦以周三径一为率，皆非也。”都明确否定使用周三径一的做法。可见，刘徽注在以徽率$\frac{157}{50}$修正原术之前所有基于周三径一论证原术的文字，都是“采其所见”者。

刘徽使用出入相补原理对解勾股形诸方法的论证与赵爽“勾股圆方图”基本一致。这都说明出入相补的方法不是刘徽的创造，而是刘徽以前，甚至在《九章算术》成书时代就流行的传统方法，被刘徽采入自己的注中。

多面体中的出入相补方法最主要的是棋验法。商功章方亭、阳马、羡除、刍甍、刍童等术刘徽注的第一段及方锥术注、鳖腝术注都是棊验法。方亭术注谈到“说筭者”使用三品棊。“说筭者”无疑是刘徽以前的数学家，说明棊验法是先人们传下来的。有人说出入相补原理是刘徽的首创，是不符合历史事实的，它的创造应该追溯到秦汉数学简牍、《九章算术》时代甚至春秋时代（邹大海：《从先秦文献和〈算数书〉看出入相补原理的早期应用》，《中国文化研究》2004 年冬之卷）。

《九章算术》中圆堢壔与方堢壔、圆亭与方亭、圆锥与方锥都是成对出现的，说明是通过比较等高的圆体与方体的底面积从方体推导圆体的体积公式。刘徽开立圆术注指出《九章算术》犯了把球与外切圆柱体体积之比作为 3∶4，亦即球与外切圆柱体的大圆与大方的面积之比的错误，可为佐证。这是祖暅之原理的最初阶段。刘徽将其采入自己的注中。

当开方不尽时，刘徽说：“术或有以借筭加定法而命分者，虽粗相近，不可用也。”设被开方数为 N，求得其根的整数部分为 a，即在开平方时，刘徽前，人们以 $a+\frac{N-a^2}{2a+1}$ 为根的近似值，并且 $a+\frac{N-a^2}{2a+1}<\sqrt{N}<a+\frac{N-a^2}{2a}$；在开立方时以 $a+\frac{N-a^3}{3a^2+1}$ 为根的近似值。

刘徽注中大量使用了齐同原理。但齐同原理也不是刘徽首先使用的。秦汉数学简牍和《九章算术》都已有“同”的概念。赵爽《周髀算经注》多次使用齐同术，可见齐同原理是刘徽之前的传统方法。

还有一些，不过，要完全区分算术、代数算法中哪些是刘徽采其所见者，哪些是刘徽的创新，不像面积、体积和勾股问题那么容易。

总之，刘徽之前的数学家，包括秦汉数学简牍和《九章算术》的历代编纂者在内，为推导、论证当时的算法做了可贵的努力。然而，这些努力大多很素朴、很原始，许多重要算法的论证仍停留在归纳阶段，因而并没有在数学上被严格证明。同样，《九章算术》的一些不准确或错误的公式没有被纠正。可以说，从《九章算术》成书到刘徽时的三四百年间，数学理论建树并不显著，其数学思想和方法没有在《九章算术》基础上有大的突破，历史需要有人在数学上做出突破，刘徽承担了这个历史使命。

3．刘徽的创新

从刘徽的《九章算术注》中剔除“采其所见”者之后，我们看到，刘徽的创新主要体现在数学方法、数学证明和数学理论方面。

刘徽大大发展了《九章算术》的率概念和齐同原理，将其应用从《九章算术》的少量术文和题目拓展到大部分术文和 200 多个题目。他指出今有术是“都术”，率和齐同原理是“筭之纲纪”，借助率将中国古代数学的算法提高到理论的高度（郭书春：《〈九章算术〉和刘徽注中之率概念及其应用试析》，《科学史集刊》第 11 集，北京：地质出版社，1984 年；郭书春：《郭书春数学史自选集》，济南：山东科学技术出版社，2018 年）。

刘徽继承发展了传统的出入相补原理，明确认识到，有限次的出入相补无法解决圆和四面体的求积问题。

在世界数学史上第一次将极限思想和无穷小分割方法引入数学证明，是刘徽最杰出的贡献。许多希腊数学家都有无限小思想，他们认为，圆内接多边形可以接近圆，要多么接近就多么接近，但永远不能成为圆，他们从未将取极限的“步骤进行到无穷”，他们不是用极限思想而是用双重归谬法证明有关命题（[美]卡尔·B. 波耶：《微积分概念史》，上海师范大学数学系翻译组译，上海：上海人民出版社，1977 年）。刘徽用极限思想和无穷小分割方法严格证明了《九章算术》提出的圆面积公式和他自己提出的刘徽原理，将多面体的体积理论建立在无穷小分割基础之上（郭书春：《刘徽的极限理论》《刘徽的体积理论》，《科学史集刊》第 11 集，北京：地质出版社，1984 年；郭书春：《郭书春数学史自选集》，济南：山东科学技术出版社，2018 年）。刘徽极限思想的深度超过了古希腊的同类思想，接近了微积分学的大门。刘徽明确认识了截面积原理，是中国人完全认识祖暅之原理的关键一步。据此，他设计了牟合方盖，为后来的祖暅之开辟了彻底解决球体积问题的正确途径（郭书春：《从刘徽〈九章算术注〉看我国古代对祖暅公理的认识过程》，《辽宁师范大学学报（自然科学版）》1986 年，第 A1 期；郭书春：《郭书春数学史自选集》，济南：山东科学技术出版社，2018 年）。

刘徽将极限思想应用于近似计算，在中国首创求圆周率的科学方法以及开方不尽求其“微数”的思想，奠定了中国的圆周率近似值计算领先世界约千年的基础。

刘徽修正了《九章算术》的若干错误和不精确之处，提出了许多新的公式和解法，大大改善并丰富了《九章算术》的内容。

刘徽给出了若干明确的数学定义，以演绎逻辑为主要方法全面论证了《九章算术》的算法（郭书春：《刘徽〈九章算术注〉中的定义及演绎逻辑试析》，《自然科学史研究》1983 年第 2 卷第 3 期；郭书春：《郭书春数学史自选集》，济南：山东科学技术出版社，2018 年），认为数学像一株枝繁叶茂、条缕分析而具有同一本干的大树，标志着中国古典数学理论体系的完成（郭书春：《试论刘徽的数学理论体系》，《自然辩证法通讯》1987 年第 9 卷第 2 期；郭书春：《郭书春数学史自选集》，济南：山东科学技术出版社，2018 年）。

（四）刘徽的数学定义和演绎推理

1. 刘徽的定义

刘徽继承了《墨经》给概念以定义的传统，对许多数学概念如“幂”“率”“方程”“正负数”等都给出了严格的定义。刘徽的定义大体符合现代逻辑学关于定义的要求，比如刘徽关于“正负数”的定义中，“正负数”与“两筭得失相反”，其外延相同，既不过大，也不过小，是相称的；定义中没有包含被定义项，没有犯循环定义的错误；没有使用否定的表达，没有比喻或含混不清。刘徽其他的定义也大都符合这些要求。并且一般说来，刘徽的定义一经给出，便在整个《九章算术注》中保持着同一性。

2. 刘徽的演绎推理

许多人认为中国古代数学从未使用形式逻辑，这是根本错误的。刘徽不仅使用了举一反三、告往知来、触类而长等类比方法扩充数学知识，而且在论述中普遍使用了形式逻辑。他不仅使用了归纳推理，而且主要使用了演绎推理。试举几例。

1）三段论和关系推理

刘徽使用三段论的例子俯拾皆是。例如，盈不足术刘徽注针对两次假设有分数的情况说，如果两次假设有分数（M），须使分子相齐，分母相同（P）。这个问题（S）中两次假设都有分数（M），故这个问题（S）须使分子相齐，分母相同（P）。这个推理中含有并且只含有三个概念：两次假设有分数（中项 M），使分子相齐，分母相同（大项 P），这个问题（小项 S）。中项在大前提中周延，结论中概念的外延与它们在前提中的外延相同。最后，大前提是全称肯定判断，小前提是单称肯定判断，结论是单称肯定判断。可见这个推理完全符合三段论的 AAA 式规则。

作为数学著作，刘徽注更多地使用关系推理。关系推理实际上是三段论的一种特殊情形。刘徽所使用的关系判断中，以等量关系为最多，如设圆面积、周长、半径、直径分别是 S，L，r，d，刘徽在证明了圆面积公式 $S=\frac{1}{2}Lr$ 之后，证明圆面积的另一公式 $S=\frac{1}{4}Ld$ 正确的方式是：已知 $S=\frac{1}{2}Lr$（等量关系判断）及 $r=\frac{1}{2}d$（等量关系判断），故 $S=\frac{1}{2}L\times\frac{1}{2}d=\frac{1}{4}Ld$（等量关系判断）。

刘徽还使用不等量关系判断。例如，《九章算术》在开立圆术中使用了错误的球体积公式 $V=\frac{9}{16}d^3$，其中 V，d 分别是球的体积和直径。刘徽记载了这个错误公式的推导方式：以球直径 d 为边长的正方体与内切圆柱体的体积之比为 4∶3，圆柱体与内切球的体积之比也是 4∶3（圆周率取 3），故正方体与内切球的体积之比为 16∶9。刘徽用两个圆柱体正交，其公共部分称作牟合方盖。刘徽论证《九章算术》方法错误的推理方式是：牟合方盖∶球 = 4∶π，而圆柱∶球≠牟合方盖∶球，故圆柱∶球≠4∶π。这就从根本上推翻了《九章算术》的公式。

2）假言推理

假言推理是数学推理中常用的一种形式。先看刘徽使用的充分条件假言推理。商功章羡除术刘徽注说“上连无成不方，故方锥与阳马同实”，这个推理写得十分简括，“成”训“层”，它的完备形式应该是：若两立体每一层都是相等的方形（P），则其体积相等（Q）。方锥与阳马每一层都是相等的方形（P），故方锥与阳马体积相等（Q）。其推理形式是：若 P，则 Q。今 P，故 Q。

在充分条件假言推理中，若 P，则 Q。若非 P，则 Q 真假不定。刘徽深深懂得这个道理。《九章算术》给出了堑堵的体积公式 $V_q=\frac{1}{2}abh$，阳马的体积公式

$$V_y=\frac{1}{3}abh \tag{1}$$

以及鳖臑的体积公式

$$V_b=\frac{1}{6}abh \tag{2}$$

其中 V_q，V_y，V_b 分别是堑堵、阳马、鳖臑的体积，a，b，h 分别是它们的宽、长、高。由于一个正方体可以分割为三个全等的阳马，六个三三全等、两两对称的鳖臑，那么“观其割分，则体势互通，盖易了也”。然而，当长、宽、高不相等时，一个长方体分割出的三个阳马不会全等，六个鳖臑既不三三全等，也不两两对称，刘徽认为无法用棋验法证明阳马、鳖臑的体积公式，其推理形式是：

若多面体体势互通（P），则其体积相等（Q）。

今多面体体势不互通（非 P），故难为之矣（Q 真假不定）。

为了证明阳马、鳖腝的体积公式，必须另辟蹊径，提出并证明了刘徽原理：在堑堵中恒有

$$V_y : V_b = 2 : 1 \tag{3}$$

3）选言推理

刘徽在许多地方使用选言推理。比如刘徽认为，在四则运算中，可以先乘后除，也可以先除后乘，“乘除之或先后，意各有所在而同归耳”（商功章负土术注）。在粟米章今有术注中，刘徽主张先乘后除，因为“先除后乘，或有余分，故术反之”。这就是一个选言推理。

4）二难推理

二难推理是假言推理和选言推理相结合的一种推理形式。其大前提是两个假言判断，小前提是一个选言判断。比如刘徽在证明圆面积公式 $S=\frac{1}{12}L^2$ 是不准确的方式，就是一个二难推理。刘徽的论证有两个假言前提，一是若以圆内接正六边形周长作为圆周长自乘，其 $\frac{1}{12}$ 是圆内接正十二边形的面积，小于圆面积。一是若令圆周自乘，其 $\frac{1}{12}$，则大于圆面积。还有一个选言前提：或者以圆内接正六边形周长自乘的 $\frac{1}{12}$，或者以圆周长自乘的 $\frac{1}{12}$。结论是：或小于圆面积，或大于圆面积，都证明上述公式不准确。

此外，刘徽还多次用到无限递推，实际上是数学归纳法的雏形。

以上只是刘徽注中大量演绎推理的只鳞半爪，但这足以说明现代形式逻辑教科书中的演绎推理的几种主要形式，刘徽都使用了。

3. 刘徽的数学证明

上面所举的推理，由于其前提都是正确的，因而实际上都是数学证明或其一部分。刘徽最漂亮的证明首推对《九章算术》的圆面积公式和他自己提出的刘徽原理的证明。

对《九章算术》的圆面积公式$S=\frac{1}{2}Lr$，刘徽认为以前的推证方式基于周三径一，实际上是以圆内接正六边形的周长作为圆周长，内接正十二边形面积作为圆面积，并没有证明圆面积，遂提出了使用极限思想和无穷小分割方法的证明方法。这是典型的综合法方式：从若干已知条件通过推理，引导到论题，是刘徽注中使用最多的证明方式。

刘徽用极限思想和无穷小分割方法对刘徽原理的证明可以归结为

$$(1)(2)\text{式} \xleftarrow{\text{分析法}} (3)\text{式} \left\{ \begin{array}{l} \xrightarrow{\text{综合法}} \frac{3}{4}\text{中成立} \\ \xleftarrow{\text{分析法}} \frac{1}{4}\text{中成立} \xrightarrow{\text{综合法}} \cdots\cdots \lim_{n\to\infty}\frac{1}{4^n}=0 \end{array} \right.$$

可见这个证明是以分析法为主，穿插从予到求的综合法。

（五）刘徽的数学理论体系

刘徽的分数、率、面积、体积和勾股等知识乃至整个数学知识都形成了自己的理论体系。而刘徽的体系与《九章算术》是有所不同的。以多面体体积问题为例，《九章算术》的推导方法主要是棋验法，因此三品棋在其中占据着中心的位置。其体积推导系统如图 2 所示。

刘徽多面体体积理论的基础是刘徽原理，而鳖腝是多面体体积问题的“功实之主”。为求其他多面体的体积，都要通过有限次分割，将其分割成长方体、堑堵、阳马、鳖腝等立体，然后求其体积之和解决之。刘徽的体积理论系统如图 3 所示。

众所周知，若干年前，人们就把数学描绘成一棵树的样子。在树根上标着代数、平面几何、三角、解析几何和无理数。从这些树根长出强大的树干微积分。然后，从树干的顶端发出许多枝条，包括高等数学所有的各个分支［Homard Eves, An Introduction to the History of Mathematics. 中译本〔美〕H·伊夫斯：《数学史概论》（修订本，欧阳绛译，张理京校），太原：山西经济出版社，1986 年］。实际上，早在

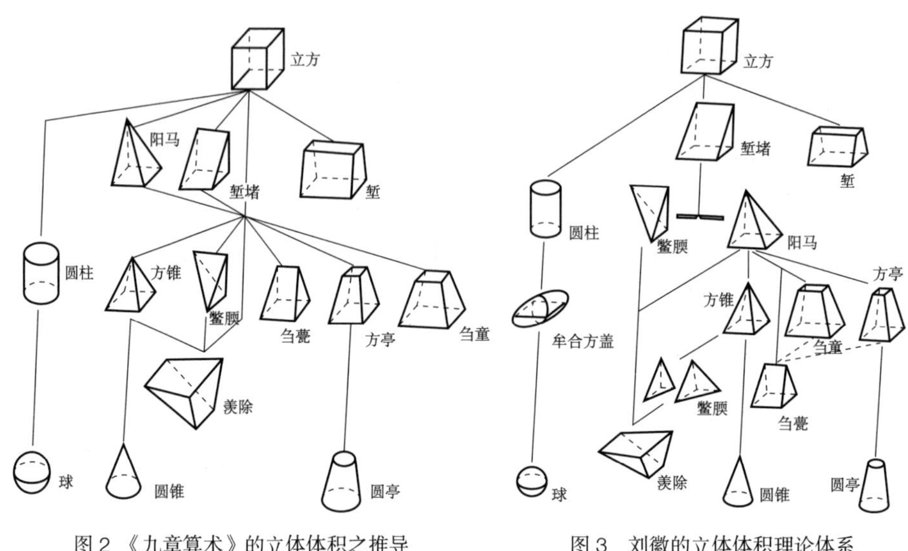

图 2 《九章算术》的立体体积之推导

图 3　刘徽的立体体积理论体系

1700 多年前，刘徽就把数学看成一棵“枝条虽分而同本干”的大树。刘徽说，这棵数学之树“发其一端”，这个端就是刘徽所说的“亦犹规矩度量可得而共”。规矩代表空间形式，度量代表数量关系，也就是刘徽数学之树的根，数学方法是客观世界的空间形式和数量关系的统一，反映了中国古代数学形数结合，几何问题与算术、代数密切结合的特点。刘徽的数学之树如图 4 所示。

刘徽的数学体系“约而能周，通而不黩”。因为作注的形式，刘徽不得不将自己的数学知识分散到《九章算术》的各条术文和各个题目中，但是其中没有任何逻辑矛盾而不能自洽之处，可见其逻辑水平之高。

刘徽的数学体系是从《九章算术》的数学框架发展起来的，它继承了《九章算术》全部正确的内容，又加以改造、补充，与《九章算术》比较起来，发生了质的改变。因此，以刘徽、祖冲之为代表的魏晋南北朝数学，与以《九章算术》为代表的春秋战国西汉数学，在中国数学史上是两个阶段。前者建立了中国古典数学的框架，而后者奠定了其理论基础。

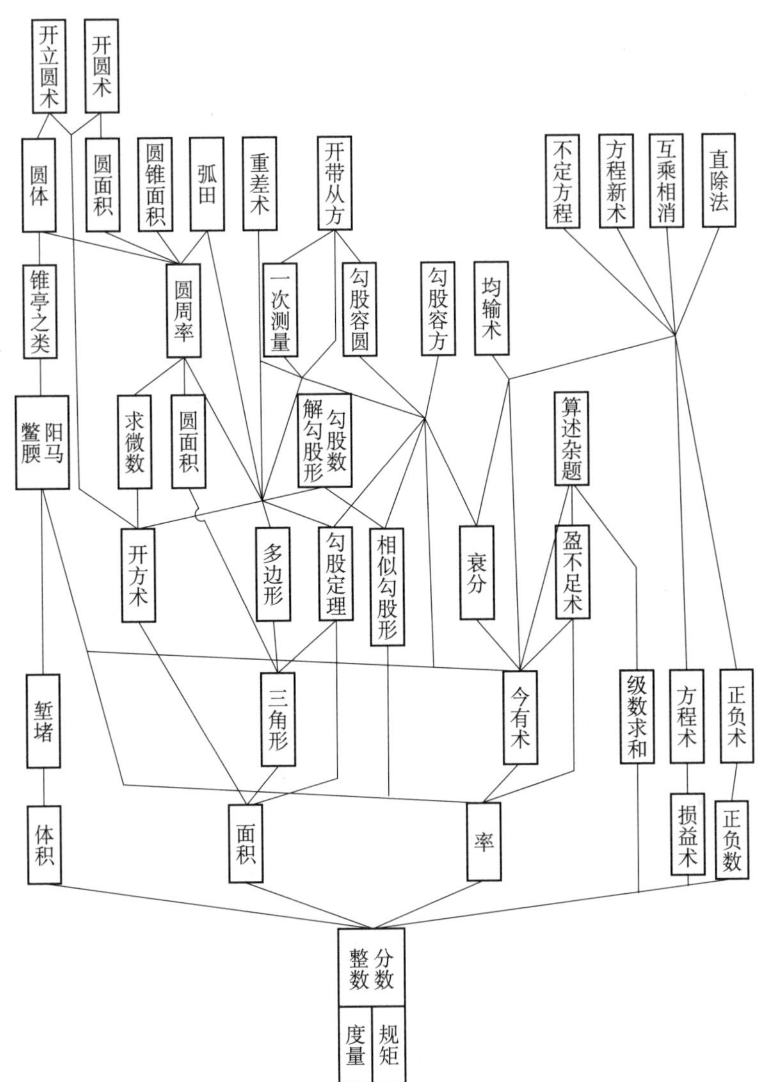

图 4 刘徽的数学之树

刘徽是在经学走向衰微的魏晋注《九章算术》的，按刘徽的数学水平，他完全可以将自己的数学知识整理成一部系统的著作，可是他没有这样做，而是采用了一种当时被经学界淘汰的形式：为已有的经典作注。可以说，刘徽注在内容上是革命的，而在形式上则是保守的。这种保守的形式在某种意义上说限制了他的革命性内容在中国数学史上的影响，以致元之前的数学家虽常把他推崇为杰出数学家，但除祖冲之父子之外，几乎没有人对他的注进行研究，没有进一步发展他的数学理论，即使是筹算高潮的宋元时期，杰出的数学家对他的极限思想和无穷小分割方法也不置一辞（实际上，直到 20 世纪 70 年代末人们才搞懂了刘徽对圆面积公式和刘徽原理证明中的极限思想和无穷小分割方法，而在清乾嘉时期和 20 世纪 60 年代以前，人们都没有弄明白）。但是，任何坏事在一定条件下都可以转化为好事，这种注经的形式将刘徽注与《九章算术》捆绑在一起，使它避免了像祖冲之《缀术》那样因隋唐算学馆“学官莫能究其深奥，是故废而不理”而失传的厄运。

（六）李淳风及其《九章算术注释》

李淳风等的《九章算术注释》是李淳风与国子监算学博士梁述、太学助教王真儒等共同撰写的。

李淳风（602—670），岐州雍（今陕西省凤翔县）人。唐初天文学家、数学家。明天文、历算、阴阳之学。贞观初（627）淳风上书唐太宗批评所行戊寅元历的失误，建议重铸黄道浑仪。三年撰《乙巳元历》。七年撰《法象志》7 卷，系统论述了浑仪的发展，是制造新天文仪器的理论基础。浑天黄道仪于是年制成。十五年任太常博士迁太史丞，撰《晋书》《隋书》之《天文志》《律历志》和《五行志》，是中国天文学史、数学史、度量衡史的重要文献。《旧唐书 · 李淳风传》云，贞观二十二年（648），“太史监侯王思辩表称《五曹》《孙子》理多舛驳。淳风复与国子监算学博士梁述、太学助教王真儒等受诏注《五曹》《孙子》十部算经”。高宗显庆元年（656）注释完成，“高宗令国学行用”。麟德元年（664），李淳风吸取隋刘焯在《皇极历》中创造的定朔计算方法及用二次内插法计算太阳、月亮的不均匀视运动等方法，制定《麟德历》，次年颁行。《麟德历》破除自古以来的章蔀纪元方法，废闰周而直接以无中气之月为闰月（参见陈久金：《李淳风》，杜石然主编：《中国古代科学家传记》，北京：科学出版社，1992 年）。

可是《九章算术注释》除了少广章开立圆术注释引用祖暅之开立圆术，保存了祖暅之原理及其解决球体积的方法极为宝贵外，其他注释几无新意。李淳风多次指责刘徽。实际上，所有这些地方，错误的不是刘徽，而是李淳风等，表明他们不理解刘徽的理论贡献及新方法的重大意义，反映了其数学水平低下。这是隋唐时期中国数学比魏晋南北朝落后的一个侧面。

三、《九章算术》的版本与校勘

一般说来，一部古籍，越受重视，其版本就越多，版本纷乱就越严重。《九章算术》是中国古代最重要、最受重视的数学著作，因而不仅版本多，而且文字歧异讹舛特别严重（郭书春：《评戴震对〈九章算术〉的整理和校勘》《〈九章算术〉版本卮言》。后者见《第二届科学史研讨会汇刊》（台北），1991 年。《九章算术新校》附录三。均见郭书春：《郭书春数学史自选集》，济南：山东科学技术出版社，2018 年）。

（一）《九章算术》的版本

1．抄本

《九章算术》经过唐初李淳风等整理注释后而成定本，并长期以抄本的形式流传。他们整理时肯定进行了删减。一个明显的证据就是王孝通《缉古算经》第一问注中录出的《九章算术·均输》的犬追兔术，与现传《九章算术》中的"犬追兔"问不同。

李淳风等整理的《九章算术》在唐中叶就形成了不同的抄本。唐李籍所撰《九章算术音义》为我们探索这些版本提供了可以说是唯一的因而是最为珍贵的资料（郭书春：《李籍〈九章算术音义〉初探》，《自然科学史研究》，1989 年第 8 卷第 3 期；郭书春：《郭书春数学史自选集》，济南：山东科学技术出版社，2018 年）。李籍提到可与南宋本、《大典》本及其戴震辑录本、杨辉本相比较的异文歧字有 19 条，李籍所用字与《大典》本或其戴震辑录本相同的有 17 条，不同者仅 2 条。谈到的与现传各本不同者有 9 条。前五卷 12 条中，李籍用字与《大典》本或其戴震辑录本相同者 10 条，不同者仅 2 条；与南宋本不同者 8 条，相同者仅 4 条；提到的另本与南宋本相同者 3 条。后五卷共 10 条，全与戴震辑录本相同，与杨辉本相同者 4 条，不同者 6 条。在南宋本、戴震辑录本、杨辉本共存的卷五约半卷中，李籍与之有字词歧异者 4 条，李籍所用与南宋本、杨辉本都不相同，而与戴震辑录本完全相同。

可见在李籍所在的唐中叶，《九章算术》除存在北宋秘书省本、《大典》本、杨辉本的母本之外，还有一二个甚至更多的抄本。这些抄本内容基本一致而又有若干细微差别。李籍撰《九章算术音义》所使用的抄本与《大典》本的母本十分接近，或者就是同一个抄本。南宋本和杨辉本的母本最为接近，或者就是同一个母本。南宋本和杨辉本的母本在李籍时代就已与《大典》本的母本不同。自清中叶起，人们说《永乐大典》将南宋本《九章算术》分类抄入，这是一种想当然的错误。

2. 传本

北宋秘书省刻本是世界数学史上首次印刷的数学著作，可惜在北宋末年的战乱中大都散失，今已不传。《九章算术》的现传本有：

1）南宋本及汲古阁本

南宋历算学家鲍澣之于庆元六年（1200）在临安发现北宋秘书省刻本《九章筭经》，随即翻刻。刻工精美，错讹也少。可惜到明末，遗失后四卷及刘徽序，今藏于上海图书馆。这是世界上现存最早的印本数学著作。北京文物出版社 1980 年影印，收入《宋刻算经六种》。

清康熙二十三年（1684）汲古阁主人毛扆影抄南宋本卷一—五，是为汲古阁本。北平故宫博物院1932年影印，收入《天禄琳琅丛书》。原本今藏于台北故宫博物院。汲古阁本有几个字与南宋本不同，如南宋本商功章“今粗疏”，汲古阁本讹作“今租疏”（清戴震整理的微波榭本进而讹作“祖”，清李潢认为此“祖”是祖冲之，以讹传讹。这是别话）。因此，不能将汲古阁本等同于南宋本。

2）《大典》本及其戴震辑录本

明永乐六年（1408）编定《永乐大典》，《九章算术》被分类抄入“筭”字条，是为《大典》本。今存卷一六三四三和一六三四四，藏于英国剑桥大学图书馆，其中分别有《九章算术》卷三下半卷和卷四的内容，是为完帙。1960年影印，收入中华书局《永乐大典》，1993年收入《中国科学技术典籍通汇·数学卷》（郭书春主编：《中国科学技术典籍通汇·数学卷》第1册，郑州：河南教育出版社，1993年，郑州：大象出版社，2002年、2015年）。

清乾隆三十九年（1774），戴震在四库全书馆从《永乐大典》辑录出《九章算术》，今不存。但是，以四库文津阁本为底本，以聚珍版和四库文渊阁本参校，并根据校勘记恢复原文，基本上可以恢复戴震辑录本。校雠其与《大典》本的卷三下半卷和卷四可知，戴震辑录本的衍脱舛错相当严重，以至于戴震辑录本与《大典》本的差别远远超过《大典》本与南宋本的差别，给《九章算术》造成严重的版本混乱。此外，戴震辑录本阙盈不足章“共买豕”问，只有245问。

3）杨辉本

杨辉《详解九章算法》抄录的《九章算术》本文及刘、李注，今存卷三下半卷和卷四（见《永乐大典》），以及卷五约半卷和后四卷（清道光年间郁松年取石研斋抄本请宋景昌校勘刻入《宜稼堂丛书》）。石砚斋本鲁鱼亥豕极为严重，宋景昌根据微波榭本纠正之。根据宋景昌的校勘记恢复石砚斋本原文，再排除其鲁鱼亥豕，可得到杨辉本。由于该本之所存的卷六—九，正是南宋本之所缺，极可宝贵。即使是卷五，尽管南宋本为全帙，杨辉本也可以为判断诸版本的分野和嬗递提供不可多得的资料。

3. 校勘本

清中叶以来，《九章算术》的校勘本有：

1）戴震校本

（1）戴震辑录校勘本与四库本、聚珍版、福建影刻本。

戴震对戴震辑录本进行了校勘，是为戴震辑录校勘本，今亦不存，可以以四库文津阁本为底本，以聚珍版与四库文渊阁本参校恢复之。戴震提出了大量的正确校勘，不过戴震也有大量错校，包括原文不误而误改者与原文确有舛误而校改亦不当者。

《四库全书》共抄了 7 部。乾隆四十年（1775）据戴震辑录校勘本抄成一部《九章算术》，收入藏于避暑山庄玉琴轩文津阁的《四库全书》，即文津阁本。该本 1915 年运至北京，现藏于国家图书馆。2005 年商务印书馆影印出版。这是戴校诸本《九章算术》中最准确的一部（郭书春：《关于〈九章算术〉之文津阁本》，《自然科学史研究》2002 年第 31 卷第 4 期；郭书春：《郭书春数学史自选集》，济南：山东科学技术出版社，2018 年）。后又抄成 3 部，分别藏于文渊阁（皇宫内）、文溯阁（沈阳）、文源阁（圆明园四达亭）。文渊阁本《九章算术》是乾隆四十九年（1784）根据戴震辑录校勘本的副本抄成的，错讹十分严重。20 世纪 40 年代末被国民党运至台湾，1986 台北商务印书馆影印出版。文溯阁本现藏于甘肃图书馆，其《九章算术》是根据戴震辑录校勘本的正本还是副本抄录的，有待研究。咸丰十年（1860）文源阁本被英法联军焚毁。乾隆五十四年又完成三部，藏于文澜阁（杭州玉兰堂东之藏经阁改建）、文汇阁（扬州大观堂）、文宗阁（镇江金山寺），咸丰四年太平军战事中遭焚毁。后补抄了文澜阁本，其《九章算术》是根据聚珍版抄录的。

乾隆四十年，根据乾隆的旨意，清宫武英殿将《九章算术》等用活字印刷，收入《武英殿聚珍版丛书》，世称聚珍版。聚珍版是根据戴震辑录校勘本的副本排印的，副本做了某些修改。乾隆发现《武英殿聚珍版丛书》初版有不少错误，遂命馆臣修订，修订本原藏于承德避暑山庄，今藏于南京博物院。1993年将其影印，收入《中国科学技术典籍通汇·数学卷》第1册。

根据乾隆旨意，福建于乾隆四十一年影刻了《九章算术》，字形相近者错讹较多。

（2）豫簪堂本和微波榭本。

乾隆四十一年秋，戴震以辑录本为底本，前五卷以汲古阁本参校，重新整理《九章算术》，与《海岛算经》一起交给屈曾发合刻，世称豫簪堂本。

是年冬或其后，前五卷以汲古阁本、后四卷和刘徽序以戴震辑录本为底本，戴震整理出另一本《九章算术》，由孔继涵刻入微波榭本《算经十书》。孔继涵将该本冒充北宋本的翻刻本，并将刻书年代印成乾隆三十八年，以欺世人。微波榭本此后被多次翻刻、影印，影响极大。

在豫簪堂本和微波榭本中，戴震只保留了辑录校勘本中的30余条校勘记，而将他的大多数校勘冒充《九章算术》原文，还对《九章算术》做了大量修辞加工，进一步造成了《九章算术》版本混乱。此外，戴震恢复了辑录校勘本中误删的“实如法得一斤”的“斤”（或其他单位）字，但也出现一些新的错校。

2）戴震和李潢共同影响下的刊本

（1）李潢《九章算术细草图说》。

清李潢（？—1812）的《九章算术细草图说》以微波榭本为底本作细草图说，指出了戴震的几处误辑，对戴震将方程章正负术之“无人”改作“无入”等少数校勘提出异议，但对戴震的其他校勘则都遵从。李潢在“说”中提出了大量校勘，有一部分是对的，也有许多错校。尤其他不能理解刘徽的极限思想和无穷小分割方法，不仅“说”不到位，甚至提出错校。

此外，李锐撰《方程新术草》，对方程新术做了校勘（《李氏算学遗书》），汪莱撰《校正〈九章算术〉及戴氏订讹》（《衡斋遗书》），都十分精当，被李潢采入《九章算术细草图说》。

（2）补刊本和广雅书局本“聚珍版”。

《武英殿聚珍版丛书》《九章算术》国内外馆藏已不多，冠以《武英殿聚珍版丛书》名号的《九章算术》多数是福建光绪十九年（1893）根据李潢的《九章算术细草图说》修订的聚珍版补刊本，以及光绪二十五年广东广雅书局翻刻的聚珍版补刊本。它们都是刻本，已无“聚珍”之意，而且有李潢的校勘，并且通过李潢本的底本微波榭本渗透了汲古阁本的文字。因此，在使用聚珍版时需要认真考察，否则容易张冠李戴。

3）钱校本

钱宝琮校点的《九章算术》收入中华书局1963年出版的《算经十书》上册，称为钱校本。钱校本纠正了戴震、李潢等人的大量错校，指出了20世纪校勘《九章算术》的正确方向。他还提出了若干正确的校勘，指出微波榭本是戴震校本，揭穿了孔继涵将戴校本冒充宋本翻刻本，并将刻书年代刻成乾隆三十八年（1773）的骗局。然而钱校本以微波榭本在清光绪庚寅年（1890）的翻刻本为底本，沿袭了戴校本的大量失误及庚寅本的舛误，并把汲古阁本等同于南宋本，把广雅书局本等同于聚珍版，将近20条李潢的校勘说成“聚珍版”，另外，也有一些错校，对戴震、李潢的许多错校，尚未纠正。

此外，1983年科学出版社出版了白尚恕的《九章算术注释》。

4）汇校本系列及拓展

20世纪80年代，笔者通过对近20个《九章算术》版本的校雠，发现戴震之后200余年间《九章算术》的版本十分混乱，错校极多，于是重新校勘了《九章算术》，1990 年由辽宁教育出版社出版了汇校《九章算术》，称为汇校本。其前五卷以南宋本为底本，后四卷及刘徽序以聚珍版、文渊阁四库本对校而成的戴震辑录本为底本，恢复了被戴震等人改错的南宋本、《大典》本不误原文约 450 处，采用了戴震、李潢、汪莱、李锐、钱宝琮等大量的正确校勘，重新校勘了若干原文确有舛错而前人校勘亦不恰当之处，并对若干原文舛误而前人漏校之处进行了校勘。不过该本也有个别错校和错字。此外，汇校本还汇集了近 20 个不同版本的资料。

汇校本脱销后本应出版修订本，但由于发现李继闵的《九章算术校证》抄袭了汇校本的 300 余条校勘，再次出版时不得不照印汇校本原文，而将新的校勘意见和版本资料作为增补，这就是《汇校〈九章筭术〉》（增补版），2004 年由辽宁教育出版社和台湾九章出版社出版。汇校本增补版恢复了该书原名《九章筭术》。该版 2013 年入选国家新闻出版广电总局和全国古籍整理出版规划领导小组首届向全国推荐的 60 年来出版的 91 部优秀古籍整理图书之一。

2013 年笔者重新汇校《九章算术》，其前五卷如同汇校《九章算术》及其增补版，以南宋本为底本，其后四卷与刘徽序则以四库文津阁本及聚珍版、文渊阁四库本参校形成的戴震辑录本为底本，并吸收了新的校勘成果和版本资料，是为《九章筭术新校》，次年由中国科学技术大学出版社出版。

由于《九章算术》版本的复杂情况，笔者又做了几个校勘本。一是《大典》本版本链的校勘本，其卷三后半卷、卷四以《大典》本为底本，其余各卷及刘徽序以戴震辑录本为底本，先后校点两次，收入海南国际新闻出版中心 1997 年出版的《传世藏书》、首都师范大学出版社 2007 年出版的《国学备览》。此旨在力图复原唐中叶李籍使用的那个抄本的面貌。

二是南宋本—杨辉本版本链的校勘本，其前五卷以南宋本为底本，后四卷及刘徽序以杨辉本为底本，这就是《算经十书》本，1998 年辽宁教育出版社、2001 年台湾九章出版社先后出版。1998 年辽宁教育出版社出版的译注《九章算术》、2009 年上海古籍出版社出版的《九章筭术译注》亦如此。此旨在力图复原李籍提到的唐中叶另一个抄本的面貌。

三是在各传本中择善而从的校勘本，这就是中法对照本。

5）其他校本

1993 年陕西科学技术出版社出版了李继闵的《九章算术校证》。

1996 年湖北教育出版社出版了沈康身的《九章算术导读》。

4. 外文译本

《九章算术》本文早已被译成日文、俄文、德文等外文。含有刘徽注的外文译本有：

（1）日译本。1980 年日本朝日出版社出版了川原秀成的日译本《刘徽注〈九章算术〉》，是为首次将刘徽注译成外文。

（2）英译本。Shen Kangshen, John N. Crossley and Anthony W.-C. Lun,*The Nine Chapters on the Art of Mathematics*. Oxford University Press and Science Press,1999，其蓝本是《九章算术导读》，自然有曲解刘徽注之处。

2013 年辽宁教育出版社出版了郭书春校勘及译注、道本周（J.W. Dauben）和徐义保英译及注释的汉英对照《九章算术》（*Nine Chapters on the Art of Mathematics*），纳入国家新闻出版署组织的《大中华文库》。

（3）中法对照本。K. Chemla et Guo Shuchun: *LES NEUF CHAPITRES: Le Classique mathématique de la Chine ancienne et ses commentaires*. 根据中国科学院与法国国家科学研究中心（CNRS）科学合作协议，笔者与法国林力娜（K. Chemla）合作完成的中法对照本《九章算术》，于 2004 年由法国 Dunod 出版社出版，2005 年重印，2006 年获法兰西学士院平山郁夫奖，2018 年入展改革开放 40 周年引才引智成果展。

（4）捷译本。2008 年捷克 Matfyzpress 出版了 Jiří Hudeček（胡吉瑞）

翻译的捷克文本《九章算术》。

（二）《九章算术》的校勘

所谓《九章算术》的校勘，主要是对刘徽注的校勘。因为《九章算术》本文的错讹极少，大量的错讹在刘徽注中，而且对刘徽注的校勘做好了，对李淳风等注释的校勘大多便可以迎刃而解。虽然200余年来《九章算术》的校勘成绩很大，但依旧存在错校极多的实际情况，我们认为，20世纪校勘《九章算术》的主要任务是：剔除戴震辑录本的粗疏和各版本转换中出现的衍脱舛误及戴震的修辞加工，恢复被戴震等人错改的不误原文，重校原文舛误而前人校勘不当者，校勘原文舛误而前人漏校者。

校勘中应该特别注意以下各点：

第一，认识篇章结构及主旨是校勘的基础。《九章算术》是在先秦“九数”基础上发展起来的，中经许多人之手。各卷体例不一致，分类标准不同一，卷题与内容有抵牾，有的题目排列顺序不甚合理等现象，是其固有的，不必随意改动。

刘徽注对《九章算术》有重大发展，其数学思想与数学方法不完全同于后者，因此，不能轻易以经改注或以注改经。

刘徽注中有“采其所见”者，刘徽又主张“广异法”，因此在发现刘徽注中有思路不一致便将其一改成李淳风等注释是错误的。

认清篇章的主旨，在文字舛误而又不能使用本校法、他校法而必须使用理校法时，可以确定校勘的方向。

第二，算理是校勘的根本。因未正确理解刘徽注的数学内容而错改不误原文的现象，在《九章算术》的校勘中屡屡发生。同时，准确的中国数学史知识是正确校勘的前提。错误的校勘还表现在对数学方法的发展历史缺乏了解而臆改。

第三，正确句读，弄懂古文是理解数学内容，避免误改原文的保证。戴震、李潢等有不少地方因句读失当而错改了原文。他们也有多处不懂得刘徽注中有些字的古义与近世通用的意义迥然不同而导致错校。

第四，要掌握古文的修辞规律。戴震等人改动了刘徽注 400 余条不误的原文，大多是对古汉语的修辞规律及语法现象了解不够造成的。比如他们不了解古文中有省字、省词、省句等各种省略情形，特别是乘、除、约等动词之后可以省去宾词，不了解古文有上下文异字同义与同字异义、实字活用、文中有自注，以及错综成文等各种修辞方法而提出不少错校。

四、汉至明对《九章算术》的研究

对《九章算术》的版本与校勘的概述实际上是唐以后《九章算术》研究历程的一个侧面，其实主要是对刘徽的研究。

张苍、耿寿昌编订《九章算术》之后，对《九章算术》的研究是中国数学史研究的重要方面。这里概述明代之前除魏刘徽、唐李淳风等之外的其他研究。

（一）西汉至宋元的研究

1. 西汉末至魏晋

《汉书·艺文志》术数类载《许商算术》二十六卷、《杜忠算术》十六卷。许商，长安人，汉成帝（前 33—前 7）时先后任博士、将作大匠、河堤都尉、大司农等职，多次领导治河工程。杜忠生平不详。宋《广韵》卷四“筭”字条云“又有《九章》术，汉许商、杜忠，吴陈炽，魏王粲并善之”，李学勤《汇校〈九章算术〉跋》认为此二书应该是许、杜对《九章算术》的注释（李学勤:《汇校〈九章算术〉跋》，郭书春汇校:《九章算术》，沈阳: 辽宁教育出版社，1990 年，汇校《九章筭术》增补版，辽宁教育出版社、台北九章出版社 2001 年版，《九章筭术新校》，中国科学技术大学出版社 2014 年版）。

《后汉书·马援传》云：马续，扶风人，“博观羣籍，善《九章算术》”。他是经学大师马融（79—166）之兄，研究《九章算术》当在公元1世纪下半叶。

刘洪（约129—约210），泰山蒙阴人。《后汉书·律历志》云他“能为算”，造《乾象历》。唐释慧琳《大藏经音义》有“刘洪《九章算术》”的记载。

郑玄（127—200），北海高密人，是汉末综合今、古文经学的大师。《后汉书·郑玄传》说他“师事京兆第五元先”，始通《九章算术》。晚年又向刘洪学习《乾象历》。可见第五元先也精通《九章算术》。

徐岳，东莱（今山东莱州一带）人，受业于刘洪。清姚振宗《后汉书·艺文志》认为徐岳受《乾象历》时“并受《九章》于洪而更为之注”。据王朗（？—228）《塞势》称：“余所与游处，唯东莱徐先生素习《九章》，能为计数。”（《太平御览》卷七五四）《隋书·经籍志》载《九章算术》二卷，徐岳、甄鸾重述，《九章别术》二卷（《玉海》作“岳、鸾《换算别术》二卷”），《九章算经》二十九卷，徐岳、甄鸾等撰，《九章算经》二卷（一作一卷），徐岳注，《新唐书·艺文志》还有徐岳《九章算术》九卷。这是五种不同的著作，还是同一部著作的不同抄本，不得而知。

阚泽（？—243），会稽人，东吴大臣。于徐岳受《乾象历》，著《乾象历注》。唐徐坚《初学记·器物部》有“阚泽《九章》曰”云云。

此外，刘歆（？—23）、张衡（78—139）、蔡邕（133—192）、王粲（177—217）、陆绩、赵爽、王蕃（228—266）等都是知名的数学家，当然通《九章算术》。这些关于《九章算术》的著作均不存，无疑成为刘徽注《九章算术》“采其所见”的部分来源。

2. 南北朝至唐初

《南齐书》之《祖冲之传》载祖冲之“注《九章》，造《缀述》数十篇”。《日本国见在书目》除载《缀术》六卷外，还有“《九章》九卷，祖中注；

《九章术义》九卷，祖中注，《海岛》二卷，祖仲注”。此祖中、祖仲当是祖冲之。据《隋书·律历志》，祖冲之“开差幂、开差立，兼以正负参之”，这是求解负系数三次方程的方法。《缀术》的贡献当然不只这些，它应该是比刘徽注水平更高的著作。遗憾的是，由于隋唐算学馆的学官对《缀术》“莫能究其深奥，是故废而不理”，遂失传。幸好李淳风等《九章算术注释》保存了祖暅之的开立圆术。祖暅之提出了祖暅之原理，纠正了《九章算术》的错误方法。

《隋书·经籍志》载李淳风以前关于《九章算术》的著作还有《九章算术》一卷，李遵义疏，《九九算术》二卷，杨淑撰，《九章推图经法》一卷，张峻撰。《旧唐书·经籍志》《新唐书·艺文志》还有《九章算经》九卷，甄鸾撰，《九章杂算文》二卷，刘佑撰，《九章算术疏》(《新唐书》作《九经术疏》）九卷，宋泉之撰。甄鸾，北周中山无极（今河北无极）人，六世纪在世。史籍载他撰注算经极多，《算经十书》中除《缀术》《缉古算经》外都有他撰注的记载。刘佑，荥阳人，仕隋，曾与刘辉等编订历法。

史书记载通《九章算术》的还有殷绍、成公兴、法穆、释昙影、信都芳、顾越、刘焯等。由此可见，南北朝时期，尽管南北分裂，政权更迭频仍，学者们却从未间断对《九章算术》的研究。可惜他们的著作一点也没有保存下来。

唐初王孝通撰《缉古算术》一卷。他“寻《九章》商功篇有平地役功受袤之术，至于上宽下狭、前高后卑，正经之内阙而不论。致使今代之人不达深理，就平正之间同欹邪之用”，“遂于平地之余，续狭斜之法，凡二十问，名曰《缉古》”。其中绝大多数问题要列出三次、四次方程解答。由于《缀术》失传，它成为中国数学史上第一次记载三次、四次方程的著作。根据王孝通的本意和《缉古算经》的内容，它可以看作《九章算术》的补充。

3. 唐中叶、宋元

李淳风之后至宋初，未见为《九章算术》作注的记载，只有唐中叶李籍的《九章算术音义》传世，它对几百条字、词注反切，释词义，对后人理解《九章算术》的内容有一定帮助。

11 世纪上半叶，北宋贾宪撰《黄帝九章算经细草》九卷、《算法斅古集》二卷，后者已失传。前者因成为杨辉《详解九章算法》的底本而尚存约三分之二（郭书春：《贾宪〈黄帝九章算经细草〉初探》，《自然科学史研究》1988 年第 7 卷第 4 期；郭书春：《郭书春数学史自选集》，济南：山东科学技术出版社，2018 年）。贾宪的履历、籍贯不详，他是大历算学家楚衍的弟子。《黄帝九章算经细草》是宋元数学高潮的奠基性著作。贾宪总结刘徽等对《九章算术》开方法的改进，提出“立成释锁法”，将传统开方法推广到开任意高次方，并首创“开方作法本源”（今称贾宪三角）作为其“立成”。贾宪三角在西方称作帕斯卡（1623—1662）三角。他又创造增乘开方法，它是以随乘随加代替一次使用贾宪三角的系数，更加简捷的开方法。这二者在阿拉伯和西方都晚出数百年。贾宪对《九章算术》某些含有题设对象甚至具体数字的术文做了进一步抽象，还提出了若干新的解法（郭书春：《贾宪的数学成就》，《自然辩证法通讯》1989 年第 11 卷第 1 期；郭书春：《郭书春数学史自选集》，济南：山东科学技术出版社，2018 年）。笔者经过考证，认为《详解九章算法》不仅含有《九章》本文、刘徽注、李淳风等注释和杨辉详解，还抄录了贾宪的细草。因此今存衰分章后半章、少广章（《永乐大典》）、商功章（约半章）、均输章、盈不足章、方程章、勾股章（宜稼堂本《详解九章算法》）。

北宋沈括（1031—1095）《梦溪笔谈》（胡道静：《梦溪笔谈校证 · 技艺》，上海：上海古籍出版社，1987 年）研究了《九章算术》的弧田术，提出了已知弧田（弓形）的矢与所在圆的直径，求弦和弧长方法的会圆术。他又研究了刍童的体积公式，认为不能用它计算酒坛等堆垛中的个数，便创造隙积术，开创了垛积术，即高阶等差级数求和这一中国古典数学新分支，在宋元时期取得重大成就。

南宋荣棨于绍兴十八年（1148）撰《黄帝九章序》、鲍澣之于庆元六年（1200）撰《九章算经后序》都以《九章算术》为“算经之首”，荣棨说《九章算术》于数学“犹儒者之六经，医家之《难》《素》，兵法之《孙子》”。

杨辉于南宋景定二年（1261）撰《详解九章算法》十二卷。杨辉是钱塘人，南宋末年在台州（今浙江省）做过地方行政官，时人说他“以廉饬己，以儒饰吏，吐胸中之灵机，续前贤之奥旨”。他还著有《日用算法》（1262，残）、《乘除通变本末》（1274）、《田亩比类乘除捷法》（1275）、《续古摘奇算法》（1275），后三种后合刻为《杨辉算法》。《详解九章算法》对《九章算术》的80个问题做了详解，即所谓“解题”和“比类”。后者是《九章算术》注解形式的一个创新。其中商功章的比类发展了沈括的隙积术，提出了几个二阶等差级数求和公式。其末卷的“纂类”按数学方法将《九章算术》的算法和246个问题重新分成乘除、互换、合率、分率、衰分、叠积、盈不足、方程、勾股等9类，尽管有的不尽合理，但他试图按数学方法统一分类，首次突破《九章算术》的框架，是个创举。杨辉《乘除通变本末》提出了中国数学史上第一个教学计划“习算纲目”，说在学习了乘、除、诸分、开方之后，《九章算术》“自余方田、粟米，只须一日。下编衰分功在立衰，少广全类合分，商功皆是折变，均输取用衰分、互乘，每一章作三日演习。盈不足、方程、勾股用法颇杂，每一章作四日演习”，再消化《九章纂类》，“《九章》之义尽矣”。

史籍中未见秦九韶、李冶、朱世杰等对《九章算术》的注释，但他们都精通《九章算术》，并在《九章算术》基础上或有所发展，或填补其空白。秦九韶将数学分成内算与外算，“《九章》所载即《周官》九数，系于方圆者为叀术，皆曰外算”。他发现历算学家推算历法常用到的大衍法“不载《九章》，未有能推之者”，以为是方程术，“误也”，遂创造大衍总数术及其核心大衍求一术，即一次同余方程组解法。此发轫于《孙子算经》“物不知数”问，西方称为中国剩余定理。这是现代数论中的重要分支。李冶取在《九章算术》勾股容圆术基础上发展起来的洞渊九容，演绎成勾股容圆的专题著作《测圆海镜》。他认为，各种数学著作“无虑百家，然皆以《九章》为祖，而刘徽、李淳风又加注释，而此道益明”（李冶：《益古演段・自序》，郭书春主编：《中国科学技术典籍通汇・数学卷》，郑州：河南教育出版社，1993 年；郑州：大象出版社，2002 年、2015 年）。《九章算术》是朱世杰《算学启蒙》的基础，赵城元镇为朱世杰《算学启蒙》撰序，莫若、祖颐分别为朱世杰《四元玉鉴》撰序和后序，都从《九章算术》开始谈数学的发展。

（二）《九章算术》在明代的厄运

《九章算术》在明代遭到前所未有的厄运。首先，尽管《永乐大典》在卷一六三三七至一六三五七抄录了《九章算术》的内容，但《大典》本藏于深宫，一般人读不到。而宋本基本失传，到清初南宋本只剩半部，成为藏书家的古董。

其次，明代尽管以《九章》命名的著作颇多，传世的有景泰元年（1450）吴敬的《九章算法比类大全》，失传的如刘仕隆永乐二十二年（1424）的《九章通明算法》、成化十四年（1478）许荣的《九章详注算法》九卷、成化十九年余进的《九章详通算法》等，即使是书名没有“九章”二字，如嘉靖三年（1524）王文素所撰《算学宝鉴》、万历二十年（1592）程大位所撰《算法统宗》等，其结构仍不脱《九章算术》的格局。可是，当时《九章算术》在社会上已不流传，像吴敬、王文素这样的知名数学家也读不到，只能通过杨辉的书了解《九章算术》的内容，因此他们无法区分《九章算术》的原题和杨辉所录贾宪细草新设的题目，而将其统统归于《九章算术》。比如,《算学宝鉴》面积类说引用《九章算术》桑生田中央、眉田、锭田、三角田、环田等 5 个问题，实际上只有环田是《九章算术》的。

五、《九章算术》及其刘徽注的现代价值

研究《九章算术》及其刘徽注有极大的现代价值。这里仅提出以下几点。

（一）改革中小学数学教材

中国古典数学在 20 世纪初中断，中国数学融入世界统一的数学，是历史的进步。但是中国数学从此全盘西化，完全剔除中国古典数学，则是不可取的。正像倒为孩子洗澡的脏水，连孩子也倒走了。20 世纪 30 年代以来，许多趣味数学读物津津乐道的印度莲花问题，实际上源于《九章算术》勾股章的“引葭赴岸”问，却晚了约千年，这是数典忘祖。事实上，中国古典数学，特别是《九章算术》及其刘徽注的许多思想和方法不仅与现代中小学数学教学内容高度契合，而且有的思想和方法比现行教材还优越。比如，掌握《九章算术》和刘徽注中的位值制、机械化思想和几何问题的代数化等特点，会使学生更容易掌握数学方法。率的思想和方法对改革中小学数学教材仍有现实意义，许多学校做出了有益的尝试。倘使在编订中小学数学教材时全面汲取《九章算术》及其刘徽的思想和方法，会大大改善其内容。

（二）对现代数学研究的启迪

20 世纪 80 年代吴文俊就指出：“由于近代计算机的出现，其所需数学的方式方法，正与《九章》传统的算法体系若合符节。《九章》所蕴含的思想影响，必将日益显著。”（吴文俊：《汇校九章算术序》，见郭书春汇校:《九章算术》，沈阳：辽宁教育出版社，1990 年；汇校《九章筭术》

增补版，辽宁教育出版社、台北：九章出版社，2004 年版；《九章筭术新校》，合肥：中国科学技术大学出版社，2014 年版）；吴文俊：《吴文俊论数学机械化》，济南：山东教育出版社，1995 年）《九章算术》及其刘徽注的大多数成就，如分数四则运算法则、今有术和衰分术、盈不足术、开方术、方程术（线性方程组解法）、求圆周率程序等，都具有构造性、算法化和机械化特征，因此它们可以毫无困难地转化为程序用计算机来实现。吴文俊根据这种认识，开创了数学机械化理论。这是《九章算术》及其刘徽注启迪现代数学研究的典型事例。

（三）传统文化教育的优秀读物

数学是中国古代最为发达的基础科学学科之一，而《九章算术》及其刘徽注分别奠定了中国古典数学基本框架和理论基础，登上了当时世界数学研究的高峰。它们阐发的运算法则和公式、解法是颠扑不破的真理，有力地驳斥了学术界流传的中国古代没有科学的谬说。刘徽对演绎逻辑的娴熟使用、高超的数学证明，有力地驳斥了学术界流传的中国古代数学只有应用没有理论的谬说。因此，《九章算术》及其刘徽注是目前进行传统文化教育和爱国主义教育的优秀读物。

（四）对中外文化交流的意义

《九章算术》和《几何原本》是古代世界产生的两部伟大数学著作，它们东西辉映，深刻影响了它们之后两千年间东方和西方的数学。西方学术界对中国古代数学有许多偏见，除了少数欧洲中心论者外，大多数是因为他们不了解《九章算术》及其刘徽注。而国内学术界的许多偏见的源头在国外。因此，向外国尤其是欧美学术界原原本本地介绍《九章算术》及其刘徽注，是中国学者的重要任务。这也是开展中外文化交流，使外国人了解中国古代文明的一项重要工作。中国专家与以某种外语为母语的专家合作，将中国古典数学著作译成外文，是快捷、准确的途径。以笔者为首席专家的国家社会科学基金重大项目“刘徽、李淳风、贾宪、杨辉注《九章算术》的研究与英译”（2017—2021）目前正在执行，它的完成会将一个更好的汉英对照《九章算术》贡献给国内外学术界。还应该将《九章算术》及其刘徽注译成俄文、德文、西班牙文、韩文、日文等外文。

六、本书的体例

最后，对本书的体例做一交待。

（一）本书的底本

本书以郭书春汇校《九章筭术新校》（中国科学技术大学出版社，2014 年）为底本，删去校勘符号，只录出笔者认为准确的文字。对盈不足术及其刘徽注笔者做了新的校勘。为了统一体例，对本书新的校勘，不出校勘符号，只在校勘记中说明舛误和校勘的文字。

（二）本书的构成

本书原典分《九章算术》本文、魏刘徽注、唐李淳风等注释三种内容，《九章算术》本文用大字（小四号宋体），刘徽注、李淳风等注释均用小字（五号仿宋）。对李淳风等注释，南宋本标注为“臣淳风等谨按”，《大典》本、杨辉本等标注为“淳风等按”，本书统统依从南宋本；凡没有标注者，学术界一般认为是刘徽注。

本书按节注释与点评。分节的原则是：对采取术文统率例题形式的部分，以某条术文及其例题与刘、李注作为一节。对采取应用问题集形式的部分，或一题一节，或将类型相同并且相连的几个题目作为一节，不改变问题原来的顺序。

笔者的注释、点评及旁批用小五号，注释用宋体，点评与旁批用仿宋体。

（三）某些字词的用字

根据《中华传统文化百部经典》的规定，对某些字词做如下处理：

1. 关于“筭”与“算”

汉许慎《说文解字》云：“筭，长六寸，计历数者。从竹，从弄，言常弄乃不误也。”又云：“算，数也。从竹，从具，读若筭。”清段玉裁注更明确地说：“筭为算之器，算为筭之用。”简言之，“筭”是计算工具算筹，而“算”是计算。可是秦汉数学简牍、南宋本诸算经及《永乐大典》所引诸算经，不管是算筹之义和计算之义，均作“筭”，鲜有用“算”者。《九章算术》在东汉光和大司农斛、权铭文中作《九章筭术》。“筭”是《现代汉语词典》《新华字典》的规范汉字，不是异体字或繁体字，明代以前的算书大都用此字。清初开始用“算”字，长期与“筭”字并用。20世纪50年代后基本上用“算”字，鲜有用“筭”字者。因此，本书引用《九章算术》及其刘、李注均遵从原文用“筭”字，而笔者撰写的文字用“算”。

2. 关于“荅”与“答”

南宋本、杨辉本《九章筭术》各题的答案之“答”，均作“荅”。对荅之荅原作“畣”。荅本是小豆之名，后来借为对荅之荅。《玉篇》：“荅，当也。”《五经文字・艸部》：“荅：此荅本是小豆之一名，对荅之荅本作畣。经典及人间行此已久，故不可改。”《尔雅》：“畣，然也。”《玉篇》：“畣，今作荅。”对荅之荅，后作答。《广韵》：“答，当也。亦作荅。”《大典》本《九章筭术》各题的答案均作“答”。本书的答案，凡引原文皆遵从南宋本用“荅”（包括后四卷亦从南宋本改），而笔者撰写的文字则遵从目前惯例用“答”字。

3. 关于“句”与“勾”

南宋本及《永乐大典》所引诸算经对九数之第九类“句股”及直角三角形的短直角边均作“句”，明之后开始有用“勾”者。清至民国期间，两者并用，而用“勾”者越来越多，20世纪50年代后只用“勾”字，不再用“句”，以致《新华字典》中“句”字不再有“勾股”之“勾”的释义。同样，本书引用《九章算术》及其刘、李注均用“句”，而笔者撰写的文字则均用“勾”字。

许逸民、冯立昇、邹大海等先生在本书修改过程中提出了许多中肯的意见，对提高本书质量大有裨益，在此表示衷心感谢。关于《九章算术》及其刘徽注的研究，不仅是中国数学史研究中最重要的课题，也是一个没有穷尽的历史长河。笔者从事这一研究有年，发表了几十篇论文，出版了几部著作，有的著作还多次重印或修订再版。实际上，每一部著述都是阶段性的，都对以往的著述有所修正和改进。由于笔者文史功底薄弱，尽管有《中华传统文化百部经典》编委会及办公室同仁的不断督促、提醒，有专家的宝贵意见，本书必然还会有不足之处，恳请方家不吝指教，笔者不胜感激。

九章筭术

序[1]

刘徽

昔在包牺氏始画八卦[2]，以通神明之德，以类万物之情，作九九之术，以合六爻之变。暨于黄帝神而化之[3]，引而伸之，于是建历纪，协律吕，用稽道原，然后两仪四象精微之气可得而效焉。记称“隶首作数”[4]，其详未之闻也。按：周公制礼而有九数[5]，九数之流，则《九章》是矣。往者暴秦焚书[6]，经术散坏。自时厥后，汉北平侯张苍、大司农中丞耿寿昌皆以善筭命世。

刘徽之后“通神明”“类万物”成为中国古代关于数学两种作用的传统思想。刘徽的“通神明之德”指通达客观世界的变化规律，但是还是会被人利用将数学导向象数学，而“类万物”则是中国古典数学的主要作用。

这是现存文献中关于《九章算术》编纂过程最早的也是最可靠的论述。

苍等因旧文之遗残，各称删补。故校其目则与古或异[7]，而所论者多近语也。

[注释]

[1] 九章筭术序：《九章筭术新校》作“九章筭术”注序，今改。筭本指算筹。《说文解字》：“筭，长六寸，计历数者。从竹，从弄，言常弄乃不误也。”又同算。《尔雅》：“筭，数也。”陆德明《经典释文》：“筭，字又作算。”算：数、计算。《说文解字》：“算，数也。从竹，从具，读若筭。” [2]“昔在庖牺氏始画八卦”五句：是说从前，庖牺氏曾制作八卦，为的是通达客观世界变化的规律，描摹其万物的情状；又作九九之术，为的是符合六爻的变化。庖牺氏又作包牺氏、伏羲氏、宓羲、伏戏、牺皇、皇羲等，神话中的人类始祖，人类由他与其妹女娲婚配而产生。始，曾，尝。一作训首先、开始，亦通。八卦，《周易》中的八种符号。构成卦的横画叫作爻。—是阳爻，--是阴爻。每三爻合成一卦，可得八卦：☰（乾），☳（震），☱（兑），☲（离），☴（巽），☵（坎），☶（艮），☷（坤），分别象征天、雷、泽、火、风、水、山、地。其中乾与坤、震与巽、坎与离、艮与兑是对立的。神明本指主宰自然界和人类社会变化的神灵，后来演变为古代哲学用以说明变化的术语。《管子·内业》认为精气“流于天地之间，谓之鬼神”，《周易·系辞下》云“阴阳合德，而刚柔有体，以体天地之变，以通神明之德”，进而将通过事物的变化预测未来的能力称为神。《周易·系辞下》云“阴阳不测之谓神”，弱化了人格神的意义，成为哲学术语。德，客观规律。类，象，相似，像，描摹。情，情状。九九，即九九乘法表，因古代自“九九八十一”始，故名。元朱世杰《筭学启蒙》（1299）才改为从“一一如一”起。后亦指数学。

李籍《九章算术音义》(下简称《音义》)引师古曰:“九九筭术,若今《九章》《五曹》之辈。”术,方法,解法,算法、程序,宋元时期又称为“法”。术的本义是邑中的道路,引申为途径,又引申为解决问题的途径,这就是方法、手段。《淮南子·人间训》云“见本而知末,观指而睹归,执一而应万,握要而治详,谓之术”,与《九章算术》的“术”同义。六爻,将八卦中每两卦相叠所构成的卦象。每卦含有六个阴爻或阳爻,故名。凡有六十四卦。 [3]“暨于黄帝神而化之”六句:是说及至黄帝神妙地使之潜移默化,将其引伸,于是建立历法的纲纪,校正律管使乐曲和谐。用它们考察道的本原,然后两仪、四象的精微之气可以效法。黄帝,姬姓,号轩辕氏,传说中的中华民族祖先,败炎帝,杀蚩尤,被拥戴为部落联盟首领,以代神农氏。命大橈作甲子,容成造历,羲和占日,常仪占月,臾区占星气,伶伦造律吕,隶首作算数。相传蚕桑、医药、舟车、宫室、文字等之制,皆创始于黄帝之时,反映了新石器时代的情况。历,推算日月星辰运行及季节时令的方法,又指历书。纪,古代纪年月的单位,十二年为一纪。律吕,乐律、音律的统称。律本是用来校正乐音标准的管状仪器。以管的长短来确定音阶。从低音算起,有十二根管,成奇数的六根管黄钟、太蔟、姑洗、蕤宾、夷则、无射叫作律,成偶数的六根管大吕、夹钟、仲吕、林钟、南吕、应钟叫作吕,统称十二律。稽,考核,调查。两仪指天、地,宋儒又谓指阴、阳。四象指金、木、水、火。《周易·系辞上》:“太极生两仪,两仪生四象,四象生八卦。”王弼注:“四象谓金、木、水、火。震木、离火、兑金、坎水,各主一时。”一指春、夏、秋、冬四时,体现于卦上,则指少阳、老阳、少阴、老阴四种爻象。气,古代的哲学概念。诸家理解不一,一指主观精神,一指形成宇宙万物的最根本的物质实体,刘徽当用后者之义。 [4]“记称‘隶首作数'”二句：是说典籍记载隶首创作了算学，其详细情形没有听说过。记，典籍，当指《世本》。《世本》云："隶首作数。"一作"隶首作算数"。隶首相传为黄帝的臣子。数，算学、数学。 [5]"周公制礼而有九数"三句：是说周公制定礼乐制度时就有九数。九数经过发展，就成为《九章算术》。周公是周初政治家，名姬旦，协助周武王灭商，后又辅佐周成王。相传他制定了周朝的典章礼乐制度。九数，古代数学的九个分支。东汉末郑玄《周礼注》引东汉初郑众云："九数：方田、粟米、差分、少广、商功、均输、方程、赢不足、旁要。今有重差、夕桀、句股也。"唐陆德明等谓"夕桀"非郑注。周公制礼时的"九数"不会完全同于二郑所云"九数"，但这表明数学在周公时代已形成为一门学科。流的本义是水的流动，引申为演变、变化。 [6]"往者暴秦焚书"八句：是说过去，残暴的秦朝焚书，导致经术散坏。自那以后，西汉北平侯张苍、大司农中丞耿寿昌皆以擅长数学而闻名于世。张苍等人凭借残缺的原有文本，先后进行删削补充。暴秦焚书指秦始皇于三十四年（前213）下令除秦记、医药、卜筮、种树书外，民间所藏所有《诗》《书》和百家书皆交地方官焚毁，是为对中国文化的一次极大破坏。刘徽认为，《九章算术》在秦始皇焚书时遭到破坏。实际上项羽掠咸阳，对典籍的破坏不会亚于秦始皇焚书。称，述说，声言。 [7]"故校其目则与古或异"二句：是说考校张苍、耿寿昌等删补的《九章算术》的目录，发现与先秦的《九章算术》有所不同，而使用的都是近代的语言。近语即汉代的语言。

这段话表明，刘徽注尽管是刘徽写的，但含有两种内容，一是"悟其意"者，即他自己的数学创造，二是"采其所见"者，即搜集到的数学知识。

徽幼习《九章》[1]，长再详览。观阴阳之割裂，总筭术之根源，探赜之暇，遂悟其意。是以敢竭顽鲁，采其所见，为之作注。事类相推[2]，各有攸归，故枝条虽分而同本干知，发其一端而已。又所析理以辞[3]，解体用图，庶亦约而能周，通而不黩，览之者思过半矣。且算在六艺[4]，古者以宾兴贤能，教习国子。虽曰九数[5]，其能穷纤入微，探测无方。至于以法相传[6]，亦犹规矩度量可得而共，非特难为也。当今好之者寡，故世虽多通才达学，而未必能综于此耳。

刘徽在这里通过“事类相推”，提出了数学之树的重要思想。

刘徽的话高度概括了中国古典数学几何与算术、代数相结合的特点。

[注释]

[1]“徽幼习《九章》”九句：是说我在童年学习过《九章算术》，成年后又做了详细研究。我考察了阴阳的对立，总结了数学的根源，在窥探它的深邃道理之时，便领悟了它的思想。因此，我不揣冒昧，竭尽愚顽，搜集所见到的资料，为它作注。阴阳，中国古代思想家用以解释宇宙万物中两种既对立又互相联系、消长的气或物质势力的术语。数学上互相对立又联系的概念，如法与实、数的大与小、整数与分数、正数与负数、盈与不足、图形的表与里、方与圆等均分属阴阳。算术，今之数学，含有算术、代数、几何、三角等各个分支的内容。最先见之于《周髀算经》卷上陈子语“此皆筭术之所及”。“筭术”即“筭数之术”。赜（zé），幽深玄妙。李籍《音义》云：“赜者，含蓄。含蓄者，探之可及。故《易》曰‘探赜’。” [2]“事类相推”四句：是说各种事物按照它们所属的类别互相推求，分别有自己的归宿。所以它们的枝条虽然分离而具有同一个本干的原因，就在于都来自于一个开端。推，

推求，推断。墨家的一种逻辑术语，《墨子·小取》："推也者，以其所不取之同于其所取者予之也。"相当于归纳与演绎两种推理形式相结合的推理方式。攸，助词，所。知训者。李学勤认为，古籍"者"与"之"互训，用为指事之词。而"知"作为语词，则与"之"通。故"知"也可用作指事之词，与"者"义同。 [3]"又所析理以辞"五句：是说如果用言辞表述对数理的分析，用图形表示对立体的分解，那就会使之简约而周密，通达而不烦琐，凡是阅读它的人就能理解其大半的内容。析理，分析数理。析理，初见于《庄子·天下篇》"判天地之美，析万物之理"，到魏晋时期成为正始之音和辩难之风的代名词，始具有方法论的意义。学术界一般认为，"析理"是郭象注《庄子》时概括出来的。实际上，刘徽使用"析理"比郭象早。解体，分解形体。刘徽著有《九章重差图》一卷，已亡佚。黩（dú），频繁，多次。 [4]"且筭在六艺"三句：是说算学是六艺之一，古代以它举荐贤能的人而宾礼之，教育贵族子弟。六艺，周代贵族子弟所受教育的六门主要课程：礼、乐、射、御、书、数。《周礼·地官司徒》云"六曰九数"，说明数学已经发展为一门学科。宾兴，周代举贤之法。谓乡大夫自乡小学举荐贤能而宾礼之，以升入国学。郑玄《周礼注》云："兴，犹举也。"国子，公卿大夫的子弟。 [5]"虽曰九数"三句：是说虽然叫作九数，其功用却能穷尽非常细微的领域，探求的范围是没有止境的。方，境，边境。 [6]"至于以法相传"七句：是说至于世代所传的方法，只不过是规矩、度量中那些可以得到并且有共性的东西，并不是特别难以做到的。现在喜欢算学的人很少，所以人世间虽然有许多通才达学，却不一定能对此融会贯通。法指数学方法。规是画圆的工具，矩是画方的工具。相传伏羲女娲造规矩，图 0-1 为山东嘉祥县汉武梁祠画像砖中的女娲伏羲执规矩图。《尸子》说倕作规矩。后来规矩也成了汉语中表示标准、法则甚至道德规范的常用词。度量，度量衡。用度量衡量度某物，得到其长度、容积和重量，反映事物的数量关系。因此，规矩、度量就是人们常说的空间形式和数量关系。

图 0-1 汉武梁祠女娲伏羲执规矩图

《周官·大司徒》职[1]，夏至日中立八尺之表。其景尺有五寸，谓之地中。说云，南戴日下万五千里。夫云尔者[2]，以术推之。按：《九章》立四表望远及因木望山之术，皆端旁互见，无有超邈若斯之类。然则苍等为术犹未足以博尽群数也。徽寻九数有重差之名[3]，原其指趣乃所以施于此也。凡望极高、测绝深而兼知其远者必用重差、句股[4]，则必以重差为率，故曰重差也。立两表于洛阳之城[5]，令高八尺，南北各尽平地，同日度其正中之时。以景差为法[6]，表高乘表间为实，实如法而一。所得加表高，即日去地也。以南表之景乘表间为实[7]，实如法而一，即为从南表至南戴日下也。以南戴日下及日去地为

法、实是中国古典数学的重要术语，后来开方式即一元方程的一次项也称为法，被开方数和开方式、方程即线性方程组的常数项也称为实。除法的表示从先秦到西汉有一个发展规范的过程。秦汉数

学简牍表明，先秦除法的表示方式极不统一，张苍等整理《九章算术》时统一了表示方式。

笔者认为《海岛算经》的第1问的原型当是泰山。盖此问的海岛去表102里150步，岛高4里55步。以1魏尺合今23.8厘米计算，分别是43 911米和1792.14米。有人以为这是山东沿海的某岛屿。实际上，不仅山东，就是全中国也没有如此高且距大陆如此近的海岛。而泰山玉皇顶今实测为1532.8米，其南偏西方向十分陡峭，今肥城的城官一带海拔仅为72米，与玉皇顶之间没有任何障碍物，泰山恰似一海岛，如图0-4所示。清阮

句、股，为之求弦[8]，即日去人也。以径寸之筒南望日[9]，日满筒空，则定筒之长短以为股率，以筒径为句率，日去人之数为大股，大股之句即日径也。虽夫圆穹之象犹曰可度[10]，又况泰山之高与江海之广哉？徽以为今之史籍且略举天地之物[11]，考论厥数，载之于志，以阐世术之美，辄造《重差》，并为注解，以究古人之意，缀于《句股》之下。度高者重表[12]，测深者累矩，孤离者三望，离而又旁求者四望。触类而长之[13]，则虽幽遐诡伏，靡所不入。博物君子[14]，详而览焉。

[注释]

[1]“《周官·大司徒》职”六句：是说《周官·大司徒》记载，夏至的中午竖立一根高8尺的表，若其影长是1尺5寸，这个地方就称为大地的中心。《周礼注》说：此处到南方太阳直射处的距离是15 000里。《周官》即《周礼》，相传周公所作。学术界一般认为是战国时期的作品。职，记，志。表是古代测望用的标杆。景（yǐng），影。《周礼·大司徒》：“以土圭之法，测土深，正日景以求地中。”地中，大地的中心。说，指郑玄《周礼注》的有关内容。南戴日下，夏至日中太阳直射地面之处。[2]“夫云尔者”七句：是说这样说的理由，是由算法推算出来的。按：《九章算术》“立四表望远”及“因木望山”等问的方法，所测望的目标的某

点或某方面的数值都是互相显现的，没有像这样遥远渺茫的类型。如此说来，张苍等人所建立的方法还不足以穷尽数学所有的分支。推，计算。立四表望远、因木望山是勾股章的两个题目。端旁，某点或侧面。 [3]“徽寻九数有重差之名”二句：是说我发现九数中有“重差”这一名目，推求其宗旨本原，就是施用于这一类问题的。原，推求本原，推究。指趣，宗旨，意义。 [4]“凡望极高”二句：是说凡是测望极高、极深而同时又要知道它的远近的问题必须用重差、勾股，那么必定以重差形成率，所以叫作重差。重（chóng）差，郑众所说汉代发展起来的数学分支之一，因重表法的基本公式要用到两表影长之差及两表到目的物的距离之差，故名。句股，明清之后作“勾股”，郑众所说汉代发展起来的数学分支之一，张苍等将其编入《九章算术》，并将旁要纳入其中。 [5]“立两表于洛阳之城”四句：是说在洛阳城竖立两根表，高都是 8 尺，使之呈南北方向，并且都在同一水平地面上。同一天中午测量它们的影子。 [6]“以景差为法”四句：是说以它们的影长之差作为法。以表高乘两表间的距离作为实。实除以法，所得到的结果加表高，就是太阳到地面的距离。如图 0-2，记表高为 h，南表影长为 l_1，北表影长为 l_2，日为 p，日去地距离 PQ 为 H；南表为 AC，影长为 BC = l_1；北表 EG，影长 GF = l_2，表高 AC 或 EG 为 h，两表间距 CG = l，此即重差术求日去地距离的公式 $H=\dfrac{lh}{l_2-l_1}+h$。洛阳，今属河南省。中国古都，东周、东汉等建都于此。法是除数，其本义是标准。《管子·七法》云：“尺寸也，绳墨也，规矩也，衡石也，斗斛也，角量也，谓之法。”除

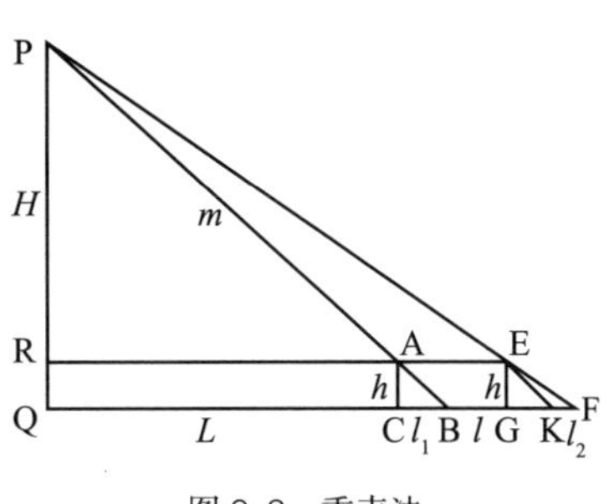

图 0-2 重表法

元（1764—1849）曾用重差术测望过泰山，测得泰山高 233 丈 5 寸 8 $\frac{2}{31}$ 分（裁衣尺），以清裁衣尺 1 尺 35.50 厘米计算，为 827.36 米。刘徽所测与实测之误差比阮元小得多。

法是用同一个标准分割某些东西，这个标准数量就是除数，故称为“法”。乘，其本义是登、升。引申为加其上，进而引申为乘法运算。实是被除数。中国传统数学密切联系实际，被分割的东西，都是实际存在的，故名。实如法而一又作“实如法得一”或“实如法得一尺”（或别的单位），是中国古代表示除法过程的术语，意谓实中如果有与法相等的部分就得一，那么实中有几个与法相等的部分就得几，故名。 [7]“以南表之景乘表间为实”三句：是说以南表的影长乘两表间的距离作为实。实除以法，就是南表到太阳直射处的距离。记南表至太阳直射处的距离 CQ 为 L，则 $L=\frac{ll_2}{l_2-l_1}$。 [8]“为之求弦”二句：是说以勾、股求弦，就是太阳到人的距离。记太阳到人的距离 PB = m，利用勾股术，$m=\sqrt{L^2+H^2}$。 [9]“以径寸之筒南望日”六句：是说用直径 1 寸的竹筒向南测望太阳，让太阳恰好充满竹筒的空间，则以如此确定的竹筒的长度作为股率，以竹筒的直径作为勾率，以太阳到人的距离作为大股，那么与大股相应的勾就是太阳的直径，见图 0-3，记日径为 D，筒径为 d，筒长为 q，由于以筒径和筒长为勾、股的勾股形与以太阳直径和人到太阳距离为勾、股的勾股形相似，根据勾股“相与之势不失本率”的原理得到 $D=\frac{dm}{q}$。 [10]“虽夫圆穹之象犹曰可度”二句：是说即使是圆穹的天象都是可以测度的，又何况泰山之高与江海之广呢！泰山，五岳之首，位于山东省泰安东。 [11]“徽以为今之史籍且略举天地之物”八句：是说我认为，当今的史籍尚且略举天地间的事物，考论它们的数量，记载在各种志书中，以阐发人世间方法的美妙，于是我特地撰著《重差》一卷，并

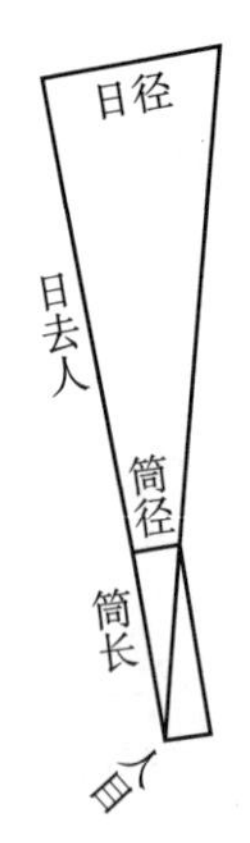

图 0-3 测日径

且为之作注解，以推寻古人的意图，附在《勾股》的后面。志，指各种正史中的志书，主要是“地理志”等篇章。《重差》原为《九章算术注》第十卷，系刘徽自撰自注。南北朝期间单行，因第 1 问为测望一海岛之高、远，故名《海岛算经》，为十部算经之一。今传本是戴震从《永乐大典》辑录出来的，只有 9 问。图及刘徽自注已佚。　[12]“度高者重表”四句：是说测望某目标的高用二根表，测望某目标的深用重叠的矩，对孤立的目标要三次测望，对孤立的而又要求其他数值的目标要四次测望。重表即重表法，是重差术最主要的测望方法。上述测日及《海岛算经》望海岛问都用重表法。累矩即累矩法，是重差术的第二种测望方法，《海岛算经》望深谷问即用此法。此外还有连索法，《海岛算经》望方邑问即用此法。这都是二次测望问题，望松、望楼、望波

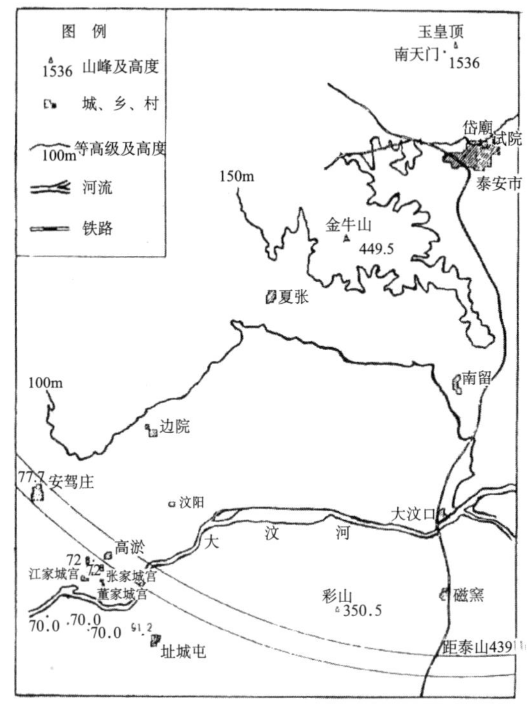

图 0-4　刘徽测泰山示意图

口、望津 4 问是三次测望问题，望清涧、登山临邑 2 问是四次测望问题。 [13]“触类而长之”三句：是说通过类推而不断增长知识，那么，即使是深远而隐秘不露，没有不契合的。“触类而长（zhǎng）”引自《周易·系辞上》。幽，深。遐，远。诡伏，奇异而隐秘不露。靡，无、没有。入，合、契合。 [14]“博物君子”二句：是说博学多识的君子，请仔细地阅读吧！博物，通晓众物。

［点评］

刘徽《九章算术序》分为两部分，第一部分是为《九章算术》而写，第二部分实际上是《重差序》。前者论述了数学的起源、《九章算术》的编纂，并概述自己注《九章算术》的过程，阐发了数学之树的思想和中国古典数学的特点。后者论述了重差术的主要方法。历史上常有这样的情形，后人对一位杰出人物最推崇的往往不是本人最得意的贡献。对掌握了微积分的现代人来说，最赞赏刘徽的是他走到了微积分学大门口的极限思想和无穷小分割方法。而刘徽本人最得意的成就却是重差术，以致谈重差术的部分占整个《九章算术序》的一半以上。不过，尽管重差术把中国古典数学的测望技术发展到西方数学传入中国之前相当完备的程度，但毕竟还属于初等数学的范畴。

卷一[1] 方田[2] 以御田畴界域[3]

今有田广十五步，从十六步。问：为田几何[4]？

答曰：一亩[5]。

又有田广十二步，从十四步。问：为田几何？

答曰：一百六十八步[6]。图[7]：从十四，广十二。

方田术曰：广从步数相乘得积步[8]。此积谓田

值得注意的是，刘徽对方田术没有试图证明，显然是当作公理使用的。

幂是一个重要数学术语，在中国古典数学中表示面积、体积等，又分别称为平幂和立幂。清末李善兰、华衡芳等翻译西方数学著作，用“幂”表示指数，从而改变了“幂”的意义，沿用至今。

李淳风等由刘徽注看不出幂和积的区别，说明他们的逻辑水平低下。

幂[9]。凡广从相乘谓之幂。 臣淳风等谨按：经云“广从相乘得积步”[10]，注云“广从相乘谓之幂”，观斯注意，积幂义同。以理推之，固当不尔。何则？幂是方面单布之名，积乃众数聚居之称。循名责实，二者全殊。虽欲同之，窃恐不可。今以凡言幂者据广从之一方；其言积者举众步之都数。经云相乘得积步，即是都数之明文。注云谓之为幂，全乖积步之本意。此注前云积为田幂，于理得通。复云谓之为幂，繁而不当。今者注释存善去非，略为料简，遗诸后学。以亩法二百四十步除之，即亩数。百亩为一顷[11]。臣淳风等谨按：此为篇端，故特举顷、亩二法。余术不复言者，从此可知。按：一亩田，广十五步，从而疏之[12]，令为十五行，即每行广一步而从十六步。又横而截之，令为十六行，即每行广一步而从十五步。此即从疏横截之步，各自为方。凡有二百四十步，为一亩之地，步数正同。以此言之，即广从相乘得积步，验矣。二百四十步者，亩法也；百亩者，顷法也。故以除之，即得。

今有田广一里[13]，从一里。问：为田几何？

答曰：三顷七十五亩[14]。

又有田广二里，从三里。问：为田几何？

答曰：二十二顷五十亩。

里田术曰[15]：广从里数相乘得积里。以三百七十五乘之，即亩数。按：此术广从里数相乘得积里。故[16]方里之中有三顷七十五亩，故以乘之，即得亩数也。

[注释]

[1]“魏刘徽注”（南宋本）：戴震辑录校勘本及四库本、聚珍版作“晋刘徽注”。含有《九章算术》卷四的《永乐大典》卷一六三四四没有标注“晋”，南宋本及影钞本汲古阁本标注为“魏”，但戴震做辑录校勘本时尚未看到。因此，“晋”当是戴震考证所得。 [2]方田：九数之一。方田章讨论各种面积问题和分数四则运算。狭义的方田，后来又称为直田，即长方形的田，如图1-1所示。李籍《音义》云：“田者，围周之以为疆，横从之以为理，平夷著建，兴作利养之地也。方田者，田之正也。诸田不等，以方为正，故曰方田。” [3]御的本义是驾驭马车，引申为处理，治理。李籍《音义》云：“御，理也。”畴：已经耕作的田地。李籍引《说文解字》：“畴，耕治之田也。”界域：李籍云：“疆也。” [4]今：表示假设，相当于若，假如。今有：假设有。广：一般指物体的宽度。李籍《音义》云：广，“阔也”。从（zōng）：又音zòng，又作衺，今作纵。李籍云：从，“长也”。广、从在中国古代有方向的含义，广指东西的量度，从指南北的量度。广未必小于从，如乘分术的第三道例题。步：古代长度单位，秦汉

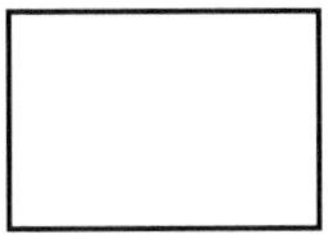

图1-1 直田

1步为6尺。唐之后1步为5尺。几何：若干，多少。李籍云：“几何，数之疑也。”明末利玛窦与徐光启合译欧几里得的*Element*，定名为《几何原本》，“几何”实际上是拉丁文mathematica的中译，指整个数学。后日本将geometria译作几何学，传到中国，几何遂成为数学中关于空间形式的学问。 [5] 荅：本是小豆之名，对问之荅原作“畣”，后来借为荅，后又作答。亩：古代的土地面积单位。 [6] 此处“步”为步^2。以下凡步、丈、尺、寸、分、厘、毫等单位是表示长度还是面积、体积，从上下文自可判断。 [7] 此“图”当在刘徽所撰《九章重差图》中，已亡佚。 [8] 记方田的面积为S，广、从分别是a，b，此长方形的面积公式$S=ab$。积步是《九章算术》提出的表示面积的概念，也可以作为面积的单位，即步之积。古代之步，视不同情况，有时指今之步，有时指步^2。下文中之积尺、积寸、积里等概念与此类似。由此又引申出积分等概念。 [9]“此积谓田幂”二句：是说这种积叫作田的幂。凡是广与纵的步数相乘，就叫它作幂。刘徽在这里提出了幂的定义。幂，今之面积。王莽铜斛铭文中始使用，作“冥”。根据不同的情况，刘徽《九章算术注》中有田幂、矩幂、勾幂、股幂、弦幂、方幂、圆幂、立幂等，还有以颜色表示的青幂、朱幂、黄幂等。刘徽将“广从相乘”这种积称为幂，幂与积是种属关系，积包括幂，但积不一定是幂，因为三数相乘的体积，或更多的数相乘，也是积。 [10]“经云‘广从相乘得积步’”二十六句：是说《九章算术》说广纵步数相乘，便得到积步。刘徽注说广纵相乘，就把它叫作幂。考察这个注的意思，积和幂的意义相同。按道理推究之，本不应当是这样的。为什么呢？幂是一层四方布的名称，积却是众多的数量积聚的名称。循名责实，二者完全不同。即使想把它看成相同的，我们认为是不可以的。现在凡是说到幂，都是占据有广有纵的一个方形，而说到积，都是列举众多步数的总数。《九章算术》说相乘得到积步，就是总数的明确文字。刘徽注称它作幂，完全背离了积步的本意。这个注前面说积是田的幂，在道理上可以讲得通。又称它作幂，烦琐而不恰当。现在注释，留下正确的，删去错误的，稍加品评选择，把它贡献给后来的学子。尔：此，这样。殊：不同，异。都：聚，汇集，引申为总，总共。都数：总数。料简：品评选择，亦作“料拣”。自唐起，“料简”常误作“科简”。李淳风等竟然从刘徽的话中得出“积幂义同”的结论，而又认为积与幂完全不同。他们不懂幂属于积，两者有相同之处，说积、幂“二者全殊”，当然都是错误的。他们指责正确的刘徽，徒然暴露其数学水平的低下和逻辑的混乱。 [11] 亩法：1 亩的标准度量。李籍《音义》引《司马法》曰：“六尺为步，步百为亩。秦孝公之制，二百四十步为一亩。”秦汉制度 1 亩＝240 步^2，1 顷 =100 亩。已知某田地的面积的步^{2}数，求亩数，便以 240 步^{2}为除数，故称 240 步^{2}为亩法。除：在《九章算术》及其刘徽注中有二义。一是除去，即现今之“减”。卷六“客去忘持衣”问刘徽注“除”曰：“除，其减也。”一是现今“除法”的除，此处即用此义。李籍释“除”云：“去也。去之使其少”。100 亩为 1 顷，故称为顷法。 [12] 疏：分，截。此处横截与从疏为对文，“疏”即截。 [13] 里：长度单位，秦汉时期 1 里为 300 步。 [14] 三顷七十五亩：1 里^2＝375 亩＝3 顷 75 亩。故 375 亩为里法。 [15] 此为以里为单位的田地的面积求法，其公式与方田术相同。 [16] 故：犹“夫”。

[点评]

此是两道例题与一条抽象性术文，例题中只有题设、答案、没有术文。卷一均如此。

非名数分数的表达方式在先秦极不统一，记分子为 a，分母为 b，有"b 分 a""b 分之 a"等不同方式，《九章算术》统一为"b 分之 a"。

今有十八分之十二。问：约之得几何[1]？

答曰：三分之二。

又有九十一分之四十九。问：约之得几何？

答曰：十三分之七。

约分按：约分者[2]，物之数量，不可悉全，必以分言之。分之为数，繁则难用。设有四分之二者，繁而言之，亦可为八分之四；约而言之，则二分之一也。虽则异辞，至于为数，亦同归尔。法实相推[3]，动有参差，故为术者先治诸分。术曰[4]：可半者半之；不可半者，副置分母、子之数，以少减多，更相减损，求其等也。以等数约之。等数约之，即除也。其所以相减者[5]，皆等数之重叠，故以等数约之。

[注释]

[1] 此处分数的表达"十八分之十二"与今完全一致。约：本义是缠束，引申为精明、简要。李籍《音义》云："约者，欲其不烦。"这里是约分，即约简分数。　[2]"约分者"四句：是说事物的数量，不可能都是整数，必须以分数表示之。刘徽在这里说明分数产生的最初的原因。悉，全，都。全，整数。言，记载，表示。　[3]"法实相推"三句：是说法与实互相推求，常常有参差不齐的情况，所以探讨计算法则的人首先要研究各种分数

的运算法则。动，往往。参差（cēn cī），长短、高低不齐，大小不等。动有参差，往往会参差不齐。诸分，各种分数运算法则。　[4]“约分术曰”十句：是说约简分数的方法：可以取分子、分母一半的，就取它们的一半；如果不能取它们的一半，就在旁边布置分母、分子的数值，以小减大，辗转相减，求出它们的等数。用等数约简之。可半者即分子、分母都是偶数的情形，可以被 2 除。副置，在旁边布置算筹。李籍《音义》云：“别设筭位，有所分也。”副，贰，次要的。李籍云：副，“敷救切，别也”。置，“陟吏切，设也”。更相，相互。减损：减少。更相减损：辗转相减、相互减损，是一种与辗转相除法异曲同工的运算程序。等，等数，即今之最大公约数的简称，因它是分子、分母更相减损，至两者的余数相等而得出的，故名。以等数约之如刘徽所说以等数同时除分子与分母。　[5]“其所以相减者”三句：是说之所以用它们辗转相减，是因为分子、分母都是等数的重叠。所以用等数约简之。记分母、分子为 a，b，等数为 $r_{n-1}=r_n$，计算每次更相减损的余数 r_i，$i=1, 2, \cdots, n$，则 $r_{n-2}=r_{n-1}q_n+r_n=r_n(q_n+1)$，$r_{n-3}=r_{n-2}q_{n-1}+r_{n-1}=r_n(q_nq_{n-1}+q_{n-1}+1)$，$r_{n-4}=r_{n-3}q_{n-2}+r_{n-2}=r_n(q_nq_{n-1}q_{n-2}+q_{n-1}q_{n-2}+q_{n-2}+q_n+1)$，$\cdots$，$b=r_nP(q_2, q_3, \cdots, q_n)$，$a=r_nQ(q_1, q_2, \cdots, q_n)$。其中 P，Q 分别是 $q_2, q_3, \cdots, q_n$ 与 $q_1, q_2, \cdots, q_n$ 的多项式，是整数。因此 a，b 都是 r_n 的倍数。

今有三分之一，五分之二。问：合之得几何[1]？

答曰：十五分之十一。

又有三分之二，七分之四，九分之五。问：合之得几何？

答曰：得一、六十三分之五十。

又有二分之一，三分之二，四分之三，五分之四。问：合之得几何？

答曰：得二、六十分之四十三。

合分臣淳风等谨按：合分知[2]，数非一端，分无定准，诸分子杂互，群母参差。粗细既殊，理难从一。故齐其众分，同其群母，令可相并，故曰合分。术曰[3]：母互乘子，并以为实。母相乘为法。母互乘子[4]，约而言之者，其分粗；繁而言之者，其分细。虽则粗细有殊，然其实一也。众分错难[5]，非细不会。乘而散之，所以通之。通之则可并也。凡母互乘子谓之齐[6]，群母相乘谓之同。同者，相与通同共一母也；齐者，子与母齐，势不可失本数也。方以类聚[7]，物以群分。数同类者无远；数异类者无近。远而通体知，虽异位而相从也；近而殊形知，虽同列而相违也。然则齐同之术要矣[8]：错综度数，动之斯谐，其犹佩觿解结，无往而不理焉。乘以散之[9]，约以聚之，齐同以通之，此其筭之纲纪乎。其一术者[10]，可令母除为率，率乘子为齐。实如法而一。不满法者[11]，以法命之。今欲求其实，故齐其子，又

率和齐同原理是算法的纲纪，是刘徽非常重要的思想。

同其母，令如母而一。其余以等数约之，即得知，所谓同法为母，实余为子，皆从此例。其母同者[12]，直相从之。

[注释]

[1] 合：聚合，聚集。进而引申为合并，相加。合分，即分数加法的简称。　[2]“合分知”十一句：是说各个分数分母不同，即分数单位不同，无法相加。需要使各分子与分母相齐，使各分母相同，才能相加，所以叫作合分术。齐，使一个数量与其相关的数量同步增长的运算。同，使几组数量中某同类数相同的运算。并，加。　[3] 合分术就是分数加法法则：分母互乘分子，相加作为实。分母相乘作为法。实除以法。亦即设两个分数分别是 $\frac{a}{b},\frac{c}{d}$，则 $\frac{a}{b}+\frac{c}{d}=\frac{ad}{bd}+\frac{bc}{bd}=\frac{ad+bc}{bd}$。这里不一定用到分母的最小公倍数。李籍《音义》云：“合分者，欲其不离。”“母互乘子”是使分子与分母相齐，“母相乘”是使诸分母同。　[4]“母互乘子”七句：是说分母互乘分子，约简地表示一个分数，其分数单位大；烦琐地表示一个分数，其分数单位小。虽然单位的大小有差别，然而其实是一个。分数约简后分数单位变大，亦即“约以聚之”。若分子、分母有等数 m，$a=mp$，$b=mq$，则 $\frac{a}{b}=\frac{p}{q}$。分子、分母同乘一数，使分数单位变小，亦即“乘以散之”，即 $\frac{a}{b}=\frac{ma}{mb}$。粗，数值大。细，数值小。　[5]“众分错难”五句：是说各个分数互相错杂难以处理，不将其分数单位化小，就不能会通。通过乘就使分数单位散开，借此使它们互相通达。使它们互相通达就可以相加。　[6]“凡母互乘子谓之齐”七句：是说凡是分母互乘分子，就把它叫作齐；众分母相乘，就把它叫作同。同就是使诸

分数相互通达，有一个共同的分母；齐就是使分子与分母相齐，其态势不会改变本来的数值。在这里刘徽给出了齐、同的定义。势，本义是力量，威力，权力，权势，引申为形势，态势。失，遗失，丧失，丢掉。 [7]“方以类聚”八句：是说各种方法根据各自的种类聚合在一起，天下万物根据各自的性质分离成不同的群体。数只要是同类的就不会相差很远，数只要是异类的就不会很切近。相距很远而能相通者，虽在不同的位置上，却能互相依从；相距很近而有不同的形态，即使在相同的行列上，也会互相背离。方以类聚，物以群分，语出《周易·系辞上》。方，义理，道理。刘徽关于“同类”“异类”的论述，当借鉴自稍前于他的何晏“同类无远而相应，异类无近而不相违”而反其意用之。通体，相似、相通。相从，狭义地指相加，广义地指相协调。 [8]“然则齐同之术要矣”五句：是说那么齐同之术是非常关键的：不管多么错综复杂的度量、数值，只要运用它就会和谐，这就好像用佩戴的觿解绳结一样，不论碰到什么问题，没有不能解决的。在数学运算中，“齐”与“同”一般同时运用，称为“齐同术”，今称为“齐同原理”。它最先产生于分数的通分，如分数$\frac{a}{b}$，$\frac{c}{d}$，通分后化成$\frac{ad}{bd}$，$\frac{bc}{bd}$，就是同其母，齐其子。后来推广到率的运算中。斯，则，就。觿（xī）是古代用以解绳结的角锥。 [9]“乘以散之”四句：是说乘使之散开，约使之聚合，齐同使之互相通达，这难道不是算法的纲纪吗？这三种等量变换本来源于分数运算，刘徽将其推广到“率”的运算中，实际上将“率”看成“筭之纲纪”。纲纪，大纲要领，法度。 [10]“其一术者”三句：是说另一种方法：可以用分母除众分母之积作为率，用率分别乘各分子作为齐。其一术，另一种方法。 [11]“不满法者”二句：是说如果实中有不满法的，就以法为分母命名一个分数。命，命名。 [12]“其母同者”二句：是说如果各个分数的分母相同，就直接相加。直，径直，直接。从，本义是随从，此处是“加”的意思。

[点评]

率和齐同原理是算法的纲纪，是刘徽非常重要的思想。率的概念在中国产生很早，《墨子》《孟子》等先秦典籍中都有接近数学概念的“率”，《周髀算经》《九章算术》和其他秦汉数学典籍使用了不少数学意义的率。刘徽通过齐同原理把“率”看作算法的纲纪，将《九章算术》大部分术文和二百多道例题都归结到率，确实起到提纲挈领的作用。有的地方将率的思想用于中小学数学教材的改革，收到了良好的效果。

今有九分之八，减其五分之一。问：余几何？

答曰：四十五分之三十一。

又有四分之三，减其三分之一。问：余几何？

答曰：十二分之五。

减分臣淳风等谨按：诸分子、母数各不同，以少减多，欲知余几，减余为实，故曰减分。术曰[1]：母互乘子，以少减多，余为实。母相乘为法。实如法而一。“母互乘子”知[2]，以齐其子也，“以少减多”知，齐故可相减也。“母相乘为法”者，同其母。母同子齐，故如母而一，即得。

今有八分之五,二十五分之十六。问:孰多[3]?多几何?

答曰:二十五分之十六多,多二百分之三。

又有九分之八,七分之六。问:孰多?多几何?

答曰:九分之八多,多六十三分之二。

又有二十一分之八,五十分之十七。问:孰多?多几何?

答曰:二十一分之八多,多一千五十分之四十三。

课分臣淳风等谨按:分各异名,理不齐一,校其相多之数,故曰课分也。术曰[4]:母互乘子,以少减多,余为实。母相乘为法。实如法而一,即相多也。臣淳风等谨按:此术母互乘子,以少分减多分。按:此术多与减分义同。唯相多之数,意共减分有异:减分知,求其余数有几;课分知,以其余数相多也[5]。

[注释]

[1] 减分术是分数减法法则。"减分术曰"六句:是说分母互乘分子,以小减大,余数作为实。分母相乘作为法。实除以法。

亦即$\frac{a}{b}>\frac{c}{d}$，则$\frac{a}{b}-\frac{c}{d}=\frac{ad}{bd}-\frac{bc}{bd}=\frac{ad-bc}{bd}$。减：《说文解字》与李籍《音义》均云“减，损也”。减分：将分数相减。李籍云“减分者，欲知其余”。　[2]“‘母互乘子’知”九句：是说“分母互乘分子”，是为了使它们的分子相齐；“以小减大”，是因为分子已经相齐，故可以相减。“分母相乘作为法”，是为了使它们的分母相同。分母相同，分子相齐，所以相减的余数除以分母，即得结果。这是刘徽以齐同原理理解减分术。　[3]孰：哪个。[4]课分术：比较分数大小的方法。其程序与减分术基本相同。明代的著作常归结为同一术，或称为减分术，或称为课分术。课：考察，考核。李籍《音义》云：课，“校也”。课分：考察分数的大小。李籍云：“欲知其相多。”　[5]李淳风等指出减分术与课分术的区别是：前者是求余数是多少，后者是将余数看作相多的数。

［点评］

减分术与课分术的程序相同，所以刘徽没有为课分术作注。明代的数学著作常将其归结为同一术，或称为减分术，或称为课分术。

今有三分之一，三分之二，四分之三。问：减多益少[1]，各几何而平？

答曰：减四分之三者二，三分之二者一，并，以益三分之一，而各平于十二分之七[2]。

这种方法在宋元时期发展为处理分式运算的方式，称为“寄母”。

又有二分之一，三分之二，四分之三。问：减多益少，各几何而平？

答曰：减三分之二者一，四分之三者四，并，以益二分之一，而各平于三十六分之二十三。

平分臣淳风等谨按：平分知，诸分参差，欲令齐等，减彼之多，增此之少，故曰平分也。术曰[3]：母互乘子[4]，齐其子也。副并为平实[5]。臣淳风等谨按：母互乘子，副并为平实知，定此平实主限，众子所当损益知，限为平。母相乘为法[6]。"母相乘为法"知，亦齐其子，又同其母。以列数乘未并者各自为列实[7]。亦以列数乘法。此当副置列数除平实[8]，若然则重有分，故反以列数乘同齐。臣淳风等谨又按：问云所平之分多少不定，或三或二，列位无常。平三知，置位三重；平二知，置位二重。凡此之例，一准平分不可预定多少，故直云列数而已[9]。以平实减列实[10]，余，约之为所减。并所减以益于少。以法命平实，各得其平。

这里仍称为"法"，是因为此位置为"法"，是位值制的一种表示。位值制是中国古典数学的一个突出特点。

[注释]

[1]"减多益少"二句：是说减大的数，加到小的数上，各多少而得到它们的平均值？益，增加。平，平均值。李籍《音义》云：

“均也。” [2] 此处“二”“一”均是以十二为分母的分数的分子。这是说从$\frac{3}{4}$减$\frac{2}{12}$，从$\frac{2}{3}$减$\frac{1}{12}$，将$\frac{2}{12}+\frac{1}{12}$加到$\frac{1}{3}$上，得到它们的平均值。下问同此。 [3] 平分：求几个分数的平均值。李籍《音义》云：“平分者，欲减多增少，而至于均。”平分术：求几个分数的平均值的方法。以求三个分数$\frac{a}{b}$，$\frac{c}{d}$，$\frac{e}{f}$的平均值为例。列数是 3。 [4]“母互乘子”一句及其刘徽注一句：是说分母互乘分子，分别得adf,bcf,bde。刘徽说这是为了使它们的分子相齐。 [5]“副并为平实”一句及其李淳风等注释六句：是说在旁边将它们相加得$adf+bcf+bde$作为平实。李淳风等说：这是为了确立这个平实作为主要的界限。各个分子所应当减损的、增益的，以这个界限作为标准。 [6]“母相乘为法”一句及其刘徽注三句：是说分母相乘bdf作为法。刘徽说，既然已使它们的分子相齐，那也应该使它们的分母相同。 [7]“以列数乘未并者”二句：是说以列数乘相齐后还没有相加的分子，得列实$3adf$，$3bcf$，$3bde$。又以列数乘法，得$3bdf$。 [8] 刘徽是说，本来用列数先除平实，再用法除即可。但是如此可能出现重有分，所以反过来，用列数乘同，得$3bdf$，又用列数乘齐，得$3adf$，$3bcf$，$3bde$。重有分，即今之繁分数。同指术文中的法。齐指术文中的“未并者”。 [9] 直：只，只是，仅。 [10]“以平实减列实”六句：是说以平实减列实，得$3adf-(adf+bcf+bde)$，$3bcf-(adf+bcf+bde)$，$3bde-(adf+bcf+bde)$。用法$3bdf$与其余数约简，作为应该从大的数中减去的分子。将应该减去的分子相加，增益到小的分子上。用法除平实，便得到各分数的平均值，即$\frac{adf+bcf+bde}{3bdf}$。法，指列数与原“法”之积$3bdf$。

今有七人，分八钱三分钱之一。问：人得几何？

记整数部分为 m，分子为 a，分母为 b，在先秦带分数名数（设为钱）分数的表示有 m 钱 b 分 a，m 钱分 a，m 钱 b 分之 a，m 钱 b 分钱 a，m 钱有 b 分钱之 a，m 钱 b 分钱之 a 等不同的表示方式，《九章算术》则统统表示成 m 钱 b 分钱之 a，并且一直沿用到清末。

刘徽在运算中经常使用相与率，它在某种意义上弥补了中国古算中没有明确的互素概念的不足。

20 世纪 80 年代以前，学术界普遍认为分数除法的颠倒相乘法是刘徽的创造，实际上汉简《算数书》启从条就使用了。

答曰：人得一钱二十一分钱之四。

又有三人三分人之一，分六钱三分钱之一、四分钱之三。问：人得几何？

答曰：人得二钱八分钱之一。

经分臣淳风等谨按：经分者[1]，自合分已下，皆与诸分相齐，此乃直求一人之分。以人数分所分，故曰经分也。术曰[2]：以人数为法，钱数为实，实如法而一。有分者通之；母互乘子知[3]，齐其子；母相乘者，同其母；以母通之者，分母乘全内子。乘[4]，散全则为积分，积分则与分子相通之，故可令相从。凡数相与者谓之率[5]。率知，自相与通。有分则可散，分重叠则约也。等除法实，相与率也。故散分者[6]，必令两分母相乘法实也。重有分者同而通之[7]。又以法分母乘实[8]，实分母乘法。此谓法、实俱有分[9]，故令分母各乘全分内子，又令分母互乘上下。

［注释］

[1]“经分者”六句：是说自合分术起都是使各分数相齐。这里是直接求一人所应分得的部分，所以叫作经分。经，划分，分割。经分的本义是分割分数，也就是分数相除。李籍《音义》引《释名》曰：“经者，径也。”又说：“经分者，欲径求一人之分而

至于径。”与李淳风等的说法不同。《算数书》作“径分”。 [2] 经分术，即分数除法法则：以人数作为法，钱数作为实，实除以法。如果有分数，就将其通分。其法则是 $\frac{a}{b} \div d = \frac{a}{b} \div \frac{bd}{b} = \frac{a}{bd}$。 [3]“母互乘子知”六句：是说分母互乘分子，是为了使它们的分子相齐；分母相乘，是为了使它们的分母相同；用分母将其通分，使用分母乘整数部分再纳入分子，化成假分数。内（nà），交入，纳入，后作“纳”。 [4]“乘”四句：是说以分母乘整数部分，就将其散开成为积分。积分便与分子相通达，所以可以使它们相加。全，整数。积分，即分之积，与“积步”“积里”“积尺”等术语同类。 [5]“凡数相与者谓之率”七句：是说凡是互相关联的数量，就把它们叫作率。率，本来就互相关联通达；如果有分数就可以散开，分数单位重叠就可以约简；用等数除法与实，就得到相与率。相与，相关。自，本来，本是。散，散分。相与率：就是没有等数（公约数）的一组率关系。 [6]“故散分者”二句：是说所以散分就必定使两分母互乘法与实。 [7] 此谓如果是双重分数，就要化成同分母而使它们通达，即 $\frac{a}{b} \div \frac{c}{d} = \frac{ad}{bd} \div \frac{bc}{bd} = \frac{ad}{bc}$。重（chóng）有分：分数除分数的情形，就是繁分数。同而通之：通过使分母相同而使其通达。它与方程章的“通而同之”有区别。 [8] 这是分数除法中的颠倒相乘法 $\frac{a}{b} \div \frac{c}{d} = \frac{a}{b} \times \frac{d}{c} = \frac{ad}{bc}$。 [9] 这里是说法与实都是分数，所以分别用分母乘整数部分纳入分子，又用分母互乘分子、分母。

[点评]

在经分术注中，刘徽提出了“积分”的概念，它与现代数学的积分当然不同，但两者显然有渊源关系，清末李善兰等以此翻译 integral。

刘徽又提出了“率”的定义：“凡数相与者谓之率。”率，最直观的、应用最多的意义是现今之比例、比率。但这不是它的全部，比如方程术刘徽注中的“令每行为率”便不能归结到比率。可以说，现代数学概念中找不到它的同义语。所以 K.Chemla（林力娜）和笔者在中法双语评注本《九章算术》中没有翻译“率”，径直使用汉语拼音“lü”。

今有田广七分步之四，从五分步之三。问：为田几何？

答曰：三十五分步之十二。

又有田广九分步之七，从十一分步之九。问：为田几何？

答曰：十一分步之七。

又有田广五分步之四[1]，从九分步之五。问：为田几何？

答曰：九分步之四。

整数除法中如有“实不满法”的情形是分数产生的第二种方式。

乘分臣淳风等谨按：乘分者，分母相乘为法，子相乘为实，故曰乘分。术曰[2]：母相乘为法，子相乘为实，实如法而一。凡实不满法者而有母、子之名[3]。若有分，以乘其实而长之，则亦满法，乃为全耳。又以子有所乘[4]，故母当报除。报除者，实如法而一也。今子相乘则母各当报除，因令分母相乘而连除也。此田有广、从[5]，难以广谕。设有问者曰：马二十匹，直金十二斤[6]。今卖马二十匹，三十五人分之，人得几何？荅曰：三十五分斤之十二。其为之也，当如经分术，以十二斤金为实，三十五人为法。设更言马五匹，直金三斤。今卖四匹，七人分之，人得几何？荅曰：人得三十五分斤之十二。其为之也[7]，当齐其金、人之数，皆合初问入于经分矣。然则“分子相乘为实”者，犹齐其金也；“母相乘为法”者，犹齐其人也。同其母为二十，马无事于同，但欲求齐而已[8]。又，马五匹[9]，直金三斤，完全之率；分而言之，则为一匹直金五分斤之三。七人卖四马，一人卖七分马之四。金与人交互相生，所从言之异，而计数则三术同归也[10]。

今有田广三步三分步之一，从五步五分步之二。问：为田几何？

荅曰：十八步。

又有田广七步四分步之三，从十五步九分步之五。问：为田几何？

荅曰：一百二十步九分步之五。

又有田广十八步七分步之五，从二十三步十一分步之六。问：为田几何？

答曰：一亩二百步十一分步之七。

大广田臣淳风等谨按：大广田知，初术直有全步而无余分[11]，次术空有余分而无全步，此术先见全步复有余分，可以广兼三术，故大广。术曰[12]：分母各乘其全[13]，分子从之，“分母各乘其全，分子从之”者，通全步内分子，如此则母、子皆为实矣。相乘为实。分母相乘为法。犹乘分也。实如法而一[14]。今为术广从俱有分，当各自通其分。命母入者，还须出之，故令“分母相乘为法”而连除之。

[注释]

[1] 此问是广大于从的情形。中国古代广表示东西方向的长度，从表示南北方向的长度，因此从不一定比广长。 [2] 乘分术与大广田术都是乘法法则。乘分术就是真分数乘法法则：分母相乘作为法，分子相乘作为实，实除以法。设两分数是$\frac{a}{b}$，$\frac{c}{d}$，则$\frac{a}{b}\times\frac{c}{d}=\frac{ac}{bd}$。 [3]“凡实不满法者”五句：是说凡是实不满法的就有分母、分子的名称。若有分数，通过乘其实而扩大它，则如果满了法，就形成整数部分。亦，假如。 [4]“又以子有所乘”六句：是说又因为分子有所乘，所以在分母上应当回报以除。回报以除，

就是实除以法。如果分子相乘，则应当分别以分母回报以除，因而将分母相乘而连在一起除，即 $\frac{a}{b}\times\frac{c}{d}=(ac\div b)\div d=ac\div bd$。报，回报，回赠。报除，回报以除。[5]“此田有广从”二句：是说这里田地有广纵，难以比喻更多的方面。[6] 直：值，价格。[7]“其为之也”三句：是说那处理它的方式，应当使金、人的数相齐，都符合开始的问题，而纳入经分术了。入，纳入。[8] 此是以齐同术解卖马分金的问题。[9]“又马五匹”七句：是说又：5 匹马值 3 斤金，这是整数之率；若用分数表示之，就是 1 匹马值 $\frac{3}{5}$ 斤金。7 人卖 4 匹马，1 人卖 $\frac{4}{7}$ 匹马。[10] 三术：指解决此问的经分术、齐同术和乘分术。[11] 初术：指方田术，此术中的数都是整数。余分：分数部分。次术：指乘分术，此术中的数都是真分数。空：只，仅。见（xiàn）：显露，显现。三术：指方田术、乘分术和大广田术。[12] 大广田术是名数带分数乘法法则。[13]“分母各乘其全”二句：是说分母分别乘自己的整数部分，加入分子。刘徽说，这是将整数部分通分，纳入分子。这样，分子、分母都化成为实。[14] 设两个带分数为 $a+\frac{c}{d}$ 和 $b+\frac{e}{f}$，其中 a，b 分别是两个分数的整数部分。大广田法则就是 $\left(a+\frac{c}{d}\right)\left(b+\frac{e}{f}\right)=\frac{ad+c}{d}\times\frac{bf+e}{f}=\frac{(ad+c)(bf+e)}{df}$。《算数书》的“大广”条提出大广术，与此基本一致。

［点评］

秦汉数学简续和《九章算术》都有分数四则运算法则。这在世界各民族文化中是最早的，而以《九章算术》最为完整。

今有圭田广十二步[1]，正从二十一步。问：为田几何？

答曰：一百二十六步。

又有圭田广五步二分步之一，从八步三分步之二[2]。问：为田几何？

答曰：二十三步六分步之五。

术曰[3]：半广以乘正从。半广知，以盈补虚为直田也[4]。亦可半正从以乘广[5]。按：半广乘从[6]，以取中平之数，故广从相乘为积步。亩法除之，即得也。

“以盈补虚”在卷五称为“损广补狭”，在卷九称为“出入相补”，今统称为“出入相补”。

[注释]

[1] 圭：本是古代帝王、诸侯举行隆重仪式所执玉制礼器。李籍《音义》引《白虎通》曰：“圭者，上锐，象物皆生见于上也。”圭田是卿大夫士供祭祀用的田地，应是等腰三角形。李籍云：“圭田者，其形上锐，有如圭然。”此之圭田可以理解为三角形，如图 1-2（1）所示。《夏侯阳算经》“圭田”自注云“三角之田”。正从：后为“正纵”，即高。 [2] 此圭田给出“从”，可见从就是正从。因此，此圭田应是勾股形。 [3] 这是圭田面积公式 $S=\frac{a}{2}\times h$，其中 S,a,h 分别是圭田的面积、广、正从。 [4] 以盈补虚：在卷五刘徽称为“损广补狭”，在卷九称为“出入相补”，今通称为“出入相补”原理。圭田面积的以盈补虚方法如图 1-2（2）所示。 [5] 这是刘徽记载的圭田面积的另一公式 $S=a\times\frac{h}{2}$。其以盈补虚方法如图 1-2（3）所示。 [6] 此是刘徽记载的关于圭田面积公式的推导。将图 1-2（2）、（3）中的Ⅰ，Ⅱ分别移到

Ⅰ′，Ⅱ′处，便将圭田化为直田，由方田术求解。中平：平均。中平之数：平均值。

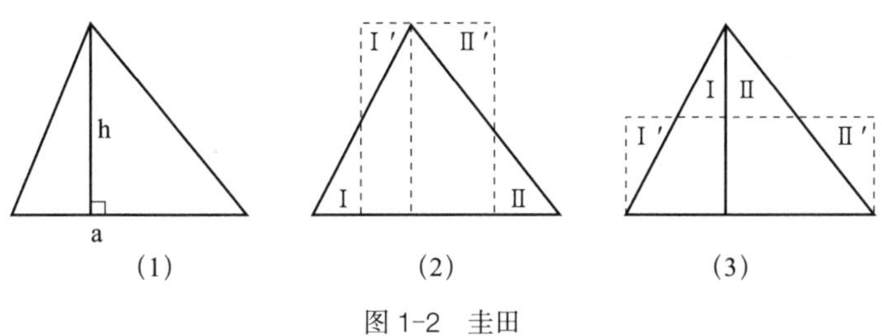

图 1-2 圭田

今有邪田[1]，一头广三十步，一头广四十二步，正从六十四步。问：为田几何？

答曰：九亩一百四十四步。

又有邪田，正广六十五步[2]，一畔从一百步，一畔从七十二步。问：为田几何？

答曰：二十三亩七十步。

术曰[3]：并两邪而半之，以乘正从若广。又可半正从若广[4]，以乘并。亩法而一。并而半之者[5]，以盈补虚也。

今有箕田[6]，舌广二十步，踵广五步，正从三十步。问：为田几何？

答曰：一亩一百三十五步。

又有箕田，舌广一百一十七步，踵广五十步，正从一百三十五步。问：为田几何？

答曰：四十六亩二百三十二步半。

术曰[7]：并踵、舌而半之，以乘正从。亩法而一。中分箕田则为两邪田[8]，故其术相似。又可并踵、舌[9]，半正从以乘之。

［注释］

[1] 邪：斜。邪田：直角梯形。此问之邪田如图 1-3（1）所示。 [2] 正广：直角梯形两直角间的边。畔：边侧。此问之邪田如图 1-3（2）所示。两问之邪田在数学上没有什么不同。 [3] 这里给出邪田面积公式 $S=\frac{a_1+a_2}{2}\times h$，其中 S，a_1，a_2，h 分别是邪田的面积、一头广或一畔从、另一头广或一畔从，以及正从或广。两邪：与邪边相邻的两广或两从，此是古汉语中实词活用的修辞方式。若：或，或者。 [4] 刘徽给出邪田面积的另一公式 $S=(a_1+a_2)\times\frac{h}{2}$。 [5] 证明以上两个公式的以盈补虚方法分别如图 1-3（3）、（4）所示。分别将 I 分别移到 I′ 处即可。 [6] 箕田：

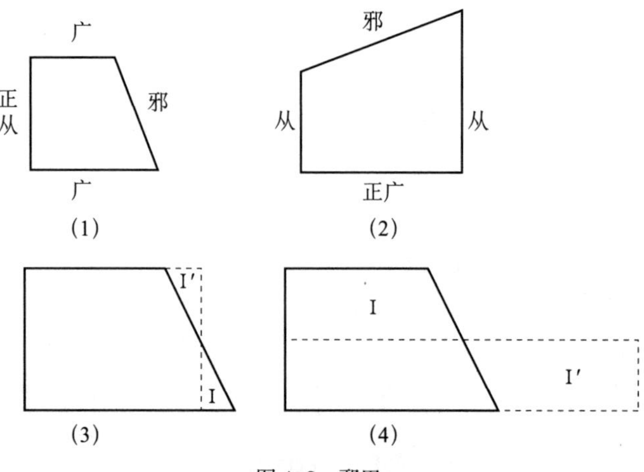

图 1-3　邪田

形如簸箕的田地，即等腰梯形，如图 1-4（1）所示。可理解为一般梯形。李籍《音义》云："箕田者，有舌有踵，其形哆侈，如有箕然。"箕：簸箕，簸米去糠的器具。踵：脚后跟。舌和踵分别是梯形的上底与下底。　[7] 此给出箕田面积公式 $S=\frac{a_1+a_2}{2}\times h$，其中 S，a_1，a_2，h 分别是箕田的面积、舌、踵和正从，与邪田面积公式相同，见注 [3]。　[8] 箕田分割成两邪田，如图 1-4（2）所示。相似：相类、相像。　[9] 刘徽提出箕田的另一面积公式 $S=(a_1+a_2)\times\frac{h}{2}$，与邪田面积的另一公式相同，见注 [4]。

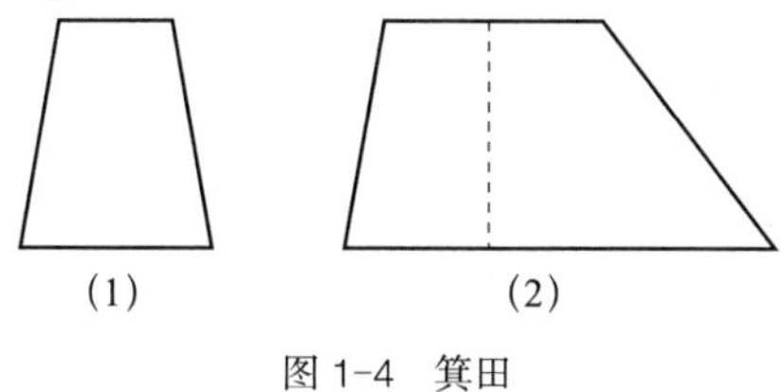

图 1-4　箕田

［点评］

出入相补原理是《九章算术》时代解决面积、体积和勾股问题的基本方法。它基于这样两个事实：一是将一个图形平移或旋转不改变该图形的面积或体积，一是将一个图形分割成若干部分，则所有这些部分的面积或体积的总和等于原图形的面积或体积。

今有圆田，周三十步，径十步[1]。臣淳风等谨按：术意以周三径一为率，周三十步，合径十步。今依密率[2]，合径九步十一分步之六。问：为田几何？

答曰：七十五步。此于徽术[3]，当为田七十一步一百五十七分步之一百三。　臣淳风等谨依密率，为田七十一步二十二分步之一十三。

又有圆田，周一百八十一步，径六十步三分步之一。臣淳风等谨按：周三径一，周一百八十一步，径六十步三分步之一。依密率，径五十七步二十二分步之十三。问：为田几何？

答曰：十一亩九十步十二分步之一。此于徽术，当为田十亩二百八步三百一十四分步之一百一十三。臣淳风等谨依密率，为田十亩二百五步八十八分步之八十七。

术曰[4]：半周半径相乘得积步。按：半周为从[5]，半径为广，故广从相乘为积步也。假令圆径二尺，圆中容六觚之一面[6]，与圆径之半，其数均等。合径率一而弧周率三也[7]。又按：为图[8]，以六觚之一面乘一弧半径，因而三之，得十二觚之幂。若又割之，次以十二觚之一面乘一弧之半径，因而六之，则得二十四觚之幂。割之弥细[9]，所失弥少。割之又割[10]，以至于不可割，则与圆周合体而无所失矣。觚面之外[11]，犹有余径，以面乘余径，则幂出弧表。若夫觚之细者，与圆合体，则表无余径[12]。

只有圆内接多边形的边都变成点，才会不可再割。《墨经·经下》："非半弗斱则不动，说在端。"《墨经·经说下》："斱半，进前取也。前，则中无为半，犹端也。前后表无余径，则幂不外出矣。以一面乘半径[13]，觚而裁之，每辄自倍。故以半周乘半径而为圆幂。 此以周、径谓至然之数[14]，非周三径一之率也。周三者，从其六觚之环耳。以推圆规多少之觉，乃弓之与弦也。然世传此法[15]，莫肯精核；学者踵古，习其谬失。不有明据[16]，辩之斯难。凡物类形象[17]，不圆则方。方圆之率，诚著于近，则虽远可知也。由此言之，其用博矣。 谨按图验[18]，更造密率。恐空设法，数昧而难譬，故置诸检括，谨详其记注焉。割六觚以为十二觚术曰[19]：置圆径二尺[20]，半之为一尺，即圆里觚之面也。令半径一尺为弦，半面五寸为句，为之求股：以句幂二十五寸减弦幂，余七十五寸，开方除之，下至秒、忽。又一退法，求其微数。微数无名知以为分子，以十为分母，约作五分忽之二。故得股八寸六分六厘二秒五忽五分忽之二。以减半径[21]，余一寸三分三厘九毫七秒四忽五分忽之三，谓之小句。觚之半面而又谓之小股。为之求弦。其幂二千六百七十九亿四千九百一十九万三千四百四十五忽，余分弃之。开方除之，即十二觚之一面也。割十二觚以为二十四觚术曰：亦令半径为弦[22]，半面为

取，则端中也。斱必半；毋与非半，不可斱也。”显然刘徽的割圆会达到“不可割”的境地，与《墨经》的无限分割会达到“不可斱”的端的思想一脉相承。斱（zhuó），破，析，可以理解为割。

此段实际上是刘徽求圆周率程序的序言，他批评了以往学者沿袭周三径一之率的错误，提出要制定求圆周率的法则，详细记注其程序。“不有明据，辩之斯难”，反映了刘徽既敢于创新，又言必有据的精神。但说“物类形象，不圆则方”，把椭圆等形体排除在外，则有局限性。

句，为之求股。置上小弦幂，四而一，得六百六十九亿八千七百二十九万八千三百六十一忽，余分弃之，即句幂也。以减弦幂，其余开方除之，得股九寸六分五厘九毫二秒五忽五分忽之四。以减半径[23]，余三分四厘七秒四忽五分忽之一，谓之小句。觚之半面又谓之小股。为之求小弦。其幂六百八十一亿四千八百三十四万九千四百六十六忽，余分弃之。开方除之，即二十四觚之一面也。割二十四觚以为四十八觚术曰：亦令半径为弦[24]，半面为句，为之求股。置上小弦幂，四而一，得一百七十亿三千七百八万七千三百六十六忽，余分弃之，即句幂也。以减弦幂，其余，开方除之，得股九寸九分一厘四毫四秒四忽五分忽之四。以减半径[25]，余八厘五毫五秒五忽五分忽之一，谓之小句。觚之半面又谓之小股。为之求小弦。其幂一百七十一亿一千二十七万八千八百一十三忽，余分弃之。开方除之，得小弦一寸三分八毫六忽，余分弃之，即四十八觚之一面。以半径一尺乘之[26]，又以二十四乘之，得幂三万一千三百九十三亿四千四百万忽。以百亿除之，得幂三百一十三寸六百二十五分寸之五百八十四，即九十六觚之幂也。割四十八觚以为九十六觚术曰：亦令半径为弦[27]，半面为句，为之求股。置次上弦幂，四而一，得四十二亿七千七百五十六万九千七百三忽，余分弃之，则句幂也。以减弦幂，其余，开方除之，得股九寸九分七厘八毫五秒八忽十分忽之九。以减半径[28]，余二厘一毫四秒一忽十分忽之一，谓之小句。觚之半面又谓之小股。为之求小弦。其幂四十二亿八千二百一十五万四千一十二忽，余分弃之。开方除之，得小弦六分五厘四毫三秒八忽，余分弃之，即九十六觚之一面。以半径一尺乘之[29]，又以四十八乘之，得幂三万一千四百一十亿二千四百万忽。以百亿除之，得幂三百一十四寸六百二十五分寸之六十四，即一百九十二觚之幂也。以九十六觚之幂减之[30]，余六百二十五分寸之一百五，谓之差幂。倍之，为分寸之二百一十，即九十六觚之外弧田九十六所，谓以弦乘矢之凡幂也。加此幂于九十六觚之幂，得三百一十四寸六百二十五分寸之一百六十九，则出于圆之表矣。故还就一百九十二觚之全幂三百一十四寸以为圆幂之定率而弃其余分。以半径一尺除圆幂[31]，倍所得，六尺二寸八分，即周数。令径自乘为方幂刘徽所称“晋武库”是晋朝之武库，还是晋王之武库，学术界有争论。魏景元四年(263)司马昭称晋公，旋为晋王。笔者倾向于此为晋公或晋王之武库。在魏朝，刘徽可以说晋公或晋王之武库为“晋武库”。若在晋朝，刘徽不当加“晋”字。王莽铜斛在新始建国元年(9)颁行，合斛、斗、升、合、龠为一器。上部为斛，下部为斗，左耳为升，右耳为合、龠。今藏于台北故宫博物院，如图1-9所示，其斛铭是：“律嘉量斛，内方尺而圜其外，庣旁九厘五毫，冥百六十二寸，深尺，积千六百二十寸，容十斗。”与刘徽所述略有不

四百寸[32]，与圆幂相折，圆幂得一百五十七为率，方幂得二百为率。方幂二百，其中容圆幂一百五十七也。圆率犹为微少。按：弧田图令方中容圆，圆中容方，内方合外方之半。然则圆幂一百五十七，其中容方幂一百也。又令径二尺与周六尺二寸八分相约[33]，周得一百五十七，径得五十，则其相与之率也。周率犹为微少也。　晋武库中汉时王莽作铜斛[34]，其铭曰：律嘉量斛，内方尺而圆其外，庣旁九厘五毫，幂一百六十二寸，深一尺，积一千六百二十寸，容十斗。以此术求之，得幂一百六十一寸有奇，其数相近矣。此术微少。而觚差幂六百二十五分寸之一百五[35]。以一百九十二觚之幂以率消息，当取此分寸之三十六，以增于一百九十二觚之幂，以为圆幂，三百一十四寸二十五分寸之四。置径自乘之方幂四百寸[36]，令与圆幂通相约，圆幂三千九百二十七，方幂得五千，是为率。方幂五千中容圆幂三千九百二十七；圆幂三千九百二十七中容方幂二千五百也。以半径一尺除圆幂三百一十四寸二十五分寸之四[37]，倍所得，六尺二寸八分二十五分分之八，即周数也。全径二尺与周数通相约，径得

一千二百五十，周得三千九百二十七，即其相与之率。若此者，盖尽其纤微矣。举而用之，上法为约耳[38]。当求一千五百三十六觚之一面，得三千七十二觚之幂，而裁其微分，数亦宜然，重其验耳。

同，而与《隋书·律历志》的记载基本一致。

此段是刘徽求更精确的圆周率近似值 $\frac{3927}{1250}$ 的方法，其精确度已经超过了阿基米德。据严敦杰计算，$l_8=4090\frac{612}{1000}$ 寸，$S_9\approx314\frac{4}{23}$ 寸^2。

[注释]

[1] 圆田：即圆。当时取“周三径一”之率，即 $\pi=3$。后来的数学著作常将此率称为“古率”。　[2] 密率：精密之率。密率是个相对概念。此处李淳风等将圆周率近似值 $\frac{22}{7}$ 称作密率，元明以前的数学著作皆如此。盖 $\frac{22}{7}$ 比 3 精确，也比徽率精确。据《隋书·律历志》，祖冲之则将他求出的圆周率近似值 $\frac{355}{113}$ 称作密率，而将 $\frac{22}{7}$ 称作约率。　[3] 徽术：亦称作“徽率”，即下文刘徽所求出的圆周率近似值 $\frac{157}{50}$。　[4] 设 S，L，r 分别是圆的面积、周长和半径，此即圆面积公式 $S=\frac{1}{2}Lr$。　[5] 这是以圆内接正 6 边形的周长代替圆周长，以圆内接正 12 边形的面积代替圆面积的推证方法，大体是：如图 1-5 所示，将圆内接正 12 边形分割成Ⅰ，Ⅱ，Ⅲ，Ⅳ，Ⅴ及 1，2，3，4，5，6，7，8，9，10，11 凡 16 部分，使Ⅰ，1 不动，而将Ⅱ，Ⅲ，Ⅳ，Ⅴ及 2，3，4，5，6，7，8，9，10，11 移到Ⅱ′，Ⅲ′，Ⅳ′，Ⅴ′及 2′，3′，4′，5′，6′，7′，8′，9′，10′，11′处，形成一个一个以圆半径为广，正六边形周长的一半为纵的长方形，便得到《九章算术》的圆面积公式。　[6] 觚：多棱角的器物。《史记·酷吏列传》：“破觚而为圆”。n 觚本是正 n 角形，今称正 n 边形。面：边。　[7] 刘徽指出，以上的推证是以周三径一为前提的，因而并没有真正证明《九

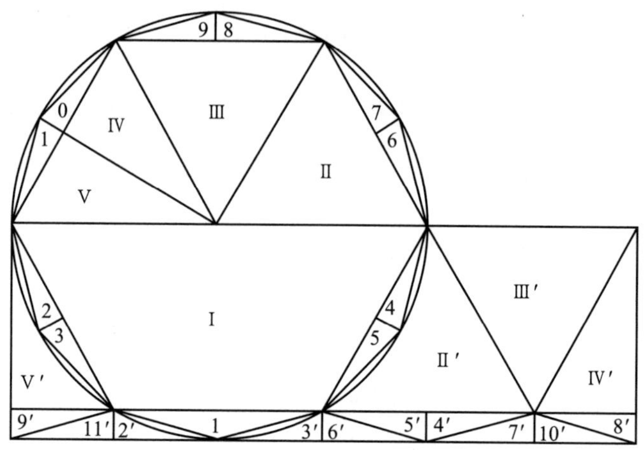

图 1-5 《九章算术》时代圆面积之推导

章算术》的圆面积公式。 [8] 为图：作图。刘徽图已亡佚。设圆内接正6×2^n边形一边长为l_n，正$6\times 2^{n+1}$边形面积为S_{n+1}，n=1，2，3…。“为图”八句：是说圆内接正 12 边形面积为$S_1=3l_0r$，正 24 边形面积为$S_2=6l_1r$。一弧半径、一弧之半径均指圆半径。 [9] “割之弥细”二句：是说将圆内接正 24 边形再割成正 48，96，…边形，那么割的次数越多，它们的边长就越细小。如果把圆内接正多边形的面积当作圆面积，则其缺失越来越少。换言之，$S_n<S$，而S_n-S越来越小。弥的本义是弓张满。引申为满，遍。又引申为加深，更加。弥细，更加细微。失，缺失。弥少，更加少。 [10] “割之又割”三句：是说无限地分割下去，会达到对圆内接多边形不可再割的境地，则圆内接正无穷多边形就与圆周完全重合，圆面积不再有缺失，亦即$\lim\limits_{n\to\infty}S_n=S$，如图 1-6（1）所示。 [11] “觚面之外”四句：是说圆内接正多边形每边与圆周之间都有一余径，将余径乘正多边形的每边之积加到正多边形的面积上，则大于圆面积，即$S_n+6\times 2^n l_n r_n=S_n+2(S_{n+1}-S_n)>S$，其中$r_n$是圆内接正$n$边形的余径，如图 1-6（2）所示。余径：

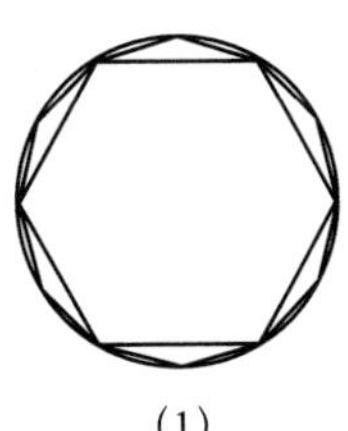

(1)

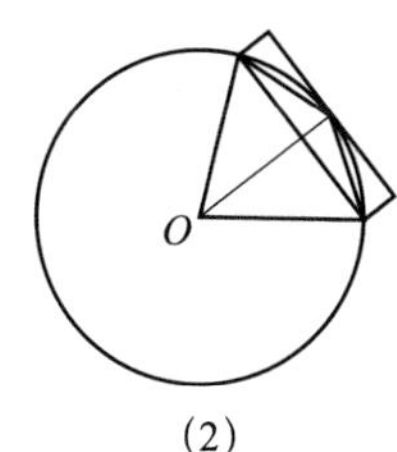

(2)

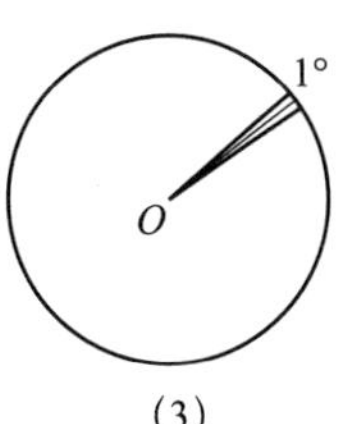

(3)

图 1-6　刘徽对圆面积公式的证明

半径剩余的部分，即圆半径与圆内接正多边形的边心距之差。弧表：圆周。[12] 至于最细微的觚与圆周合为一体，则不再有余径，亦即 $\lim_{n\to\infty} r_n = 0$。那么余径乘正多边形的每边之积与正多边形的面积之和不再大于圆面积，亦即 $\lim_{n\to\infty}[S_n + 2(S_{n+1} - S_n)] = S$。若夫：至于。[13]“以一面乘半径”三句：是说以与圆周合体的正多边形的一边乘圆半径，再从每个角将其裁开，就成为无穷多个以圆心为顶点，以每边为底的小等腰三角形，那么其面积就是每个小等腰三角形面积的 2 倍。设每个小等腰三角形的面积为 A_i，则 $l_i r = 2A_i$，如图 1-6（3）所示。所有这些小等腰三角形的底边之和为圆周长 $\sum_{i=1}^{\infty} l_i = L$，它们的面积之和为圆面积 $\sum_{i=1}^{\infty} A_i = S$。因此，$\sum_{i=1}^{\infty} 2A_i = \sum_{i=1}^{\infty} l_i r = Lr = 2S$，反求出 S，就得到 $S = \frac{1}{2}Lr$。辄，总是。[14]“此以周”二句：是说圆周与径的比率是非常精确的圆周率近似值，而不是周三径一。周三是圆内接正 6 边形的周长。它与圆周是弓与弦的关系。六觚之环是圆内接正 6 边形的周长。觉（jiào），“较”之通假字，比较，较量。[15]“然世传此法”四句：是说然而世间相传此法，不追求精确值，学子追随古人，沿袭其谬误。踵的本义是脚后跟，引申为追逐、追随。踵古，追随古人。习，沿袭。习的本义是鸟类频频试飞，引申为学习、沿袭、重复。谬失，错误。[16]“不有明据”二句：是说没有明晰的证据，辩论这个问题是很困难的。[17]“凡物类形象”

四句：是说凡是事物的形象，不是圆的，就是方的。在近处求出方率与圆率，就知道在远处也是同样的，换言之方率与圆率是常数。 [18]“谨按图验”六句：是说谨借助图形作为验证，提出计算精密圆周率值的方法。我担心凭空设立一种方法，数值不清晰而且使人难以通晓，因此把它置于一个法度之中，谨详细地写下这个注释。检括，法则，法度。刘徽的图在《九章重差图》中，早已亡佚。 [19]分割圆内接正6边形为正12边形的方法。下面割为24，48，96边形的句型不再注。 [20]“置圆径二尺”十六句：是说圆内接正6边形的每边长等于半径。考虑由圆内接正6边形的边长的一半AC作为勾，边心距OC作为股，圆半径OA作为弦的句股形OAC。以勾方的面积25寸^{2}减弦方的面积，余75寸^2。对之开方，求至秒、忽。又再退法，求它的微数。微数中没有名数单位的，就作为分子，以10作为分母，约简成$\frac{2}{5}$忽，亦即股$OC=\sqrt{OA^2-AC^2}=\sqrt{(10\text{寸})^2-(5\text{寸})^2}=866025\frac{2}{5}$忽，如图1-7所示。勾方是以勾为边长的正方形的面积，弦方是以弦为边长的正方形的面积。秒、忽都是长度单位。《隋书·律历志》引《孙子算术》曰：“蚕所生吐丝为忽，十忽为秒，十秒为毫，十毫为厘，十厘为分。”李籍《音义》所引与此同，而与南宋本、大典本不同。李籍又云：“忽者，数之始也。”微数，微小的数，这是刘徽创造的求无理根的近似值方法，

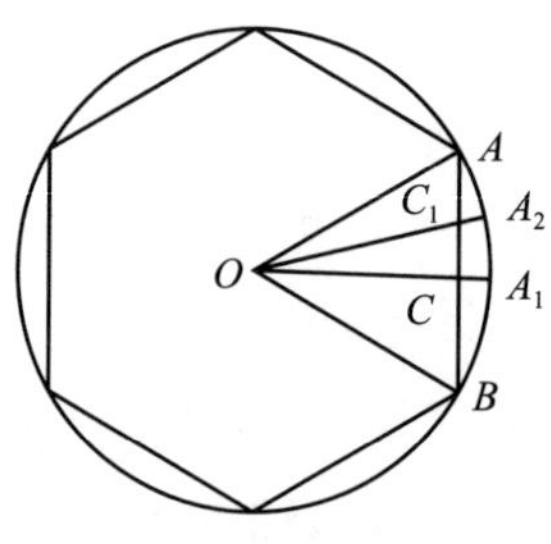

图1-7 刘徽求圆周率

见卷四开方术刘徽注。　[21]“以减半径”九句：是说求得余径 $CA_1=OA_1-OC=10寸-866025\frac{2}{5}忽=133974\frac{3}{5}忽$。考虑以余径 CA_1 为勾，其边长之半 AC 为股，12 边形边长 AA_1 为弦的勾股形 A_1AC，$AA_1^2=AC^2+CA_1^2=(5000忽)^2+\left(133974\frac{3}{5}忽\right)^2=267949193445\frac{4}{25}忽^2$，舍去余分 $\frac{4}{25}$，则 $AA_1^2=267949193445忽^2$。那么弦 $AA_1=\sqrt{267949193445}忽$ 就是圆内接正 12 边形的一边长 l_1。万万曰亿。李籍《音义》云：“十万曰亿。万者，物数也。以人之意数为足以胜物数故也。或曰万万曰亿。黄帝为法，数有十等，及其用也，乃有三焉。十等者，谓亿、兆、京、垓、秭、壤、沟、涧、正、载也。三等者，谓上、中、下之数也。下数者，十十变之。若言：十万曰亿，十亿曰兆,十兆曰京。中数者，万万变之。若言：万万曰亿，万万亿曰兆,万万兆曰京。上数者，数穷则变。若言：万万曰亿，亿亿曰兆,兆兆曰京。《诗》云‘不稼不穑，胡取禾三百亿兮？’毛氏曰：‘万万曰亿。’郑氏曰：‘十万曰亿。’据如此言，则郑用下数，毛用中数也。”数有十等之说，李籍引自东汉末徐岳《数术记遗》。其《诗经》及其毛、郑注，李籍引自北周甄鸾《数术记遗注》。余分，分数部分。　[22]“亦令半径为弦”十一句：是说考虑以圆内接正 12 边形一边长之半 AC_1 为勾，边心距 OC_1 为股，圆半径 OA 为弦的勾股形 OAC_1。勾 AC_1 之幂 $AC_1^2=\frac{1}{4}AA_1^2=\frac{1}{4}\times 267949193445忽^2=66987298361\frac{1}{4}忽^2$。弃去分数部分 $\frac{1}{4}$，得 $66987298361忽^2$。那么勾股形 OAC_1 的股即正 12 边形的边心距 $OC_1=\sqrt{OA^2-AC_1^2}=\sqrt{(10寸)^2-66987298361忽^2}=965925\frac{4}{5}忽$。　[23]“以减半径”九句：是说考虑以圆内接正 12 边形的余径 C_1A_2 为勾，其边长 AA_1 之半 AC_1 为股，正 24 边形一边长 A_2A 为弦的勾股形 A_2AC_1，余径即勾

$A_2C_1 = OA_2 - OC_1 = 10寸 - 965925\frac{4}{5}忽 = 34074\frac{1}{5}忽$。那么弦幂为 $A_2A^2 = AC_1^2 + A_2C_1^2 = 6698729836忽^2 + (34074\frac{1}{5}忽)^2 = 68148349466\frac{16}{25}忽^2$，弃去分数部分 $\frac{16}{25}$，则弦幂 $A_2A^2 = 68148349466忽^2$。对之开方，得 $A_2A = \sqrt{68148349466}$ 忽，就是圆内接正 24 边形的一边长 l_2。 [24]"亦令半径为弦"十二句：是说考虑以圆内接正 24 边形一边长之半 AC_2 为勾，边心距 OC_2 为股，圆半径 OA 为弦的勾股形 OAC_2。勾 AC_2 之幂 $AC_2^2 = \frac{1}{4}A_2A^2 = \frac{1}{4} \times 68148349466忽^2 = 17037087366\frac{1}{2}忽^2$。弃去分数部分，得 $AC_2^2 = \frac{1}{4}A_2A^2 = 17037087366忽^2$。则股即正 24 边形的边心距 $OC_2 = \sqrt{OA^2 - AC_2^2} = \sqrt{(10寸)^2 - 17037087366忽^2} = 991444\frac{4}{5}忽$。 [25]"以减半径"十一句：是说考虑以圆内接正 24 边形的余径 C_2A_3 为勾，其边长 AA_2 之半 AC_2 为股，正 48 边形一边长 A_3A 为弦的勾股形 A_3AC_2。弦 $A_3A = \sqrt{AC_2^2 - C_2A_3^2} = \sqrt{17037087366忽^2 + (8555\frac{1}{4}忽)^2} = 130806忽$ 就是圆内接正 48 边形的一边长 l_3。 [26]"以半径一尺乘之"六句：是说圆内接正 96 边形的面积 $S_4 = 48 \times \frac{1}{2}l_3r = 48 \times \frac{1}{2} \times 130806忽 \times 10寸 = 3139344000000忽^2 = 313\frac{584}{625}寸^2$。 [27]"亦令半径为弦"十二句：是说考虑以圆内接正 48 边形一边长之半 AC_3 为勾，边心距 OC_3 为股，圆半径 OA 为弦的勾股形 OAC_3。勾 AC_3 之幂 $AC_3^2 = \frac{1}{4}A_3A^2 = 4277569703忽^2$。那么股即正 48 边形的边心距 $OC_3 = \sqrt{OA^2 - AC_3^2} = \sqrt{(10寸)^2 - 4277569703忽^2} = 997858\frac{9}{10}$ 忽。 [28]"以减半径"十一句：是说考虑以圆

内接正48边形的余径 C_3A_4 为勾，其边长 AA_3 之半 AC_3 为股，正96边形一边长 A_4A 为弦的勾股形 A_4AC_3。余径 $C_3A_4 = OA_4 - OC_3 = 10寸 - 997858\frac{9}{10}忽 = 2141\frac{1}{10}忽$，那么弦 $A_4A = \sqrt{AC_3^2 + C_3A_4^2} = \sqrt{(4277569703忽)^2 + \left(2141\frac{1}{10}忽\right)^2} = 65438忽$，就是圆内接正96边形的一边长 l_4。［29］"以半径一尺乘之"六句：是说圆内接正192边形的面积 $S_5 = 96 \times \frac{1}{2} \times 65438忽 \times 10寸 = 3141024000000忽^2 = 314\frac{64}{625}寸^2$。［30］"以九十六觚之幂减之"十一句：是说以圆内接正96边形面积减正192边形面积 $S_5 - S_4 = 314\frac{64}{625}寸^2 - 313\frac{584}{625}寸^2 = \frac{105}{625}寸^2$ 称为差幂。将其加倍，得 $2(S_5 - S_4) = \frac{210}{625}寸^2 = 96l_4r_4$，就是正96边形之外的96块"外弧田"，也就是以弦乘矢的总面积，其中 r_4 是圆内接正96边形的余径。将其加到正96边形面积上，就大于圆面积，即 $S_4 + 2(S_5 - S_4) = 313\frac{584}{625}寸^2 + \frac{210}{625}寸^2 = 314\frac{169}{625}寸^2 > S$。因此取圆内接正192边形面积的整数部分314寸^{2}作为圆面积的近似值。凡幂，总面积。定率，确定的率。［31］"以半径一尺除圆幂"四句：是说以半径1尺除圆面积，将结果加倍，得到6尺2寸8分，就是圆周长。实际上是将圆面积近似值314寸^{2}代入圆面积公式 $S = \frac{1}{2}Lr$，求出圆周长的近似值。［32］"令径自乘为方幂"十二句：是说圆的外切正方形与圆的面积之比为 $S_外 : S = 200 : 157$，而圆率仍然微少。圆内接一个正方形，则其面积是其外切正方形的 $\frac{1}{2}$，如图1-8所示。圆与圆内接正方形的面积之比为 $S : S_内 = 157 : 100$。［33］"又令径二尺与周六尺"五句：是说用圆直径2尺与圆周长6尺2寸8分相约，得到 $\pi = L : d = 157 : 50 = \frac{157}{50}$，就是周、径的相与之率。［34］"晋武库中汉时"十三句：是说晋武库中有西汉末年刘歆为王莽制造的标准量器铜斛（图1-9）。其

图 1-8　圆与外切大方及内接中方

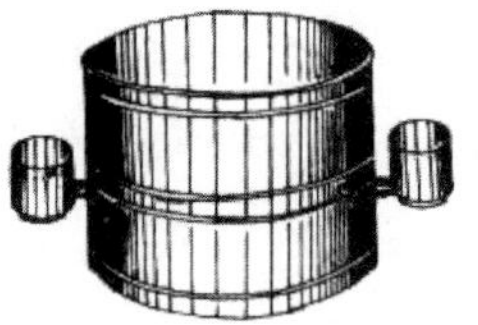

图 1-9　王莽铜斛

铭文说，律嘉量斛的截面是圆形的，内部是一个边长 1 尺的正方形，其庣旁为 9 厘 5 毫，如图 1-10 所示。其面积 162 寸^2，深 1 寸，容积 1620 寸^3，容量 10 斗。以徽术 $\frac{157}{50}$ 计算，铜斛的圆直径为 $d=\sqrt{10^2+10^2}$ 寸 +2×9 厘 5 毫 =14 寸 3 厘 3 毫 2 分，底面积为 $\frac{157}{200}\times 14332$寸$^2=161\frac{24}{100}$寸^2，仍少一点。武库，储藏兵器的仓库。律嘉量斛，标准量器中的斛器。律，本是用竹管或金属管制成的定音仪器，后引申为标准、法纪，如乐律、历律、格律、律尺、律吕等。嘉量，古代的标准量器，有鬴、豆、升三量。庣（tiāo），有二义：一指凹下或不满之处。李籍《音义》云："不满之貌也。"如王莽铜斛的庣旁，如图 1-10（1）所示。一指盈余部分，如齐旧四量的庣旁，如图 1-10（2）所示。奇（jī），奇零。李籍云："余数也。" [35]"而觚差幂六百二十五分寸之一百五"六句：是求更准确圆周率值的方法。先求圆面积的近似值：觚差幂，即圆内接正 192 边形与 96 边形的面积之差，为 $S_5-S_4=\frac{105}{625}$寸^2。以圆内接正 192 边形面积 $314\frac{64}{625}$寸^2 作为增减的基础。在其上增加 $\frac{36}{625}$寸^2，

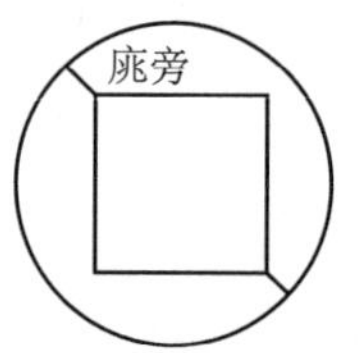

（1）王莽铜斛之庣旁

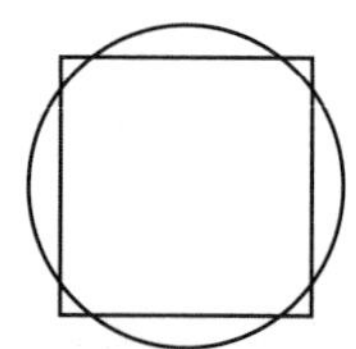

（2）齐旧四量之庣旁

图 1-10　庣旁

得到 $S \approx S_5 + \frac{36}{625}$ 寸^2 $= 314\frac{64}{625}$寸^2 $+ \frac{36}{625}$寸^2 $= 314\frac{4}{25}$寸^2，作为圆面积近似值。后“以”字训为（wēi）。消息：谓一消一长。$\frac{36}{625}$寸^2 是如何取得的，学术界有不同看法。笔者认为是估值。前已求出 $S_5 - S_4 = \frac{105}{625}$寸^2，而 $S - S_4$ 大约是 $S_5 - S_4$ 的 $\frac{1}{3}$，即约 $\frac{35}{625}$寸^2，如图 1-11 所示。为使最后的结果化简方便，取其为 $\frac{36}{625}$寸^2。　[36] 此即刘徽求出的圆分别与外切正方形和内接正方形的面积关系为：$S_{外} : S = 5000 : 3927$，$S : S_{内} = 3927 : 2500$。　[37]“以半径一尺除圆幂”九句：是说将圆面积近似值 $314\frac{4}{625}$寸^2 代入圆面积公式 $S = \frac{1}{2}Lr$，求出圆周长的近似值 $L = \frac{2S}{r} \approx \left(2 \times 314\frac{4}{625}\text{寸}^2\right) \div 10\text{寸} = 6\text{尺}2\text{寸}8\frac{8}{25}\text{分}$。用圆直径 2 尺与圆周长近似值相约，得到圆周率 $\pi = \frac{L}{d} = \frac{3927}{1250}$，相当于 3.1416。　[38]“上法为约耳”六句：是说上法仍不精确，应该计算圆内接正 1536 边形的边长 l_8，正 3072 边形的面积 S_9。舍去奇零部分，得到的数值也是如此，重新验证了 $\frac{3927}{1250}$。据严敦杰计算，圆内接正 1536 边形的边长 $l_8 = 4090\frac{612}{1000}$ 忽，正 3072 边形的面积 $S_9 \approx 314\frac{4}{625}$寸^2。

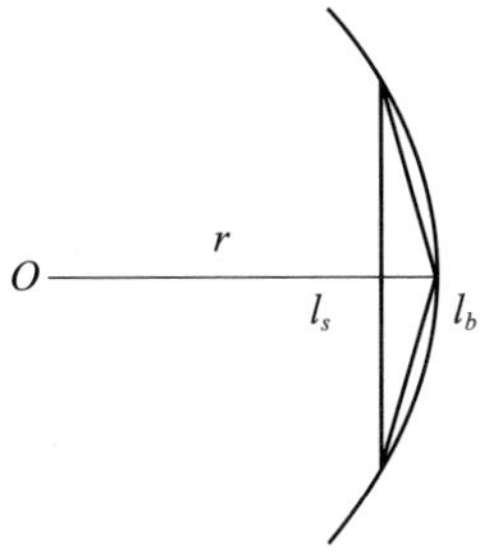

图 1-11　估值

［点评］

使用极限思想和无穷小分割方法对《九章算术》圆面积公式的完整证明，是刘徽割圆术的主旨所在。南朝大数学家祖冲之应该通晓刘徽割圆术，可惜他的《缀术》因隋唐算学馆“学官莫能究其深奥，是故废而不理”而失传，我们无法窥其全豹。祖冲之之后一千多年间，包括清乾嘉学派专门研究《九章算术》的戴震、李潢等数学家在内，由于他们不懂极限思想和无穷小分割方法，都没有看懂刘徽割圆术。20 世纪 70 年代末以前，所有涉及刘徽割圆术的著述或因特别重视计算圆周率的成就，或因受李潢等人的影响，都有意无意地忽略了“以一面乘半径，觚而裁之，每辄自倍。故以半周乘半径而为圆幂”这几句画龙点睛之语，因此都没有认识到刘徽在证明《九章算术》的圆面积公式，甚至一篇逐字逐句翻译刘徽割圆术的文章对这 25 个字竟略而不译。

刘徽在中国数学史上首创了计算圆周率的完整程序，并求出圆周率近似值$\frac{157}{50}$，相当于 $\pi=3.14$，通常称为徽术或徽率。刘徽取得了与古希腊阿基米德同等的结果，虽然比阿基米德晚，然以不等式 $S_4<S<S_4+2(S_5-S_4)$ 确定圆面积的近似值却比阿基米德简便。

同样，在 20 世纪 70 年代末以前，几乎所有著述由于没有认识到刘徽在证明圆面积公式 $S=\frac{1}{2}Lr$，将求圆周率的程序统统搞错了。一是它们在求出圆面积的近似值 314 寸^{2}之后，代入现今中学数学教科书中的圆面积公式 $S=\pi r^2$，求出圆周率。这不仅背离了刘徽注，而且会将刘徽置于他从未犯过的循环推理的错误境地。因为刘徽此时并未证明这个圆面积公式，倒是在求出圆周率$\frac{157}{50}$之后，用它修正了与之相当的圆面积公式 $S=\frac{3}{4}d^2$。二是说刘徽用极限过程求得圆周率。实际上刘徽求圆周率程序没有极限过程，只是极限思想在近似计算中的应用。

臣淳风等谨按：旧术求圆[1]，皆以周三径一为率。若用之求圆周之数，则周少径多。用之求其六觚之田，乃与此率合会耳。何则？假令六觚之田，觚间各一尺为面，自然从角至角，其径二尺可知。此则周六径二，与周三径一已合。恐此犹以难晓[2]，今更引物为喻。设令刻物作圭形者六枚，枚别三面，皆长一尺。攒此六物，悉使锐头向里，则成六觚之周，角径亦皆一尺。更从觚角外畔，围绕为规，则六觚之径尽达规矣。当面径短，不至外规。若以径言之，则为规六尺，径二尺，面径皆一尺。面径股不至外畔，定无二尺可知。故周三径一之率于圆周乃是径多周少。径一周三，理非精密。盖术从简要，举大纲略而言之。刘徽将以为疏[3]，遂乃改张其率。但周、径相乘，数难契合。徽虽出斯二法，终不能究其纤毫也。祖冲之以其不精[4]，就中更推其数。今者修撰，攟摭诸家[5]，考其是非，冲之为密。故显之于徽术之下，冀学者之所裁焉。

李淳风等担心唐最高学府的算学生对周三径一符合圆内接正6边形的情形“犹以难晓”，需要如此烦琐地说明，甚至要借助于圭形模型，足见算学馆的学生数学素质之低。

[注释]

[1] 旧术：指《九章算术》时代的周率3径率1。以：训为。

[2]“恐此犹以难晓”十二句：是说我们担心你们还不懂，便以模型展示：取 6 枚边长 1 尺的正三角形的圭，拼成圆内接正 6 边形，它的径达到圆周，而边心距达不到圆周，这才合周三径一。畔，本指田界，引申为界限，边。规，指用圆规画出的圆。 [3]“刘徽将以为疏”六句：是说刘徽认为这粗疏，遂更改其率，但周径相乘，仍不能契合。刘徽虽然提出二法 $\frac{157}{50}$、$\frac{3927}{1250}$，终究不能穷尽其纤毫。将，训则。“二法”，戴震辑录本作“一法”，有的学者认为仅指 $\frac{157}{50}$。至于 $\frac{3927}{1250}$，李潢《九章算术细草图说》认为系祖冲之所创，并说“观下文‘今祖疏’可知”。20 世纪 50 年代学术界还发生了后者到底是谁所创的辩论。实际上《九章算术》三个最古版本，即南宋本、大典本和杨辉本此 3 字均作“今粗疏”，清汲古阁本讹作“今租疏”（可见影钞本也会有讹误！），戴震据此整理微波榭本，又改作“祖”。李潢依据微波榭本，说“祖”是祖冲之，以讹传讹，以至于斯。 [4] 祖冲之（429—500），字文远。南朝宋、齐数学家、天文学家。祖籍范阳遒县（今河北涞水），父、祖均仕南朝。冲之少稽古，有机思，专攻数术。青年时直华林学省（学术机关），后任南徐州（今江苏镇江）从事史、娄县（今江苏昆山）令。入齐，官至长水校尉。注《九章算术》，撰《缀术》，均亡佚。《隋书·律历志》云：“宋末，南徐州从事史祖冲之更开密法，以圆径一亿为一丈，圆周盈数三丈一尺四寸一分五厘九毫二秒七忽，朒数三丈一尺四寸一分五厘九毫二秒六忽，正数在盈朒二限之间。密率：圆径一百一十三，圆周三百五十五。约率：圆径七，周二十二。”这相当于 $3.1415926 < \pi < 3.1415627$，密率 $\frac{355}{113}$，约率 $\frac{22}{7}$，领先世界约千年。李淳风等将后者称为密率。祖冲之还制定《大明历》，首先引入岁差，其日月运行周期的数据比以前的历法更为准确。撰《驳议》，不畏权贵，坚持科学真理，反对“虚推古人”。又曾改造指南车、

水碓磨、千里船、木牛流马、欹器，解钟律、博、塞，当时独绝。注《周易》《老子》《庄子》，释《论语》，亦亡佚。又撰《述异记》，今有辑本。严敦杰著《祖冲之科学著作校释》，收录并校释了祖冲之现存全部著作。 [5] 攈摭（jùn zhí）：摘取，搜集。李籍《音义》云："攈摭，取拾也。攈：或作捃。"是当时还有作"捃"的抄本。

［点评］

李淳风等指出祖冲之所求的圆周率比徽率精确是对的。但对刘徽有微词，则不妥。刘徽在中国数学史上首创求圆周率的科学方法，理论意义与实践意义十分重大。祖冲之的方法已失传，一般认为，他使用的是刘徽的方法。钱宝琮指出："李淳风缺少历史发展的认识，有意轻视刘徽割圆术的伟大意义，徒然暴露了他们自己的无知。"李淳风和梁述等都是唐初大数学家，水平尚且如此，遑论其他！这些都反映了封建盛世的隋唐的数学水平远低于魏晋南北朝。

又术曰：周、径相乘，四而一[1]。此周与上弧同耳。周、径相乘各当以半[2]。而今周、径两全，故两母相乘为四，以报除之。于徽术[3]，以五十乘周，一百五十七而一，即径也。以一百五十七乘径，五十而一，即周也。新术径率犹当微少。则据周以求径，则失之长；据径以求周，则失之短。诸据见径以求幂者[4]，皆失之于微少；据周以求幂者，皆失之于微多。

臣淳风等按：依密率[5]，以七乘周，二十二而一，即径；以二十二乘径，七而一，即周。依术求之，即得。

[注释]

[1] 此即圆面积的又一公式$S=\frac{1}{4}Ld$。 [2]“周、径相乘各当以半”四句：是说$r=\frac{1}{2}d$，则$S=\frac{1}{2}Lr=\frac{1}{4}Ld$。 [3] 刘徽指出，以徽术修正的由圆周求直径的公式$d=\frac{50}{157}L$，由圆直径求圆周的公式$L=\frac{157}{50}d$。前者的失误在于稍微大了点。后者的失误在于稍微小了点。[4] 刘徽指出，由径求面积$S=\frac{157}{200}d^2$稍微小了一点，由周长求面积$S=\frac{50}{628}L^2$稍微大了一点。 [5]“依密率”七句为李淳风等用密率$\frac{22}{7}$修正的由圆周求直径的公式$d=\frac{7}{22}L$及由圆直径求圆周的公式$L=\frac{22}{7}d$。

又术曰：径自相乘，三之，四而一[1]。按：圆径自乘为外方[2]。“三之，四而一”者，是为圆居外方四分之三也。若令六觚之一面乘半径[3]，其幂即外方四分之一也。因而三之，即亦居外方四分之三也。是为圆里十二觚之幂耳。取以为圆，失之于微少。于徽新术[4]，当径自乘，又以一百五十七乘之，二百而一。 臣淳风等谨按[5]：密率，令径自乘，以十一乘之，十四而一，即圆幂也。

[注释]

[1] 此即圆面积的第三个公式 $S=\frac{3}{4}d^2$，它对应于周三径一。[2] 这是说，圆面积是其外切正方形面积的 $\frac{3}{4}$。外方即圆的外切正方形，其面积是 d^2。　[3] “若令六觚之一面”五句：是说以圆内接正 12 边形的面积为圆面积，用出入相补原理推证圆田又术。将图 1-12（1）中的圆内接正 12 边形分割成 Ⅰ－Ⅸ，1-9 等 18 份，移到图 1-12（2）中的 Ⅰ′－Ⅸ′，1′-9′ 上，恰占满该正方形的 $\frac{3}{4}$。这是刘徽采前人之说记入注中。　[4] 此为刘徽修正的公式 $S=\frac{157}{200}d^2$。[5] 此为李淳风等修正的公式 $S=\frac{11}{14}d^2$。

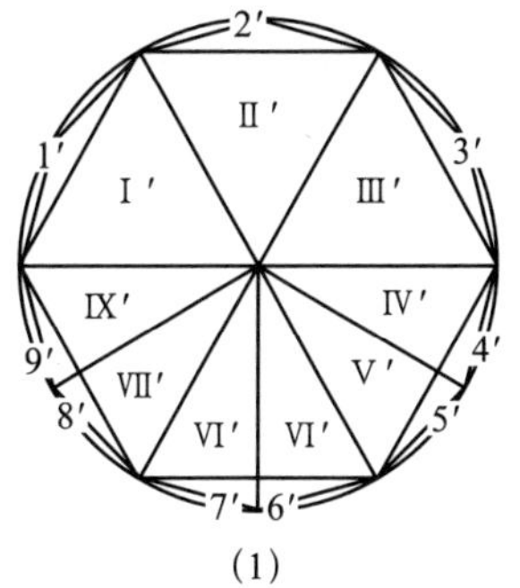

(1)

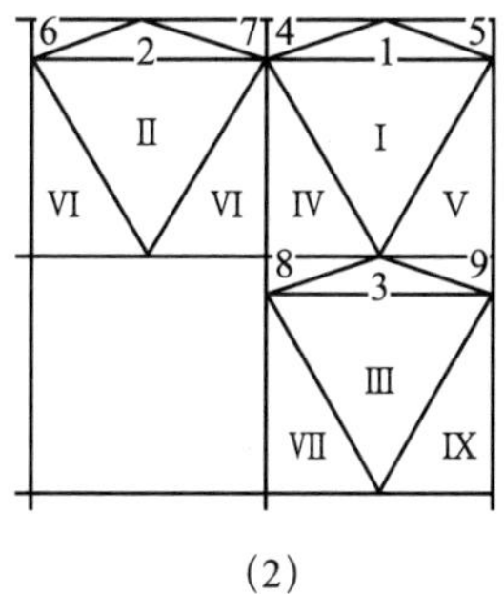

(2)

图 1-12　圆田第三术的推导

又术曰：周自相乘，十二而一[1]。六觚之周[2]，其于圆径，三与一也。故六觚之周自相乘为幂，若圆径自乘者九方，九方凡为十二觚者十有二，故曰十二而一，即十二觚之幂也。今此令周自乘[3]，非但若为圆径自乘者九方而已。然则十二而一，所得又非十二觚之类也。若欲以为圆幂，失之于多矣。以六觚之周，十二而一可也。于徽新术[4]，直令圆周自乘，又以二十五乘之，三百一十四而一，得圆幂。其率：二十五者，圆幂也；三百一十四者，周自乘之幂也。置周数六尺二寸八分，令自乘，得幂三十九万四千三百八十四分。又置圆幂三万一千四百分。皆以一千二百五十六约之，得此率。 臣淳风等谨按：方面自乘即得其积。圆周求其幂，假率乃通。但此术所求用三、一为率。圆田正法，半周及半径以相乘。今乃用全周自乘，故须以十二为母。何者？据全周而求半周，则须以二为法。就全周而求半径，复假六以除之。是二、六相乘，除周自乘之数。依密率[5]，以七乘之，八十八而一。

[注释]

[1] 此即圆面积的又一公式 $S=\frac{1}{12}L^2$，亦对应于周三径一。 [2]“六觚之周”八句：是说圆内接正六边形的周长是圆直径的 3 倍，如图 1-13 所示。以圆直径自乘形成一个正方形（含有 4 个以半径为边长的小正方形），而以圆内接正六边形的边长自乘形成一个大正方形，含有 9 个以直径为边长的正方形。圆内接正 12 边形的面积是圆直径形成的正方形的 $\frac{3}{4}$，因此圆内接正六边形的周长形成的大正方形有 12 个圆内接正 12 边形。1 个正 12 边形的面积恰为大正方形的 $\frac{1}{12}$。这也是刘徽采前人的方法记入注

中。　[3]“今此令周自乘”八句：是说以圆周形成的正方形不只 9 个圆直径形成的正方形。$\frac{1}{12}L^2$ 不是圆内接正 12 边形的面积。如果以 $\frac{1}{12}L^2$ 作为圆面积，失误在于多了一点。圆内接正六边形周长形成的正方形的面积，除以 12，是圆内接正 12 边形的面积，是可以的。三与一，指周三径一之率。非但，不仅、不只。若，乃，就。　[4] 此为刘徽的修正公式 $S=\frac{25}{314}L^2$。其中 $L^2:S=314:25$。盖 $L^2=(628分)^2=394384分^2$，$S=314寸^2=31400分^2$。以 1256 约简即得。　[5] 此为李淳风等的修正公式 $S=\frac{7}{88}L^2$。

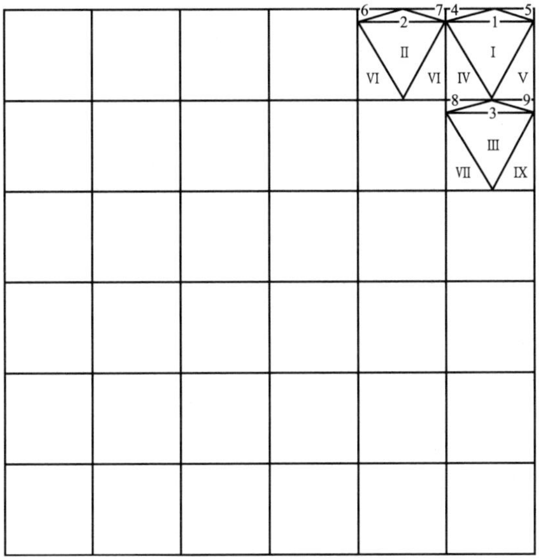

图 1-13　圆田第四术的推导

今有宛田[1]，下周三十步，径十六步。问：为田几何？

答曰：一百二十步。

又有宛田，下周九十九步，径五十一步。问：为田几何？

答曰：五亩六十二步四分步之一。

术曰[2]：以径乘周，四而一。此术不验[3]。故推方锥以见其形。假令方锥下方六尺，高四尺。四尺为股，下方之半三尺为句，正面邪为弦，弦五尺也。令句、弦相乘，四因之，得六十尺，即方锥四面见者之幂。若令其中容圆锥[4]，圆锥见幂与方锥见幂，其率犹方幂之与圆幂也。按：方锥下六尺[5]，则方周二十四尺。以五尺乘而半之，则亦方锥之见幂。故求圆锥之数，折径以乘下周之半，即圆锥之幂也。今宛田上径圆穹，而与圆锥同术，则幂失之于少矣。然其术难用[6]，故略举大较，施之大广田也。求圆锥之幂[7]，犹求圆田之幂也。今用两全相乘，故以四为法，除之，亦如圆田矣。开立圆术说圆方诸率甚备，可以验此。

[注释]

[1] 宛田：是类似于球冠的曲面形。其径指宛田表面上穿过顶心的大弧，如图 1-14 所示。李籍《音义》云："宛田者，中央隆高。《尔雅》曰：'宛中宛丘。'又曰：'丘上有丘为宛丘。'皆中央隆高之义也。"元朱世杰《四元玉鉴》的畹田图亦是球冠形。 [2] 此是《九章算术》提出的宛田面积公式$S=\frac{1}{4}LD$，其中S，L，D为宛田的面积、下周和径。 [3]"此术不验"八句：是说宛田术

是错误的。通过计算方锥的体积以显现《九章算术》宛田术不正确。考虑以方锥下方之半为勾，方锥高为股，正面邪为弦构成的勾股形。正面邪即方锥侧面上的高。推，计算。见（xiàn），显现。　[4] 此即刘徽提出的重要原理：$S_{方锥}:S_{圆锥}=4:\pi$，其中$S_{方锥}$,$S_{圆锥}$分别是方锥、圆锥的表面积，如图 1-15 所示。方锥四面见者之幂就是方锥的表面积，圆锥见幂即圆锥的表面积（均不计底面）。　[5]“方锥下六尺”十句：是说圆锥表面积为$\frac{1}{4}LD$，宛田表面圆穹，其积与圆锥表面积取同一形式，是少了。　[6]“然其术难用”三句：是说这一方法难以处置，因此粗略地举出其大概，应用于大的田地。大较，大略，大致。　[7]“求圆锥之幂”二句：是说圆锥表面积的公式与圆面积相同。

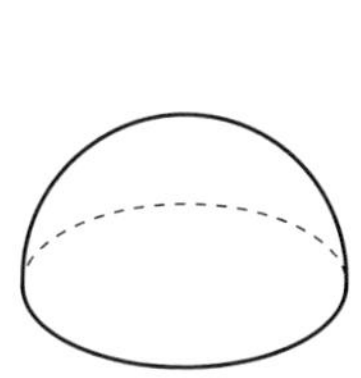
图 1-14　宛田

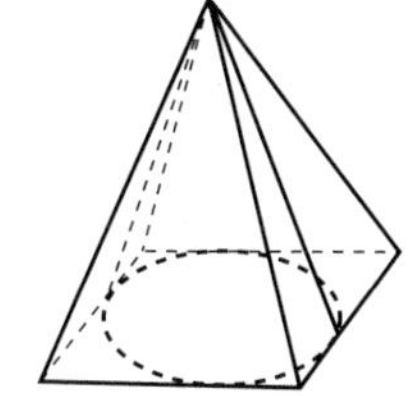
图 1-15　圆锥与方锥见幂

［点评］

刘徽在宛田术注中指出《九章算术》宛田术“不验”是对的，然而此处的论证并不充分。《九章算术》提出的宛田术与圆锥见幂取同一形式。但由于$D>d$，当然有$\frac{1}{4}LD>\frac{1}{4}Ld$，因而无法判断$\frac{1}{4}LD$比真值小。刘徽在此混淆了$D$与$d$，犯了反驳中混淆概念的失误。这是刘徽极为罕见的失误，应该指出。

今有弧田[1]，弦三十步，矢十五步。问：为田几何?

答曰:一亩九十七步半。

又有弧田,弦七十八步二分步之一,矢十三步九分步之七。问:为田几何?

答曰:二亩一百五十五步八十一分步之五十六。

术曰[2]:以弦乘矢,矢又自乘,并之,二而一。方中之圆[3],圆里十二觚之幂,合外方之幂四分之三也。中方合外方之半,则朱青合外方四分之一也。弧田[4],半圆之幂也,故依半圆之体而为之术。以弦乘矢而半之则为黄幂,矢自乘而半之为二青幂。青、黄相连为弧体。弧体法当应规。今觚面不至外畔,失之于少矣。圆田旧术以周三径一为率,俱得十二觚之幂,亦失之于少也。与此相似,指验半圆之弧耳。若不满半圆者,益复疏阔。宜依句股锯圆材之术[5],以弧弦为锯道长,以矢为句深,而求其径。既知圆径[6],则弧可割分也。割之者,半弧田之弦以为股,其矢为句,为之求弦,即小弧之弦也。以半小弧之弦为句,半圆径为弦,为之求股。以减半径,其余即小弦之矢也。割之又割[7],使至极细。但举弦、矢

许多人说这是一个极限过程,不

相乘之数，则必近密率矣。然于算数差繁[8]，必欲有所寻究也。若但度田，取其大数，旧术为约耳。

妥。这里说“必近密率”，可见不是极限过程，而是极限思想在近似计算中的应用。

[注释]

[1] 弧田：形如今之弓形，如图 1-16 所示。李籍《音义》云：“弧田者，有弧有矢，如弧之形。” [2] 设 S, c, v 分别是弓形的面积、弦和矢，此即弓形面积公式 $S = \frac{1}{2}\left(cv + v^2\right)$。 [3]“方中之圆”五句：如图 1-17（1）所示，圆内接正方形，其面积是外方的一半。两朱幂、两青幂是圆内接正 12 边形除去中方所剩余的部分，两青幂分别是 *ABCD* 和 *ALKJ*，两朱幂分别是 *DEFG* 和 *GHIJ*。将青幂 *ALKJ* 中的Ⅰ，Ⅱ，Ⅲ分别移到 *AMDCB* 的Ⅰ′，Ⅱ′，Ⅲ′上，便知一个青幂为外切正方形的 $\frac{1}{8}$。朱幂亦然。两朱幂与两青

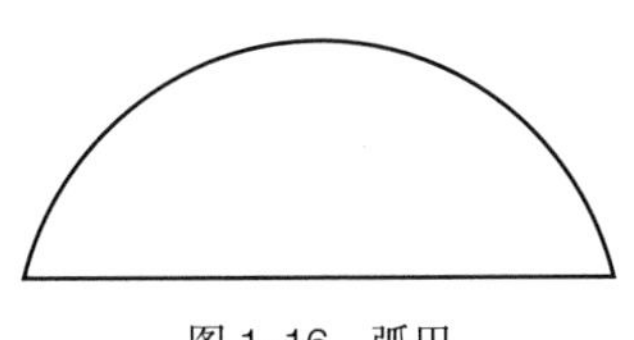

图 1-16 弧田

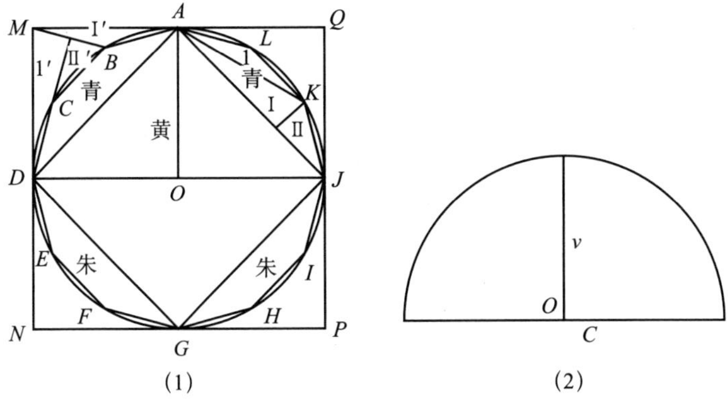

图 1-17 刘徽之半圆弧田

幂的总面积是外切正方形的$\frac{1}{4}$。 [4]“弧田”十六句：是说半圆也是弧田，故以半圆为例论证《九章算术》弧田术之不准确，见图 1-17（2）。黄幂是弦矢相乘之半，即勾股形 ADJ。矢自乘的一半为两青幂，即勾股形 AMD，亦即 $ABCD$ 与 $ALKJ$ 之和。如果二青幂与黄幂形成半圆 $ABCDJKL$ 的面积 $\frac{1}{2}\left(cv+v^2\right)$，那么它们的外边应与半圆弧重合。然而它们的外边达不到半圆弧，因此其面积比半圆小。如果弧田不到半圆，则更加粗疏。 [5]“宜依句股锯圆材之术”四句：是说已知弧田之弦 AB，记为 c，弧田之矢 A_1D，记为 v，根据勾股章的勾股锯圆材之术，弦 AB 相当于锯道长，矢 A_1D 就是锯道深，那么弧田所在的圆直径为 $d=\left[\left(\frac{c}{2}\right)^2+v^2\right]\div v$，如图 1-18 所示。 [6]“既知圆径”十二句：是说将弧田分割成以弦 AB 为底的等腰三角形 A_1AB，以及分别以 A_1A、A_1B 为弦的两个小弧田。将小弧田 AA_2A_1 再分割成小等腰三角形 A_2AA_1 以及分别以 AA_2、A_2A_1 为弦的两个更小弧田。对小弧田 BA'_2A_1 亦可分割成小等腰三角形 A'_2BA_1 以及分别以 $A_1A'_2$、A'_2B 为弦的两个更小弧田。如此可以继续下去。 [7]“割之又割”四句：是说考虑勾股形 AA_1D，由勾股术，小弧之弦为 $c_1=\sqrt{\left(\frac{c}{2}\right)^2+v^2}$。由勾股形 OA_1D_1，求出股 $OD_1=\sqrt{r^2-\left(\frac{c_1}{2}\right)^2}$。小弦之矢即小弧之矢 $v_1=r-\sqrt{r^2-\left(\frac{c_1}{2}\right)^2}$。上述的分割过程可以继续下去，依次求出 $c_i=\sqrt{\left(\frac{c_{i-1}}{2}\right)^2+{v_{i-1}}^2}$，$v_i=r-\sqrt{r^2-\left(\frac{c_i}{2}\right)^2}$，$i=1$，2，3，…，$n$。而当 n 足够大时，$S_n=\sum_{k=1}^{n}2^k\times\frac{1}{2}c_kv_k$ 就接近密率了。 [8]“然于算数差繁”五句：

是说这种数值计算的方法太繁杂，必定要有所寻究，才这样做。如果只是度量田地，取其大概的数，还是用旧的方法简约。差（cī）繁，繁杂。又，次第，等级，见衰分章。

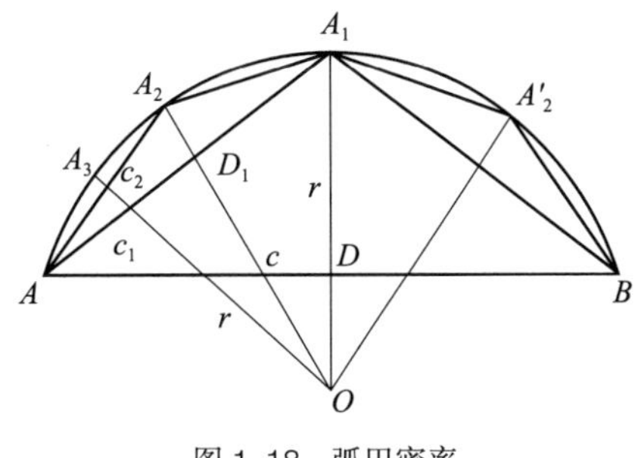

图 1-18　弧田密率

［点评］

必欲有所寻究，才要求弧田密率。这种“寻究”无疑是数学家的数学研究，具有纯数学的性质。说明在刘徽的头脑中有明确的纯数学研究与数学的实际应用的区分。

今有环田[1]，中周九十二步，外周一百二十二步，径五步。此欲令与周三径一之率相应，故言径五步也。据中外周[2]，以徽术言之，当径四步一百五十七分步之一百二十二也。　臣淳风等谨按[3]：依密率，合径四步二十二分步之十七。问：为田几何？

答曰：二亩五十五步。于徽术[4]，当为田二亩三十一步一百五十七分步之二十三。　臣淳风等依密率[5]，为田二亩三十步二十二分步之十五。

又有环田，中周六十二步四分步之三，外周一百一十三步二分步之一，径十二步三分步之二。此田环而不通匝[6]，故径十二步三分步之二。若据上周求径者，此径失之于多，过周三径一之率，盖为疏矣。于徽术[7]，当径八步六百二十八分步之五十一。 臣淳风等谨按[8]：依周三径一考之，合径八步二十四分步之一十一。依密率[9]，合径八步一百七十六分步之一十三。问：为田几何？

答曰：四亩一百五十六步四分步之一。于徽术[10]，当为田二亩二百三十二步五千二十四分步之七百八十七也。依周三径一[11]，为田三亩二十五步六十四分步之二十五。 臣淳风等谨按密率[12]，为田二亩二百三十一步一千四百八分步之七百一十七也。

术曰：并中、外周而半之，以径乘之，为积步[13]。此田截而中之周则为长[14]。并而半之知，亦以盈补虚也。此可令中、外周各自为圆田[15]，以中圆减外圆，余则环实也。

密率术曰[16]：置中、外周步数，分母、子各居其下。母互乘子，通全步，内分子。以中周减外周，余半之，以益中周。径亦通分内子，以乘周为密实。分母相乘为法。除之为积步，余，积步之分。以亩法除之，即亩数也。按：此术，并中、外周步数于上，分母、子于下。母互乘子者，为中、外周俱有分，故以互乘齐其子。母相乘同其母。子齐母同，故通全步，内分子。“半之”知[17]，以盈补虚，得中平之周。周则为从，径则为广，故广、从相乘而得其积。既合分母，还须分母出之。故令周、径分母相乘而连除之，即得积步。不尽，以等数除之而命分。以亩法除积步，得亩数也。

[注释]

[1] 环田：即今之圆环，如图 1-19（1）所示。李籍《音义》云：“环田者，有肉有好，如环之形。《尔雅》曰：‘肉好若一，谓之环。’或作镮。”是当时还有一部作“镮”的抄本。中周：圆环的内圆之周。外周：圆环的外圆之周。径：中外周之间的距离。　[2] 设圆环之径为 d，构成圆环的内圆周长和半径分别是 L_1，r_1，外圆周长和半径分别是 L_2，r_2，据徽术，圆环之径 $d = r_2 - r_1 = \frac{1}{2} \times \frac{50}{157}(L_2 - L_1) = \frac{50}{314}(122\text{步} - 92\text{步}) = 4\frac{122}{157}\text{步}$。　[3] 李淳风等据密率求出圆环之径 $d = r_2 - r_1 = \frac{1}{2} \times \frac{7}{22}(L_2 - L_1) = \frac{7}{44}(122\text{步} - 92\text{步}) = 4\frac{17}{22}\text{步}$。　[4] 据徽术，其面积

$S=\frac{1}{2}(L_1+L_2)d=\frac{1}{2}(92步+122步)\times4\frac{122}{157}步=2亩31\frac{23}{157}步^2$ 。[5] 李淳风等依据密率求得面积 $S=\frac{1}{2}(L_1+L_2)d=\frac{1}{2}(92步+122步)\times4\frac{15}{22}步=2亩30\frac{15}{22}步^2$。 [6] 此问之环田为 240° 的环缺，如图 1-19（2）所示。匝（zā）：周。 [7] 刘徽和李淳风等都将其看成“通匝”的圆环进行计算。刘徽求出 $d=r_2-r_1=\frac{1}{2}\times\frac{50}{157}(L_2-L_1)=\frac{50}{314}\left(113\frac{1}{2}步-62\frac{3}{4}步\right)=8\frac{51}{628}步$。 [8] 李淳风等依周三径一求出 $d=r_2-r_1=\frac{1}{2}\times\frac{1}{3}(L_2-L_1)=\frac{1}{6}\left(113\frac{1}{2}步-62\frac{3}{4}步\right)=8\frac{11}{24}步$。[9] 李淳风等依密率 $\frac{22}{7}$ 求出 $d=r_2-r_1=\frac{1}{2}\times\frac{7}{22}(L_2-L_1)=\frac{7}{44}\left(113\frac{1}{2}步-62\frac{3}{4}步\right)=8\frac{13}{176}步$。 [10] 刘徽依环田密率术求出面积 $S=\frac{1}{2}(L_1+L_2)d=\frac{1}{2}\left(62\frac{3}{4}步+113\frac{1}{2}步\right)\times8\frac{51}{628}步=2亩232\frac{787}{5024}步^2$。 [11] 刘徽依周三径一之率求出 $S=\frac{1}{2}(L_1+L_2)d=\frac{1}{2}\left(62\frac{3}{4}步+113\frac{1}{2}步\right)\times8\frac{11}{24}步=3亩25\frac{25}{64}步^2$。 [12] 李淳风等依环田密率术求出 $S=\frac{1}{2}(L_1+L_2)d=\frac{1}{2}\left(62\frac{3}{4}步+113\frac{1}{2}步\right)\times8\frac{13}{176}步=2亩231\frac{717}{1408}步^2$。 [13] 此即圆环面积公式 $S=\frac{1}{2}(L_1+L_2)d$ 。 [14] “此田截而中之周则为长”三句：是说将圆环沿环径剪开，展成等腰梯形，如图 1-20 所示。然后如梯形（箕田）那样出入相补。 [15] 这是刘徽提出的圆环的另一面积公式

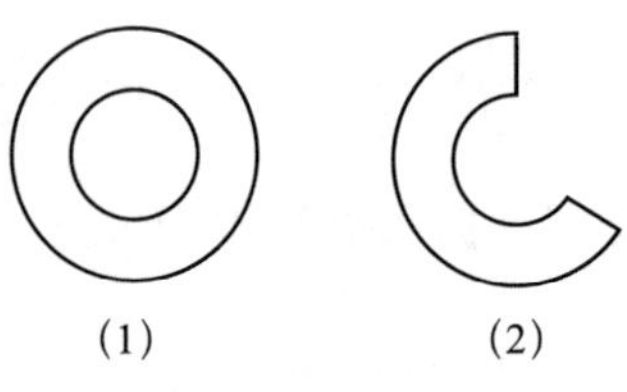

图 1-19　圆环

$S=S_2-S_1=\frac{1}{2}L_2r_2-\frac{1}{2}L_1r_1$，其中 S_1，S_2 分别是构成圆环的内圆和外圆的面积。 [16] 用现代符号写出，此术同上。它是针对分数的情形而设的，比整数的精密，故称“密率术”。 [17] 中平之周：中周与外周长的平均值。

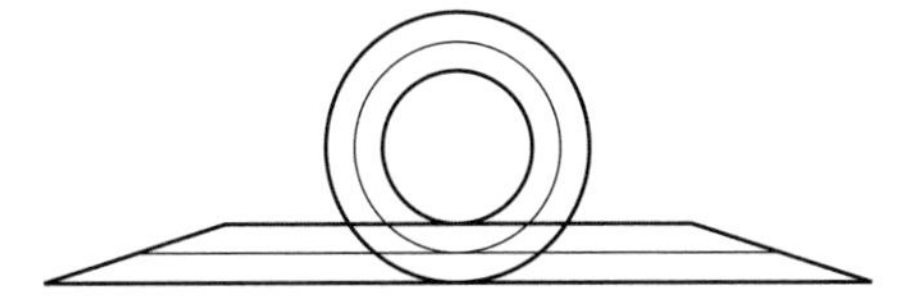

图 1-20 环田展为梯形（采自沈康身《九章算术导读》）

[点评]

方田的本义是面积的计算，起源应该相当早，或可追溯到商和西周。后来产生了分数并逐步完善了分数四则运算法则，成为运算的基础。此时人们没有改变“九数”的格局，而是将其插入方田，从此方田就含有面积计算与分数四则运算法则两类内容。此大约发生在“二郑”所说的“九数”模式化的春秋战国时期。刘徽合分术注发展了《九章算术》率的概念，提出它是“筭之纲纪”。刘徽方田章注最大的贡献是用极限思想和无穷小分割方法证明了《九章算术》的圆面积公式，并由此首创了计算圆周率的科学程序，奠定了中国在圆周率计算方面在世界上领先千余年的基础。

卷二　粟米[1] 以御交质变易[2]

粟米之法[3] 凡此诸率相与大通[4]，其特相求，各如本率。可约者约之。别术然也。

粟率五十	粝米三十[5]
粺米二十七	糳米二十四
御米二十一	小䵂十三半
大䵂五十四	粝饭七十五

粺饭五十四　　糳饭四十八

御饭四十二　　菽、荅、麻、麦各四十五

稻六十　　豉六十三

飧九十　　熟菽一百三半

糵一百七十五

今有此都术也[6]。凡九数以为篇名，可以广施诸率，所谓告往而知来，举一隅而三隅反者也。诚能分诡数之纷杂[7]，通彼此之否塞，因物成率，审辨名分，平其偏颇，齐其参差，则终无不归于此术也。术曰[8]：以所有数乘所求率为实，以所有率为法。少者多之始[9]，一者数之母，故为率者必等之于一。据粟率五、粝率三，是粟五而为一，粝米三而为一也。欲化粟为米者，粟当先本是一。一者，谓以五约之，令五而为一也。讫，乃以三乘之，令一而为三。如是，则率至于一，以五为三矣。然先除后乘[10]，或有余分，故术反之。又完言之知[11]，粟五升为粝米三升；分言之知，粟一斗为粝米五分斗之三。以五为母，三为子。以粟求粝米者，以子乘，其母报除也。然则所求之率常为母也。　臣淳风等谨按[12]：宜云“所求之率常为子，所有之率常为母。”今乃云“所求之率

刘徽说“一者数之母”，在有理数范围之内无疑是正确的，但在实数范围内则不尽然。比如，边长为 1 的正方形，其对角线是 $\sqrt{2}$，显然，1 不能说是 $\sqrt{2}$ 之母，因为它们之间没有公度。

可见当时已掌握了乘除法的交换律：$(A \div a) \times b = (A \times b) \div a$。

常为母”知，脱错也。实如法而一。

今有粟一斗，欲为粝米。问：得几何？

苔曰：为粝米六升。

术曰：以粟求粝米，三之[13]，五而一。臣淳风等谨按：都术，以所求率乘所有数，以所有率为法。此术以粟求米，故粟为所有数。三是米率，故三为所求率。五为粟率，故五为所有率。粟率五十，米率三十，退位求之，故唯云三、五也。

今有粟二斗一升，欲为粺米。问：得几何？

苔曰：为粺米一斗一升五十分升之十七。

术曰：以粟求粺米，二十七之，五十而一。臣淳风等谨按：粺米之率二十有七，故直以二十七之，五十而一也。

今有粟四斗五升，欲为糳米。问：得几何？

苔曰：为糳米二斗一升五分升之三。

术曰：以粟求糳米，十二之[14]，二十五而一。臣淳风等谨按：糳米之率二十有四，以为率太繁，故因而半之，故半所求之率，以乘所有之数。所求之率既减半，所有之率亦减半。是故十二乘之，二十五而一也。

今有粟七斗九升，欲为御米。问：得几何？

答曰：为御米三斗三升五十分升之九。

术曰：以粟求御米，二十一之，五十而一。

今有粟一斗，欲为小䵂。问：得几何？

答曰：为小䵂二升一十分升之七。

术曰：以粟求小䵂，二十七之[15]，百而一。臣淳风等谨按：小䵂之率十三有半。半者二为母，以二通之，得二十七，为所求率。又以母二通其粟率，得一百，为所有率。凡本率有分者，须即乘除也。他皆放此。

今有粟九斗八升，欲为大䵂。问：得几何？

答曰：为大䵂一十斗五升二十五分升之二十一。

术曰：以粟求大䵂，二十七之，二十五而一。臣淳风等谨按：大䵂之率五十有四，其可半，故二十七之，亦如粟求糳米，半其二率。

今有粟二斗三升，欲为粝饭。问：得几何？

答曰：为粝饭三斗四升半。

术曰：以粟求粝饭，三之[16]，二而一。臣淳风等谨按：粝饭之率七十有五。粟求粝饭，合以此数乘之。今以等数二十有五约其二率，所求之率得三，所有之率得二，故以三乘二除。

今有粟三斗六升，欲为粺饭。问：得几何？

答曰：为粺饭三斗八升二十五分升之二十二。

术曰：以粟求粺饭，二十七之，二十五而一。

臣淳风等谨按：此术与大䵂多同。

今有粟八斗六升，欲为糳饭。问：得几何？

答曰：为糳饭八斗二升二十五分升之一十四。

术曰：以粟求糳饭，二十四之，二十五而一。

臣淳风等谨按：糳饭率四十八。此亦半二率而乘除。

今有粟九斗八升，欲为御饭。问：得几何？

答曰：为御饭八斗二升二十五分升之八。

术曰：以粟求御饭，二十一之，二十五而一。

臣淳风等谨按：此术半率，亦与糳饭多同。

今有粟三斗少半升[17]，欲为菽。问：得几何？

答曰：为菽二斗七升一十分升之三。

今有粟四斗一升太半升[18]，欲为荅。问：得几何？

答曰：为荅三斗七升半。

今有粟五斗太半升，欲为麻。问：得几何？

答曰：为麻四斗五升五分升之三。

今有粟一十斗八升五分升之二，欲为麦。问：得几何？

答曰：为麦九斗七升二十五分升之一十四。

术曰：以粟求菽、荅、麻、麦，皆九之[19]，十而一。臣淳风等谨按：四术率并四十五，皆是为粟所求，俱合以此率乘其本粟。术欲从省，先以等数五约之，所求之率得九，所有之率得十。故九乘十除，义由于此。

今有粟七斗五升七分升之四，欲为稻。问：得几何？

答曰：为稻九斗三十五分升之二十四。

术曰：以粟求稻，六之，五而一。臣淳风等谨按：稻率六十，亦约二率而乘除。

今有粟七斗八升，欲为豉。问：得几何？

答曰：为豉九斗八升二十五分升之七。

术曰：以粟求豉，六十三之，五十而一。

今有粟五斗五升，欲为飧。问：得几何？

答曰：为飧九斗九升。

术曰：以粟求飧，九之，五而一。臣淳风等谨按：飧率九十，退位，与求稻多同。

今有粟四斗，欲为熟菽。问：得几何？

答曰：为熟菽八斗二升五分升之四。

术曰：以粟求熟菽，二百七之，百而一。臣淳风等谨按：熟菽之率一百三半。半者其母二，故以母二通之。所求之率既被二乘，所有之率随而俱长，故以二百七之，百而一。

今有粟二斗，欲为蘖。问：得几何？

答曰：为蘖七斗。

术曰：以粟求蘖，七之[20]，二而一。臣淳风等谨按：蘖率一百七十有五，合以此数乘其本粟。术欲从省，先以等数二十五约之，所求之率得七，所有之率得二。故七乘二除。

今有粝米十五斗五升五分升之二，欲为粟。问：得几何？

答曰：为粟二十五斗九升。

术曰：以粝米求粟，五之，三而一。臣淳风等谨按：上术以粟求米，故粟为所有数，三为所求率，五为所有率。今此以米求粟，故米为所有数，五为所求率，三为所有率。准都术求之[21]，各合其数。以下所有反求多同，皆准此[22]。

今有粺米二斗，欲为粟。问：得几何？

答曰：为粟三斗七升二十七分升之一。

术曰：以粺米求粟，五十之，二十七而一。

今有糳米三斗少半升，欲为粟。问：得几何？

答曰：为粟六斗三升三十六分升之七。

术曰：以糳米求粟，二十五之[23]，十二而一。

今有御米十四斗，欲为粟。问：得几何？

答曰：为粟三十三斗三升少半升。

术曰：以御米求粟，五十之，二十一而一。

今有稻一十二斗六升一十五分升之一十四，欲为粟。问：得几何？

答曰：为粟一十斗五升九分升之七。

术曰：以稻求粟，五之，六而一。

今有粝米一十九斗二升七分升之一，欲为粺米。问：得几何？

答曰：为粺米一十七斗二升一十四分升之一十三。

术曰：以粝米求粺米，九之[24]，十而一。臣淳风等谨按：粺率二十七，合以此数乘粝米。术欲从省，先以等数三约之，所求之率得九，所有之率得十，故九乘而十除。

今有粝米六斗四升五分升之三，欲为粝饭。问：得几何？

答曰：为粝饭一十六斗一升半。

术曰：以粝米求粝饭，五之[25]，二而一。臣淳风等谨按：粝饭之率七十有五，宜以本粝米乘此率数。术欲从省，先以等数十五约之，所求之率得五，所有之率得二。故五乘二除，义由于此。

今有粝饭七斗六升七分升之四，欲为飧。问：得几何？

答曰：为飧九斗一升三十五分升之三十一。

术曰：以粝饭求飧，六之，五而一。臣淳风等谨按：飧率九十，为粝饭所求，宜以粝饭乘此率。术欲从省，先以等数十五约之，所求之率得六，所有之率得五。以此故六乘五除也。

今有菽一斗，欲为熟菽。问：得几何？

答曰：为熟菽二斗三升。

术曰：以菽求熟菽，二十三之[26]，十而一。臣淳风等谨按：熟菽之率一百三半。因其有半，各以母二通之，宜以菽数乘此率。术欲从省[27]，先以等数九约之，所求之率得一十一半，所有之率得五也。

今有菽二斗，欲为豉。问：得几何？

答曰：为豉二斗八升。

术曰：以菽求豉，七之[28]，五而一。臣淳风等谨按：豉率六十三，为菽所求，宜以菽乘此率。术欲从省，先以等数九约之，所求之率得七，而所有之率得五也。

今有麦八斗六升七分升之三，欲为小䵂。问：得几何？

答曰：为小䵂二斗五升一十四分升之一十三。

术曰：以麦求小䵂，三之，十而一。臣淳风等谨按：小䵂之率十三半，宜以母二通之，以乘本麦之数。术欲从省，先以等数九约之，所求之率得三，所有之率得十也。

今有麦一斗，欲为大䵂。问：得几何？

答曰：为大䵂一斗二升。

术曰：以麦求大䵂，六之，五而一。臣淳风等谨按：大䵂之率五十有四，合以麦数乘此率。术欲从省，先以等数九约之，所求之率得六，所有之率得五也。

[注释]

[1] 粟：古代泛指谷类，又指谷子。下文粟率指后者之率。粟米：泛指谷类，粮食。李籍《音义》云："粟者，禾之未舂。米者，谷实之无壳。"粟米是"九数"之二，明之后常称作"粟布"。　[2] 此谓为了处理以物品作抵押及交易的问题。质：评量，后引申为称，衡量。变易：交易，交换。　[3] 粟米之法：粟米互换的标准，即各种粟米的率。法：标准、率。　[4] 大通：广泛相通。特：特地。　[5] 粝：李籍《音义》云："粗也。"粝米：糙米，有时省称为米。粺米：精米。李籍云："精于粝也。"糳米：舂过的精米。李籍云："精于粺也。"糳：本义是舂。糳米：舂过的米。御米：供宫廷食用的米。李籍云："精于糳也。供王膳之米也。蔡邕《独断》曰：'所进曰御。御者，进也。凡衣服加于身，饮食入于口，皆曰御。'"䵂（zhí）：麦屑。李籍云："细曰小䵂。粗曰大䵂。"大䵂：粗麦屑。菽：大豆。又，豆类的总称。荅：小豆。麻：古代指大麻，亦指芝麻。此指芝麻。豉（chǐ）：又音 shì，用煮熟的大豆发酵后制成的食品。李籍云："盐豉也。《广雅》云'苦李作豉'。"飧（sūn）：熟食，夕食。李籍引《说文》曰："餔也。"糵（niè）：粬糵。李籍引《说文》曰："米芽。"　[6]"此都术也"五句：是说这是一种普遍方法。凡是用九数作为篇名的问题，都可以对之广泛地施用率。这就是所谓告诉了过去的就能推知未来的，举出一个角，就能推论到其他三个角。都术，总术，普遍方法。诸，之于的合音。告往知来，语出《论语·学而》。举一反三，语出《论语·述而》。　[7]"诚能分诡数之纷杂"七句：是说如果能分辨各种不同的数的错综复杂，疏通它们彼此之间的闭塞之处，根据不同的物品构成各自的率，仔细地研究辨别它们的地位与关系，使偏颇的

持平，参差不齐的相齐，那么就没有不归结到这一术的。诚，如果，假如。诡，差别，不同。否（pǐ），闭塞。否塞：阻隔不通。名分，地位，身份，也泛指物品的所属关系或地位。偏颇，不公正。“平其偏颇，齐其参差”，即“齐同”运算。　[8] 设所有数为 A，所有率为 a，所求率为 b，则所求数 $B=A \div ba$。　[9]“少者多之始”十七句：是说少是多的开始，1 是数的起源。所以建立率必须使它们等于 1。根据粟率是 5，粝米率是 3，这是说粟 5 成为 1，粝米 3 成为 1。如果想把粟化成粝米，那么粟应当本身先变成 1。变成 1，是说用 5 约之，使 5 变为 1。之后再以 3 乘之，使 1 变为 3。像这样，那么率就达到了 1，把粟 5 变成了粝米 3。　[10]“然先除后乘”三句：是说如果先做除法，后做乘法，有时会剩余分数，所以此术将运算程序反过来。余分，剩余的分数。　[11]“又完言之知”十句：是说如果以整数表示之，5 升粟变成 3 升粝米；以分数表示之，1 斗粟变成 $\frac{3}{5}$ 斗粝米，以 5 作为分母，3 作为分子。如果用粟求粝米，就用分子乘，用它的分母回报以除。那么，所求率永远作为分母。完，整数。　[12] 李淳风等所见到的刘徽注已有脱错。　[13] 三之，五而一：与下文“以粟求稻”问“六之，五而一”，“以粟求飧”问“九之，五而一”，“以粝米求粟”问“五之，三而一”，“以稻求粟”问“五之，六而一”凡 5 处，因为有关的粟米之法都是 10 的倍数，故通过退位约简，得相与之率入算，而不必用 10 除，反映了十进位值制记数法的优越性。“三之，五而一”即乘以 3，除以 5。这是今有术在以粟求米问题中的应用。余类此。　[14] 十二之，二十五而一：与下文“以粟求大䵂”问“二十七之，二十五而一”，“以粟求粺饭”问“二十七之，二十五而一”，“以粟求糳饭”问“二十四之，二十五而一”，“以粟求御饭”问“二十一之，二十五而一”凡 5 处，都是将有关的粟米之法以等数 2 约简，得相与之率，再入算。　[15] 二十七之，百而一：与下文“以粟求熟菽”问“二百七之，百而一”凡 2 处，因有关的粟米之法中有 $\frac{1}{2}$，故以 2 通之，化为整数，以相与之率入算。 [16] 此处粟 50、粝饭 75，以等数 25 约简，得 2、3 为相与之率。 [17] 少半：即 $\frac{1}{3}$。 [18] 太半：即 $\frac{2}{3}$。 [19] 粟 50，菽、荅、麻、麦 45，以等数 5 约简，得 10、9 为相与之率。 [20] 粟 50、糵 175，以等数 25 约简，得 2、7 为相与之率。 [21] 准：依照，按照。 [22] 准：仿效，效法。 [23] 此处亦将糳米率 24 与粟率 50 以等数 2 约简，得相与之率入算。 [24] 粝米 30、粺米 27，以等数 3 约简，得 10、9 为相与之率。 [25] 五之，二而一：与下文“以粝饭求䴭”问“六之，五而一”凡 2 处，将有关的粟米之法以等数 15 约简，得相与之率入算。 [26] 二十三之，十而一：与下文“以麦求小䴭”问“三之，十而一”凡 2 处，有关的粟米之法中有 $\frac{1}{2}$，故以 2 通之。所得的结果又有等数 9，故以 9 约简，为相与之率入算。 [27]《九章算术》将菽率 45，熟菽率 $103\frac{1}{2}$ 化成 10 与 23，以相与之率入算，十分简省。唐中叶之后的乘除捷算法就是沿着这一方向发展的。李淳风等将其化成 5 与 $11\frac{1}{2}$ 入算，反不如《九章算术》简省。 [28] 七之，五而一：与下文“以麦求大䴭”问“六之，五而一”凡 2 处，将有关的粟米之法以等数 9 约简，得相与之率。

[点评]

今有术，即今之三率法或称三项法（rule of three）。一般认为，此法源于印度。但印度婆罗门笈多才通晓此法（628）。比《九章算术》晚出八九百年以上。刘徽把它称作“都术”，认为对“九数”中的问题，如果能分辨各种不同数量的错综复杂关系，疏通其窒碍之处，根据不同物品构成各自的率，对其施用齐同术，就没有不归结到此术的。事实上，刘徽将《九章算术》大部分术文和200余道问题归结到今有术。

今有出钱一百六十，买瓴甓十八枚[1]。瓴甓，砖也。问：枚几何？

答曰：一枚，八钱九分钱之八。

今有出钱一万三千五百，买竹二千三百五十个。问：个几何？

答曰：一个，五钱四十七分钱之三十五。

经率臣淳风等谨按：今有之义，以所求率乘所有数，合以瓴甓一枚乘钱一百六十为实。但以一乘不长[2]，故不复乘，是以径将所买之率与所出之钱为法、实也。此又按：今有之义，出钱为所有数，一枚为所求率，所买为所有率，而今有之，即得所求数。一乘不长，故不复乘。是以径将所买之率为法，以所出之钱为实。故实如法得一枚钱。不尽者，等数而命分。术曰[3]：以所买率为法，所出钱数为实，实如法得一钱。

此“经率术”是整数除法。

今有出钱五千七百八十五，买漆一斛六斗七升太半升[4]。欲斗率之[5]，问：斗几何？

答曰：一斗，三百四十五钱五百三分钱之一十五。

今有出钱七百二十，买缣一匹二丈一尺[6]。欲丈率之，问：丈几何？

答曰：一丈，一百一十八钱六十一分钱之二。

今有出钱二千三百七十，买布九匹二丈七尺。欲匹率之，问：匹几何？

答曰：一匹，二百四十四钱一百二十九分钱之一百二十四。

今有出钱一万三千六百七十，买丝一石二钧一十七斤[7]。欲石率之，问：石几何？

答曰：一石，八千三百二十六钱一百九十七分钱之百七十八。

此“经率术”是分数除法，故刘徽说“此术犹经分”。

经率此术犹经分。　臣淳风等谨按[8]：今有之义，钱为所求率，物为所有数，故以乘钱。又以分母乘之为实。实如法而一。有分者通之。所买通分内子为所有率，故以为法。得钱数。不尽而命分者，因法为母，实余为子。实见不满，故以命之。术曰[9]：以所求率乘钱数为实，以所买率为法，实如法得一。

［注释］

[1] 瓴甓（língpì）：长方砖，所以刘徽说“砖也”，又称瓴甋（dì）。　[2] 一乘不长：以 1 乘任何数，不改变其值。长（zhǎng）：增长、进益。　[3] 设所出钱、所买率、单价分别为 A，a，B，则 $B=A\div a$。《九章算术》有两条“经率术”。此条是整数除法法则。　[4] 斛：容积、体积单位。1 斛为 10 斗。一斛六斗七升太半升：16斗$7\frac{2}{3}$升 $=16\frac{23}{30}$斗 $=\frac{503}{30}$斗。　[5] 斗率之：求以斗为单位的价钱。下“丈率之”“匹率之”“石率之”“斤率之”“钧率之”“两率之”“铢率之”同。　[6] 缣：双丝织成的细绢。匹：布帛长度单位，1 匹为 4 丈。一匹二丈一尺即 $6\frac{1}{10}$ 丈。　[7] 石：重量单位，1 石为 120 斤。钧：重量单位，1 钧为 30 斤。一石二钧一十七斤即 197斤 $=\frac{197}{120}$石。　[8] 此条李注，南宋本、大典本必有舛误，诸家校勘均不合理。　[9] 此条经率术是除数为分数的除法，与经分术相同。此处出钱数为所有数，所买率就是所有率，斗（丈、匹、石）率之为所求率，则归结为今有术。

［点评］

粟米章有两条“经率术”，第一条是整数除法，第二条是分数除法。

今有出钱五百七十六，买竹七十八个。欲其大小率之[1]，问：各几何？

答曰：其四十八个，个七钱；

其三十个，个八钱。

今有出钱一千一百二十，买丝一石二钧十八斤。

其率术本来是不定问题，可是从答案看，规定价钱差1，即注释[8]中的 $a-b=1$，从而变成了定解问题。

欲其贵贱斤率之[2]，问：各几何？

答曰：其二钧八斤，斤五钱；

其一石一十斤，斤六钱。

今有出钱一万三千九百七十，买丝一石二钧二十八斤三两五铢[3]。欲其贵贱石率之，问：各几何？

答曰：其一钧九两一十二铢，石八千五十一钱；

其一石一钧二十七斤九两一十七铢，石八千五十二钱。

今有出钱一万三千九百七十，买丝一石二钧二十八斤三两五铢。欲其贵贱钧率之，问：各几何？

答曰：其七斤一十两九铢，钧二千一十二钱；

其一石二钧二十斤八两二十铢，钧二千一十三钱。

今有出钱一万三千九百七十，买丝一石二钧二十八斤三两五铢。欲其贵贱斤率之，问：各几何？

答曰：其一石二钧七斤十两四铢，斤六十七钱；

其二十斤九两一铢，斤六十八钱。

今有出钱一万三千九百七十，买丝一石二钧二十八斤三两五铢。欲其贵贱两率之，问：各几何？

答曰：其一石一钧一十七斤一十四两一铢，两四钱；

其一钧一十斤五两四铢，两五钱。

其率“其率”知[4]，欲令无分。按[5]：“出钱五百七十六，买竹七十八个”，以除钱，得七，实余三十，是为三十个复可增一钱。然则实余之数则是贵者之数，故曰“实贵”也。本以七十八个为法[6]，今以贵者减之，则其余悉是贱者之数，故曰“法贱”也。“其求石、钧、斤、两[7]，以积铢各除法、实，各得其积数，余各为铢”知，谓石、钧、斤、两积铢除实，以石、钧、斤、两积铢除法，余各为铢，即合所问。术曰[8]：各置所买石、钧、斤、两以为法，以所率乘钱数为实，实如法而一。不满法者[9]，反以实减法，法贱实贵。其求石、钧、斤、两，以积铢各除法、实，各得其积数，余各为铢。

[注释]

[1] 大小率之：按大小两种价格计算，此问实际上是按“大小个率之”。 [2] 贵贱斤率之：以斤为单位，求物价，而贵贱差 1 钱。

下“贵贱石（钧、斤、两）率之”同。 [3] 自此以下 5 道题目的题设完全相同，只是设问依次为石、钧、斤、两、铢“率之”，成为不同的题目。前 4 题钱多物少，用“其率术”求解，而“铢率之”者，将所买丝化成以铢为单位，物多钱少，用“反其率术”求解。两：重量单位，1 斤为 16 两。铢：重量单位，1 两为 24 铢。《孙子算经》曰：“称之所起，起于黍。十黍为一絫，十絫为一铢，二十四铢为一两，十六两为一斤，三十斤为一钧，四钧为一石。”李籍《音义》云：“八铢为锱，二十四铢为两。” [4] 其率：揣度它们的率。其：表示揣度。无分：没有分数，即要求整数解。 [5]“按”九句：是说出钱 576，买 78 个竹，每个 7 钱，实剩余 30 钱。此 30 个每个增加 1 钱，为 8 钱。那么剩余的 30，就是贵的个数。此即实中的余数就是贵者的数量，故称为“实贵”。 [6]“本以七十八个为法”四句：是说 78 本来是法，以贵者 30 减之，剩余 48，就是贱者个数，每个 7 钱，故称为“法贱”。 [7]“其求石、钧、斤、两”八句：是说如果求石、钧、斤、两，就用它们的积铢数分别除剩余的法和实，依次得到石、钧、斤、两的数，余下是铢数，合问。 [8] 其率术是：布置所买的石、钧、斤、两作为法，以所要计价的单位乘钱数作为实，实除以法。设钱数为 A，共买物 B，$A>B$，如果贵物单价 a，买物 m，贱物单价 b，买物 n，实际上还有贵贱差 1 的条件，则其率术是求满足 $\begin{cases} m+n=B \\ ma+nb=A \\ a-b=1 \end{cases}$ 的正整数解 m,n,a,b。那么 $A \div B = b + \frac{m}{B}$。 [9]“不满法者”七句，是说有不满法的余实，就反过来用剩余的实减法，剩余的法是贱的数量，剩余的实是贵的数量。亦即令 $a=b+1$，$n=B-m$，则 m，n 分别是贵的和贱的数量，a，b 分别就是贵的价钱和贱的价钱。

今有出钱一万三千九百七十，买丝一石二钧二十八斤三两五铢。欲其贵贱铢率之，问：各几何？

答曰：其一钧二十斤六两十一铢，五铢一钱；

其一石一钧七斤一十二两一十八铢，六铢一钱。

今有出钱六百二十，买羽二千一百翭[1]。翭，羽本也。数羽称其本，犹数草木称其根株。欲其贵贱率之，问：各几何？

答曰：其一千一百四十翭，三翭一钱；

其九百六十翭，四翭一钱。

今有出钱九百八十，买矢簳五千八百二十枚[2]。欲其贵贱率之，问：各几何？

答曰：其三百枚，五枚一钱；

其五千五百二十枚，六枚一钱。

反其率臣淳风等谨按："其率"者[3]，钱多物少；"反其率"知，钱少物多。多少相反，故曰反其率也。其率者[4]，以物数为法，钱数为实；反之知，以钱数为法，物数为实。不满法知，实余也。当以余物化为钱矣。法为凡钱，而今以化钱减之，故以实减法。"法少"知[5]，

反其率术本来也是不定问题，可是从答案看，规定要求1钱所买物的个数差1，从而变成了定解问题。

经分之所得，故曰“法少”；“实多”者，余分之所益，故曰“实多”。乘实宜以多，乘法宜以少，故曰“各以其所得多少之数乘法、实，即物数”。“其求石、钧、斤、两，以积铢各除法、实，各得其数，余各为铢”者，谓之石、钧、斤、两积铢除实，石、钧、斤、两积铢除法，余各为铢，即合所问。术曰[6]：以钱数为法，所率为实，实如法而一。不满法者，反以实减法，法少实多。二物各以所得多少之数乘法、实，即物数。其率[7]，按：出钱六百二十，买羽二千一百翭。反之，当二百四十钱，一钱四翭；其三百八十钱，一钱三翭。是钱有二价，物有贵贱。故以羽乘钱，反其率也。

[注释]

[1] 羽：箭翎，装饰在箭杆的尾部，用以保持箭飞行的方向。翭(hóu)，羽根。 [2] 簳：李籍《音义》引作“干”，云：“干，茎也。一本作‘簳’。”李籍所说“一本”即南宋本的母本，他自己所用的抄本作“干”。 [3]“‘其率’者”六句：是说其率术是出钱数量大，而买物品数量小；反其率术是出钱数量小，而买物品数量大；大与小的情况正好相反，所以叫作反其率术。 [4]“其率者”十二句：是说其率术是以物数作为法，钱数作为实；反其率术是以钱数作为法，物数作为实。不满法的就是实的余数。应当把剩

余的物数化成钱数。法为总的钱数，而现在以化成的钱数减之，所以以实减法。　[5] 从上下文看不出为什么说“故曰‘法少’”，也看不出为什么说“故曰‘实多’”。李淳风等逻辑推理水平可见一斑。　[6] 反其率术是：以出的钱数作为法，所买物品作为实，实除以法。不满法者，反过来用剩余的实减法。剩余的法是买的少的物品的数量，剩余的实是买的多的物品的数量。分别用所得到的买的多少二种物品数乘剩余的实与法，就得到贱与贵的物品的数量。亦即若 $A<B$，就是求 $\begin{cases} m+n=B \\ \dfrac{m}{a}+\dfrac{n}{b}=A \\ a-b=1 \end{cases}$ 的正整数解 m,n,a,b。反其率术要求 1 钱所买物的个数差 1。计算 $B\div A=b+\dfrac{p}{B}$，$p<A$。余实 p 是 1 钱买 $a+b=1$ 个的钱数。余法 $B-p$ 就是 1 钱买 b 个的钱数。$m=ap$ 就是 1 钱买多的东西数量，$n=b(B-p)$ 就是 1 钱买少的东西数量。　[7] 比如买羽问中，由 $2100\div620=3\dfrac{240}{620}$，余实 240，则 240 钱中每钱可增加 1 翭，为 1 钱 4 翭。由法 620 钱中除去 1 钱 4 翭的 240 钱，则余 380 钱，每钱 3 翭。240 钱中每钱 4 翭，那么共 $4\times240=960$ 翭。380 钱中每钱 3 翭，共 $3\times380=1140$ 翭。这是出钱有两价，物品有贵贱。所以用 1 钱买的鸟羽数乘钱数，这就是反其率术。

［点评］

粟米章的第一部分是各种粟米按一定的率进行交换，这种物物交换应该产生在作为等价交换物的货币尚不发达的华夏文明早期，并且由此产生了今有术。后来印度和西方的三率法与此相同，刘徽把它称为“都术”，即普遍方法,《九章算术》的大部分计算方法通过齐同原理都可以归结为今有术。后来又产生了经率术、其率术和反其率术，后者本来是不定问题,《九章算术》补充了适当的条件，变成了定解问题。

卷三　衰分[1] 以御贵贱禀税[2]

衰分衰分，差也。术曰[3]：各置列衰；列衰[4]，相与率也。重叠，则可约。副并为法，以所分乘未并者各自为实。法集而衰别[5]。数本一也，今以所分乘上别，以下集除之，一乘一除适足相消。故所分犹存，且各应率而别也。于今有术[6]，列衰各为所求率，副并为所有率，所分为所有数。又以经分言之[7]，假令甲家三人，乙家二人，丙家一人，并六人，共分十二，为人得二也。欲复作逐家者，则当列置人数，以一人所得乘之。今此术先乘而后除也。实如法而一。不满法者[8]，以法命之。

今有大夫[9]、不更、簪裹、上造、公士，凡五人，共猎得五鹿。欲以爵次分之[10]，问：各得几何？

答曰：大夫得一鹿三分鹿之二，
不更得一鹿三分鹿之一，
簪裹得一鹿，
上造得三分鹿之二，
公士得三分鹿之一。

术曰[11]：列置爵数，各自为衰；爵数者，谓大夫五，不更四，簪裹三，上造二，公士一也。《墨子·号令篇》以爵级为赐[12]，然则战国之初有此名也。今有术，列衰各为所求率，副并为所有率，今有鹿数为所有数，而今有之，即得。副并为法；以五鹿乘未并者各自为实。实如法得一鹿。

今有牛、马、羊食人苗。苗主责之粟五斗。羊主曰[13]：“我羊食半马。”马主曰：“我马食半牛。”

今欲衰偿之，问：各出几何？

　　荅曰：牛主出二斗八升七分升之四，

　　　　马主出一斗四升七分升之二，

　　　　羊主出七升七分升之一。

术曰[14]：置牛四、马二、羊一，各自为列衰；副并为法；以五斗乘未并者各自为实。实如法得一斗。臣淳风等谨按：此术问意，羊食半马，马食半牛，是谓四羊当一牛，二羊当一马。今术置羊一、马二、牛四者，通其率以为列衰。

今有甲持钱五百六十，乙持钱三百五十，丙持钱一百八十，凡三人俱出关[15]，关税百钱。欲以钱数多少衰出之，问：各几何？

　　荅曰：甲出五十一钱一百九分钱之四十一，

　　　　乙出三十二钱一百九分钱之一十二，

　　　　丙出一十六钱一百九分钱之五十六。

术曰[16]：各置钱数为列衰，副并为法，以百钱乘未并者，各自为实，实如法得一钱。

臣淳风等谨按：此术甲、乙、丙持钱数以为列衰，副并为所有率，未并者各为所求率，百钱为所有数，而今有之，即得。

今有女子善织，日自倍[17]。五日织五尺，问：日织几何？

答曰：初日织一寸三十一分寸之十九，
次日织三寸三十一分寸之七，
次日织六寸三十一分寸之十四，
次日织一尺二寸三十一分寸之二十八，
次日织二尺五寸三十一分寸之二十五。

术曰[18]：置一、二、四、八、十六为列衰；副并为法；以五尺乘未并者，各自为实，实如法得一尺。

今有北乡筭八千七百五十八[19]，西乡筭七千二百三十六，南乡筭八千三百五十六，凡三乡发徭三百七十八人[20]。欲以筭数多少衰出之，问：各几何？

答曰：北乡遣一百三十五人一万二千一

百七十五分人之一万一千六百三十七，

西乡遣一百一十二人一万二千一百七十五分人之四千四，

南乡遣一百二十九人一万二千一百七十五分人之八千七百九。

术曰[21]：各置筭数为列衰；臣淳风等谨按：三乡筭数，约、可半者，为列衰。副并为法；以所发徭人数乘未并者，各自为实。实如法得一人。按：此术，今有之义也。

今有禀粟[22]，大夫、不更、簪裹、上造、公士凡五人，一十五斗。今有大夫一人后来，亦当禀五斗。仓无粟，欲以衰出之，问：各几何？

答曰：大夫出一斗四分斗之一，

不更出一斗，

簪裹出四分斗之三，

上造出四分斗之二，

公士出四分斗之一。

术曰[23]：各置所禀粟斛斗数，爵次均之，以为列衰；副并，而加后来大夫亦五斗，得二十以为法；以五斗乘未并者，各自为实。实如法得一斗。禀前“五人十五斗”者，大夫得五斗，不更得四斗，簪裹得三斗，上造得二斗，公士得一斗。欲令五人各依所得粟多少减与后来大夫，即与前来大夫同。据前来大夫已得五斗，故言“亦”也。各以所得斗数为衰，并得十五，而加后来大夫亦五斗，凡二十，为法也。是为六人共出五斗，后来大夫亦俱损折。今有术，副并为所有率，未并者各为所求率，五斗为所有数，而今有之，即得。

今有禀粟五斛，五人分之。欲令三人得三，二人得二，问：各几何？

答曰：三人，人得一斛一斗五升十三分升之五；

二人，人得七斗六升十三分升之十二。

术曰[24]：置三人，人三；二人，人二，为列衰；副并为法；以五斛乘未并者各自为实。实如法得一斛。

[注释]

[1] 衰（cuī）：由大到小按一定等级递减。《管子・小匡》："相地而衰其政，则民不移矣。"尹知章注："衰，差（cī）也。"衰分：按一定的等级进行分配，即按比例分配，故刘徽说"衰分，差也"，是"九数"之三。李籍《音义》在引用尹知章注之后云："以差而平分，故曰衰分。"郑玄引郑众释"九数"作"差分"，是为衰分在先秦之名。差：次第、等级。《孟子・万章下》："庶人在官者，其禄以是为差。" [2] 禀（bǐng）：赐人以谷。《说文解字》："禀，赐谷也。"税：本义是田赋，引申为一切赋税。李籍《音义》云："供谷曰禀。或曰廪，非是。"知李籍看到的抄本中有一本作"廪"。 [3] 记被分配的总量为 A，分得的各份是 A_i，列衰即各份的比率为 a_i，衰分术是：布置列衰 a_i，在旁边将它们相加，即 $\sum_{j=1}^{n} a_j$ 作为法。以被分配的总量乘没有相加的列衰，即 a_iA，各自作为实。实除以法，便得到分配的各份：$A_i = a_iA \div \sum_{j=1}^{n} a_j$，$i$=1，2，…，$n$。[4]"列衰"四句：是说列衰都是相与率。如果有重复叠加即有等数，可以约简。 [5]"法集而衰别"七句：是说法 $\sum_{j=1}^{n} a_j$ 是列衰集中到一起，而列衰 a_i 是有区别的。所分的数量本来是一个整体，现在用所分的数量乘布置在上方的各自的列衰，用布置在下方的集合在一起的法除之，一乘一除恰好相消，所以所分的数量仍然存在，只是分别对应于各自的率而有所区别罢了。 [6]"于今有术"四句：是说对于今有术，列衰 a_i 分别是所求率，在旁边将它们相加 $\sum_{j=1}^{n} a_j$，是所有率，所分的数量 A 是所有数。刘徽从而将衰分术归结为今有术。 [7]"又以经分言之"十一句，是说又用经分术来表述之：假设甲家有 3 人，乙家有 2 人，丙家有 1 人，相加为 6 人，共

同分 12，就是每人得到 2。想再得到一家一家的数量，则应当列出各家的人数，以 1 人所得的数量乘之。现在此术是先做乘法而后做除法。这里的经分指整数除法。 [8]“不满法者”二句，是说如果实有余数，便用法命名一个分数。 [9] 大夫、不更、簪褭（niǎo，亦作簪裊）、上造、公士：爵位名，据《汉书·百官公卿表》，秦汉分爵位二十级，上述各爵依次为第五、四、三、二、一级。大夫，李籍《音义》云：“夫，以智率人者也。大夫，则以智率人之大者也。”不更，李籍云：“次大夫，取其不与戍更。”簪褭，《后汉书·百官志》注引刘劭《爵制》：“御驷马者。要褭，古之名马也。驾驷马者其形似簪，故曰簪褭也。”李籍云：“次不更，取其缨冠乘马。”上造，李籍云：“次簪褭，取其为造士而居上。”公士，李籍云：“次上造，取其为士而在公。”大夫自殷周起还是官名。 [10] 爵次：爵位的等级。“爵”本是商、周的酒器，引申为爵位。 [11] 此问的解法是：将爵数作为列衰：大夫∶不更∶簪褭∶上造∶公士 = 5∶4∶3∶2∶1。在旁边将列衰相加：5+4+3+2+1=15 作为法。大夫之实：5 鹿 ×5=25 鹿；不更之实：5 鹿 ×4=20 鹿；簪褭之实：5 鹿 ×3=15 鹿；上造之实：5 鹿 ×2=10 鹿；公士之实：5 鹿 ×1=5 鹿。故大夫得：25 鹿 ÷15= $1\frac{2}{3}$鹿；不更得：20 鹿 ÷15= $1\frac{1}{3}$鹿；簪褭得：15 鹿 ÷15=1 鹿；上造得：10 鹿 ÷15= $\frac{2}{3}$鹿；公士得：5 鹿 ÷15= $\frac{1}{3}$鹿。 [12] 以爵级为赐：现存《墨子·号令篇》无此语。孙诒让《墨子间诂》认为此指“疾斗者，对二人赐上奉。而胜围城周里以上，封城将三十里地，为关内侯。辅将如令，赐上卿。丞，及吏比于丞者，赐爵五大夫。官吏豪杰与计坚守者十人，及城上吏比于五官者，皆赐公乘。男子有守者，爵人二级”。 [13]“羊主曰”五句：是说羊的主人说：“我的羊啃的是马的一半。”马的主人说：“我的马啃的是牛的一半。”现在想按照一定的比例偿还之。偿，偿还。李籍《音义》云:“还也。”衰偿:按列衰赔偿。 [14]“术曰”六句:是说故列衰为:牛:马:羊=4:2:1。在旁边将列衰相加 4+2+1=7 作为法。牛食之实:5 斗 ×4=20 斗;马食之实:5 斗 ×2=10 斗;羊食之实:5 斗 ×1=5 斗。故牛主偿:20 斗 ÷7= $2\frac{6}{7}$斗 = 2斗$8\frac{4}{7}$升。马主偿:10 斗 ÷7= $1\frac{3}{7}$斗 = 1斗$4\frac{2}{7}$升。羊主偿:5 斗 ÷7= $\frac{5}{7}$斗 = $7\frac{1}{7}$升。 [15]关:本义是门闩,引申为要塞,关口。关税:指关卡征收的赋税,税作动词。 [16]“术曰”六句:是说列衰为:甲:乙:丙=560:350:180。在旁边将列衰相加:560+350+180=1090 作为法。甲税之实:100 钱 ×560=56000 钱,乙税之实:100 钱 ×350=35000 钱,丙税之实:100 钱 ×180=18000钱。故甲出:56000钱 ÷ 1090 = $51\frac{41}{109}$钱。乙出:35000钱 ÷ 1090 = $32\frac{12}{109}$钱。丙出:18000钱 ÷ 1090 = $16\frac{56}{109}$钱。 [17]日自倍:次日是前一日的 2 倍。《算数书》《孙子算经》亦有此问。 [18]“术曰”六句:是说列衰为:第一日织:第二日织:第三日织:第四日织:第五日织=1:2:4:8:16。在旁边将列衰相加 1+2+4+8+16=31 作为法。第一日织之实:5 尺 ×1=5 尺,第二日织之实:5 尺 ×2=10 尺,第三日织之实:5 尺 ×4=20 尺,第四日织之实:5 尺 ×8=40 尺,第五日织之实:5 尺 ×16=80 尺。故第一日织得 5尺 ÷ 31 = $\frac{5}{31}$尺 = $1\frac{19}{31}$寸,第二日织得 10 尺 ÷ 31 = $\frac{10}{31}$尺 = $3\frac{7}{31}$寸,第三日织得 20尺 ÷ 31 = $\frac{20}{31}$尺 = $6\frac{14}{31}$寸,第四日织得 40尺 ÷ 31 = $1\frac{9}{31}$尺 =1尺$2\frac{28}{31}$寸,第五日织得 80尺 ÷ 31 = $2\frac{18}{31}$尺 = 2尺$5\frac{25}{31}$寸。 [19]筭:算赋,汉代的人丁税。《汉书·高帝纪》:四年(前 203 年)八月“初为算赋”。如淳曰:“《汉仪注》民年十五以至五十六出赋钱,人百二十为一算,为治库兵车马。”李籍《音义》云:“筭者,计口出钱。汉律:人出一筭。一

筭百二十钱。贾人与奴婢倍筭。” [20] 徭：劳役。李籍《音义》云“役也”。 [21]“术曰”六句及其刘徽注一句：是说列衰为：北乡∶西乡∶南乡 =8758∶7236∶8356。在旁边将列衰相加：8758+7236+8356=24350 作为法。北乡徭之实 378 人 ×8758，西乡徭之实 378 人 ×7236，南乡徭之实 378 人 ×8356。故北乡遣 378 人 $\times 8758 \div 24350 = 135\frac{11637}{12175}$人，西乡遣 378人$\times 7236 \div 24350 = 112\frac{4004}{12175}$人，南乡遣 378人$\times 8356 \div 24350 = 129\frac{8709}{12175}$人。刘徽将其解法归结为今有术。 [22] 禀粟：赐人以谷曰禀。 [23]“术曰”十句：是说列衰为：大夫∶大夫∶不更∶簪褭∶上造∶公士 =5∶5∶4∶3∶2∶1。在旁边将列衰相加 5+5+4+3+2+1=20 作为法。大夫出粟之实 5 斗 ×5=25 斗，不更出粟之实 5 斗 ×4=20 斗，簪褭出粟之实 5 斗 ×3=15 斗，上造出粟之实 5 斗 ×2=10 斗，公士出粟之实 5 斗 ×1=5 斗。故大夫出粟 25斗$\div 20 = 1\frac{1}{4}$斗，不更出粟 20斗$\div 20 =1$ 斗，簪褭出粟 15斗$\div 20 = \frac{3}{4}$斗，上造出粟 10斗$\div 20 = \frac{2}{4}$斗，公士出粟 5斗$\div 20 = \frac{1}{4}$斗。 [24]“术曰”九句：是说列衰为：3∶3∶3∶2∶2。在旁边将列衰相加 3+3+3+2+2=13 作为法。三人组一人得粟之实 5 斛 ×3=15 斛，则一人得粟 15斛$\div 13 = 1\frac{2}{13}$斛 = 1 斛 1 斗 $5\frac{5}{13}$升；二人组一人得粟之实 5 斛 ×2=10 斛，则一人得粟 10斛$\div 13 = \frac{10}{13}$斛 = 7斗$6\frac{12}{13}$升。

[点评]

中华传统文化中追求公平合理，维护社会安定、和谐是一个重要方面。数学在其中发挥了重大作用。衰分术及返衰术按比例分配的计算方法，对处理按等级、军功等因素分配待遇、战利品，按各地的具体情况缴纳赋税，公平合理地处理民间借贷、租赁、交换，乃至调解邻里间的某些经济纠纷、矛盾等事务提供了心服口服的方法。

返衰以爵次言之，大夫五、不更四……。欲令高爵得多者，当使大夫一人受五分，不更一人受四分……。人数为母，分数为子。母同则子齐，齐即衰也。故上衰分宜以五、四……为列焉。今此令高爵出少[1]，则当使大夫五人共出一人分，不更四人共出一人分……，故谓之返衰。人数不同[2]，则分数不齐。当令母互乘子。母互乘子，则“动者为不动者衰”也。亦可先同其母[3]，各以分母约，其子为返衰；副并为法；以所分乘未并者，各自为实。实如法而一。术曰[4]：列置衰而令相乘，动者为不动者衰。

今有大夫、不更、簪褭、上造、公士凡五人，共出百钱。欲令高爵出少，以次渐多，问：各几何？

答曰：大夫出八钱一百三十七分钱之一百四，

不更出一十钱一百三十七分钱之一百三十，

簪裹出一十四钱一百三十七分钱之八十二，

上造出二十一钱一百三十七分钱之一百二十三，

公士出四十三钱一百三十七分钱之一百九。

术曰[5]：置爵数，各自为衰，而返衰之。副并为法；以百钱乘未并者，各自为实。实如法得一钱。

今有甲持粟三升，乙持粝米三升，丙持粝饭三升。欲令合而分之，问：各几何？

荅曰：甲二升一十分升之七，

乙四升一十分升之五，

丙一升一十分升之八。

术曰[6]：以粟率五十、粝米率三十、粝饭率七十五为衰，而返衰之。副并为法。以九升乘未并者，各自为实。实如法得一升。

按：此术，三人所持升数虽等，论其本率，精粗不同。

米率虽少，令最得多；饭率虽多，返使得少。故令返之，使精得多而粗得少。于今有术，副并为所有率，未并者各为所求率，九升为所有数，而今有之，即得。

[注释]

[1]“今此令高爵出少”四句：是说大夫1人出$\frac{1}{5}$，不更1人出$\frac{1}{4}\cdots$。大夫、不更、簪褭、上造、公士5人以列衰的倒数$\frac{1}{5}$，$\frac{1}{4}$，$\frac{1}{3}$，$\frac{1}{2}$，1分配，所以称为返衰。 [2]根据刘徽注，《九章算术》返衰术给出公式$A_i=(Aa_1a_2\cdots a_{i-1}a_{i+1}\cdots a_n)\div\sum_{j=1}^{n}a_1a_2\cdots a_{j-1}a_{j+1}\cdots a_n$，$i=1$，2，…，$n$。显然，在求$A_i$的时候，用不到以其衰$a_i$乘所分$A$，所以说“动者为不动者衰”。 [3]“亦可先同其母”七句：是说也可以先使它们的分母相同，以各自的分母除同，以它们的分子作为返衰术的列衰。在旁边将它们相加作为法。用所分的数量乘未相加的列衰，分别作为实。实除以法。其子指以分母约“同”的结果。同即公分母。 [4]“术曰”三句：是说布置列衰，使分母互乘分子，即得到$a_1a_2\cdots a_{i-1}a_{i+1}\cdots a_n$，$i=1$，2，…，$n$为列衰。这是变动了的为不变动的进行衰分。 [5]本来大夫、不更、簪褭、上造、公士的列衰为5，4，3，2，1。返衰之，则以$\frac{1}{5}$，$\frac{1}{4}$，$\frac{1}{3}$，$\frac{1}{2}$，1为列衰。在旁边将它们相加，$\frac{1}{5}+\frac{1}{4}+\frac{1}{3}+\frac{1}{2}+1=\frac{137}{60}$作为法。大夫出钱之实：100钱$\times\frac{1}{5}=$20钱，不更出钱之实：100钱$\times\frac{1}{4}=$25钱，簪褭出钱之实：100钱$\times\frac{1}{3}=\frac{100}{3}$钱$=33\frac{1}{3}$钱，上造出钱之实：100钱×

$\frac{1}{2}=50$钱，公士出钱之实：100 钱 $\times 1=100$钱。故大夫出钱：20钱$\div\frac{137}{60}=8\frac{104}{137}$钱，不更出钱：25钱$\div\frac{137}{60}=10\frac{130}{137}$钱，簪裹出钱：$\frac{100}{3}$钱$\div\frac{137}{60}=14\frac{82}{137}$钱，上造出钱：50钱$\div\frac{137}{60}=21\frac{123}{137}$钱，公士出钱：100钱$\div\frac{137}{60}=43\frac{109}{137}$钱。 [6]“术曰”七句：是说本来甲、乙、丙的列衰为50，30，75。返衰之，则以$\frac{1}{50}$，$\frac{1}{30}$，$\frac{1}{75}$为列衰。在旁边将它们相加，$\frac{1}{50}+\frac{1}{30}+\frac{1}{75}=\frac{1}{15}$作为法。甲所分之实：9升$\times\frac{1}{50}=\frac{9}{50}$升，乙所分之实：9升$\times\frac{1}{30}=\frac{9}{30}$升，丙所分之实：9升$\times\frac{1}{75}=\frac{3}{25}$升。故甲所分：$\frac{9}{50}$升$\div\frac{1}{15}=2\frac{7}{10}$升，乙所分：$\frac{9}{30}$升$\div\frac{1}{15}=4\frac{5}{10}$升，丙所分：$\frac{3}{25}$升$\div\frac{1}{15}=1\frac{8}{10}$升。

卷二的例题中，所有率与所求率都源于粟米之法，所有数都是粟米的斛斗数。此下的问题却不然。比如第一问中，其解法是：“以一斤价数为法，以一斤乘今有钱数为实，实如法得丝数”。刘徽将其归结到今有术，今有钱1328为所有数，丝1斤为所求率，丝

今有丝一斤[1]，价直二百四十。今有钱一千三百二十八，问：得丝几何？

答曰：五斤八两一十二铢五分铢之四。

术曰[2]：以一斤价数为法，以一斤乘今有钱数为实，实如法得丝数。按：此术今有之义。以一斤价为所有率，一斤为所求率，今有钱为所有数，而今有之，即得。

今有丝一斤，价直三百四十五。今有丝七两一十二铢，问：得钱几何？

答曰：一百六十一钱三十二分钱之

二十三。

术曰[3]：以一斤铢数为法，以一斤价数乘七两一十二铢为实。实如法得钱数。臣淳风等谨按：此术亦今有之义。以丝一斤铢数为所有率，价钱为所求率，今有丝为所有数，而今有之，即得。

今有缣一丈[4]，价直一百二十八。今有缣一匹九尺五寸，问：得钱几何？

苔曰：六百三十三钱五分钱之三。

术曰[5]：以一丈寸数为法，以价钱数乘今有缣寸数为实。实如法得钱数。臣淳风等谨按：此术亦今有之义。以缣一丈寸数为所有率，价钱为所求率，今有缣寸数为所有数，而今有之，即得。

今有布一匹，价直一百二十五。今有布二丈七尺，问：得钱几何？

苔曰：八十四钱八分钱之三。

术曰[6]：以一匹尺数为法，今有布尺数乘价钱为实，实如法得钱数。臣淳风等谨按：此术亦今有之义。以一匹尺数为所有率，价钱为所求率，今有布为所有数，今有之，即得。

1 斤价钱 240 为所有率。以所有率即 1 斤价钱为法，以所求率即 1 斤丝乘所有数即今有钱数为实。所有率与所求率，分别是钱数与重量，不是同类的，而且今有钱数与 1 斤丝相乘作为实，两者也不是同类的，作为法的所有率与所有数是同类的。所以宋之后将这一类问题归于“异乘同除”类。

今有素一匹一丈[7]，价直六百二十五。今有钱五百，问：得素几何？

答曰：得素一匹。

术曰[8]：以价直为法，以一匹一丈尺数乘今有钱数为实。实如法得素数。臣淳风等谨按：此术亦今有之义。以价钱为所有率，五丈尺数为所求率，今有钱为所有数，今有之，即得。

今有与人丝一十四斤，约得缣一十斤[9]。今与人丝四十五斤八两，问：得缣几何？

答曰：三十二斤八两。

术曰[10]：以一十四斤两数为法，以一十斤乘今有丝两数为实。实如法得缣数。臣淳风等谨按：此术亦今有之义。以一十四斤两数为所有率，一十斤为所求率，今有丝为所有数，今有之，即得。

今有丝一斤，耗七两。今有丝二十三斤五两，问：耗几何？

答曰：一百六十三两四铢半。

术曰[11]：以一斤展十六两为法；以七两乘今有丝两数为实。实如法得耗数。臣淳风等谨按：

此术亦今有之义。以一斤为十六两为所有率，七两为所求率，今有丝为所有数，而今有之，即得。

今有生丝三十斤，干之，耗三斤十二两。今有干丝一十二斤，问：生丝几何？

答曰：一十三斤一十一两十铢七分铢之二。

术曰[12]：置生丝两数，除耗数，余，以为法。余四百二十两，即干丝率。三十斤乘干丝两数为实。实如法得生丝数。凡所得率知[13]，细则俱细，粗则俱粗，两数相抱而已。故品物不同[14]，如上缣、丝之比，相与率焉。三十斤凡四百八十两，令生丝率四百八十两，令干丝率四百二十两，则其数相通。可俱为铢，可俱为两，可俱为斤，无所归滞也。若然[15]，宜以所有干丝斤数乘生丝两数为实。今以斤、两错互而亦同归者，使干丝以两数为率，生丝以斤数为率。譬之异类，亦各有一定之势。 臣淳风等谨按：此术，置生丝两数，除耗数，余即干丝之率，于今有术为所有率；三十斤为所求率，干丝两数为所有数。凡所谓率者，细则俱细，粗则俱粗。今以斤乘两知，干丝即以两数为率，生丝即以斤数为率，譬之

刘徽在此提出了率的重要性质，因此可以对之施行齐同术。

异物，各有一定之率也。

今有田一亩，收粟六升太半升。今有田一顷二十六亩一百五十九步，问：收粟几何？

答曰：八斛四斗四升一十二分升之五。

术曰[16]：以亩二百四十步为法，以六升太半升乘今有田积步为实，实如法得粟数。臣淳风等谨按：此术亦今有之义。以一亩步数为所有率，六升太半升为所求率，今有田积步为所有数，而今有之，即得。

今有取保一岁[17]，价钱二千五百。今先取一千二百，问：当作日几何？

答曰：一百六十九日二十五分日之二十三。

术曰[18]：以价钱为法，以一岁三百五十四日乘先取钱数为实。实如法得日数。臣淳风等谨按：此术亦今有之义。以价为所有率，一岁日数为所求率，取钱为所有数，而今有之，即得。

今有贷人千钱[19]，月息三十。今有贷人七百五十钱，九日归之，问：息几何？

答曰：六钱四分钱之三。

术曰[20]：以月三十日乘千钱为法；以三十日乘千钱为法者，得三万，是为贷人钱三万，一日息三十也。以息三十乘今所贷钱数，又以九日乘之，为实。实如法得一钱。以九日乘今所贷钱为今一日所有钱，于今有术为所有数；息三十为所求率；三万钱为所有率。此又可以一月三十日约息三十钱[21]，为十分一日，以乘今一日所有钱为实；千钱为法。为率者，当等之于一也。故三十日或可乘本，或可约息，皆所以等之也。

[注释]

[1] 自此问起至卷末，不是衰分类问题，其体例亦与前不合，系张苍或耿寿昌增补的内容。它们都可以直接用今有术求解，但是与卷二今有术的例题有所不同。 [2] 此问的解法是：得丝 =（1 斤丝 × 今有钱数）÷ 1 斤价数。刘徽将 1 斤价数作为所有率，1 斤丝作为所求率，今有钱数作为所有数，归结为今有术。 [3] 此问的解法是：得钱 =（1 斤价数 × 今有丝数）÷ 1 斤铢数。像刘徽一样，李淳风等亦将其归结为今有术。 [4] 缣（jiān）：双丝织的浅黄色细绢。 [5] 此问的解法是：得钱 =（1 斤价数 × 今有缣寸数）÷ 1 丈寸数。李淳风等亦将其归结为今有术。 [6] 此问的解法是：得钱 =（1 匹价数 × 今有布尺数）÷ 1 匹尺数。李淳风等亦将其归结为今有术。 [7] 素：本色的生帛。 [8] 此问的解法是：得素数 =（今有钱数 × 今有素尺数）÷ 价值数。李淳风等亦将其归结为今有术。 [9] 约：求取。卷四

开立圆术李淳风等注释“约此积”与此同。 [10] 此问的解法是：得缣数 =（得缣斤数 × 今有丝两数）÷ 与人丝两数。李淳风等亦将其归结为今有术。 [11] 此问的解法是：得耗数 =（耗丝两数 × 今有丝两数）÷ 1 斤丝两数。李淳风等亦将其归结为今有术。 [12] 此问的解法是：得生丝数 =（生丝 30 斤 × 今有干丝两数）÷（生丝 30 斤两数 - 耗数）。 [13]“凡所得率知”四句：是说凡是所得到的率，要细小则都细小，要粗大则都粗大。两个数互相转取罢了。相抱，互相转取。抱，古通“捊”。捊，引取也。 [14]“故品物不同”十一句：是说不同的物品，例如上面的缣与丝的比率，就是相与率。30 斤共有 480 两。使生丝率为 480 两，使干丝率为 420 两，则它们的数相通。可以都用铢，可以都用两，可以都用斤，没有什么窒碍之处。 [15]“若然”七句：是说如果这样，应该用所有的干丝斤数乘生丝的两数作为实。现在将斤、两错互——使干丝以两数形成率，生丝以斤数形成率，也得到同一结果的原因在于，比方说是不同的类，也各有一定的态势。譬之，比方。 [16] 此问的解法是：得收粟数 =（1 亩收粟升数 × 今有田积步）÷ 1 亩步数。李淳风等亦将其归结为今有术。 [17] 保：佣工。李籍《音义》云：“佣也。如所谓酒家保。” [18] 此问的解法是：得作日 =（1 岁日数 × 先取钱数）÷ 取保 1 岁价钱。李淳风等亦将其归结为今有术。 [19] 贷：李籍《音义》云：“以物假人也。”《算数书》亦有一“贷人千钱”的问题，但与此同类不同题。 [20] 此问的解法是：得息数 =[月息 30 ×（今所贷钱数 × 9 日）]÷（1 月 30 日 × 贷人 1000 钱）。刘徽以今所贷钱 × 9 日为所有数，1000 钱 × 30 日为所有率，月息为所求率，归结为今有术。 [21] 这是刘徽提出的另一种使用率，应用今有术求解的方式：以月息 30 钱 ÷ 30 日 =10 分 / 日为所求率，今所贷钱 × 9 日为所有数，1000 钱为所有率。两者殊途同归。

［点评］

《九章算术》衰分章含有两类内容，一是传统的衰分术和返衰术及其例题，二是在宋元之后被称为“异乘同除”类的应用题及其解法。后者不是衰分问题，而要用今有术求解。《九章算术》的整理者张苍、耿寿昌大约因为这些问题不是粟米互换，没有将它们归于粟米章，而当时衰分术、返衰术及其例题的内容比较单薄，便将它们归于衰分章，不伦不类，使《九章算术》尽管仍按九数的格局，但在分类上违背了同一性。

卷四　少广[1] 以御积幂方圆

少广臣淳风等谨按：一亩之田，广一步，长二百四十步。今欲截取其从少，以益其广，故曰少广。术曰[2]：置全步及分母、子，以最下分母遍乘诸分子及全步，臣淳风等谨按：以分母乘全者，通其分也；以母乘子者，齐其子也。各以其母除其子，置之于左；命通分者，又以分母遍乘诸分子及已通者，皆通而同之[3]，并之为法。臣淳风等谨按：诸子悉通，故可并之为法。亦宜用合分术[4]，列数尤多。若用乘则算数至繁，故别制此术，从省约。置所求步数，以全步积分乘之为实。此以田广为法[5]，一亩积步为实。法有分者，当同其母，齐其子，以同乘法、实，而并齐于法。今以分母乘全步及子，子如母而一。并以并全法，则法、实俱长，意亦等也。故如法而一，得从步数。实如法而一，得从步。

今有田广一步半。求田一亩，问：从几何？

答曰：一百六十步。

术曰[6]：下有半，是二分之一。以一为二，半为一，并之得三，为法。置田二百四十步，亦以一为二乘之，为实。实如法得从步。

今有田广一步半、三分步之一。求田一亩，问：从几何？

答曰：一百三十步一十一分步之一十。

术曰[7]：下有三分，以一为六，半为三，三分之一为二，并之得一十一，以为法。置田二百四十步，亦以一为六乘之，为实。实如法得从步。

数学史界过去都认为“通而同之”是与“同而通之”等价的运算，实际上两者有所不同。“同而通之”在通分时必须使用，先通过诸分数的分母相乘使各分数的分母相同，然后使分母互乘子，使分数值不变，达到使各分数互相通达，这就是“通”。可以说是先同后通，故名。“通而同之”是先“通”再“同”，一般要进行多次通分，才使得各分数分母相同。

今有田广一步半、三分步之一、四分步之一。求田一亩，问：从几何？

答曰：一百一十五步五分步之一。

术曰[8]：下有四分，以一为一十二，半为六，三分之一为四，四分之一为三，并之得二十五，以为法。置田二百四十步，亦以一为一十二乘之，为实。实如法而一，得从步。

今有田广一步半、三分步之一、四分步之一、五分步之一。求田一亩，问：从几何？

答曰：一百五步一百三十七分步之一十五。

术曰[9]：下有五分，以一为六十，半为三十，三分之一为二十，四分之一为一十五，五分之一为一十二，并之得一百三十七，以为法。置田二百四十步，亦以一为六十乘之，为实。实如法得从步。

今有田广一步半、三分步之一、四分步之一、五分步之一、六分步之一。求田一亩，问：从几何？

答曰：九十七步四十九分步之四十七。

术曰[10]：下有六分，以一为一百二十，半为六十,三分之一为四十,四分之一为三十,五分之一为二十四,六分之一为二十,并之得二百九十四,以为法。置田二百四十步,亦以一为一百二十乘之,为实。实如法得从步。

今有田广一步半、三分步之一、四分步之一、五分步之一、六分步之一、七分步之一。求田一亩,问:从几何?

答曰:九十二步一百二十一分步之六十八。

术曰[11]:下有七分,以一为四百二十,半为二百一十,三分之一为一百四十,四分之一为一百五,五分之一为八十四,六分之一为七十,七分之一为六十,并之得一千八十九,以为法。置田二百四十步,亦以一为四百二十乘之,为实。实如法得从步。

今有田广一步半、三分步之一、四分步之一、五分步之一、六分步之一、七分步之一、八分步之一。求田一亩,问:从几何?

答曰:八十八步七百六十一分步之二百三十二。

术曰[12]：下有八分，以一为八百四十，半为四百二十，三分之一为二百八十，四分之一为二百一十，五分之一为一百六十八，六分之一为一百四十，七分之一为一百二十，八分之一为一百五，并之得二千二百八十三，以为法。置田二百四十步，亦以一为八百四十乘之，为实。实如法得从步。

今有田广一步半、三分步之一、四分步之一、五分步之一、六分步之一、七分步之一、八分步之一、九分步之一。求田一亩，问：从几何？

答曰：八十四步七千一百二十九分步之五千九百六十四。

术曰[13]：下有九分，以一为二千五百二十，半为一千二百六十，三分之一为八百四十，四分之一为六百三十，五分之一为五百四，六分之一为四百二十，七分之一为三百六十，八分之一为三百一十五，九分之一为二百八十，并之得七千一百二十九，以为法。置田二百四十步，亦以一为二千五百二十乘之，为实。实如法得从步。

今有田广一步半、三分步之一、四分步之一、五分步之一、六分步之一、七分步之一、八分步之一、九分步之一、十分步之一。求田一亩，问：从几何？

答曰：八十一步七千三百八十一分步之六千九百三十九。

术曰[14]：下有一十分，以一为二千五百二十，半为一千二百六十，三分之一为八百四十，四分之一为六百三十，五分之一为五百四，六分之一为四百二十，七分之一为三百六十，八分之一为三百一十五，九分之一为二百八十，十分之一为二百五十二，并之得七千三百八十一，以为法。置田二百四十步，亦以一为二千五百二十乘之，为实。实如法得从步。

今有田广一步半、三分步之一、四分步之一、五分步之一、六分步之一、七分步之一、八分步之一、九分步之一、十分步之一、十一分步之一。求田一亩，问：从几何？

答曰：七十九步八万三千七百一十一分

步之三万九千六百三十一。

术曰[15]：下有一十一分，以一为二万七千七百二十，半为一万三千八百六十，三分之一为九千二百四十，四分之一为六千九百三十，五分之一为五千五百四十四，六分之一为四千六百二十，七分之一为三千九百六十，八分之一为三千四百六十五，九分之一为三千八十，一十分之一为二千七百七十二，一十一分之一为二千五百二十，并之得八万三千七百一十一，以为法。置田二百四十步，亦以一为二万七千七百二十乘之，为实。实如法得从步。

今有田广一步半、三分步之一、四分步之一、五分步之一、六分步之一、七分步之一、八分步之一、九分步之一、十分步之一、十一分步之一、十二分步之一。求田一亩，问：从几何？

荅曰：七十七步八万六千二十一分步之二万九千一百八十三。

术曰[16]：下有一十二分，以一为八万三千一百六十，半为四万一千五百八十，三分之一为二万七千七百二十，四分之一为二万七百九十，五分之一为一万六千六百三十二，六分之一为一万三千八百六十，七分之一为一万一千八百八十，八分之一为一万三百九十五，九分之一为九千二百四十，一十分之一为八千三百一十六，十一分之一为七千五百六十，十二分之一为六千九百三十，并之得二十五万八千六十三，以为法。置田二百四十步，亦以一为八万三千一百六十乘之，为实。实如法得从步。臣淳风等谨按[17]：凡为术之意，约省为善。宜云"下有一十二分，以一为二万七千七百二十，半为一万三千八百六十，三分之一为九千二百四十，四分之一为六千九百三十，五分之一为五千五百四十四，六分之一为四千六百二十，七分之一为三千九百六十，八分之一为三千四百六十五，九分之一为三千八十，十分之一为二千七百七十二，十一分之一为二千五百二十，十二分之一为二千三百一十，并之得八万六千二十一，以为法。置田二百四十步，亦以一为二万七千七百二十乘之，以为实。实如法得从步。"其术亦得知，不繁也。

［注释］

[1] 少广：九数之一。少广术的例题都是田地的广远小于纵，可见“少广”的本义是小广。李籍《音义》云“广少从多”，符合其本义。李籍又云“截从之多，益广之少，故曰少广”，源于李淳风等注释“截取其从少，以益其广”。这种理解大约源于商周时人们通过截长补短，将不规则的田地化成正方形衡量其大小，如《墨子 · 非攻命上》云“古者汤封于亳，绝长继短，方地百里”。传统的“少广”含有少广术、开方术，都是面积、体积的逆运算，就是已知面积或体积求其边长的问题。 [2] 少广术是已知田的面积为 1 亩，广为 $1+\frac{1}{2}+\frac{1}{3}+\cdots+\frac{1}{n-1}+\frac{1}{n}$，$n=2，3，\cdots，12$，求其纵。其方法是：布置整步数及分母、分子，以最下面的分母普遍地乘各分子及整步数。分别用分母除其分子，将它们布置在左边。使它们通分：又以分母普遍地乘各分子及已经通分的数，使它们都通过通分而使分母相同。将它们相加作为法。布置所求的步数，以 1 整步的积分乘之，作为实。实除以法，得到纵的步数。亦即：将 1，$\frac{1}{2}$，$\frac{1}{3}$，…，$\frac{1}{n-1}$，$\frac{1}{n}$ 自上而下排列。以最下分母 n 乘第 1 列各数，作为第 2 列，再以最下分母 $n-1$ 乘第 2 列各数，作为第 3 列，如此继续下去，直到某列所有的数都成为整数为止，即：

$$
\begin{array}{cccccc}
1 & n & n(n-1) & \cdots & n(n-1)\times\cdots\times4\times3 & n(n-1)\times\cdots\times4\times3\times2 \\
\frac{1}{2} & \frac{n}{2} & \frac{n(n-1)}{2} & \cdots & \frac{n(n-1)\times\cdots\times4\times3}{2} & n(n-1)\times\cdots\times4\times3 \\
\frac{1}{3} & \frac{n}{3} & \frac{n(n-1)}{3} & \cdots & n(n-1)\times\cdots\times5\times4 & n(n-1)\times\cdots\times4\times2 \\
\vdots & \vdots & \vdots & \cdots & \vdots & \vdots \\
\frac{1}{n-1} & \frac{n}{n-1} & n & \cdots & n(n-2)\times\cdots\times3 & n(n-2)\times\cdots\times2 \\
\frac{1}{n} & 1 & n-1 & \cdots & (n-1)(n-2)\times\cdots\times3 & (n-1)(n-2)\times\cdots\times2
\end{array}
$$

遍乘，普遍地乘。通常指以某数整个地乘一行的情形。通而同之，依次对各个分数通分，即“通”，再使分母相同，即“同”。秦汉数学简牍中亦有少广术及其例题，唯文字古朴。［3］“通而同之”是以分母遍乘各分子及已通者，一般要进行多次通分，才使得各分数分母相同。它与“同而通之”是一个相反的过程。这里采纳了朱一文的意见。［4］李淳风等是说，使用合分术也是适宜的，不过这布列的数字太多，如果使用乘法，则计算的数字太烦琐。所以另外制定此术，遵从省约的原则。［5］刘徽是说，这里把田广作为法，1 亩田的积步作为实。法中有分数者，应当使它们的分母相同，使它们的分子相齐，以同乘法与实，而将诸齐相加，作为法。现在依次用分母乘整步数及各分子，分子除以分母，皆加到整个法中，那么法与实同时增长，意思也是等同的。所以除以法，得到纵的步数。刘徽此处用合分术。［6］布置广的数值，以 2 遍乘，便可全部化为整数：

$$\begin{array}{ll} 1 & 2 \\ \frac{1}{2} & 1 \end{array}$$

求出法：2+1=3。同是 2。因此纵 =240×2÷3=160（步）。［7］布置广的数值，先后以 3，2 遍乘，便可全部化为整数：

$$\begin{array}{lll} 1 & 3 & 3\times 2 \\ \frac{1}{2} & \frac{3}{2} & 3 \\ \frac{1}{3} & 1 & 2 \end{array}$$

求出法：6+3+2=11。同是6。因此，纵 = 240步 ×6 ÷ 11 = $130\frac{1}{2}$步。［8］布置广的数值，先后以 4，3 遍乘，便可全部化为整数：

$$\begin{array}{lll} 1 & 4 & 4\times 3 \\ \frac{1}{2} & 2 & 2\times 3 \\ \frac{1}{3} & \frac{4}{3} & 4 \\ \frac{1}{4} & 1 & 3 \end{array}$$

求出法：12+6+4+3=25。同是 12。因此，纵 = 240步 × 12 ÷ 25 = $115\frac{1}{5}$步。其同 12 是分母 2，3，4 的最小公倍数。 [9] 布置广的数值，先后以 5，4，3 遍乘，便可全部化为整数：

1	5	5 × 4	5 × 4 × 3
$\frac{1}{2}$	$\frac{5}{2}$	5 × 2	5 × 2 × 3
$\frac{1}{3}$	$\frac{5}{3}$	$\frac{5\times4}{3}$	5 × 4
$\frac{1}{4}$	$\frac{5}{4}$	5	5 × 3
$\frac{1}{5}$	1	4	4 × 3

求出法：60 + 30 + 20 + 15 + 12 = 137。同是 60。因此，纵 = 240步 × 60 ÷ 137 = $105\frac{15}{137}$步。其同 60 是分母 2，3，4，5 的最小公倍数。 [10] 布置广的数值，先后以 6，5，4 遍乘，便可全部化为整数：

1	6	6 × 5	6 × 5 × 4
$\frac{1}{2}$	3	3 × 5	3 × 5 × 4
$\frac{1}{3}$	2	2 × 5	2 × 5 × 4
$\frac{1}{4}$	$\frac{6}{4}$	$\frac{6\times5}{4}$	6 × 5
$\frac{1}{5}$	$\frac{6}{5}$	6	6 × 4
$\frac{1}{6}$	1	5	5 × 4

求出法：120+60+40+30+24+20=294。同是 120。因此，纵 = 240步 × 120 ÷ 294 = $97\frac{47}{49}$步。其同 120 不是分母 2，3，4，5，6 的最小公倍数，因为没有将 $\frac{6}{4}$ 约简。 [11] 布置广的数值，先

后以 7，6，5，2 遍乘，便可全部化为整数：

1	7	7×6	$7\times6\times5$	$7\times6\times5\times2$
$\frac{1}{2}$	$\frac{7}{2}$	7×3	$7\times3\times5$	$7\times3\times5\times2$
$\frac{1}{3}$	$\frac{7}{3}$	7×2	$7\times2\times5$	$7\times2\times5\times2$
$\frac{1}{4}$	$\frac{7}{4}$	$\frac{7\times3}{2}$	$\frac{7\times3\times5}{2}$	$7\times3\times5$
$\frac{1}{5}$	$\frac{7}{5}$	$\frac{7\times6}{5}$	7×6	$7\times6\times2$
$\frac{1}{6}$	$\frac{7}{6}$	7	7×5	$7\times5\times2$
$\frac{1}{7}$	1	6	6×5	$6\times5\times2$

求出法：420+210+140+105+84+70+60=1089。同是 420。因此，纵 $=240$步 $\times420\div1089=92\frac{68}{121}$步。其同 420 是分母 2,3,4,5,6，7 的最小公倍数。因为运算中将 $\frac{7\times6}{4}$ 约简成 $\frac{7\times3}{2}$。 [12] 布置广的数值，先后以 8，7，3，5 遍乘，便可全部化为整数：

1	8	8×7	$8\times7\times3$	$8\times7\times3\times5$
$\frac{1}{2}$	4	4×7	$4\times7\times3$	$4\times7\times3\times5$
$\frac{1}{3}$	$\frac{8}{3}$	$\frac{8\times7}{3}$	8×7	$8\times7\times5$
$\frac{1}{4}$	2	2×7	$2\times7\times3$	$2\times7\times3\times5$
$\frac{1}{5}$	$\frac{8}{5}$	$\frac{8\times7}{5}$	$\frac{8\times7\times3}{5}$	$8\times7\times3$
$\frac{1}{6}$	$\frac{8}{6}$	$\frac{4\times7}{3}$	4×7	$4\times7\times5$
$\frac{1}{7}$	$\frac{8}{7}$	8	8×3	$8\times3\times5$
$\frac{1}{8}$	1	7	7×3	$7\times3\times5$

求出法：840+420+280+210+168+140+120+105=2283。同是840。因此，纵 $=240$步$\times 840 \div 2283 = 88\frac{232}{761}$步。其同840是分母2，3，4，5，6，7，8的最小公倍数。因为运算中将$\frac{8}{6}$约简成$\frac{4}{3}$。　[13] 布置广的数值，先后以9，8，7，5遍乘，便可全部化为整数：

1	9	9×8	$9\times8\times7$	$9\times8\times7\times5$
$\frac{1}{2}$	$\frac{9}{2}$	9×4	$9\times4\times7$	$9\times4\times7\times5$
$\frac{1}{3}$	3	3×8	$3\times8\times7$	$3\times8\times7\times5$
$\frac{1}{4}$	$\frac{9}{4}$	9×2	$9\times2\times7$	$9\times2\times7\times5$
$\frac{1}{5}$	$\frac{9}{5}$	$\frac{9\times8}{5}$	$\frac{9\times8\times7}{5}$	$9\times8\times7$
$\frac{1}{6}$	$\frac{9}{6}$	3×4	$3\times4\times7$	$3\times4\times7\times5$
$\frac{1}{7}$	$\frac{9}{7}$	$\frac{9\times8}{7}$	9×8	$9\times8\times5$
$\frac{1}{8}$	$\frac{9}{8}$	9	9×7	$9\times7\times5$
$\frac{1}{9}$	1	8	8×7	$8\times7\times5$

求出法：2520+1260+840+630+504+420+360+315+280=7129。同是2520。因此，纵 $=240$步$\times 2520 \div 7129 = 84\frac{5964}{7129}$步。其同2520是分母2，3，4，5，6，7，8，9的最小公倍数。因为运算中将$\frac{9}{6}$约简成$\frac{3}{2}$。　[14] 布置广的数值，先后以10，9，4，7，遍乘，便可全部化为整数：

1	10	10×9	$10\times9\times4$	$10\times9\times4\times7$
$\frac{1}{2}$	5	5×9	$5\times9\times4$	$5\times9\times4\times7$

$\frac{1}{3}$	$\frac{10}{3}$	10×3	$10\times3\times4$	$10\times3\times4\times7$
$\frac{1}{4}$	$\frac{10}{4}$	$\frac{5\times9}{2}$	$5\times9\times2$	$5\times9\times2\times7$
$\frac{1}{5}$	2	2×9	$2\times9\times4$	$2\times9\times4\times7$
$\frac{1}{6}$	$\frac{10}{6}$	$\frac{5\times9}{}$	$5\times3\times4$	$5\times3\times4\times7$
$\frac{1}{7}$	$\frac{10}{7}$	$\frac{10\times9}{7}$	$\frac{10\times9\times4}{7}$	$10\times9\times4$
$\frac{1}{8}$	$\frac{10}{8}$	$\frac{5\times9}{4}$	5×9	$5\times9\times7$
$\frac{1}{9}$	$\frac{10}{9}$	10	10×4	$10\times4\times7$
$\frac{1}{10}$	1	9	9×4	$9\times4\times7$

求出法：2520+1260+840+630+504+420+360+315+280+252=7381。同是2520。因此，纵 $=240$步$\times2520\div7381=81\frac{6939}{7381}$步。其同2520是分母2，3，4，5，6，7，8，9，10的最小公倍数。因为运算中将$\frac{10}{8}$，$\frac{10}{6}$，$\frac{10}{4}$分别约简成$\frac{5}{4}$，$\frac{5}{3}$，$\frac{5}{2}$。 [15] 布置广的数值，先后以11，10，9，4，7，遍乘，便可全部化为整数：

1	11	11×10	$11\times10\times9$	$11\times10\times9\times4$	$11\times10\times9\times4\times7$
$\frac{1}{2}$	$\frac{11}{2}$	11×5	$11\times5\times9$	$11\times5\times9\times4$	$11\times5\times9\times4\times7$
$\frac{1}{3}$	$\frac{11}{3}$	$\frac{11\times10}{3}$	$11\times10\times3$	$11\times10\times3\times4$	$11\times10\times3\times4\times7$
$\frac{1}{4}$	$\frac{11}{4}$	$\frac{11\times10}{4}$	$\frac{11\times5\times9}{2}$	$11\times5\times9\times2$	$11\times5\times9\times2\times7$
$\frac{1}{5}$	$\frac{11}{5}$	$\frac{11\times10}{5}$	$11\times2\times9$	$11\times2\times9\times4$	$11\times2\times9\times4\times7$
$\frac{1}{6}$	$\frac{11}{6}$	$\frac{11\times10}{6}$	$11\times5\times3$	$11\times5\times3\times4$	$11\times5\times3\times4\times7$

$\frac{1}{7}$	$\frac{11}{7}$	$\frac{11\times10}{7}$	$\frac{11\times10\times9}{7}$	$\frac{11\times10\times9\times4}{7}$	$11\times10\times9\times4\times7$
$\frac{1}{8}$	$\frac{11}{8}$	$\frac{11\times10}{8}$	$\frac{11\times5\times9}{4}$	$11\times5\times9$	$11\times5\times9\times7$
$\frac{1}{9}$	$\frac{11}{9}$	$\frac{11\times10}{9}$	11×10	$11\times10\times4$	$11\times10\times4\times7$
$\frac{1}{10}$	$\frac{11}{10}$	11	11×9	$11\times9\times4$	$11\times9\times4\times7$
$\frac{1}{11}$	1	10	10×9	$10\times9\times4$	$10\times9\times4\times7$

求出法：27720 + 13860 + 9240 + 6930 + 5544 + 4620 + 3960 + 3465 + 3080+2772+2520 = 83711。同是 27720。因此，纵 $=240$步$\times27720\div83711=79\frac{39631}{83711}$步。其同 27720 是分母 2，3，4，5，6，7，8，9，10，11 的最小公倍数。因为运算中将$\frac{10}{8}$，$\frac{10}{4}$分别约简成$\frac{5}{4}$，$\frac{5}{2}$。 [16] 布置广的数值，先后以 12，11，10，9，7 遍乘，便可全部化为整数：

1	12	12×11	$12\times11\times10$	$12\times11\times10\times9$	$12\times11\times10\times9\times7$
$\frac{1}{2}$	$\frac{12}{2}$	6×11	$6\times11\times10$	$6\times11\times10\times9$	$6\times11\times10\times9\times7$
$\frac{1}{3}$	$\frac{12}{3}$	4×11	$4\times11\times10$	$4\times11\times10\times9$	$4\times11\times10\times9\times7$
$\frac{1}{4}$	$\frac{12}{4}$	3×11	$3\times11\times10$	$3\times11\times10\times9$	$3\times11\times10\times9\times7$
$\frac{1}{5}$	$\frac{12}{5}$	$\frac{12\times11}{5}$	$12\times11\times2$	$12\times11\times2\times9$	$12\times11\times2\times9\times7$
$\frac{1}{6}$	$\frac{12}{6}$	2×11	$2\times11\times10$	$2\times11\times10\times9$	$2\times11\times10\times9\times7$
$\frac{1}{7}$	$\frac{12}{7}$	$\frac{12\times11}{7}$	$\frac{12\times11\times10}{7}$	$\frac{12\times11\times10\times9}{7}$	$12\times11\times10\times9$
$\frac{1}{8}$	$\frac{12}{8}$	$\frac{12\times11}{8}$	$3\times11\times5$	$3\times11\times5\times9$	$3\times11\times5\times9\times7$

$\frac{1}{9}$	$\frac{12}{9}$	$\frac{12\times11}{9}$	$\frac{12\times11\times10}{9}$	$12\times11\times10$	$12\times11\times10\times7$
$\frac{1}{10}$	$\frac{12}{10}$	$\frac{12\times11}{10}$	12×11	$12\times11\times9$	$12\times11\times9\times7$
$\frac{1}{11}$	$\frac{12}{11}$	12	12×10	$12\times10\times9$	$12\times10\times9\times7$
$\frac{1}{12}$	1	11	11×10	$11\times10\times9$	$11\times10\times9\times7$

求出法：83160+41580+27720+20790+16632+13860+11880+10395+9240+8316+7560+6930=258063。同是83160。因此，纵 $=240$步 $\times83160\div258063=77\frac{29183}{86021}$步。其同83160不是分母2，3，4，5，6，7，8，9，10，11，12的最小公倍数。因为运算中没有将 $\frac{12}{8}$，$\frac{12}{9}$，$\frac{10}{10}$ 约简。[17]李淳风等认为，只要先后以12，11，10，3，7遍乘，便可全部化为整数：

1	12	12×11	$12\times11\times10$	$12\times11\times10\times3$	$12\times11\times10\times3\times7$
$\frac{1}{2}$	$\frac{12}{2}$	6×11	$6\times11\times10$	$6\times11\times10\times3$	$6\times11\times10\times3\times7$
$\frac{1}{3}$	$\frac{12}{3}$	4×11	$4\times11\times10$	$4\times11\times10\times3$	$4\times11\times10\times3\times7$
$\frac{1}{4}$	$\frac{12}{4}$	3×11	$3\times11\times10$	$3\times11\times10\times3$	$3\times11\times10\times3\times7$
$\frac{1}{5}$	$\frac{12}{5}$	$\frac{12\times11}{5}$	$12\times11\times2$	$12\times11\times2\times3$	$12\times11\times2\times3\times7$
$\frac{1}{6}$	$\frac{12}{6}$	2×11	$12\times11\times10$	$12\times11\times10\times3$	$12\times11\times10\times3\times7$
$\frac{1}{7}$	$\frac{12}{7}$	$\frac{12\times11}{7}$	$\frac{12\times11\times10}{7}$	$\frac{12\times11\times10\times3}{7}$	$12\times11\times10\times3$
$\frac{1}{8}$	$\frac{12}{8}$	$\frac{3\times11}{2}$	$3\times11\times5$	$3\times11\times5\times3$	$3\times11\times5\times3\times7$
$\frac{1}{9}$	$\frac{12}{9}$	$\frac{4\times11}{3}$	$\frac{4\times11\times10}{3}$	$4\times11\times10$	$4\times11\times10\times7$

$\frac{1}{10}$	$\frac{12}{10}$	$\frac{6\times11}{5}$	$6\times11\times2$	$6\times11\times2\times3$	$6\times11\times2\times3\times7$
$\frac{1}{11}$	$\frac{12}{11}$	12	12×10	$12\times10\times3$	$12\times10\times3\times7$
$\frac{1}{12}$	1	11	11×10	$11\times10\times3$	$11\times10\times3\times7$

求出法：27720+13860+9240+6930+5544+4620+3960+3465+3080+2772+2520+2310=86021。同是 27720。因此，纵 = 240步$\times27720\div86021=77\frac{29183}{86021}$步。其同 27720 是分母 2,3,4，5，6，7，8，9，10，11，12 的最小公倍数。因为运算中将 $\frac{12}{8}$，$\frac{12}{9}$，$\frac{12}{10}$约简成 $\frac{3}{2}$，$\frac{4}{3}$，$\frac{6}{5}$。

［点评］

“少广”的本义是小广。《九章算术》的例题是一亩的田地，其广分别是 $1+\frac{1}{2}$步，$1+\frac{1}{2}+\frac{1}{3}$步，…，$1+\frac{1}{2}+\frac{1}{3}+\cdots+\frac{1}{12}$步，求出其长分别是 160 步，$130\frac{10}{11}$步，…，$77\frac{29183}{86021}$步，其广比长小得多，故名。它的产生应该相当早，起码可以追溯到商周时期。少广术是将 1，$\frac{1}{2}$，$\frac{1}{3}$，…，$\frac{1}{n-1}$，$\frac{1}{n}$自上而下排列。以最下分母 n 乘第 1 列各数，作为第 2 列，再以最下分母 $n-1$ 乘第 2 列各数，作为第 3 列，如此继续下去，直到某列所有的数都成为整数为止。最后一列的最上一数是同，各数之和是法。这里也应用了齐同术。有的学者认为这是求最小公倍数的方法。实际上，当可以整除时，它规定“各以其母除其子”，但由于没有“可约者约之”的规定，它还不是求最小公倍数的完整程序。在实际应用中，当 n=6，12 时，《九章算术》没有求出最小公倍数。

今有积五万五千二百二十五步。问：为方几何[1]？

答曰：二百三十五步。

又有积二万五千二百八十一步。问：为方几何？

答曰：一百五十九步。

又有积七万一千八百二十四步。问：为方几何？

答曰：二百六十八步。

又有积五十六万四千七百五十二步四分步之一。问：为方几何？

答曰：七百五十一步半。

又有积三十九亿七千二百一十五万六百二十五步。问：为方几何？

答曰：六万三千二十五步。

开方[2]求方幂之一面也。术曰[3]：置积为实。借一筭，步之，超一等。言百之面十也，言万之面百也。议所得[4]，以一乘所借一筭为法，而以除。先得黄甲之面，上下相命，是自乘而除也。除已[5]，倍法为定法。倍之者，豫张两面朱幂定袤，以待复除，故曰定法。其复除[6]，折法而下。欲除朱幂者[7]，本当副置所得成方，倍之为定法，以折、议、乘，而以除。如是当复步之而止，乃

开方术是现今之开平方法。值得注意的是，《九章算术》开方术中的实、法、除都与除法中的含义相同，有明显的从除法脱胎的痕迹。这就是为什么《九章算术》将其称为“开方除之”。而刘徽开方术注中的“除”则是减。

得相命，故使就上折下。复置借筭[8]，步之如初，以复议一乘之，欲除朱幂之角黄乙之幂，其意如初之所得也。所得副以加定法[9]，以除。以所得副从定法。再以黄乙之面加定法者，是则张两青幂之袤。复除[10]，折下如前。若开之不尽者[11]，为不可开，当以面命之。术或有以借筭加定法而命分者[12]，虽粗相近，不可用也。凡开积为方，方之自乘当还复其积分。令不加借筭而命分[13]，则常微少；其加借筭而命分，则又微多。其数不可得而定。故惟以面命之，为不失耳。譬犹以三除十，以其余为三分之一，而复其数可举。不以面命之[14]，加定法如前，求其微数。微数无名者以为分子，其一退以十为母，其再退以百为母。退之弥下，其分弥细，则朱幂虽有所弃之数，不足言之也。若实有分者[15]，通分内子为定实，乃开之。讫，开其母，报除。臣淳风等谨按：分母可开者，并通之积先合二母。既开之后，一母尚存，故开分母，求一母为法，以报除也。若母不可开者[16]，又以母乘定实，乃开之。讫，令如母而一。臣淳风等谨按：分母不可开者，本一母也。又以母乘之，

“以面命之”有无理数概念的萌芽。有人认为“面”是明确的无理数概念，似有拔高之嫌。

提出求微数是刘徽对开方术的重大贡献。倘无求微数，刘徽求圆周率的精确近似值是不可能的。有人说求微数是取极限，似不妥当。刘徽明确指出有“所弃之数”，可见不是极限过程，而是极限思想在近似计算中的应用。

乃合二母。既开之后，亦一母存焉。故令一母而一[17]，得全面也。又按：此术“开方”者，求方幂之面也。“借一筭”者，假借一筭，空有列位之名，而无除积之实。方隅得面，是故借筭列之于下。“步之，超一等”者，方十自乘，其积有百，方百自乘，其积有万，故超位至百而言十，至万而言百。“议所得，以一乘所借筭为法，而以除”者，先得黄甲之面，以方为积者两相乘。故开方除之，还令两面上下相命，是自乘而除之。“除已，倍法为定法”者，实积未尽，当复更除，故豫张两面朱幂袤，以待复除，故曰定法。“其复除，折法而下”者，欲除朱幂，本当副置所得成方，倍之为定法，以折、议、乘之，而以除。如是当复步之而止，乃得相命，故使就上折之而下。“复置借筭，步之如初，以复议一乘之，所得副以加定法，以定法除”者，欲除朱幂之角黄乙之幂。“以所得副从定法”者，再以黄乙之面加定法，是则张两青幂之袤，故如前开之，即合所问。

［注释］

[1] 方：一边，一面。刘徽说开方是求正方形面积的边长。 [2] 开方：求 $\sqrt{A}$ 的正根，即今之开平方。[3] 开方程序是：

布置面积作为实。设给出面积为 $A=10^{n-1}b_n+10^{n-2}b_{n-1}+\cdots+10b_2+b_1$。借 1 算，开方式为：

实	b_n	b_{n-1}	$\cdots$	b_2	b_1
法					
借算					1

它表示二项方程 $x^2=10^{n-1}b_n+10^{n-2}b_{n-1}+\cdots+10b_2+b_1$。将借 1 算向左移动，每隔一位移一步。刘徽说，这意味着百位数的边长是十位数，万位数的边长是百位数。开方式变成（设 n 为奇数）：

实	b_n	b_{n-1}	$\cdots$	b_2	b_1
法					
借算	1				

这相当于作变换 $x=10^{\frac{n-1}{2}}x_1$，方程变成 $10^{n-1}x_1^2=10^{n-1}b_n+10^{n-2}b_{n-1}+\cdots+10b_2+b_1$。实：被开方数。开方术是从除法转化而来的，被开方数自然也称为实。借一筭：又称借算，即借一枚算筹，表示未知数二次项的系数 1。既是“借”，完成一步运算后要还掉即自动消失。步：本义是行走，引申为移动。超：隔一位。等：位。 [4]“议所得”三句及其刘徽注三句：是说商议所得的数，用它的一次方乘所借 1 算，作为法，而用来做除法。议所得，商议得到根的第一位得数，记为 a_1。后来常称为“商”。一乘，一次方。这是说以借算 1 乘 a_1，得 $10^{n-1}a_1$ 作为法。此“法”与除法中的法完全相同。以除，即以法 a_1 除实 A。此“除”与除法中的除亦完全相同。显然，a_1 的确定，须使 $10^{n-1}a_1$ 除实，其商的整数部分恰好是 a_1。记其余数为 $A_1=10^{n-1}b'_n+10^{n-2}b_{n-1}+\cdots+10b_2+b_1$。其算式为：

议得			a_1			
实	b'_n	b_{n-1}	$\cdots b_{\frac{n+1}{2}}\cdots$		b_2	b_1
法	a_1					
借算	1					

“借算”在乘a_1后，自动消失。刘徽说，这是先得出黄甲的一边长。上下相乘，这相当于将边长自乘而减实。这是刘徽对开方术做几何解释：如图 4-1 所示，在以实即被开方数为面积的正方形中，求出第一位得数a_1，就是从该正方形中除去以a_1为边长的正方形黄甲，也就是说被开方数变成$A-a_1^2$。这里的“除”训除去，减，与《九章算术》开方术中“除”训“除法”不同。黄甲，以a_1为边长的正方形。汉魏时期常将平面和立体图形涂上各种颜色，如朱（红、赤）、黄、青色，对平面图形称为朱幂或朱方，对立体图形称为朱棋，其他颜色亦然。有时用天干记图形，如黄甲、黄乙之类。　[5]“除已”二句及其刘徽注四句：是说做完除法，将法加倍，作为定法。开方式变成：

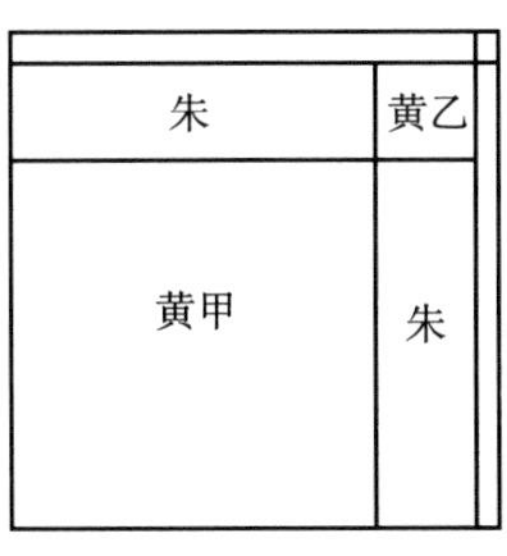

图 4-1　开方术的几何解释

议得			a_1			
实	b'_n	b_{n-1}	$\cdots b_{\frac{n+1}{2}} \cdots$		b_2	b_1
法	$2a_1$					

刘徽说，“将法加倍”，是为了预先展开两块朱幂已经确定的长，以便准备做第二次除法，所以叫作定法。朱幂的宽将是议得的第二位得数。豫：通“预”，预先。豫张就是预先展开。朱幂，红色的面积，位于黄甲的侧边。　[6]“其复除”二句：是说若要做第二次除法，应当缩小法，因此将它退位，便得到开方式：

议得				a_1		
实	b'_n	b_{n-1}	b_{n-2}	$\cdots b_{\frac{n+1}{2}} \cdots$	b_2	b_1
法		$2a_1$				
借算			1			

复除，第二次除法。折，减损。李籍《音义》云：“折者，屈而

有降意。”折法，通过退位将法缩小。李籍云：“折法，即退位也。” [7] 刘徽说，如果要减去朱幂，本来应当在旁边布置已经确定的正方形的边长，将它加倍，作为定法，通过缩小定法，商议第二位得数，乘借算而用来做除法。如此，应当重新布置借算，并自右向左移动，到无法移动时为止，才能相乘。这太烦琐，他便将借算在原处缩小而将其退位，即得到上述开方式。成方：指已得到的方边，即 a_1。复：复置借算。步：将借算自右向左步之。就上折下，指将借算自上而下退位。可见在得出第一位得数后，刘徽没有将借算还掉，而是保留，通过退位达到与《九章算术》同样的结果。 [8]“复置借筭”三句及其刘徽注二句：是说再在“实”的个位下布置借算 1，仍像开头做的那样自右向左隔一位步之。以借算乘第二位得数 a_2。亦即：

议得				a_1	a_2		
实	b'_n	b_{n-1}	b_{n-2}	$\cdots b_{\frac{n+1}{2}}$	$b_{\frac{n-1}{2}}\cdots$	b_2	b_1
法		$2a_1$	a_2				
借算			1				

刘徽说，这是想减去位于两朱幂形成的角隅处的黄乙的面积。其意义如同对第一步得数所做的那样。黄乙是以第二位得数 a_2 为边长的正方形。 [9]“所得副以加定法”三句及其刘徽注二句：是说用第二次商议的得数 a_2 的一次方乘所借 1 算。将第二位得数 a_2 在旁边加入定法 $2a_1$，得 $2a_1+a_2$ 作为法，除余实，其商的整数部分恰恰为 a_2。在旁边再将第二位得数加入定法 $2a_1+a_2$，得 $2(a_1+a_2)$。刘徽认为再将黄乙的边长 a_2 加入定法，是为了展开两青幂的长。青幂是以 $2(a_1+a_2)$ 为长，以 a_2 为宽的 2 长方形。 [10]“复除”二句：是说如果实中还有余数，就要再做除法，就像前面那样缩小退位。 [11]“若开之不尽者”三句：是说如果是开方不尽的，就是不可开方，应当用“面”命名一个数。面

即 $\sqrt{A}$。　[12] 刘徽说，各种方法中有的是用所借 1 算加定法来命名一个分数的，即 $\frac{A-a^2}{2a+1}$，虽然大略近似，然而是不可使用的。或：有人，有的。　[13] 刘徽是说，凡是将某一面积开方成为正方形一边的，将该边的数自乘，应当仍然恢复它的积分。他认为，使定法不加借算 1 而命名一个分数，则分母必定稍微小了一点；使定法加借算 1 而命名一个分数，则分母又稍微大了一点；那么它的准确的数值是不能确定的。所以，只有以“面”命名一个数，才是没有缺失的。这好像以 3 除 10，其余数是 $\frac{1}{3}$。恢复它的本数是可以做到的。刘徽在此提出了一个不等式 $a+\frac{A-a^2}{2a+1}<\sqrt{A}<a+\frac{A-a^2}{2a}$。可以证明，这个不等式是正确的。　[14] 刘徽提出，如果不以“面”命名一个数，就像前面那样，继续加定法，求它的微数。微数中没有名数单位的，作为分子，如果退一位，就以 10 为分母，如果退二位，就以 100 为分母。越往下退位，它的分数单位就越细。那么，朱幂中虽然有被舍弃的数，是不值得考虑的。微数：细微的数。刘徽提出继续开方，求既定名数以下的部分，实际上是以十进分数逼近无理根，如图 4-2 所示。无名，无名数单位，即当时的度量衡制度下所没有的单位。“微数无名者以为分子”三句：是说，以无名时的开方得数作为分子。如果一退则以 10 作为分母，如果再退则以 100 作为分母。　[15]“若实有分者”六句：是说如果实中有分数，就通分，纳入分子，作为定实，才对之开方。开方完毕，再对它的分母开方，回报以除。设实的整数部分为 A，

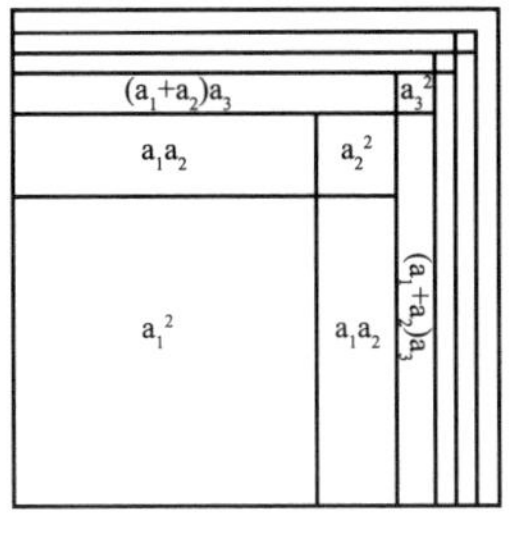

图 4-2　开方不尽求微数

分数部分为 $\frac{B}{C}$，如果 C 是完全平方数，则 $\sqrt{A\frac{B}{C}}=\frac{\sqrt{AC+B}}{\sqrt{C}}$。[16]“若母不可开者”五句：是说如果 C 不是完全平方数，便用分母乘定实，才对之开方，然后除以分母，即 $\sqrt{A\frac{B}{C}}=\sqrt{\frac{AC+B}{C}}=\sqrt{\frac{(AC+B)C}{C^2}}=\frac{\sqrt{(AC+B)C}}{C}$。　[17] 令一母而一：“令如一母而一”的简称，即以分母除。

[点评]

开方术是什么时候产生的，不可考。《周髀算经》陈子答荣方问（公元前 5 世纪）中云：“若求邪至日者，以日下为句，日高为股。句、股各自乘，并而开方除之，得邪至日。”但未给出开方程序。说明已是当时数学界的共识。《九章算术》的开方术是世界上最早的多位数开方程序。这里的开方术实际上是开平方法，即求 $x^2=A$ 的正根。对求二项方程的正根，如果 $n=3$，称为开立方。如果 $n\geqslant4$，则称为开 $n-1$ 次方。与现今仅将求二项方程 $x^n=A$，$n=2，3，\cdots$ 的根称为开方不同，中国古代凡是求解一元方程 $a_1x^n+a_2x^{n-1}+\cdots+a_nx=A$，$n=1，2，3，\cdots$ 的根，都称为“开某方”。当 $n=2$，$a_2\neq0$ 时称为开带从方。而在宋元时代，甚至当 $n=1$ 时称为“开无隅方”。《九章算术》开方术经过刘徽、《孙子算经》、祖冲之、贾宪、刘益、秦九韶、李冶、杨辉、朱世杰等的不断改进、发展，成为中国古代最为发达的数学分支。

今有积一千五百一十八步四分步之三。问：为圆周几何？

答曰：一百三十五步。于徽术[1]，当周一百三十八步一十分步之一。　臣淳风等谨按：此依密率[2]，为周一百三十八步五十分步之九。

又有积三百步。问：为圆周几何？

答曰：六十步。于徽术[3]，当周六十一步五十分步之十九。　臣淳风等谨依密率[4]，为周六十一步一百分步之四十一。

开圆术曰[5]：置积步数，以十二乘之，以开方除之，即得周。此术以周三径一为率[6]，与旧圆田术相返覆也。于徽术[7]，以三百一十四乘积，如二十五而一，所得，开方除之，即周也。开方除之，即径。是为据见幂以求周，犹失之于微少。其以二百乘积，一百五十七而一，开方除之，即径，犹失之于微多。　臣淳风等谨按：此注于徽术求周之法，其中不用“开方除之，即径”六字，今本有者，衍剩也。依密率[8]，八十八乘之，七而一。按周三径一之率，假令周六径二，半周半径相乘得幂三。周六自乘得三十六，俱以等数除，幂得一，周之数十二也。其积：本周自乘，合以一乘之，十二而一，得积三也。术为一乘不长，故以十二而一，得此积。今还元[9]，置此积三，以十二乘之者，复其本周自乘之数。凡物自乘，开方除之，复其本数。故开方除之，即周。

[**注释**]

[1] 刘徽依徽率$\frac{157}{50}$计算，$L=\sqrt{\frac{S\times 314}{25}}=\sqrt{\frac{1518\frac{3}{4}步^2\times 314}{25}}=138\frac{1}{10}$步。 [2] 李淳风等依密率 $\frac{22}{7}$ 计算，$L=\sqrt{\frac{S\times 88}{7}}=\sqrt{\frac{1518\frac{3}{4}步^2\times 88}{7}}=138\frac{9}{50}$步。 [3] 刘徽依徽率$\frac{157}{50}$计算，$L=\sqrt{\frac{S\times 314}{25}}=\sqrt{\frac{300步^2\times 314}{25}}=61\frac{19}{50}$步。 [4] 李淳风等依密率$\frac{22}{7}$计算，$L=\sqrt{\frac{S\times 88}{7}}=\sqrt{\frac{300步^2\times 88}{7}}=61\frac{41}{100}$步。 [5] 开圆术是已知圆面积求其周长的方法。《九章算术》的开圆术是$L=\sqrt{12S}$。 [6]“此术以周三径一为率”二句：是说开圆术是方田章圆田又术$S=\frac{1}{12}L^2$的逆运算。 [7] 此即刘徽依徽率$\frac{157}{50}$提出的开圆术：$L\approx\sqrt{\frac{S\times 314}{25}}$。他指出这是方田章刘徽注公式$S=\frac{25}{314}L^2$的逆运算，并且$\sqrt{\frac{S\times 314}{25}}<L$。而$d\approx\sqrt{\frac{S\times 200}{157}}$是方田章刘徽注公式$S=\frac{157}{200}d^2$的逆运算，并且$\sqrt{\frac{S\times 200}{157}}>d$。 [8] 李淳风

等依密率$\frac{22}{7}$提出的开圆术：$L=\sqrt{\frac{S\times 88}{7}}$。 [9] 元：通“原”。陈垣云，自明以来，始以“原”为“元”。言版本学者辄以此为明刻元刻之分。

今有积一百八十六万八百六十七尺。此尺谓立方之尺也[1]。凡物有高深而言积者，曰立方。问：为立方几何？

答曰：一百二十三尺。

又有积一千九百五十三尺八分尺之一。问：为立方几何？

答曰：一十二尺半。

又有积六万三千四百一尺五百一十二分尺之四百四十七。问：为立方几何？

答曰：三十九尺八分尺之七。

又有积一百九十三万七千五百四十一尺二十七分尺之一十七。问：为立方几何？

答曰：一百二十四尺太半尺。

开立方[2]立方适等，求其一面也。术曰：置积为实[3]。借一筭，步之，超二等。言千之面十，言百万之面百。议所得[4]，以再乘所借一筭为

在开立方术中，“法”是二次方。在求根的第二位得数程序的几何

解释中，刘徽认为它们是3块方幂，称为“方法”，后来简称为“方”，遂成为中国古典数学开方术中表示未知数一次方系数的术语。而“中行”是一次方。在求根的第二位得数程序的几何解释中，刘徽认为它们是3条侧棱的长，称为“廉法”，后来简称为“廉”，遂成为中国古典数学开方术中表示未知数二次及其以上次方系数的术语。在开四次方时有二廉，分别称为上廉、下廉。在开五次方及其以上次方时还称上下廉之间各廉为某廉。“借算”是最高次方，在其几何解释中位于正方体的隅角，称为“隅法”，后来简称为“隅”，遂成为

法，而除之。再乘者，亦求为方幂。以上议命而除之，则立方等也。除已[5]，三之为定法。为当复除，故豫张三面，以定方幂为定法也。复除[6]，折而下。复除者，三面方幂以皆自乘之数，须得折、议定其厚薄尔。开平幂者，方百之面十；开立幂者，方千之面十。据定法已有成方之幂，故复除当以千为百，折下一等也。以三乘所得数[7]，置中行。设三廉之定长。复借一筭[8]，置下行。欲以为隅方，立方等未有定数，且置一筭定其位。步之[9]，中超一，下超二等。上方法[10]，长自乘而一折；中廉法，但有长，故降一等；下隅法，无面长，故又降一等也。复置议[11]，以一乘中，为三廉备幂也。再乘下[12]，令隅自乘，为方幂也。皆副以加定法[13]。以定除。三面、三廉、一隅皆已有幂，以上议命之而除，去三幂之厚也。除已[14]，倍下、并中，从定法。凡再以中[15]，三以下，加定法者，三廉各当以两面之幂连于两方之面，一隅连于三廉之端，以待复除也。言不尽意，解此要当以棋，乃得明耳。复除[16]，折下如前。开之不尽者[17]，亦为不可开。术亦有以定法命分者[18]，不如故幂开方，以微数为分也。

若积有分者[19]，通分内子为定实。定实乃开之。讫，开其母以报除。臣淳风等按：分母可开者，并通之积先合三母。既开之后一母尚存，故开分母，求一母为法，以报除也。若母不可开者[20]，又以母再乘定实，乃开之。讫，令如母而一。臣淳风等谨按：分母不可开者，本一母也。又以母再乘之，令合三母。既开之后，一母犹存，故令一母而一，得全面也。　按：开立方知，立方适等，求其一面之数。"借一算，步之，超二等"者，但立方求积，方再自乘[21]，就积开之，故超二等，言千之面十，言百万之面百。"议所得，以再乘所借算为法，而以除"知，求为方幂，以议命之而除，则立方等也。"除已，三之为定法"，为积未尽，当复更除，故豫张三面已定方幂为定法。"复除，折而下"知，三面方幂皆已有自乘之数，须得折、议定其厚薄。据开平方，百之面十，其开立方，即千之面十；而定法已有成方之幂，故复除之者，当以千为百，折下一等。"以三乘所得数，置中行"者，设三廉之定长。"复借一算，置下行"者，欲以为隅方，立方等未有数，且置一算定其位也。"步之，中超一，下超二"者，上方法长自乘而一折，中

中国古典数学开方术中表示未知数最高次系数的术语。

"言不尽意"出自《周易·系辞上》："子曰：'书不尽言，言不尽意。'然则圣人之意，其不可见乎？""言""意"的关系在先秦就引起了许多思想家的关注，更是魏晋时期玄学家所争论的论题之一，并分成"言尽意""言不尽意""得意忘言"三派。嵇康赞同"言不尽意"，刘徽亦如是。

廉法但有长，故降一等，下隅法无面长，故又降一等。“复置议，以一乘中”者，为三廉备幂。“再乘下”，当令隅自乘为方幂。“皆副以加定法，以定法除”者，三面、三廉、一隅皆已有幂，以上议命之而除去三幂之厚。“除已，倍下、并中，从定法”者，三廉各当以两面之幂连于两方之面，一隅连于三廉之端，以待复除。其开之不尽者，折下如前。开方，即合所问。“有分者，通分内子”开之，“讫，开其母以报除”，可开者，以通之积，先合三母，既开之后，一母尚存。故开分母者，求一母为法，以报除。“若母不可开者，又以母再乘定实，乃开之。讫，令如母而一”，分母不可开者，本一母，又以母再乘，令合三母，既开之后，亦一母尚存。故令如母而一，得全面也。

[注释]

[1] “此尺谓立方之尺也”三句：是说“尺”是尺^3。刘徽进而给出了“立方”的定义。 [2] “开立方”及其刘徽注二句：是说立方体的三边恰好相等，开立方就是求其一边长。 [3]“置积为实”四句及其刘徽注二句：是说布置立方体的体积作为实，设为A。借一枚算筹，就将其变成一个开立方式$x^3=A$。以$\sqrt[3]{32461759}$为例，就是求三次方程$x^3=32461759$的根。其开立方式为：

实　3 2 4 6 1 7 5 9

法

中行

借算　　　　　　　　　1

将借算自右向左隔二位移一步，到不能移而止。开方式变成：

议得

实　3 2 4 6 1 7 5 9

法

中行

借算　1

刘徽说，体积为千位数，其边长即根就是十位数；体积为百万位数，其边长即根就是百位数。依此类推。此例中移 2 步，说明根是三位数。这个开方式表示方程 $(10^2x_1)^3=32461759$。

[4]“议所得”三句及其刘徽注四句：是说商议所得的数，记为 a_1，以它的二次方乘所借 1 算得 $a_1^2\times 1$，作为法，而以法除实。再乘，乘二次，即二次方 a_1^2。此处法也是除法的法。与开方术一样，除也是指除法。a_1 须使 $a_1^2\times 1$ 作为法除实，其商的整数部分恰好是 a_1。在此题中，议得根的第一位得数 3，置于“议得”的百位数上，使之以借算 1 乘 $3^2=9$ 作为法，除实，其整数部分得 3。余数是 5461759。借算同时消失。其算式为：

议得　　　　　3

实　5 4 6 1 7 5 9

法　9

刘徽说，以二次方乘，只不过是正方形的面积 a_1^2。以位于上方的商议的得数 a_1 乘它得 a_1^3，而从实减去，即 $A-a_1^3$。那么立方的边长就相等。命就是乘。除是减。在这个例子中就是 $32461759-300^3=5461759$。在其几何解释中，原体积 A 相当于正方体，见图 4-3（1），除去的 a_1^3 相当于以 a_1 为边长的正方体，见图 4-3(2)。 [5]“除已”二句及其刘徽注三句：是说做完除法，以 3 乘法 a_1^2，得 $3a_1^2$ 作为定法。此例的开方式成为：

议得					3		
实	5	4	6	1	7	5	9
法	2	7					

刘徽认为，为了继续做除法，需预先展开将要除去的三个扁平长方体的面 a_1^2，以已经确定的 3 个正方形的面积 $3a_1^2$ 作为定法，见图 4-3（3）。 [6]“复除”二句及其刘徽注十句：是说若要继续做除法，就将法缩小而退位。刘徽认为，如果继续做除法，因为三面正方形的面积 a_1^2 都是自乘之数，所以必须通过缩小法、商议所得的数 a_2 来确定它们的厚薄。如果开正方形的面积，百位数的正方形的边长是十位数；如果开正方体的体积，千位数的正方体的边长是十位数。根据定法已有了确定的正方形的面积，所以继续做除法时应当把 10000 变成 100，就是说将它退一位而缩小。 [7]“以三乘所得数”二句及其刘徽注一句：是说以 3 乘所得数 a_1，将 $3a_1$ 布置在中行。此例中是将 $3\times3=9$ 布置在中行。刘徽认为这是列出三廉确定的长 a_1。廉的本义是边，侧边，引申为棱。廉在继续开方中成为“法”的一部分，又称为“廉法”。在其几何解释中，三廉就是位于除去的以 a_1 为边长的正方体与三方之间的棱上，故名，见图 4-3（4）。此后“廉”或“廉法”成为开方术中表示二次或二次以上直至次高项系数的专用名词。 [8]“复借一算”二句及其刘徽注三句：是说又借一算，布置在下行。开方式变成：

议得					3		
实	5	4	6	1	7	5	9
法	2	7					
中行							9
借算							1

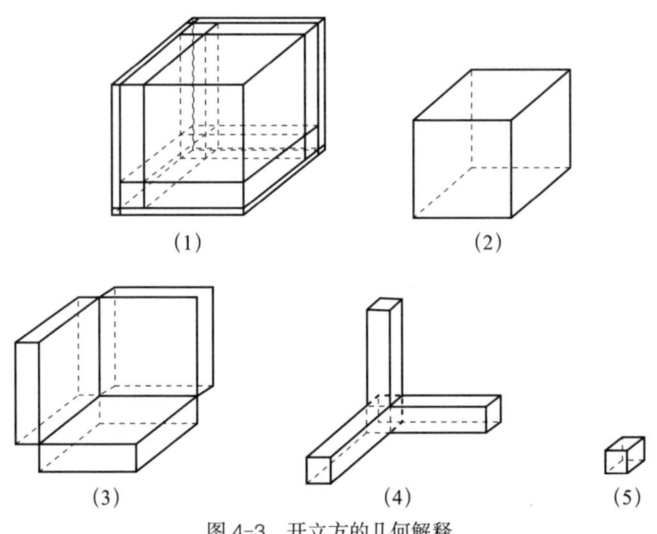

图 4-3　开立方的几何解释

刘徽认为，想以它建立位于隅角的正方体。该正方体的边长相等，但尚没有确定的数，姑且布置 1 算，以确定它的地位。此后“隅”成为开方术中表示最高次项的系数的专门术语。[9]“步之”三句：是说将它们自右向左，中行隔一位移一步，下行是隔二位移一步。开方式变成：

议得					3		
实	5	4	6	1	7	5	9
法	2	7					
中行			9				
借算				1			

此即减根方程：$(10^2x_2)^3+3\times300\times(10x_2)^2+3\times300^2\times10x_2=5461759$。

[10] 刘徽认为上式可以这样取得：其筹式原来是

议得						3		
实		5	4	6	1	7	5	9
法	2	7						
中行		9						
借算		1						

位于上行的方法是长的自乘 a_1^2，所以退一位；位于中行的廉法只有长 a_1，所以再退一位；位于下行的隅法没有面，也没有长，所以又退一位。 [11]“复置议”二句及其刘徽注一句：是说再议得根的第二位得数 a_2，以其一次方乘中行，得 $3a_1a_2$。刘徽认为这是为三个廉预先准备面积。在此例中 $a_2=10$，$3a_1a_2=9000$。 [12]“再乘下”一句及其刘徽注二句：是说以第二位得数的平方 a_2^2 乘下行，仍为 a_2^2。刘徽认为这是使隅法自乘，成为一个小正方形的面积。在此例中，$a_2^2=100$。 [13]“皆副以加定法”二句及其刘徽注二句：是说将乘得的中行 $3a_1a_2$、下行 a_2^2 都加到定法上，得 $3a_1^2+3a_1a_2+a_2^2$，仍称为定法。以定法除余实，其商的整数部分恰好为 a_2。这也体现出位值制。在此例中 $3a_1^2+3a_1a_2+a_2^2=2700000+90000+1000=2791000$。算式是：

议得					3	1	
实	5	4	6	1	7	5	9
法	2	7	9	1			
中行			9				
借算				1			

刘徽认为，三个面、三个廉、一个隅都已具备了面积，以第二位得数乘之，从余实中除去，就相当于除去三个面积的厚薄。 [14]“除已”三句，是说完成除法之后，将下行加倍即 $2a_2^2$，加到中行，得 $3a_1a_2+3a_2^2$，都纳入定法，得 $3a_1^2+6a_1a_2+3a_2^2$。 [15] 刘徽认为凡是以中行的 2 倍、下行的 3 倍加定法，是因为三个廉应当分别以两个侧面的面积连接于两个方的侧面，一个隅的三个面连接于三个廉的顶端，为的是准备继续做除法。用语言无法表达全部的意思，解决这个问题关键是应当使用棋，才能把这个问题解释明白。 [16]“复除”二句：是说如果继续做开方除法，应当如同前面那样将法退一位。在此例中，算式变为：

议得					3	1	
实	2	6	7	0	7	5	9
法		2	8	8	3		
中行					9	3	
借算							1

[17]“开之不尽者”二句：是说如果是开方不尽的，也称为不可开。 [18] 刘徽说，各种方法中也有以定法命名一个分数的，即 $\sqrt[3]{A} \approx a + \dfrac{A - a^3}{3a^2}$，不如用原来的体积继续开方，以微数作为分数。 [19]“若积有分者”五句：是说如果被开方数有分数，则将整数部分通分，纳入分子，作为定实，对定实开方。之后对它的分母开立方，再以它做除法。设被开方数的整数部分为 A，分数部分为 $\dfrac{B}{C}$。则以 $\sqrt[3]{AC+B}$ 为定实。如果 C 是完全立方数，设 $\sqrt[3]{C} = c$，则 $\sqrt[3]{A\dfrac{B}{C}} = \dfrac{\sqrt[3]{AC+B}}{\sqrt[3]{C}} = \dfrac{\sqrt[3]{AC+B}}{c}$。 [20]“若母不可开者”五句：是说如果 C 不是完全立方数，则 $\sqrt[3]{A\dfrac{B}{C}} = \sqrt[3]{\dfrac{AC+B}{C}} = \sqrt[3]{\dfrac{(AC+B)C^2}{C^3}} = \dfrac{\sqrt[3]{(AC+B)C^2}}{c}$。 [21] 方再自乘：边长自乘 2 次，即其立方。

[点评]

将开方术从开平方推广到开立方，是开方术的重大进展。开立方术是正方体体积公式的逆运算，因而也归到少广章。

今有积四千五百尺。亦谓立方之尺也。问：为立圆径几何[1]？

答曰：二十尺。依密率[2]，立圆径二十尺，计积四千一百九十尺二十一分尺之一十。

又有积一万六千四百四十八亿六千六百四十三万七千五百尺。问：为立圆径几何？

当时地面上不存在这么大的球，表明《九章算术》的题目不全是实际应用题，而是算法的例题。

答曰：一万四千三百尺。依密率[3]，为径一万四千六百四十三尺四分尺之三。

此下是刘徽记载的《九章算术》时代推导球体积的错误方法。

开立圆术曰[4]：置积尺数，以十六乘之，九而一，所得，开立方除之，即立圆径。立圆，即丸也[5]。为术者盖依周三径一之率[6]。令圆幂居方幂四分之三。圆囷居立方亦四分之三。更令圆囷为方率十二，为丸率九，丸居圆囷又四分之三也。置四分自乘得十六，三分自乘得九，故丸居立方十六分之九也。故以十六乘积，九而一，得立方之积。丸径与立方等，故开立方而除，得径也。　然此意非也[7]。何以验之？取立方棋八枚，皆令立方一寸，积之为立方二寸。规之为圆囷，径二寸，高二寸。又复横因之，则其形有似牟合方盖矣。八棋皆似阳马，圆然也。按[8]：合盖者，方率也，丸居其中，即圆率也。推此言之，谓夫圆囷为方率，岂不阙哉？以周三径一为圆率[9]，则圆幂伤少，令圆囷为方率，则丸积伤多，互

刘徽设计了牟合方盖，并指出：$V_{盖}:V=4:\pi$。由于$V_{盖}<V_{囷}$，可知$V_{囷}:V\neq 4:\pi$，因而《九章算术》的开立圆术是错误的。

相通补，是以九与十六之率偶与实相近，而丸犹伤多耳。观立方之内[10]，合盖之外，虽衰杀有渐，而多少不掩，判合总结，方圆相缠，浓纤诡互，不可等正。欲陋形措意[11]，惧失正理。敢不阙疑，以俟能言者。 黄金方寸[12]，重十六两；金丸径寸，重九两，率生于此，未曾验也。《周官·考工记》：“𣝔氏为量，改煎金锡则不耗。不耗然后权之，权之然后准之，准之然后量之。”言炼金使极精，而后分之则可以为率也。令丸径自乘[13]，三而一，开方除之，即丸中之立方也。假令丸中立方五尺[14]，五尺为句，句自乘幂二十五尺。倍之得五十尺，以为弦幂，谓平面方五尺之弦也。以此弦为股[15]，亦以五尺为句，并句股幂得七十五尺，是为大弦幂。开方除之，则大弦可知也。大弦则中立方之长邪，邪即丸径也。故中立方自乘之幂于丸径自乘之幂三分之一也。令大弦还乘其幂[16]，即丸外立方之积也。大弦幂开之不尽，令其幂七十五再自乘之。为面，命得外立方积，四十二万一千八百七十五尺之面。又令中立方五尺自乘，又以方乘之，得积一百二十五尺。一百二十五尺自乘，为面，命得积，一万五千六百二十五尺之面。

这反映出刘徽具有“知之为知之，不知为不知”的严谨治学态度，敢于承认自己不足的高贵品质，寄希望于后学的宽大胸怀。刘徽期待的能言者就是约200年后的祖冲之父子。

皆以六百二十五约之，外立方积六百七十五尺之面，中立方积二十五尺之面也。 张衡筭又谓立方为质[17]，立圆为浑。衡言质之与中外之浑：六百七十五尺之面[18]，开方除之，不足一，谓外浑积二十六也。内浑二十五之面，谓积五尺也。今徽令质言中浑[19]，浑又言质，则二质相与之率犹衡二浑相与之率也。衡盖亦先二质之率推以言浑之率也。衡又言质六十四之面[20]，浑二十五之面。质复言浑，谓居质八分之五也。又云[21]：方八之面，圆五之面，圆浑相推，知其复以圆困为方率，浑为圆率也，失之远矣。衡说之自然欲协其阴阳奇耦之说而不顾疏密矣[22]。虽有文辞，斯乱道破义，病也。置外质积二十六[23]，以九乘之，十六而一，得积十四尺八分尺之五，即质中之浑也。以分母乘全内子，得一百一十七；又置内质积五，以分母乘之，得四十；是为质居浑一百一十七分之四十，而浑率犹为伤多也。假令方二尺[24]，方四面，并得八尺也，谓之方周。其中令圆径与方等，亦二尺也。圆半径以乘圆周之半，即圆幂也。半方以乘方周之半，即方幂也。然则方周知，方幂之率也；圆周知，圆幂之率也。按：如衡术[25]，方周率八之面，圆周率五之面也。令方周六十四尺之面，即圆周四十尺之面也。又令径二尺自乘，得径四尺之面，是为圆周率十之面，而径率一之面也。衡亦以周三径一之率为非，是故更著此法。然增周太多，过其实矣。

[注释]

[1] 立圆：球。此是已知球体积求直径的问题。 [2] 密率：指 $\pi=\frac{22}{7}$。此处没有“臣淳风等”诸字，这表明，李淳风等使用过此率，但不能说凡使用此率的都是李淳风等。由球直径 $d=20$ 尺，此球体积为 $V=\frac{11}{21}d^3=\frac{11}{21}\times(20\text{尺})^3=4190\frac{10}{21}\text{尺}^3$。 [3] 根据 $\pi=\frac{22}{7}$ 得出的球直径为 $14643\frac{3}{4}$ 尺。 [4] 设球直径、体积分别为 d，V，此即求球直径的公式 $d=\sqrt[3]{\frac{16}{9}V}$。 [5] 丸：球，小而圆的物体。 [6]“为术者盖依周三径一之率”十五句：是说制定此术的人原来是依照周 3 径 1 之率。使圆面积占据正方形面积的 $\frac{3}{4}$，那么圆柱的体积是正方体的 $\frac{3}{4}$。再使圆柱变为方率 12，那么球的率是 9，球的体积是圆柱的 $\frac{3}{4}$。布置 4 分，自乘得 16，3 分自乘得 9，所以球的体积是正方体的 $\frac{9}{16}$。那么用 16 乘球体积，除以 9，便得到正方体体积。球直径与外切正方体边长相等，所以做开立方除法，就得到球的直径。囷（qūn），古代圆形的谷仓。圆囷，圆柱体，卷五又称为圆垛壔，见图 4-4（1）。 [7] 刘徽指出，然而这种思路是错误的。为什么呢？取 8 枚正方体棋，使每个正方体的边长都是 1 寸，将它们拼合起来，成为边长为 2 寸的正方体。竖着用圆规分割它，变成圆柱体：直径是 2 寸，高也是 2 寸。又再横着使用上述方法分割，那么分割出来的形状就

像一个牟合方盖。而 8 个棋都像阳马，只是呈圆弧形的样子。牟（móu），加倍。 [8]“按”八句：是说设牟合方盖（图 4-5）的体积为 $V_{盖}$，则 $V_{盖}:V=4:\pi$。由此推论，说圆柱体为方率，岂不是错误的吗？亦即 $V_{困}:V=4:\pi$ 不可能成立。阙（què），过失，弊病。 [9]“以周三径一为圆率”七句：是说以周 3 径 1 作为圆率，那圆面积嫌少；使圆柱体为方率，那球体积嫌多。互相补偿，所以 9 与 16 之率恰与实际情况接近，而球体积仍嫌多。伤，嫌，失之于。 [10] 考察正方体之内，合盖之外的部分，虽然是有规律地渐渐削割下来，然而它的大小无法搞清楚。它们分割成的几块互相聚合，方圆互相纠缠，彼此的厚薄互有差异，不是齐等规范的形状。杀（shài）：差（cī），差等。衰杀：衰减。掩：取，捕取，覆取。多少不掩：大小无法知道。判：分割，分离。总：汇聚。结：聚合，凝聚。判合总结：分割聚合。浓：密，厚，多。诡互：奇异错杂。浓纤诡互：浓密纤细互相错杂。等的本义是整齐的竹简，引申为同，等同，齐等。正：符合规范、标准。等正：齐等规范。 [11] 刘徽说，想以我的浅陋解决这个问题，又担心背离正确的数理。我岂敢不把疑惑搁置起来，等待有能力阐明这个问题的人呢？陋：粗俗，鄙野。陋形：刘徽自谦之辞。措意：留意，用心。阙疑：对疑难未解的问题不妄加评论。俟：等待。能言者，能解决这个问题的人。 [12]“黄金方寸”六句：是说 1 寸见方的金块重 16 两；直径 1 寸的金球重 9 两。术文中的率来源于此，未曾被检验过。《周官・考工记》说：“桌氏制造量器的时候，熔炼

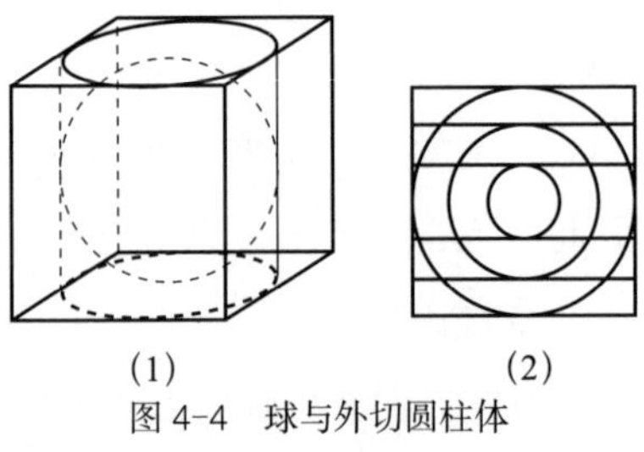

图 4-4 球与外切圆柱体

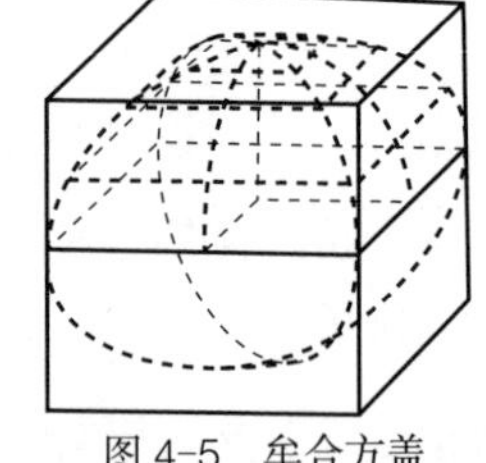
图 4-5 牟合方盖

改铸金、锡而没有损耗；没有损耗，那么就称量之；称量之，那么就把它作为标准；把它作为标准，那么就度量之。”就是说，熔炼黄金使之极精，而后分别改铸成正方体与球，就可以确定它们的率。㮚氏：一作栗氏，《考工记》记载的管理冶铸的官员。李籍《音义》云：“㮚氏，铸量之官也。一本作栗。”是当时还有一部作“栗”的抄本。权本是秤锤，或秤。这里指称量。准的本义是平，引申为测平的工具。　[13]“令丸径自乘”四句：是说使球的直径 d 自乘，除以 3，得 $\frac{d^2}{3}$。对之开方，就是球的内接正方体的边长。即 $a=\frac{d}{\sqrt{3}}=\frac{\sqrt{3}}{3}d$。其推导方法如图 4-6 所示，球的内接正方体的一面的两边 a 与对角线 c 形成一个勾股形，则 $c^2=a^2+a^2=2a^2$。球内接正方体的一边 a、一面的对角线 c、球直径 d 也形成一个勾股形，则弦 $d=\sqrt{a^2+2a^2}=\sqrt{3}a$，得上式。此弦下称大弦。　[14]“假令丸中立方五尺”六句：是说假设球中内接正方体每边长 a 是 5 尺，5 尺作为勾。勾自乘得幂 $a^2=25$ 尺 ^{2}。将之加倍，得 50 尺 ^{2}，作为弦幂：$c^2=2\times(5$ 尺 $)^2=50$ 尺 ^{2}，是说平面上正方形的边长 5 尺所对应的弦。

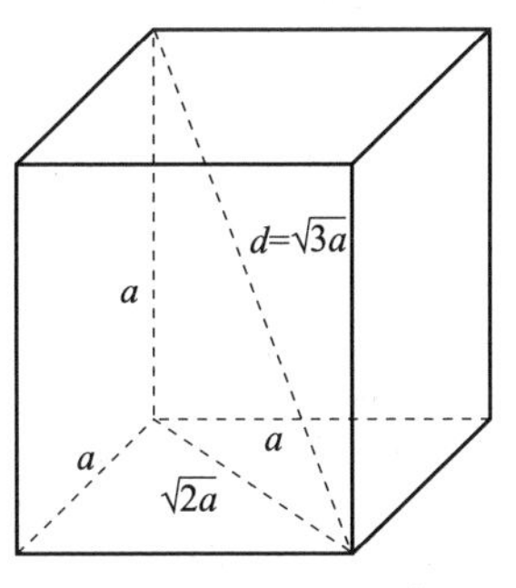

图 4-6　球内接正方体

[15]“以此弦为股”九句：是说把这个弦作为股，再把 5 尺作为勾。把勾幂与股幂相加，得到 75 尺 ^{2}，就是大弦幂。对之开方，可以知道大弦的长。大弦就是球内接正方体的对角线。此对角线就是球直径 d。所以球内接正方体的边长自乘幂就是球直径自乘幂的 $\frac{1}{3}$，即 $a^2=\frac{1}{3}d^2$。中立方即球的内接正方体。长邪又称为“大弦”，即圆内接正方体的对角线，亦即球的直径。　[16]“令大弦还乘其幂”十七句：是说使大弦又乘它自

己的幂，就是球外切正方体体积 d^3。大弦之幂为 $d^2=3a^2=75$ 尺 ^{2}，开方不尽。于是使它的幂 75 再自乘，即 $d^2d^2d^2=d^6=(75$ 尺 $^2)^3$。求它的面，便得到外切正方体体积即 421875 尺 ^{6} 之面。又使内接正方体的边长 $a=5$ 尺自乘，再以边长 a 乘之，得到积 $a^3=125$ 尺 ^{3}。使 125 尺 ^{3} 自乘，求 a^6 的面，便得到内接正方体的体积即 15625 尺 ^{6} 的面。都用 625 约简，外切正方体体积是 675 尺 ^{6} 的面，内接正方体的体积是 25 尺 ^{6} 的面。丸外立方，球的外切正方体，下称外立方。其边长是大弦 d。显然，d^6 的面就是 $\sqrt{d^6}=d^3$，因此，球的外切立方体的体积 d^3 就是 d^6 的面。此面以尺 ^{3} 为单位。 [17] "张衡算又谓立方为质" 三句：是说《张衡算》却把正方体称为质，把球称为浑。张衡论述了质与其内切、外接浑的关系。张衡（78—139）：字平子，南阳（今河南省）人。东汉著名天文学家、数学家、文学家。为太史令，掌天时、星历。撰《灵宪》《浑天仪注》《算网论》，后者已佚。制造世界上第一台地震观测仪器候风地动仪，还撰《西京赋》《东京赋》《归田赋》《四愁诗》等中国文学史上的名篇。张衡算：是指张衡的另一数学著作，或就是《算网论》，还是泛指张衡的数学知识，不详。外浑就是所讨论的球，中浑下称内浑。 [18] "六百七十五尺之面" 六句：是说 675 尺 ^{6} 的面，对之开方，只差 1，外接浑的体积就是 26 尺 ^{3}，即 $\sqrt{675尺^6+1}=26尺^3$；内切浑的体积是 25 尺 ^{6} 的面，也就是 5 尺 ^{3}。 [19] "今徽令质言中浑" 四句：是说现在我就质讨论它的内切浑，就浑又讨论它的内接质，那么，两个质的相与之率，等于张衡的两个浑的相与之率。即 $V_{外}:V_{内}=V:V_{内浑}$。刘徽认为张衡大约也是由二质的相与之率推出二浑的相与之率。[20] 张衡认为，质的体积 $V_{质}$ 是 64 尺 ^{6} 之面，即 8 尺 ^{3}，则内切浑的体积 $V_{浑}$ 是 25 尺 ^{6} 之面，即 5 尺 ^{3}。于是张衡又说，质是 64 之面，浑是 25 之面。由质再说到浑，它占据质的 $\frac{5}{8}$：$\frac{V_{浑}}{V_{质}}=\frac{V}{V_{外}}=$

$\frac{\sqrt{25}}{\sqrt{64}}=\frac{5}{8}$。　[21] 张衡又说，如果正方形是 8 的面，那么圆是 5 的面，即 $S_{方}:S=\sqrt{8}:\sqrt{5}$。圆与浑互相推求，知道他又把圆柱作为方率，把浑作为圆率，即 $V_{圆柱}:V_{珠}=4:\pi$，失误太大。　[22]“衡说之自然欲协其阴阳奇耦之说”四句：是说张衡的说法当然是想协调阴阳奇耦之说而不顾它的疏密了。虽然其言辞很有文采，这却是败坏了道术，破坏了义理，是错误的。自然，当然。奇耦又作奇偶，指奇数、偶数，即单数、双数。人们常将其与阴阳八卦联系起来，认为人间万物皆有奇耦，陷入神秘主义。乱，败坏，扰乱。乱道，败坏道术。破义，破坏义理。病，缺点，毛病。　[23]“置外质积二十六”十二句：是说布置外切质的体积 26 尺^3，乘以 9，除以 16，得到 $14\frac{5}{8}$尺^3，就是质中内切浑的体积。以分母乘整数部分，纳入分子，得 117。又布置内切质体积 5 尺^3，以分母乘之，得 40。这意味着质占据浑的 $\frac{40}{117}$，而浑的率仍嫌多。可见张衡仍用《九章算术》错误的球体积公式。　[24]“假令方二尺”十四句：是说假设正方形每边长 2 尺，正方形有 4 边，加起来得 8 尺，称为正方形的周长。使其中内切圆的直径与正方形边长相等，也是 2 尺。以圆半径乘圆周长的一半，就是圆面积。以正方形边长的一半乘其周长的一半，就是正方形的面积。那么，正方形的周长就是正方形面积的率，圆周长就是圆面积的率。 [25]“如衡术”十三句，是说如果按照张衡的方法，正方形周长之率是 8 的面，圆周长之率是 5 的面，即 $L_{方}:L=\sqrt{8}:\sqrt{5}$，其中 $L_{方}$是圆外切正方形的周长，L 是圆周长。如果使正方形的周长是 64 的面，那么圆周长是 40 尺的面，亦即若 $L_{方}=\sqrt{64}$，则 $L=\sqrt{40}$；又使直径 2 尺自乘，得到直径是 4 尺的面。这就是圆周率是 10 的面，而直径率是 1 的面，即 $L:d=\sqrt{10}:1$，换言之，张衡求得圆周率为 $\sqrt{10}$。张衡也认为周 3 径 1 之率是错误的。因此，他重新撰述这种方法。然而周长增加太多，超过了它的准确值，亦即$\pi < \sqrt{10}$。

［点评］

刘徽推翻了《九章算术》的开立圆术，设计了牟合方盖，认为只要求出牟合方盖的体积，就可以求出球体积，为祖冲之父子彻底解决球体积问题指明了方向。这说明刘徽对祖暅之原理已有理性认识。

臣淳风等谨按：祖暅之谓刘徽、张衡二人皆以圆囷为方率[1]，丸为圆率，乃设新法。祖暅之开立圆术曰[2]："以二乘积，开立方除之，即立圆径。其意何也[3]？取立方棋一枚，令立枢于左后之下隅，从规去其右上之廉；又合而横规之，去其前上之廉。于是立方之棋分而为四：规内棋一，谓之内棋。规外棋三，谓之外棋。规更合四棋[4]，复横断之。以句股言之，令余高为句，内棋断上方为股，本方之数，其弦也。句股之法：以句幂减弦幂，则余为股幂。若令余高自乘，减本方之幂，余即内棋断上方之幂也。本方之幂即此四棋之断上幂。然则余高自乘，即外三棋之断上幂矣。不问高卑，势皆然也。然固有所归同而涂殊者尔，而乃控远以演类，借况以析微。按[5]：阳马方高数参等者，倒而立之，横截去上，则高自乘与断上幂数亦等焉。夫叠棋成立积[6]，缘幂势既同，则积不容异。由此观之[7]，规之外三棋旁蹙为一，即一阳马也。三分立方，则阳马居一，内棋居二可知矣。合八小方成一大方，合八内棋成一合盖。内棋居小方三分之二，则合盖居立方亦三分之二，较然验矣。置三分之二，以圆幂率三乘之，如方幂率四而一，约而定之，以为丸率。故曰丸居立方二分之一也。"等数既密[8]，心亦昭晰。张衡放旧，贻哂于后；刘徽循故，未暇校新。夫岂难哉？抑未之思也。依密率[9]，此立圆积，本以圆径再自乘，十一乘之，二十一而一，约此积。今欲求其本积，故以二十一乘之，十一而一。凡物再自乘[10]，开立方除之，复其本数。故立方除之，即丸径也。

这就是著名的祖暅之原理：诸立体凡等高处截面积相等，则其体积必相等。它在《九章算术》中已有萌芽，刘徽有了理性认识，而由祖暅之完成的。祖暅之原理是中国古代解决体积问题所依据的主要原理之一。它在西方被称为卡瓦列利（B.Cavalieri，1598—1647）原理。

[注释]

[1] 祖暅之：一作祖暅，字景烁，生卒年不详，南朝齐、梁数学家、天文学家，祖冲之之子。"究极精微，亦有巧思。入神之妙，般、倕无以过也。"聚精会神之时，雷霆不能入。有一次他走路思考问题，撞到仆射徐勉身上。徐勉唤他，方才醒悟。传为佳话。梁天监六年（507）撰《漏经》，又修乃父《大明历》，九年得以颁行。尝作《浑天论》，造铜圭影表，撰《天文录》三十

卷。位至大舟卿。《北史·信都芳传》云，公元 525 年祖暅之被北魏俘虏，在王子元延明家，“不为王所待。芳谏王礼遇之。暅后还，留诸法授芳，由是弥复精密”。又应元延明之约，撰《欹器》《漏刻铭》。还朝后任南康太守。此处将刘徽与张衡同等指责，未必是祖暅之原文，恐是李淳风等的误解。祖冲之《大明历议》云“立圆旧误，张衡述而弗改”，说明解决球体积问题是祖冲之父子共同的工作。 [2] 此谓取 $\pi=3$，祖暅之开立圆术给出 $d=\sqrt[3]{2V}$。 [3] “其意何也”十一句：是说为什么是这样呢？取一枚正方体 $ABCDEFGO$，见图 4-7（1），将其左后下角 O 取作枢纽，纵向沿着圆柱面切割去它的右上之廉 $ABCDFG$，又把它们合起来，横向沿着圆柱面切割去它的前上之廉 $ABCDEF$。于是正方棋分割成 4 个棋：位于规内的 1 个 $AEFGO$，称为内棋，是牟合方盖的 $\frac{1}{8}$，见图 4-7（2）。规外面有 3 个棋 $ABFG$，$ADEF$，$ABCDF$，称为外棋。在牟合方盖之外，见图 4-7（3）、（4）、（5）。枢，户枢，门的转轴或门臼。规的本义是圆规，引

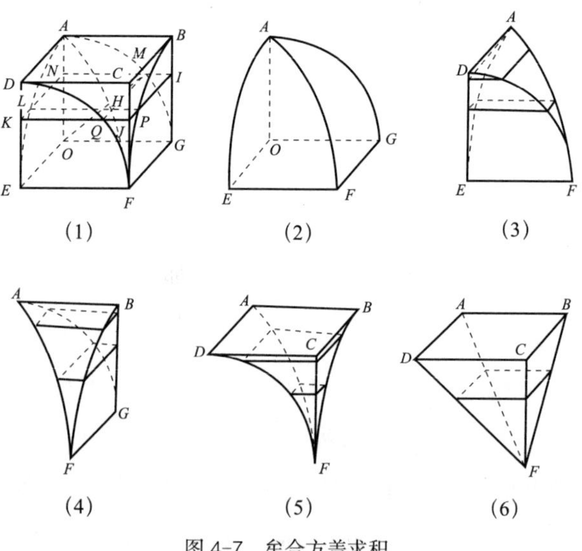

图 4-7 牟合方盖求积

申为圆形，这里是动词。从规是从纵的方向用规进行切割。可见这完全是按照刘徽的方法从正方体分割出牟合方盖。［4］“规更合四棊”七句：是说沿着圆柱面重新把 4 个棊拼合起来，在内棊的高 OA 上任一点 N 处用一平面 $NIJK$ 横截正方棊 $ABCDEFGO$。用勾股定理考察这个横截面，将剩余的高 ON 作为勾 a，内棊的横截面的边长 NM 作为股 b，那么，原来正方形的边长即球半径 OM=OA 就是弦 r，形成一个勾股形 ONM。由勾股术，以勾幂减弦幂，那么剩余的就是内棊的横截面面积 $b^2=r^2-a^2$。原来正方体 $ABCDEFGO$ 在 N 处之横截面积等于 N 处牟合方盖的横截面积 $NMHL$ 和外三棊在 N 处的横截面积 $MIPH$，$HPJQ$，$HQKL$ 之和。那么，剩余的高自乘即 a^2 就等于外 3 棊在 N 处的横截面积 $MIPH$，$HPJQ$，$HQKL$ 之和。不论 N 点的高低，其态势都如此。而事情本来就有殊途同归的情形，于是引证远处以推演同类，借助宏大的以分析细微的。规指 4 个棊沿“规”处相合。控的本义是引弓，开弓。引申为驾驭、控制。演，推演，阐发。控远以演类，驾驭远的，以阐发同类的。况，通“皇”，美，大。借况以析微，借宏大的以分析细微的。［5］“按”四句：是说一个广、长、高三度相等的阳马，将它倒立，在距顶点为 a 处横截去上部，那么截断处的正方形的边长也是 a，其面积为 a^2，则余高自乘 a^2 与其相等，亦即与外 3 棊的横截面积之和总是相等的。［6］“夫叠棊成立积”三句提出祖暅之原理：将棊积叠成不同的立体，循着每层的面积，审视其态势，如果每层的面积都相同，则其体积不能不相等。［7］“由此观之”十七句：是说由此看来，牟合方盖的外 3 棊在旁边聚合成一个棊，就是一个阳马。将正方体分成 3 等份，那么由于阳马占据 1 份，便可知道内棊占据 2 份。换言之，外三棊的体积之和与广、长、高为球半径 r 的阳马的体积相等，即 $\frac{1}{3}r^3$，于是内棊 $AEFGO$ 的体积是 $\frac{2}{3}r^3$。将 8 个小正方体合成一个大正方体，将 8 个内棋合成一个合盖。由于内棋占据小正方体的 $\frac{2}{3}$，那么很明显合盖也占据大正方体的 $\frac{2}{3}$，亦即 $V_{盒盖}=\frac{2}{3}d^3$。布置 $\frac{2}{3}$，乘以圆幂率 3，除以正方形幂的率 4，约简而确定之，作为球的率。所以说，球占据正方体的 $\frac{1}{2}$，亦即取 $\pi=3$，由 $V_{盒盖}$: V=4 : 3，得到 $V=\frac{3}{4}V_{盒盖}=\frac{3}{4}\times\frac{2}{3}d^3=\frac{1}{2}d^3$。参（sān），同三。缘（yuán），因为。既，副词，全，都。蹙（cù），聚拢，皱缩。较然，明显貌。　[8]“等数既密”八句，是说等到精密数值确定了，思想就豁然开朗。张衡模袭旧的方法，给后人留下笑料。刘徽因循过去的思路，没有创造新的方法。这难道是困难的吗？只是没有深入思考罢了。昭晰，明了，清楚。贻，遗留。哂（shěn），微笑。贻哂，贻笑，见笑。李籍《音义》引作“咍哂”，并云：“上呼开切，下式忍切，笑也。”咍（hāi），嘲笑，嗤笑。校新，考察新的方法。李淳风等无视刘徽对《九章算术》开立圆术的批评，设计牟合方盖，指出解决球体积的正确方向的重大贡献，再次对刘徽无端指责。　[9]“依密率”九句，是说依照密率，这立圆的体积，本来应当以球直径两次自乘，乘以 11，除以 21，便求得这个体积，亦即 $V=\frac{11}{21}d^3$。今想求它本来的体积，所以乘以 21，除以 11。约此积，求得这个体积。　[10]“凡物再自乘”五句，是说凡是一物的数量两次自乘，对之开立方，就恢复其本来的数量。所以对之开立方，就是球的直径。

［点评］

少广章实际上是面积、体积问题的逆运算。它含有两部分内容，第一部分是少广术，即已知一亩田的小广，求其长的方法及其例题，当然是面积问题的逆运算。第二部分是开方，包括开方术、开圆术、开立方术、开立圆术及其例题。前二者也是面积问题的逆运算，即由正方形的面积求其一边长、由圆的面积求其直径的开方术，因此便将其归于少广类。开方术在少广类问题的比重和重要性越来越大，在人们创造了体积问题的逆运算即由正方体的体积求其边长的开立方术之后，亦将其归于少广类。后来，人们不仅将由正方形、正方体的面积、体积求边长的方法称为开方术，而且将求解由其他问题抽象出来的一元高次方程的根的方法（今称为解一元方程）也称为开方，宋元时期人们更创造了增乘开方法，开方问题是中国古代最为发达的数学分支，并且长期在世界数坛上处于领先地位。

在使用截面积原理驳正《九章算术》开立圆术的过程中，刘徽设计了新的立体模型牟合方盖。刘徽、祖冲之父子完善了截面积原理，提出祖暅之原理，祖冲之父子利用它求出了牟合方盖的体积，从而解决了球体积问题。这也成为中国古典数学的另一重大成就。

卷五　商功[1] 以御功程积实[2]

今有穿地[3]，积一万尺。问：为坚、壤各几何？

答曰：为坚七千五百尺，

为壤一万二千五百尺。

术曰[4]：穿地四为壤五，壤谓息土。为坚三，坚谓筑土。为墟四。墟谓穿坑。此皆其常率。以穿地求壤，五之；求坚，三之；皆四而一。今有术也。以壤求穿，四之；求坚，三之；皆五而一。以坚求穿，四之；求壤，五之；皆三而一。臣淳风等谨按：此术并今有之义也。重张穿地积一万尺，为所有数，坚率三、壤率五各为所求率，穿率四为所有率，而今有之，即得。

［注释］

[1] 商功：九数之一，其本义是商量土方工程量的分配及穿地与坚土、壤土、墟土等不同土的互求。李籍《音义》云："商，度也。以度其功佣，故曰商功。"要计算工程量，首先要计算土方的体积，因此提出了若干多面体和圆体的体积公式。现今人们更重视后者。由体积公式派生出来求粟类的容积也成为商功章的重要内容。　[2] 功：谓一个劳力一日的工作。功程：需要投入较多人力物力营建的项目。积：此处指体积。功程积实：土建工程及体积问题。　[3] 穿：开凿，挖掘。穿地：挖地。李籍《音义》云："掘地也。"坚：坚土，夯实的泥土。李籍云："坚为筑土。《诗》曰：'筑之登登。'"壤：松散的泥土。刘徽说是息土，犹息壤，沃土，利于生长农作物的土。息的本义是呼吸时进出的气，引申为滋生，生长。墟：废址，故刘徽说"墟谓穿坑"。　[4]"术曰"十九句及其刘徽注五句：是说穿∶坚 =4∶3，穿∶壤 =4∶5，穿∶墟 =4∶4。那么壤 $=\frac{5}{4}\times$ 穿，坚 $=\frac{3}{4}\times$ 穿。同时，穿 $=\frac{4}{5}\times$ 壤，坚 $=\frac{3}{5}\times$ 壤，穿 $=\frac{4}{3}\times$ 坚，壤 $=\frac{5}{3}\times$ 坚。

城[1]、垣、堤、沟、堑、渠皆同术。

术曰[2]：并上、下广而半之，损广补狭。以高堤、沟、堑、渠四问所属的已知冬、春、夏、秋程人功，分别求修筑或挖掘该堤、沟、堑、渠的用徒人数的例题是符合“商功”本义的。为此，当然得先计算堤、沟、堑、渠的体积，体积的计算遂占据了商功章的主导地位，而秦汉以孟冬十月为岁首，故将冬季修筑置于诸题之首。

若深乘之，又以袤乘之，即积尺。按[3]：此术“并上、下广而半之”者，以盈补虚，得中平之广。“以高若深乘之”，得一头之立幂。“又以袤乘之”者，得立实之积，故为积尺。

今有城，下广四丈，上广二丈，高五丈，袤一百二十六丈五尺。问：积几何？

答曰：一百八十九万七千五百尺[4]。

今有垣，下广三尺，上广二尺，高一丈二尺，袤二十二丈五尺八寸。问：积几何？

答曰：六千七百七十四尺。

今有堤，下广二丈，上广八尺，高四尺，袤一十二丈七尺。问：积几何？

答曰：七千一百一十二尺。

冬程人功四百四十四尺[5]。问：用徒几何[6]？

答曰：一十六人一百一十一分人之二。

术曰：以积尺为实[7]，程功尺数为法。实如法而一，即用徒人数。

今有沟，上广一丈五尺，下广一丈，深五尺，袤七丈。问：积几何？

答曰：四千三百七十五尺。

春程人功七百六十六尺，并出土功五分之一[8]，定功六百一十二尺五分尺之四。问：用徒几何？

答曰：七人三千六十四分人之四百二十七。

术曰：置本人功，去其五分之一，余为法。“去其五分之一”者，谓以四乘五除也[9]。以沟积尺为实[10]。实如法而一，得用徒人数。按：此术“置本人功，去其五分之一”者，谓以四乘之，五而一。除去出土之功，取其定功，乃通分内子以为法。以分母乘沟积尺为实者[11]，法里有分，实里通之，故实如法而一，即用徒人数。此以一人之积尺除其众尺，故用徒人数不尽者，等数约之而命分也。

今有堑，上广一丈六尺三寸，下广一丈，深六尺三寸，袤一十三丈二尺一寸。问：积几何？

答曰：一万九百四十三尺八寸[12]。八寸者，谓穿地方尺，深八寸。此积余有方尺中二分四厘五毫[13]，弃之。贵欲从易[14]，非其常定也。

夏程人功八百七十一尺[15]，并出土功五分之一，沙砾水石之功作太半，定功二百三十二尺一十五分尺之四。问：用徒几何？

答曰：四十七人三千四百八十四分人之四百九。

术曰[16]：置本人功，去其出土功五分之一，又去沙砾水石之功太半，余为法。以堑积尺为实。实如法而一，即用徒人数。按：此术"置本人功，去其出土功五分之一"者，谓以四乘五除。"又去沙砾水石作太半"者，一乘三除，存其少半。取其定功，乃通分内子以为法。以分母乘积尺为实者，为法里有分，实里通之，故实如法而一，即用徒人数。不尽者，等数约之而命分也。

今有穿渠，上广一丈八尺，下广三尺六寸，深一丈八尺，袤五万一千八百二十四尺。问：积几何？

答曰：一千七万四千五百八十五尺六寸。

秋程人功三百尺。问：用徒几何？

答曰：三万三千五百八十二人，功内少一十四尺四寸[17]。

一千人先到，问：当受袤几何？

答曰：一百五十四丈三尺二寸八十一分寸之八。

术曰：以一人功尺数乘先到人数为实[18]。以一千人一日功为实。并渠上、下广而半之，以深乘之为法。以渠广深之立实为法。实如法得袤尺。

［注释］

[1] 城：此指都邑四周用以防守的墙垣。垣：墙，矮墙。堤：堤防，沿江河湖海用土石修筑的挡水工程。李籍《音义》云：堤，“防也”。沟：田间水道。李籍引《释名》曰：“田间之水曰沟。沟，搆也，纵横相交搆。”堑：坑，壕沟，护城河。李籍云：“长于沟也。水之绕城者。”渠：人工开的壕沟，水道。李籍云：“长于堑也。水之通运者。”城、垣、堤是地面上的土石工程，沟、堑、渠是地面下的水土工程，然而在数学上它们的形状完全相同：上、下两底是互相平行的长方形，它们的长相等而宽不等，两侧为相等的两长方形，两端为垂直于地面的全等的等腰梯形，见图 5-1(1)，因而它们“同术”，即有同一求积公式。　[2] 记堑的上、下广分别是 a_1，a_2，袤是 b，高或深是 h，则其体积 $V=\frac{1}{2}(a_1+a_2)bh$。损广补狭：减损长的，补益短的。因为堑的上、下广不相等，故损广补狭，以求其平均值，见图 5-1（2）。“损广补狭”，卷一称为“以盈补虚”。用语不同，反映了时代的差异，必有刘徽“采其所见”者。若：或。袤：李籍《音义》云“长也”。　[3] 中

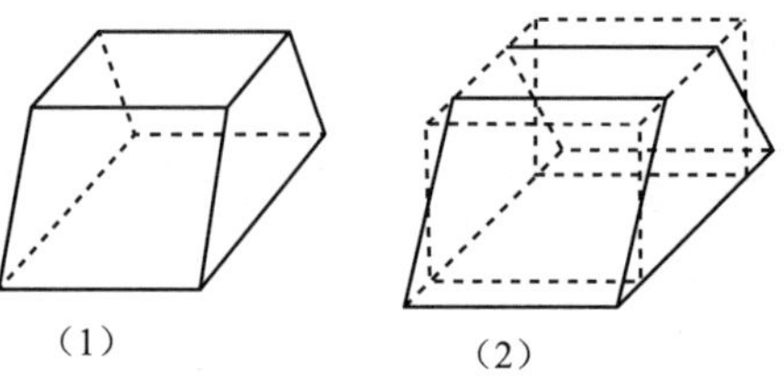

图 5-1 堑及其出入相补

平：中等，平均。中平之广：广的平均值。立幂：此指直立的面积，与少广章开立方术刘徽注的“立幂”指体积不同。立实：此指直立的面积的实。按：“立幂”“立实”在少广章、商功章注文中凡数见，有歧义。少广章刘徽注中，“立幂”与“平幂”相对应，前者指立方体体积，后者指平面面积。此处“立实”与“立幂”相对应，深广相乘为立幂，又乘以袤，则为立实。下穿渠问注中有一“立实”，为深广之积。下穿地求广问术文分注中有两“立实”，皆为深、袤相乘之积。此两“立实”在下总注中皆作“立幂”。这种一实两名的情况反映了时代的不同，前者是刘徽前的名称，刘徽“采其所见”写入注中，后者系刘徽使用的名称。 [4] 此尺指尺^3，下同。 [5] 程人功就是标准的工作量。冬（春、夏、秋）程人功就是一人在冬（春、夏、秋）季的标准工作量。 [6] 徒：服徭役者。 [7] 求用徒人数的方法是：用徒人数 = 堤积尺 ÷ 冬程人功。 [8] 并：合并，吞并，兼。这里是说兼有、合并了。定功：确定的工作量。 [9] 挖沟时自己同时出土，占工作量的$\frac{1}{5}$，实际工作量是春程人功的$1-\frac{1}{5}=\frac{4}{5}$，因此定功为766尺$^3\times 4\div 5=612\frac{4}{5}$尺^3。 [10] 求用徒人数的方法是：用徒人数 = 沟积尺 $\div\left[\text{春程人功}\times\left(1-\frac{1}{5}\right)\right]$。 [11] “以分母乘沟积尺为实者”五句：是说以分母乘沟的积尺作为实的原因是，当法有分数的时候，要用法的分母将实通分。设由法化成的假分数为$\frac{m}{n}$，则用徒人数$V\div\frac{m}{n}=\frac{Vn}{n}\div\frac{m}{n}=\frac{Vn}{m}$。 [12] 八寸即

8尺^{2}寸=800寸^3，实际上是长、宽各1尺，高8寸的长方体的体积。[13]方尺中二分四厘五毫即2尺^{2}分4尺^{2}厘5尺^{2}毫，是长、宽各1尺，深2分4厘5毫的长方体的体积，即$24\frac{1}{2}$寸^3。弃之：舍弃$24\frac{1}{2}$寸^3，以10943尺^{3}800尺寸^{3}作为壍的体积。[14]“贵欲从易”二句：是说数学方法可贵在遵从简易的原则，没有一成不变的规矩。[15]“夏程人功八百七十一尺”四句：是说夏程人功871尺^{3}中兼有出土功$\frac{1}{5}$，沙砾水石功$\frac{2}{3}$，因此定功是$232\frac{4}{15}$尺^3。砾，李籍《音义》引《释名》曰：“小石曰砾。”定功为871尺$^3\times\left(1-\frac{1}{5}\right)\times\left(1-\frac{2}{3}\right)=232\frac{4}{15}$尺^3。[16]求用徒人数的方法是：用徒人数=壍积尺$\div\left[\text{夏程人功}\times\left(1-\frac{1}{5}\right)\times\left(1-\frac{2}{3}\right)\right]$。[17]秋季穿渠的用徒为10074585尺^{3}600寸^3÷300尺^3/人，接近33582人，若将穿渠的土方积加14尺^{3}400寸^3，则（10074585尺^{3}600寸^3+14尺^{3}400寸^3）÷300尺^3/人=33582人。故云功内少14尺^{3}400寸^3。[18]此是穿渠求积公式的逆运算：$b=V\div\frac{1}{2}(a_1+a_2)h=300000$尺$^3\div\frac{972}{5}$尺^2=1543尺$2\frac{8}{81}$寸。

今有方垛壔[1]垛者[2]，垛，城也。壔，音丁老反，又音纛，谓以土拥木也。方一丈六尺，高一丈五尺。问：积几何？

答曰：三千八百四十尺。

术曰[3]：方自乘，以高乘之，即积尺。

刘徽没有试图对此公式做证明。

[注释]

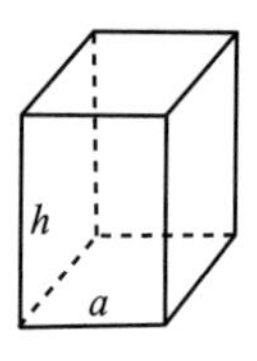

图5-2 方垛壔

[1] 方垛壔：即今之正方柱体，见图 5-2。[2] “垛者”七句：是说垛是垛城。壔，音丁老切，又音纛(dú)，是说用土围裹着一根木桩。垛，李籍《音义》云：“小城也。” [3] 设方垛壔每边长为 a，高 h，则其体积 $V=a^2h$。将此例题的数值代入，得该方垛壔的体积为 $V=a^2h=(16\text{尺})^2\times 15\text{尺}=3840\text{尺}^3$。

今有圆垛壔[1]，周四丈八尺，高一丈一尺。问：积几何？

答曰：二千一百一十二尺。于徽术，当积二千一十七尺一百五十七分尺之一百三十一。臣淳风等谨按：依密率，积二千一十六尺。

术曰[2]：周自相乘，以高乘之，十二而一。此章诸术亦以周三径一为率，皆非也。于徽术[3]，当以周自乘，以高乘之，又以二十五乘之，三百一十四而一。此之圆幂亦如圆田之幂也。求幂亦如圆田，而以高乘幂也。 臣淳风等谨按[4]：依密率，以七乘之，八十八而一。

这说明刘徽注中所有基于 $\pi=3$ 的文字都不是刘徽的思想，而是他采其所见者。

[注释]

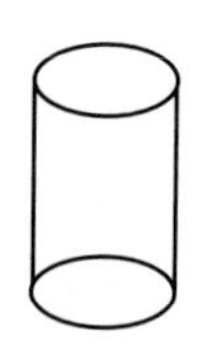
图 5-3 圆垛壔

[1] 圆垛壔：即今之圆柱体，见图 5-3。 [2] 设圆垛壔的底周长为 L，高 h，则其体积 $V=\frac{1}{12}L^2h$。将此例题的数值

代入，得该圆垛壔的体积为 $V=\frac{1}{12}L^2h=\frac{1}{12}(48尺)^2\times11尺=2112尺^3$　[3] 刘徽以徽术将上式修正为 $V=\frac{25}{314}L^2h$。将例题的数值代入，得到此圆垛壔体积 $2017\frac{131}{157}尺^3$。　[4] 李淳风等将其修正为 $V=\frac{7}{88}L^2h$。将例题的数值代入，得到此圆垛壔体积 2016 $尺^3$。

今有方亭[1]，下方五丈，上方四丈，高五丈。问：积几何？

答曰：一十万一千六百六十六尺太半尺。

术曰[2]：上、下方相乘，又各自乘，并之，以高乘之，三而一。此章有堑堵、阳马，皆合而成立方，盖说筭者乃立棋三品[3]，以效高深之积。假令方亭[4]，上方一尺，下方三尺，高一尺。其用棋也，中央立方一，四面堑堵四，四角阳马四。上、下方相乘为三尺[5]，以高乘之，约积三尺，是为得中央立方一，四面堑堵各一。下方自乘为九[6]，以高乘之，得积九尺，是为中央立方一，四面堑堵各二，四角阳马各三也。上方自乘[7]，以高乘之，得积一尺，又为中央立方一。凡三品棋皆一而为三[8]，故三而一，得积尺。用棋

此下是刘徽记述的《九章算术》时代用棋验法推导方亭体积公式的方法。

此是刘徽提出并使用有限分割求和法证明的新的方亭体积公式。所谓有限分割求和法是在刘徽用极限思想和无穷小分割方法证明了刘徽原理，并证明了阳马、鳖腝的体积公式之后，将要求积的多面体分解为有限个长方体、堑堵、阳马和鳖腝，求它们的体积之和以解决其求积问题的方法。

之数[9]：立方三，堑堵、阳马各十二，凡二十七，棋十三。更差次之，而成方亭者三，验矣。 为术又可令方差自乘[10]，以高乘之，三而一，即四阳马也。上、下方相乘，以高乘之，即中央立方及四面堑堵也。并之，以为方亭积数也。

[注释]

[1] 方亭：即今之正四锥台，或方台，见图 5-4。李籍《音义》云："方亭者，其积之形如亭之方者。"亭本是古代设在路旁供行人休息、食宿的处所。李籍引《释名》曰："亭，停也。人所停集也。" [2] 设方亭的上底边长为 a_1，下底边长为 a_2，高 h，则其体积公式为 $V=\frac{1}{3}\left(a_1a_2+a_1^2+a_2^2\right)h$。 [3] 说筭者：研究数学的学者。这里主要指刘徽之前的数学家。棋三品：是指广、长、高均为 1 尺的正方体、堑堵、阳马这三种多面体，即三品棋，见图 5-5，是为《九章算术》时代直到刘徽之前人们推导多面体体积公式所使用的三种基本立体模型。品：种类。效（jiào）：考核，考查，计数。以效高深之积，为的是考查由高、深形成的多面体体积。使用三品棋推导多面体体积的方法现今称为棋验法。 [4]"假令方亭"八句：是说假设方亭的上底边长 1

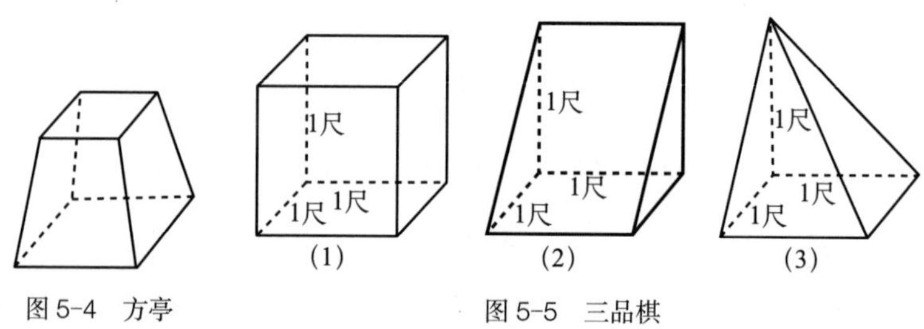

图 5-4 方亭

图 5-5 三品棋

尺，下底边长 3 尺，高 1 尺，见图 5-6（1）。它含有三品棋的个数是：中央立方体 1 个，四面堑堵 4 个，四角阳马 4 个。这是一枚标准方亭。此下是刘徽记载的以棋验法推导方亭体积公式的方法。　[5]“上、下方相乘为三尺”五句：是说先构造一个长方体，宽是标准方亭上底边长 1 尺，长是其下底边长 3 尺，高是其高 1 尺，它含有中央正方体 1 个，四面堑堵各 1 个，见图 5-6（2）。得到其体积是 $V_1 = a_1a_2h = 1尺 \times 3尺 \times 1尺 = 3尺^3$。　[6]“下方自乘为九”六句：是说再构造一个长方体，实际上是一个方柱体，底的边长是标准方亭下底边长 3 尺，高是其高 1 尺，它含有中央正方体 1 个，四面堑堵各 2 个，四角阳马各 3 个，见图 5-6（3）。其体积是 $V_2 = a_2^2h = (3尺)^2 \times 1尺 = 9尺^3$。　[7]“上方自乘”四句：是说再构造第三个长方体，实际上是以标准方亭的上底边长 1 尺为边长的正方体，即中央正方体 1 个，见图 5-6（4）。其体积是 $V_3 = a_1^2h = (1尺)^2 \times 1尺 = 1尺^3$。　[8] 所构造的三个长方体共有中央立方体 3 个，四面堑堵 12 个，四角

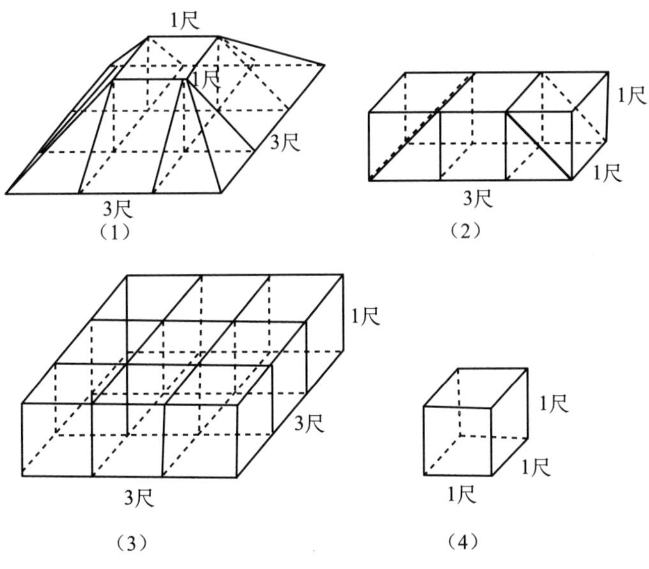

图 5-6　方亭之棋验法

阳马 12 个，与标准方亭所含中央立方 1 个、四面堑堵 4 个、四角阳马 4 个相比较，构成标准方亭的三品棋 1 个都分别变成了 3 个。所以除以 3，就得到一个标准方亭的体积。这三个长方体的体积总共是 $V=V_1+V_2+V_3=\left(a_1a_2+a_1^2+a_2^2\right)h$。 [9] "用棋之数"八句：是说三个长方体的三品棋分别是 3 个正方棋，12 个堑堵棋，12 个阳马棋，总数是 27 个，可以合成 13 个正方棋。将它们按照一定的类别和次序重新组合，成为 3 个标准方亭，又验证了上式。差（cī）次，等级次序。 [10] 此是刘徽在证明了阳马的体积公式（见下阳马术刘徽注）之后提出并以有限分割求和法证明的方亭体积公式 $V=\frac{1}{3}(a_2-a_1)^2h+a_1a_2h$，见图 5-7，将方亭分解成中央 1 个方柱体，四面 4 个堑堵，四角 4 个阳马。每个阳马的底面是以 $\frac{1}{2}(a_2-a_1)$ 为边长的正方形，由阳马体积公式，其体积是 $\frac{1}{3}\left[\frac{1}{2}(a_2-a_1)\right]^2h$，4 个阳马的体积是 $\frac{1}{3}(a_2-a_1)^2h$。中央方柱体的底面是以 a_1 为边长的正方形，其体积是 a_1^2h。每个堑堵底面的长是 a_1，宽是 $\frac{1}{2}(a_2-a_1)$，由堑堵体积公式（见下堑堵术），其体积是 $\frac{1}{2}\times\frac{1}{2}a_1(a_2-a_1)h$，4 个堑堵的体积是 $a_1(a_2-a_1)h$。中央长方体与 4 个堑堵的体积之和是 $a_1^2h+a_1(a_2-a_1)h=a_1a_2h$。求四角 4 阳马、中央长方体、四面 4 堑堵的体积之和便证明了刘徽提出的方亭体积公式。

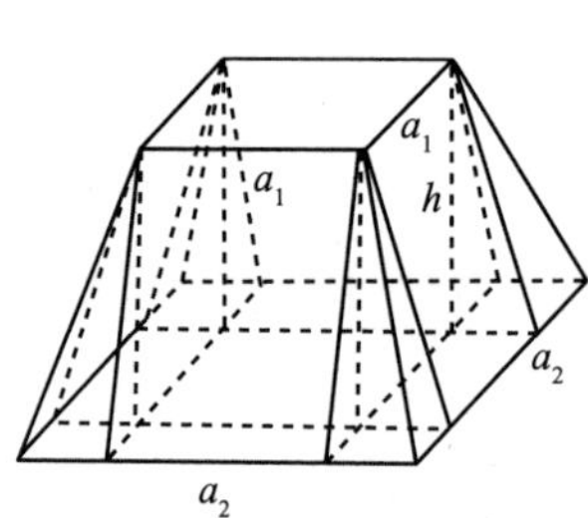

图 5-7 方亭的有限分割求和法

[点评]

方亭术刘徽注分三段。第一段是说数学家为了解决多面体体积问题需要设立三品棋。第二段是刘徽记述的《九章算术》时代使用棋验法推导方亭的体积公式。棋验法是《九章算术》时代通用的方法，只能用来推导标准多面体体积公式，而对一般的多面体无能为力。因为一般的多面体无法分割为三品棋，从而无法重新拼合成该多面体。从标准多面体到一般多面体是归纳方法，而不是演绎方法。所谓标准多面体是可以分解为三品棋的多面体。第三段是刘徽在证明刘徽原理并解决了阳马的体积公式之后用有限分割求和法提出的方亭体积公式。

今有圆亭[1]，下周三丈，上周二丈，高一丈。问：积几何？

荅曰：五百二十七尺九分尺之七。于徽术，当积五百四尺四百七十一分尺之一百一十六也。 按密率，为积五百三尺三十三分尺之二十六。

术曰[2]：上、下周相乘，又各自乘，并之，以高乘之，三十六而一。此术周三径一之义[3]，合以三除上、下周，各为上、下径，以相乘；又各自乘，并，以高乘之，三而一，为方亭之积。假令三约上、下周俱不尽[4]，还通之，即各为上、下径。令上、下径相乘，又各自乘，并，以高乘之，为三方亭

这种做法发展到宋元时期称为“寄母”。

比较等高的圆体与方体的底面积由方体体积求圆体体积，是刘徽记述的截面积原理（即祖暅之原理）的早期应用。

之积分。此合分母三相乘得九，为法，除之。又三而一，得方亭之积。从方亭求圆亭之积[5]，亦犹方幂中求圆幂。乃令圆率三乘之，方率四而一，得圆亭之积。前求方亭之积[6]，乃以三而一，今求圆亭之积，亦合三乘之。二母既同，故相准折。惟以方幂四乘分母九，得三十六，而连除之。　于徽术[7]，当上、下周相乘，又各自乘，并，以高乘之，又二十五乘之，九百四十二而一。此圆亭四角圆杀，比于方亭，二百分之一百五十七。为术之意，先作方亭，三而一，则此据上、下径为之者，当又以一百五十七乘之，六百而一也。今据周为之，若于圆垛壔，又以二十五乘之，三百一十四而一，则先得三圆亭矣。故以三百一十四为九百四十二而一，并除之。臣淳风等谨按[8]：依密率，以七乘之，二百六十四而一。

［注释］

[1] 圆亭：即今之圆台，见图 5-8（1）。　[2] 设圆亭的上底周长为 L_1，下底周长为 L_2，高 h，则其体积公式为 $V=\frac{1}{36}\left(L_1L_2+L_1^2+L_2^2\right)h$ 。　[3] 这是刘徽记述的使用周 3 径 1 之率的方法。做圆亭的外切方亭，此方亭的上、下底的边长分别为 $\frac{L_1}{3}$，$\frac{L_2}{3}$，由方

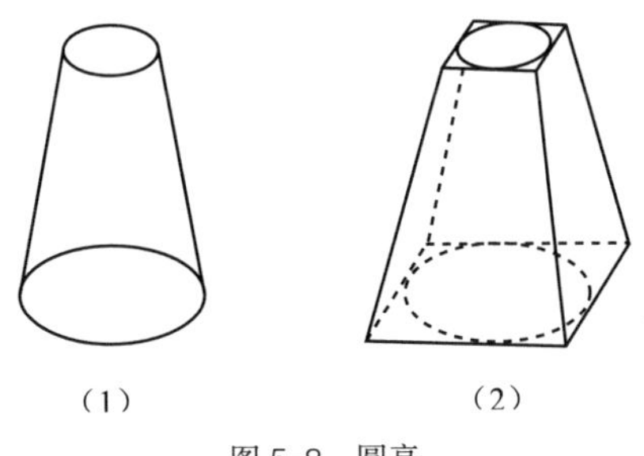

图 5-8　圆亭

亭体积公式便得到该方亭的体积$\frac{1}{3}\left[\frac{L_1}{3}\times\frac{L_2}{3}+\left(\frac{L_1}{3}\right)^2+\left(\frac{L_2}{3}\right)^2\right]h$。[4]“假令三约上、下周俱不尽”十一句：是说在$\frac{L_1}{3}$，$\frac{L_2}{3}$不可除尽的情况下，计算$\left(L_1L_2+L_1^2+L_2^2\right)h$，它是3个以圆亭上周$L_1$，下周$L_2$分别为上、下底边长的大方亭的体积。计算大方亭时没有以3除周长，故计算3个外切方亭的体积时需以$3^2=9$除之。那么圆亭的一个外切方亭的体积是$\frac{1}{3}\times\frac{1}{9}\left(L_1L_2+L_1^2+L_2^2\right)h$。[5]这是刘徽记述的从方亭求圆亭体积方法：记圆幂为$S_{圆}$，方幂为$S_{方}$，圆亭体积为$V_{圆亭}$，方亭体积为$V_{方亭}$，则$V_{方亭}:V_{圆亭}=S_{方}:S_{圆}=4:3$。因此$V_{圆亭}=\frac{S_{圆}}{S_{方}}V_{方亭}=\frac{3}{4}V_{方亭}$。[6]“前求方亭之积”九句：是说前面求方亭的体积除以3，现在求圆亭的体积，应当乘以3。二数既然相同，所以恰好互相抵消，只以方幂4乘分母9，得36而合起来除之，即由$\frac{3}{4}\times\frac{1}{3}\times\frac{1}{9}\left(L_1L_2+L_1^2+L_2^2\right)h$得到圆亭体积公式。准折：恰好抵消。先“三而一”，后“三乘之”，故互相抵消。[7]刘徽说，用我刘徽的术，应当将上、下底的周长相乘，又各自乘，相加，以高乘之，又乘以25，除以942，即$V=\frac{25}{942}\left(L_1L_2+L_1^2+L_2^2\right)h$。这里的圆亭的四个角收缩成圆，它与方亭相比是$\frac{157}{200}$，亦即

$V_{圆亭}=\frac{157}{200}V_{方亭}$。造术的思路是：先做一个方亭，除以 3。如果根据上、下底的直径 d_1，d_2 做方亭，应当又乘以 157，除以 600，亦即其外切方亭的体积为 $V=\frac{157}{600}\left(d_1d_2+d_1^2+d_2^2\right)h$。现在是根据圆亭上、下底的周长 L_1，L_2 做方亭，如同对圆垛壔那样，要乘以 25，除以 314。那么就先得到了 3 个圆亭的体积 $\frac{25}{314}\left(L_1L_2+L_1^2+L_2^2\right)h$。所以将除以 314 变为除以 942，就是用 3 与 314 一并除。杀（shài）：差（cī），差等，亦见少广章开立圆术刘徽注。 [8] 李淳风等将圆亭体积公式修正为 $V=\frac{7}{264}\left(L_1L_2+L_1^2+L_2^2\right)h$。

今有方锥[1]，下方二丈七尺，高二丈九尺。问：积几何？

苔曰：七千四十七尺。

术曰[2]：下方自乘，以高乘之，三而一。按[3]：此术假令方锥下方二尺，高一尺，即四阳马。如术为之，用十二阳马成三方锥，故三而一，得方锥也。

［注释］

[1] 方锥：如图 5-9 所示。李籍《音义》云："方锥者，其积之形如锥之方者。" [2] 设方锥的下方为 a，高为 h，则其体积为 $V=\frac{1}{3}a^2h$。 [3] 此为刘徽记述的以棋验法推导方锥体积公式的方法：取一个标准方锥：下底边长 2 尺，高 1 尺。它可以分解为 4 个阳马棋，见图 5-10（1）。取 12 个阳马棋，可以合成 4 个正方棋，它可以重新拼合成 3 个标准方锥，见图 5-10（2）。所以

除以 3，得一个方锥体积。

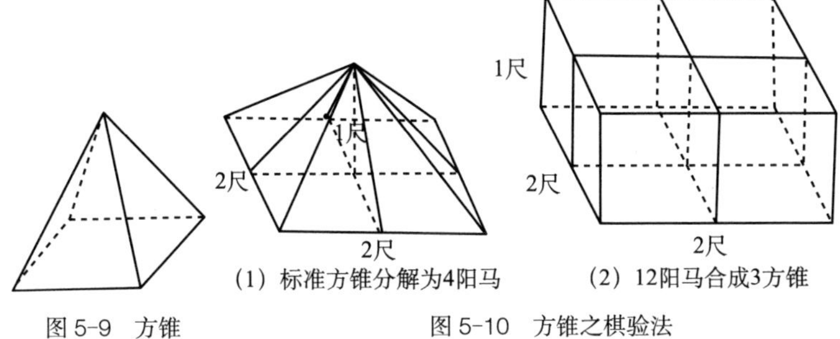

图 5-9　方锥　　图 5-10　方锥之棋验法

今有圆锥[1]，下周三丈五尺，高五丈一尺。问：积几何？

答曰：一千七百三十五尺一十二分尺之五。于徽术，当积一千六百五十八尺三百一十四分尺之十三。　依密率，为积一千六百五十六尺八十八分尺之四十七。

术曰[2]：下周自乘，以高乘之，三十六而一。按：此术圆锥下周以为方锥下方[3]。方锥下方今自乘，以高乘之，令三而一，得大方锥之积。大锥方之积合十二圆矣[4]。今求一圆，复合十二除之，故令三乘十二得三十六，而连除。　于徽术[5]，当下周自乘，以高乘之，又以二十五乘之，九百四十二而一。圆锥比于方锥[6]，亦二百分之一百五十七。命径自乘者[7]，亦当以一百五十七乘之，六百而一。其说如圆亭也。 臣淳风等谨按[8]：依密率，以七乘之，二百六十四而一。

[注释]

[1] 圆锥：见图 5-11。 [2] 设圆锥的下底周长为 L，高为 h，则其体积为 $V=\frac{1}{36}L^2h$。 [3]“此术圆锥下周”五句：是说取圆锥下周长 L 为下底边长，做一大方锥，见图 5-12。其体积为 $V=\frac{1}{3}L^2h$。 [4]“大锥方之积合十二圆矣”五句：是说大方锥下底的面积 L^2 恰为 12 个圆锥底面的圆，见卷一图 1-15。即设 $L^2=S_{大圆}$，圆锥的底面积为 $S_{圆}$，由于 $S_{大圆}:S_{圆}=12:1$，故圆锥体积为 $V=\frac{1}{12}\times\frac{1}{3}L^2h=\frac{1}{36}L^2h$。大锥，大方锥之省称。方，下方。 [5] 刘徽以徽术将圆锥体积公式修正为 $V=\frac{25}{942}L^2h$。 [6] 记圆锥体积为 $V_{圆锥}$，外切方锥体积为 $V_{方锥}$，见图 5-13，刘徽认为 $V_{圆锥}=\frac{157}{200}V_{方锥}$。 [7] 记圆锥下底的直径为 d，刘徽认为其外切方锥的体积为 $V=\frac{157}{600}d^2h$。 [8] 李淳风等将圆锥体积公式修正为 $V=\frac{7}{264}L^2h$。

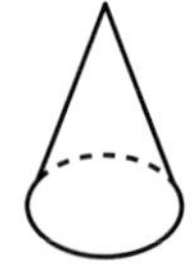

图 5-11 圆锥

图 5-12 圆锥与大方锥

图 5-13 圆锥与外切方锥

今有堑堵[1]，下广二丈，袤一十八丈六尺，高二丈五尺。问：积几何？

苔曰：四万六千五百尺。

术曰[2]：广袤相乘，以高乘之，二而一。邪解立方得两堑堵[3]。虽复随方，亦为堑堵，故二而一。此则合所规棋[4]。推其物体，盖为堑上叠也。其形如城，而无上广，与所规棋形异而同实，未闻所以名之为堑堵之说也。

这再一次反映了刘徽知之为知之，不知为不知的严谨学风。

［注释］

[1] 堑堵：如图 5-14 所示的楔形体。 [2] 设堑堵的广、长、高分别为 a，b，h，则其体积公式为 $V=\frac{1}{2}abh$。 [3]“邪解立方得两堑堵”四句：是说沿正方体相对两棱将其斜着剖开，便得到两堑堵。即使是长方体，也分解为堑堵，所以除以 2，见图 5-15。随（tuǒ），音义同“椭”，古此二字相通。随方即椭方，长方体。 [4]“此则合所规棋”七句：是说这与所规定的棋吻合。推断它的形状，大体是叠在堑上的那块物体，见图 5-16。它的形状像城墙，但是没有上广。与所规定的棋形状稍异而体积公式相同，没有听说将其叫作堑堵的原因。所规棋，所规定的棋。叠，堆积。

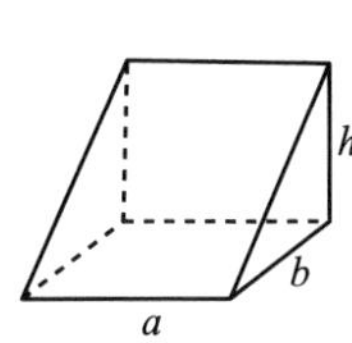

图 5-14　堑堵

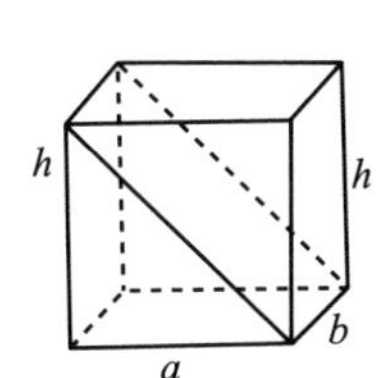

图 5-15　邪解随方为二堑堵

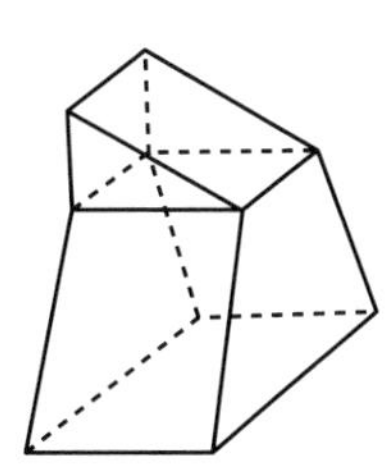
图 5-16　堑上之叠

今有阳马[1]，广五尺，袤七尺，高八尺。问：积几何？

苔曰：九十三尺少半尺。

术曰[2]：广袤相乘，以高乘之，三而一。按：此术阳马之形[3]，方锥一隅也。今谓四柱屋隅为阳马。假令广袤各一尺，高一尺，相乘之，得立方积一尺。邪解立方得两堑堵，邪解堑堵[4]，其一为阳马，一为鳖腝。阳马居二，鳖腝居一，不易之率也。合两鳖腝成一阳马[5]，合三阳马而成一立方，故三而一。验之以棋，其形露矣。悉割阳马，凡为六鳖腝。观其割分，则体势互通，盖易了也。其棋或修短[6]，或广狭，立方不等者，亦割分以为六鳖腝。其形不悉相似，然见数同，积实均也。鳖腝殊形，阳马异体。然阳马异体，则不可纯合，不纯合，则难为之矣。何则[7]？按：邪解方棋以为堑堵者，必当以半为分，邪解堑堵以为阳马者，亦必当以半为分，一从一横耳。设为阳马为分内[8]，鳖腝为分外。棋虽或随修短广狭，犹有此分常率知，殊形异体，亦同也者，以此而已。其使鳖腝广、袤、高各二尺[9]，用堑堵、鳖腝之棋各二，皆用赤棋。又使阳马之广、袤、高各二尺[10]，用立方之

这是著名的刘徽原理：在一个堑堵中，阳马与鳖腝的体积之比恒为2∶1。此原理尽管是在广、长、高相等的堑堵、阳马、鳖腝的情况下提出的，但刘徽在下面说“棋虽或随修短广狭，犹有此分常率知，殊形异体，亦同也者”，可见它对任意情况都是适用的，是为刘徽多面体体积理论的基础。

棋一，堑堵、阳马之棋各二，皆用黑棋。棋之赤、黑，接为堑堵[11]，广、袤、高各二尺。于是中效其广、袤，又中分其高。令赤、黑堑堵各自适当一方[12]，高一尺、方一尺，每二分鳖臑，则一阳马也。其余两端各积本体[13]，合成一方焉。是为别种而方者率居三[14]，通其体而方者率居一。虽方随棋改，而固有常然之势也。按[15]：余数具而可知者有一、二分之别，即一、二之为率定矣。其于理也岂虚矣？若为数而穷之[16]，置余广、袤、高之数各半之，则四分之三又可知也。半之弥少，其余弥细。至细曰微，微则无形。由是言之，安取余哉？数而求穷之者，谓以情推，不用筹算。鳖臑之物[17]，不同器用，阳马之形，或随修短广狭。然不有鳖臑，无以审阳马之数，不有阳马，无以知锥亭之类，功实之主也。

这显然是数学归纳法的雏形。

鳖臑是多面体分割的产物，是多面体理论的需要。

今有鳖臑，下广五尺，无袤；上袤四尺，无广；高七尺。问：积几何？

答曰：二十三尺少半尺。

术曰[18]：广袤相乘，以高乘之，六而一。按：此术臑者，臂骨也。或曰半阳马，其形有似鳖肘，故以名云。中破阳马得两鳖臑，之见数即阳马之半数。

数同而实据半，故云六而一，即得。

［注释］

[1] 阳马：本是房屋四角承短椽的长桁条，其顶端刻有马形，故名。它实际上是一棱垂直于底面，且垂足在底面一角的直角四棱锥，如图 5-17 所示。何晏《景福殿赋》："承以阳马，接以员方。"李善注云："阳马，四阿长桁也。马融《梁将军西第赋》曰：'腾极受檐，阳马承阿。'"桁（héng）：檩。阿（ē）：屋栋。 [2] 设阳马的广、长、高分别为 a，b，h，则其体积公式为 $V=\frac{1}{3}abh$。 [3]"此术阳马之形"三句：是说此术中阳马的形状是方锥的一个角隅，见图 5-18。今天把四注屋的一个角隅称作阳马。沈康身认为"柱"通"注"。四注屋隅是阳马，见图 5-19。 [4]"邪解堑堵"六句：是说将一个堑堵斜着剖开，其中一个是阳马，一个是鳖臑。阳马占 2 份，鳖臑占 1 份，这是永远不变的率。见图 5-20，记阳马体积为 $V_{阳马}$，鳖臑体积为 $V_{鳖臑}$，恒有 $V_{阳马}:V_{鳖臑}=2:1$。臑：通臑。李籍《音义》云"'臑'，或作'臑'，非是"，不妥。《玉篇》《唐韵》《广韵》均云："'臑'，那到切，臂节也。"鳖臑是有下广无下袤，有上袤无上广，有高的四面体，实际上它的四面都是勾股形，其形状见图 5-21（1）。后来刘徽将其他四面体都称为鳖臑。 [5]"合两鳖臑成一阳马"十句：这是在阳马、鳖臑的广、长、高相等的情况下用棋验法对刘徽原理的证明：二个鳖臑合成一个阳马，三个阳马合成一个正方体，所以阳马的

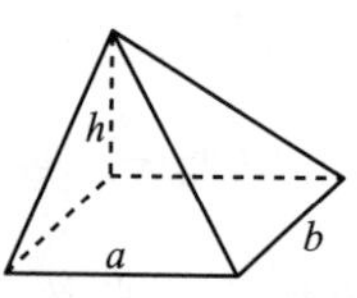

图 5-17 阳马

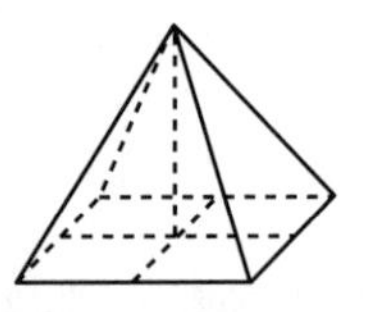
图 5-18 四阳马合为一方锥

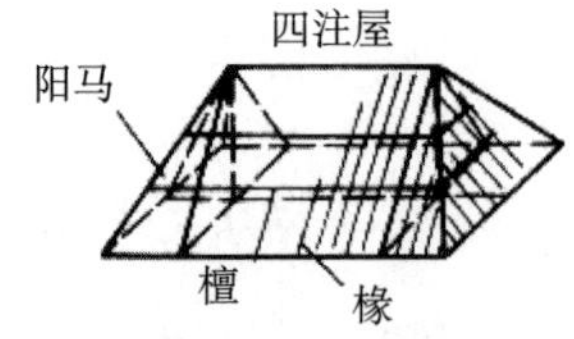

图 5-19 四注屋隅

体积是正方体的$\frac{1}{3}$。用棋来验证，其态势很明显。剖开上述所有的阳马，总共为六个鳖臑。考察分割的各个部分，其形体态势都是互相通达的，因此其体积公式是容易得到的，如图 5-21（2）、（3）所示。悉，全，都。体势互通，两立体全等或对称，其体积当然相等。　[6] 以下刘徽讨论阳马、鳖臑的广、长、高不相等即 $a \neq b \neq h$ 的情形。这里的棋或长或短，或广或窄，是广、长、高不等的长方体，记为 $ABCDEFGH$，也分割成 6 个鳖臑 $AHEF$，$AHGF$，$ABGF$，$ABCF$，$ADCF$，$ADEF$，见图 5-22（2）。它们的形状就不完全相同。然而只要它们所显现的广、长、高的数组是相同的，则它们的体积就是相等的。这些鳖臑有不同的形状，这些阳马 $AHEFG$，$ABGFC$，$ADCFE$ 也有不同的体态，见图 5-22（1）。阳马有不同的体态，那就不可能完全重合。不能完全重合，证明起来非常困难的。相似：相类，相像。见（xiàn）数：显现的数，这里指广、长、高这三度显现的数值。均：等，同。　[7]“何则”七句：是说为什么呢？将长方体棋 $ABCDEFGH$ 斜着剖开，会分成两个堑堵 $ABCDEF$，$ABGFEH$。将它们斜着剖开，会得到两个阳马 $AHEFG$，$ABGFC$，见图 5-22（1），一个是纵的，另一个就会是横的。按：见图 5-23，将三个阳马的底面放置于一个平面，使其高在同一直线上，垂足重合。显然，若将阳马 $ABGFC$ 看成纵的，则 $AHEFG$ 或 $ADCFE$ 就是横的。　[8]“设为阳马为分内”七句：是说假设在堑堵 $ABGFEH$ 中将阳马 $AHEFG$

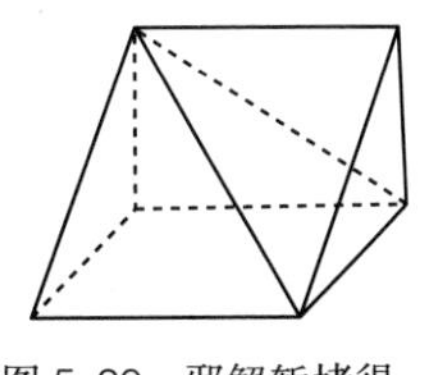

图 5-20　邪解堑堵得一阳马一鳖臑

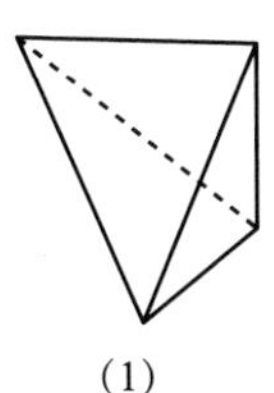

（1）

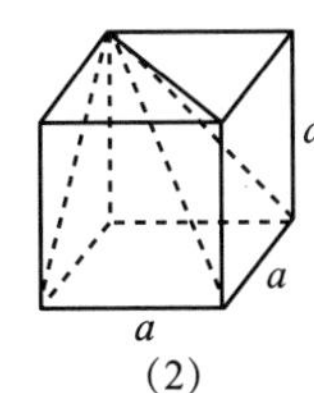

（2）

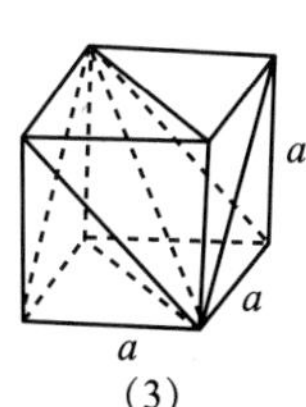

（3）

图 5-21　鳖臑、阳马与立方

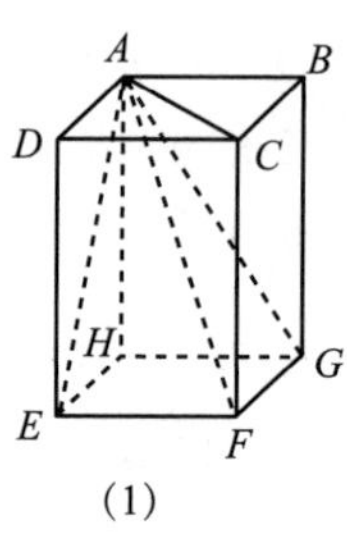

(1)

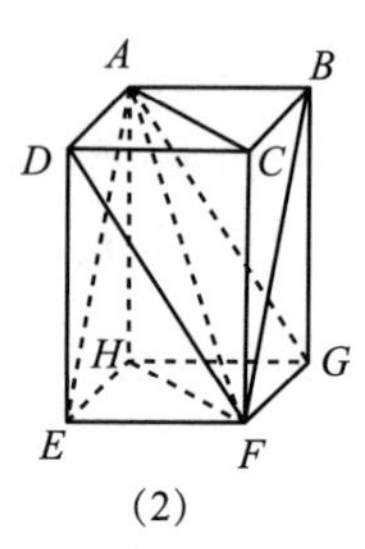

(2)

图 5-22 长方体分解为阳马和鳖腝

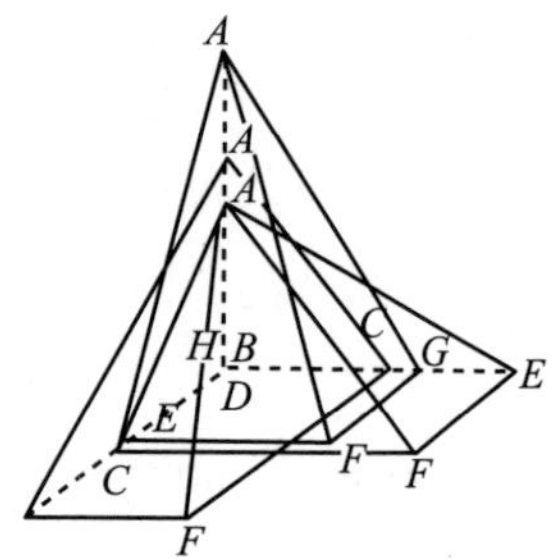

图 5-23 阳马一纵一横

看作内，将鳖腝 *ABGF* 看作外，即使是棋或长或短，或广或窄，仍然有这种分割的常率，那么不同形状的鳖腝，不同体态的阳马，其体积公式分别相同而已。为，以。 [9] 以下是刘徽对刘徽原理的证明。他仍在 $a = b = h$ 的情形下阐述，但对 $a \neq b \neq h$ 的情形也是适用的。他取一个广、长、高各 2 尺的鳖腝 *ABGF*，将其分割成广、长、高各 1 尺的 2 个堑堵棋Ⅱ′、Ⅲ′，2 个鳖腝棋Ⅳ′、Ⅴ′，都用红色，见图 5-24（1）。 [10] 又取一个广、长、高各 2 尺的阳马 *AHEFG*，将其分割成广、长、高各 1 尺的 1 个立方棋Ⅰ，2 个堑堵棋Ⅱ、Ⅲ，2 个阳马棋Ⅳ、Ⅴ，都用黑色，见图 5-24（2）。 [11] 将红鳖腝 *ABGF* 与黑阳马 *AHEFG* 拼接成广、长、高各 2 尺的堑堵 *ABGFEH*。从中间分割其广和袤，又从中间分割其高。这相当于用三个互相垂直的平面平分堑堵的广、长、高，见图 5-24（3）。堑堵总共分割成 1 个立方棋Ⅰ，4 个堑堵棋Ⅱ、Ⅲ、Ⅱ′、Ⅲ′，2 个阳马棋Ⅳ、Ⅴ，2 个鳖腝棋Ⅳ′、Ⅴ′。攽（bān）：又音（bīn），分。 [12] 红堑堵Ⅱ′与黑堑堵Ⅱ恰好合成立方体Ⅱ－Ⅱ′，见图 5-24（4），红堑堵Ⅲ′与黑堑堵Ⅲ恰好合成立方体Ⅲ－Ⅲ′，见图 5-24（5），共 2 个立方体。与阳马中的立方Ⅰ共三个立方，其中在黑阳马中与在红鳖腝中的体积之比为 2∶1。按：有人认为两个红堑堵Ⅱ′、Ⅲ′拼在一起，两个黑堑堵Ⅱ、Ⅲ拼在一起。然而在 $a \neq b \neq h$ 的情形下这是不可能的，见

图 5-25。　[13] 原堑堵中除去立方和 4 个堑堵后所剩余的 2 个堑堵，分别由黑阳马Ⅳ和红鳖腝Ⅳ′、黑阳马Ⅴ和红鳖腝Ⅴ′构成，即Ⅳ－Ⅳ′、Ⅴ－Ⅴ′。它们合成第四个立方体（Ⅳ－Ⅳ′）-（Ⅴ－Ⅴ′），见图 5-24（6）。　[14] 因此，与原堑堵不同类型的立方体所占的率是 3，而与原堑堵结构相似的立方体所占的率是 1。即使正方体变成长方体，棋也改变了，即在 $a \neq b \neq h$ 的情形下仍然有恒定的态势。别种指与原堑堵不同类型即结构不同的部分，即立方棋Ⅰ和立方Ⅱ－Ⅱ′，Ⅲ－Ⅲ′，共 3 个立方体。通其体指与原堑堵相似的部分，即立方体（Ⅳ－Ⅳ′）-（Ⅴ－Ⅴ′）。常然，常态。　[15]“按”三句：是说如果能证明在第四个立方中能完全知道阳马与鳖腝的体积之比的部分为 2∶1，则在整个堑堵中阳马与鳖腝的体积之比为 2∶1 就是确定无疑的了。这在数理上难道是虚假的吗？余数，指第四个立方体。具，完全，尽。　[16]“若为数而穷之”九句：是说若要从数学上穷尽它，那就取堑堵剩余部分的广、长、高，平分之，那么又可以知道其中的 $\frac{3}{4}$ 仍以 1、2 作为率。平分的部分越小，剩余的部分就越细。非常细就叫作微，微就不再有形体。由此说来，哪里还会有剩余呢？按：其剩余部分就是第四个立方中的两个堑堵Ⅳ－Ⅳ′和Ⅴ－Ⅴ′，它们与原堑堵完全相似，所以可以重复刚才的分割，从而证明在其 $\frac{3}{4}$ 中即原堑堵的 $\frac{1}{4} \times \frac{3}{4}$ 中，属于阳马的和属于鳖腝的体积之比还是 2∶1。刘徽认为，对于数学中无穷的问题，就要按数理进行推理，不用筹算。无形，源于《庄子·秋水》中河伯曰“至精无形”及北海若曰“无形者，数之所不能分也”，与割圆术中的“不可割”是一致的。　[17]“鳖腝之物”九句：是说鳖腝这种物体，不同于一般的器皿用具；阳马的形状，有时底是长方形，或长或短，或广或窄。然而，如果没有鳖腝，就没有办法考察阳马的体积，如果没有阳马，就没有办法知道锥亭之类的体积，这是程功积实问题

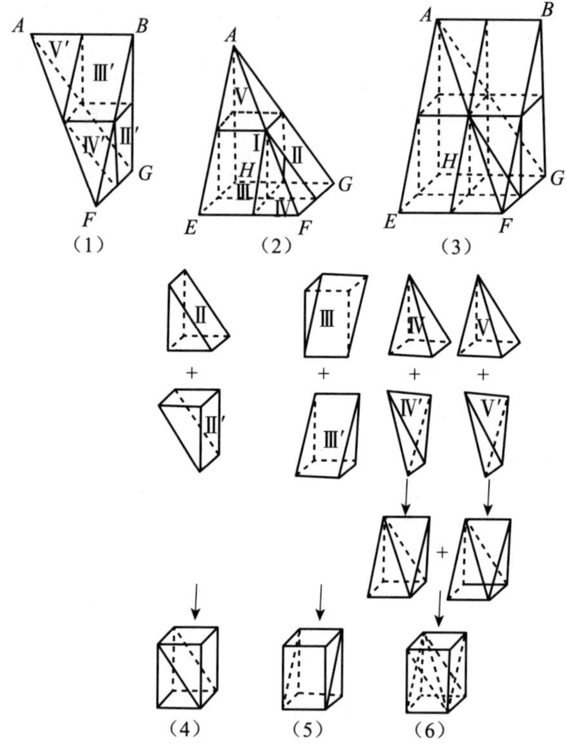

图 5-24　堑堵、阳马、鳖臑的分割

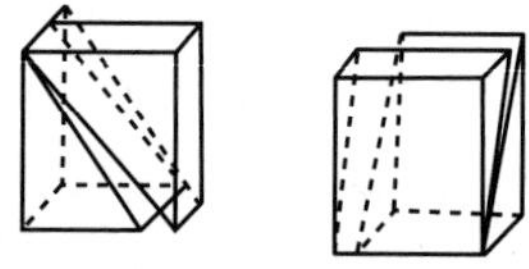
图 5-25　赤红堑堵黑黑堑堵无法拼合

的根本。锥亭之类即方锥、方亭、刍甍、刍童、羡除等多面体。主，事物的根本。　[18] 记鳖臑的下广、上长、高分别为 a, b, h，则其体积公式是 $V=\frac{1}{6}abh$。

[点评]

阳马术刘徽注在整个刘徽《九章算术注》中是最重

要的，也是难度最大的一个。首先，对刘徽自己提出的刘徽原理的证明与对《九章算术》提出的圆面积公式的证明，尽管都用到极限思想和无穷小分割方法，但是后者在现实生活中有其原型。比如在手工业者的木工或金属加工中常有化方为圆的程序，司马迁在《史记·酷吏列传》中将其概括为“破觚而为圜”。刘徽必定由此受到启发，对圆内接正多边形进行无穷分割。而对阳马和鳖腝拼合成的堑堵进行无穷分割，在现实中没有任何原型，全凭刘徽高超的数学才能和想象力。其次，刘徽原理是刘徽多面体体积理论的基础。他将鳖腝看成多面体体积的“功实之主”的结论与现今数学将四面体看作多面体分割的最小单元的思想完全一致。刘徽在此总结了鳖腝在多面体体积理论中的核心作用。他将其他多面体分割成长方体、堑堵、阳马、鳖腝，求它们的体积之和以解决它们的求积问题，而阳马、鳖腝的体积公式的证明必须首先使用极限思想和无穷小分割方法证明刘徽原理，从而把多面体体积理论建立在无穷小分割基础之上。近代数学大师高斯（Gauss，1777—1855）曾提出一个猜想：多面体体积的解决不借助于无穷小分割是不是不可能的？这一猜想构成了希尔伯特（Hilbert，1862—1943）《数学问题》（1900）第三问题的基础。他的学生德恩做了肯定的回答。这与刘徽的思想不谋而合。

今有羡除[1]，下广六尺，上广一丈，深三尺；末广八尺，无深；袤七尺。问：积几何？

答曰：八十四尺。

术曰[2]：并三广，以深乘之，又以袤乘之，六而一。按：此术羡除[3]，实隧道也。其所穿地，上平下邪，似两鳖腝夹一堑堵，即羡除之形。假令用此棋[4]：上广三尺，深一尺，下广一尺；末广一尺，无深；袤一尺。下广、末广皆堑堵；上广者，两鳖腝与一堑堵相连之广也。以深、袤乘，得积五尺。鳖腝居二，堑堵居三，其于本棋，皆一为六，故六而一。合四阳马以为方锥[5]。邪画方锥之底，亦令为中方。就中方削而上合，全为中方锥之半。于是阳马之棋悉中解矣。中锥离而为四鳖腝焉。故外锥之半亦为四鳖腝[6]。虽背正异形，与常所谓鳖腝参不相似，实则同也。所云夹堑堵者，中锥之鳖腝也。凡堑堵上袤短者[7]，连阳马也。下袤短者，与鳖腝连也。上、下两袤相等知，亦与鳖腝连也。并三广，以高、袤乘，六而一，皆其积也。今此羡除之广，即堑堵之袤也。按：此本是三广不等[8]，即与鳖腝连者。别而言之：中央堑堵广六尺，高三尺，袤七尺。末广之两旁，各一小鳖腝，皆与堑堵等。令小鳖腝居里，大鳖腝居表，则大鳖腝皆出随方锥[9]，下广二尺，袤六尺，高七尺。

在这个注中，刘徽讨论了几种特殊情形的鳖腝，证明它们都用《九章算术》的鳖腝体积公式求积，接近于任何四面体都可以用此式求积。

分取其半，则为袤三尺。以高、广乘之，三而一，即半锥之积也。邪解半锥得此两大鳖腝。求其积，亦当六而一，合于常率矣。按：阳马之棋两邪[10]，棋底方，当其方也，不问旁、角而割之，相半可知也。推此上连无成不方，故方锥与阳马同实。角而割之者，相半之势。此大、小鳖腝可知更相表里，但体有背正也。

刘徽在这里提出了一个重要原理：如果同底等高的方锥与阳马没有一层不是相等的方形，则它们的体积相等。这说明刘徽对祖暅之原理的本质有了深刻认识。

[注释]

[1] 羡（yán）除：一种楔形体，有五个面，其中三个面是等腰梯形，两个侧面是三角形，其长所在的平面与高所在的平面垂直，如图 5-26 所示。这是三广不相等的情形。也有两广相等的情形，此时只有二个面是等腰梯形，另一个面是长方形。羡通延，墓道。李籍《音义》云：“羡，延也；除，道也。羡除乃隧道也。” [2] 记羡除的上广、下广、末广、袤、深分别为 a_1，a_2，a_3，b，h，则其体积为 $V=\frac{1}{6}(a_1+a_2+a_3)bh$。 [3] 自此起，刘徽先讨论有两广相等的羡除。首先是下末两广相等的羡除，见图 5-27（1），是两个鳖腝夹着一个堑堵。其鳖腝是三棱垂直于一点的四面体，不同于《九章算术》给出者，见图 5-27（2）。 [4] 以下是刘徽记述的以棋验法推导下末两广相等的羡除体积公式的方

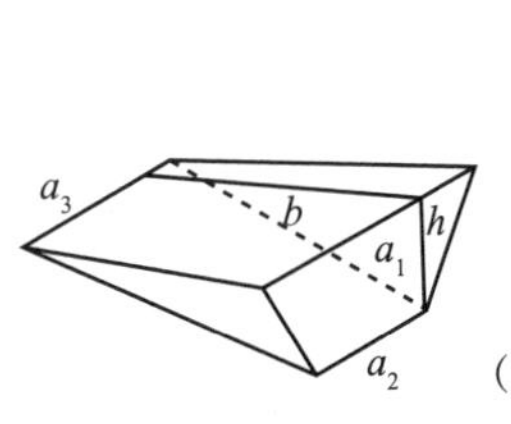

图 5-26　羡除

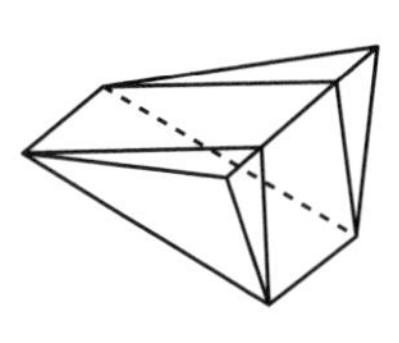

（1）下末两广相等的羡除

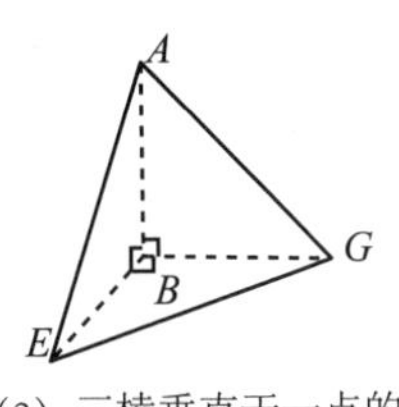

（2）三棱垂直于一点的鳖腝

图 5-27　下末两广相等的羡除

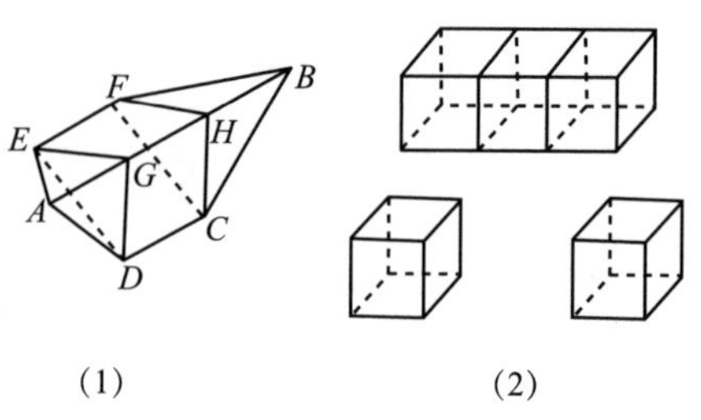

(1) (2)

图 5-28 下末两广相等的标准羡除

法。先取一个标准下末两广相等的羡除，上广 3 尺，下末两广及长、深均为 1 尺。它可以分解为中间一个广、长、高皆为 1 尺的堑堵，及其两侧的广、长、高皆为 1 尺的鳖腝，见图 5-28（1）。在这种羡除中，下广、末广都是堑堵的广。羡除的上广是堑堵与夹堑堵的两鳖腝相连的广。再构造 3 个立方体：一个是广 3 尺，深 1 尺，长 1 尺，其体积是 3 尺 ^{3}，含有 2 个堑堵，12 个鳖腝；另外 2 个都是广、深、长皆为 1 尺的正方体，体积为 1 尺 ^{3}，各含有 2 个堑堵，共为 2 尺 ^{3}，4 个堑堵，见图 5-28（2）。这 3 个立方体合起来共 5 尺 ^{3}，6 个堑堵，12 个鳖腝，鳖腝占据 2 份，堑堵占据 3 份。所以说标准羡除中的堑堵、鳖腝一个都变成了 6 个。构造的 3 个立体体积之和是 $(a_1+a_2+a_3)bh$，所以除以 6 就得其体积公式。按：一个正方体是无法分割成夹堑堵的 6 个鳖腝的。说 2 鳖腝“一为六”变成 12 个鳖腝，大约是人们的推测。 [5]“合四阳马以为方锥”八句：是说为求出形如图 5-27（2）的鳖腝的体积，取 4 个阳马 $ABCDE$，$ABEFG$，$ABGHI$，$ABIJC$，每一个皆为底广 a，长 b，高 h，合成一个方锥 $ADFHJ$，底广 $2a$、长 $2b$、高 h，见图 5-29。依据方锥体积公式，此方锥的体积为 $\frac{4}{3}abh$。斜着分割方锥的底，相当于连接方锥底面每边的中点 C，E，G，I，就得到中间正方形 $CEGI$。从它向上削至方锥 $ADFHJ$ 的顶点 A，得到的鳖腝全都是中方锥 $ACEGI$ 的一片。于是中方锥的四个阳马全都被剖平分。中锥 $ACEGI$ 的体

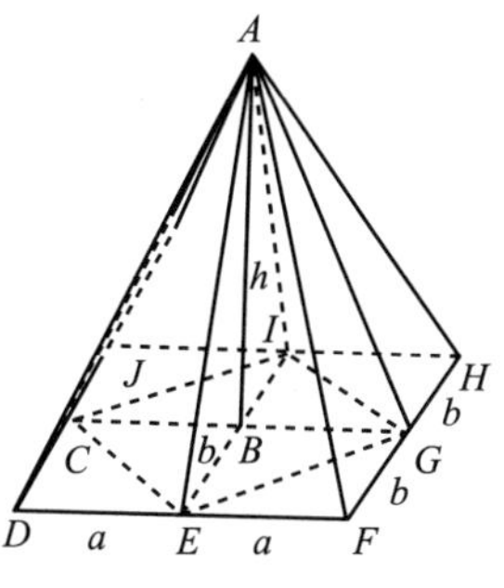

图 5-29 合四阳马为方锥

积显然是$\frac{2}{3}abh$，它被分割为 4 个全等的鳖腝 $ABCE$，$ABEG$，$ABGI$，$ABIC$。因此每一个鳖腝的体积自然是中方锥的$\frac{1}{4}$，即$\frac{1}{4}\times\frac{2}{3}abh=\frac{1}{6}abh$。半，片也。 [6]“故外锥之半亦为四鳖腝”六句：是说外锥即方锥 $ADFHJ$ 分割出中锥 $ACEGI$ 后剩余的部分，其每一片也都是鳖腝，即 $ACDE$，$AEFG$，$AGHI$，$AIJC$。它们与中方锥的 4 个鳖腝背正相对，形状不同，与通常的鳖腝广、长、高不相等，其体积公式却相同。由于外锥的体积也是$\frac{2}{3}abh$，每一个鳖腝的体积当然也是$\frac{1}{6}abh$。所说的夹堑堵的就是从中间方锥分离出来的鳖腝。 [7] 以下刘徽提出了另外几种两广相等的羡除：凡是堑堵的上长比羡除的上广短的羡除，由一个堑堵及两侧的阳马组成，见图 5-30（1）、（2）（这两种羡除在数学上没有什么不同）。凡是堑堵的下长短于羡除下广的羡除，由一堑堵及两侧的两鳖腝组成，见图 5-30（3）。凡是堑堵的上、下两长与原羡除的上、下广相等的羡除，由一个堑堵及两侧的鳖腝组成，见图 5-30（4）。这几种羡除的体积公式都是 $V=\frac{1}{6}(a_1+a_2)bh$。其中羡除的广与堑堵的长在同一直线上。 [8] 以下刘徽推导三广不等的羡除的体积公式。刘徽指出，三广不等的羡除分割出的堑堵与鳖腝相连，如图 5-31 所示。将羡除分解并分别表述之：位

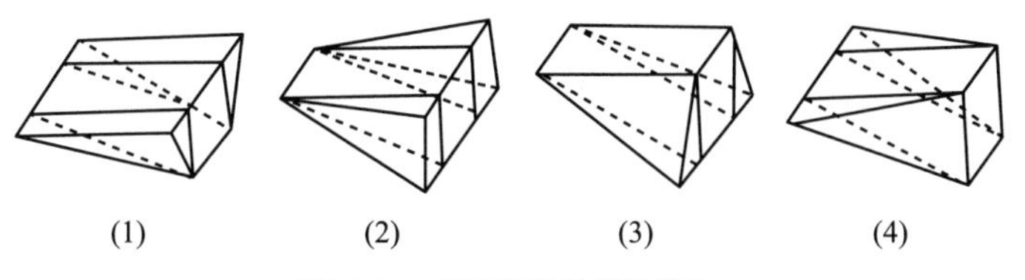

图 5-30 两广相等的其他羡除

于中央的堑堵 $GHCDIJ$，广 GH 6 尺，高 GD 3 尺，长 GI 7 尺。羡除末广的两旁，各有一小鳖腝 $GDEI$，$HCFJ$。它的高、长皆与堑堵 $GHCDIJ$ 的相等（形状与《九章算术》的相同）。使两小鳖腝居于里面，两大鳖腝 $GDAE$，$HCBF$ 居于表面。别：分解，分剖。按：此处羡除 $ABCDEF$ 是按《九章算术》例题所绘，上广 10 尺，末广 8 尺，下广 6 尺，仍是一个特殊的羡除。不过刘徽的处理方法具有一般性。 [9] 此下是求大鳖腝的体积。大鳖腝可以从椭方锥中分离出来，椭方锥即长方锥，见图 5-32，椭方锥 $EMNCD$ 的下广 DM 为 3 尺，长 CD 为 6 尺，高 EO 为 7 尺。用平面 EAG 平分椭方锥，得到两个半椭方锥 $EAGCN$，$EAGDM$，其长 $CG=DG$ 为 3 尺。记半椭方锥的广 CN 为 a，长 CG 为 b，高 EO 为 h，则其体积为 $\frac{1}{3}abh$。用平面 EAC，EAD 分别分割半椭方锥 $EAGCN$ 和 $EAGDM$，得到鳖腝 $GCAE$ 和 $GDAE$，就是所要求的两大鳖腝。求它的体积，也应该除以 6，符合鳖腝通常的率，即 $\frac{1}{6}abh$。随方锥即椭方锥，是底面为长方形的方锥。 [10] 以下是刘徽证明大鳖腝的体积为什么是半椭方锥的一半。阳马棋有两个斜面，棋的底是长方形。对一个长方形，不管是从两旁分割它，还是从对角分割它，都将其平分成二等分，见图 5-33。将这一结论由底向上推广，所连接出的方锥与阳马的各层没有一层不是相等的方形，所以它们的体积相等，见图 5-34。用平面 EAC，EAD 分别分割半椭方锥 $EAGCN$ 和 $DEAGDM$，就

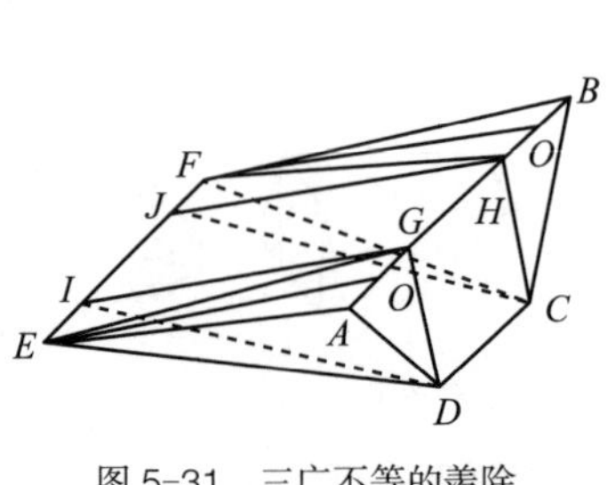

图 5-31 三广不等的羡除

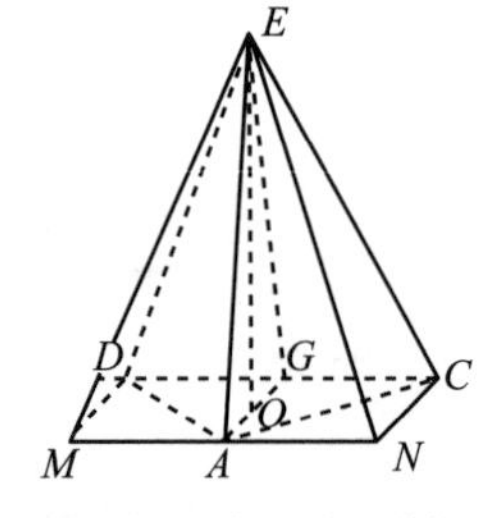

图 5-32 大鳖腝之分解

是从对角分割，是平分的态势。所以大鳖腝的体积是半长方锥的$\frac{1}{2}$，是正确的。这里的大鳖腝、小鳖腝互为表里，但形状有反有正。按：刘徽实际上还有一个不言自明的推论：一个立体，如果每一层都被同一平面所平分，则整个立体被该平面所平分。成：训重，层。

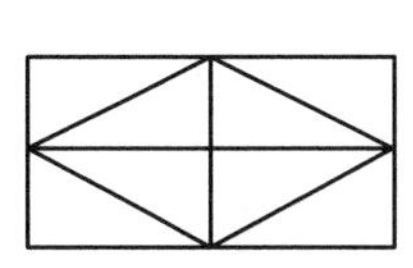

图 5-33　不问旁角而割之

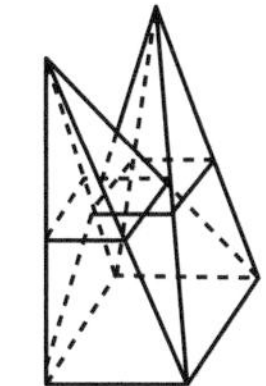

图 5-34　方锥与阳马同实

［点评］

羡除术注是刘徽处理的最复杂的一个多面体。他首先记述了《九章算术》时代用棊验法对两广相等的羡除体积公式的推导，然后使用有限分割求和法证明了《九章算术》的羡除体积公式。在这个过程中，刘徽将各种形状的四面体都称作鳖腝。由于鳖腝在其中的核心地位，刘徽创造了分离方锥求鳖腝法，即将鳖腝从方锥中分离出来的求积方法，并多次使用，成功解决了几种特殊鳖腝的体积，接近于提出任何四面体都可以使用《九章算术》的鳖腝公式求积。其中刘徽还使用了截面积原理。刘徽对它的深刻认识，为祖暅之原理的最后完成也做出了贡献。

今有刍甍[1]，下广三丈，袤四丈；上袤二丈，无广；高一丈。问：积几何？

答曰：五千尺。

“旧说云”是刘徽注有采其所见者的铁证。

术曰[2]：倍下袤，上袤从之，以广乘之，又以高乘之，六而一。推明义理者[3]：旧说云，凡积刍有上、下广曰童，甍谓其屋盖之茨也。是故甍之下广、袤与童之上广、袤等。正斩方亭两边，合之即刍甍之形也。假令下广二尺[4]，袤三尺；上袤一尺，无广；高一尺。其用棋也，中央堑堵二，两端阳马各二。倍下袤[5]，上袤从之，为七尺，以广乘之，得幂十四尺，阳马之幂各居二，堑堵之幂各居三。以高乘之，得积十四尺。其于本棋也，皆一而为六，故六而一，即得。 亦可令上、下袤差乘广[6]，以高乘之，三而一，即四阳马也；下广乘之上袤而半之，高乘之，即二堑堵；并之，以为甍积也。

[注释]

[1] 刍甍：其本义是形如屋脊的草垛，是一种底面为长方形而上方只有长，无广：上长短于下长的楔形体，见图 5-35。刍：指喂牲口的草。甍：屋脊。 [2] 记刍甍的下广为 a，上长 b_1，下长 b_2，高 h，则其体积公式为 $V=\frac{1}{6}(2b_2+b_1)ah$。 [3]“推明义理者”七句：是说先把它的含义推究明白：旧的说法是，凡是堆积刍草，有上广与下广，就叫作童。甍是用茅草做成的屋脊。所以刍甍的下广、长与刍童的上广、长相等。从正

面切下方亭的两边，合起来，就是刍甍的形状，见图 5-36。推明：阐明。义理：经义名理、含义。推明义理：阐明其含义。旧说指前代数学家的说法。童：山无草木，牛羊无角，人秃顶，皆曰童。茨是用茅草、芦苇搭盖的屋顶。李籍《音义》云："刍甍之形似屋盖上苫也。"苫（shàn）：是用茅草编成的覆盖物。　[4]"假令下广二尺"八句：是说先构造一个标准刍甍：下广 2 尺，长 3 尺，上长 1 尺，无广，高 1 尺。将它分解为 2 个中央堑堵，两端各 2 个阳马，共 4 个阳马，见图 5-37（1）。从此起是刘徽记述的推导刍甍体积公式的棋验法。　[5]"倍下袤"十三句：是说构造一个长方形：长为标准刍甍下长 3 尺的 2 倍加上长 1 尺，即 7 尺，广是刍甍的广 2 尺，见图 5-37（2）。其面积是 14 尺^2。其中 1 个阳马占据 2 尺^2，4 个阳马共占据 8 尺^2。1 个堑堵占据 3 尺^2，2 个堑堵共占据 6 尺^2。以高 1 尺乘 14 尺^2，得 14 尺^3，就形成了长 7 尺，广 2 尺，高 1 尺的长方体，见图 5-37（3）。其中的堑堵、阳马对于标准刍甍，1 个都变成了 6 个。这是因

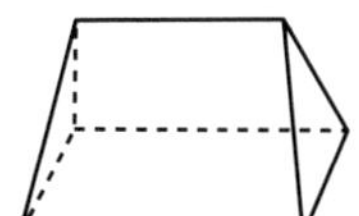

图 5-35　刍甍

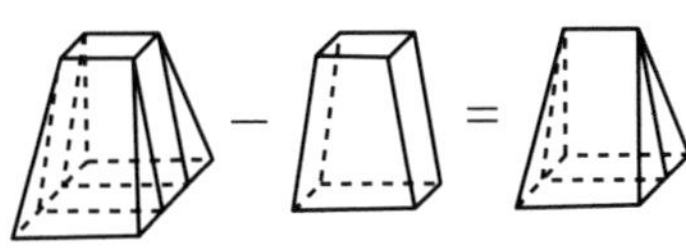

图 5-36　方亭两边合为刍甍（采自沈康身《九章算术导读》）

(1)

堑堵	堑堵	堑堵	阳马	阳马	阳马	阳马
堑堵	堑堵	堑堵	阳马	阳马	阳马	阳马

(2)

(3)　(4)　(5)

图 5-37　刍甍之棋验法

为一个正方体可以分解为 2 个堑堵，见图 5-37（4），或 3 个阳马，见图 5-37（5），那么 2 个堑堵占据的 6 尺^{3}共分解为 12 个堑堵；4 个阳马占据的 8 尺^3，共分解为 24 个阳马；标准刍甍中的堑堵、阳马都是 1 个变成了 6 个。故除以 6，就得到标准刍甍的体积公式。 [6] 刘徽在这里提出了将刍甍分解为中央 2 个堑堵、四角 4 个阳马求其体积之和解决其体积问题的方法，见图 5-38。一个阳马的广是$\frac{1}{2}a$，长是$\frac{1}{2}(b_2-b_1)$，高是 h，则由阳马体积公式，一个阳马的体积是$\frac{1}{3}\left[\frac{1}{2}a\times\frac{1}{2}(b_2-b_1)h\right]$，四角 4 个阳马的体积是$\frac{1}{3}(b_2-b_1)ah$。一个堑堵的广为$\frac{1}{2}a$，长 b_1，高 h，由堑堵体积公式其体积是$\frac{1}{2}\times\frac{1}{2}ab_1h$，两个中央堑堵的体积是$\frac{1}{2}ab_1h$。所以刘徽给出刍甍新的体积公式$V=\frac{1}{3}(b_2-b_1)ah+\frac{1}{2}ab_1h$。之，训“以”。

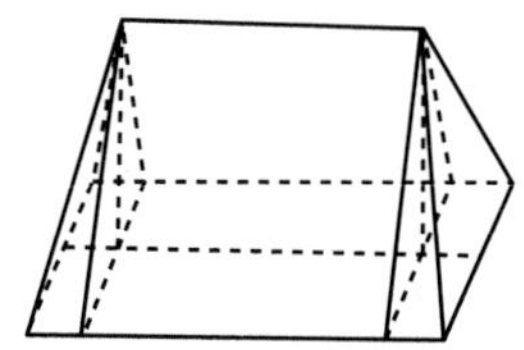

图 5-38 刍甍之有限分割求和法

[点评]

刍甍术刘徽注分三段。第一段是引用前人关于“刍”“甍”“刍甍”的解释，以及刍甍与刍童、方亭的关系的论述。第二段是记述《九章算术》时代推导刍甍体积公式的棊验法。第三段是刘徽以有限分割求和法证明《九章算术》的刍甍体积公式。

刍童[1]、曲池、盘池、冥谷皆同术。

术曰[2]：倍上袤，下袤从之；亦倍下袤，上袤从之；各以其广乘之；并，以高若深乘之，皆六而一。按：此术假令刍童上广一尺[3]，袤二尺；下广三尺，袤四尺；高一尺。其用棊也，中央立方二，四面堑堵六，四角阳马四。倍下袤为八[4]，上袤从之，为十。以高、广乘之，得积三十尺。是为得中央立方各三，两端堑堵各四，两旁堑堵各六，四角阳马亦各六。后倍上袤[5]，下袤从之，为八。以高、广乘之，得积八尺。是为得中央立方亦各三，两端堑堵各二。并两旁[6]，三品棊皆一而为六，故六而一，即得。 为术又可令上、下广袤差相乘[7]，以高乘之，三而一，亦四阳马；上、下广、袤互相乘，并而半之，以高乘之，即四面六堑堵与二立方；并之，为刍童积。 又可令上、下广、袤互相乘而半之[8]，上、下广、袤又各自乘，并，以高乘之，三而一，即得也。其曲池者[9]，并上中、外周而半之，以为上袤；亦并下中、外周而半之，以为下袤。此池环而不通匝[10]，形如盘蛇而曲之。亦云周者，谓如委谷依垣之周耳。引而伸之，周为袤。求袤之意，环田也。

此下是刘徽记述的推导刍童体积公式的棊验法。

今有刍童，下广二丈，袤三丈；上广三丈，袤四丈；高三丈。问：积几何？

答曰：二万六千五百尺。

今有曲池，上中周二丈，外周四丈，广一丈；下中周一丈四尺，外周二丈四尺，广五尺；深一丈。问：积几何？

答曰：一千八百八十三尺三寸少半寸。

今有盘池，上广六丈，袤八丈；下广四丈，袤六丈；深二丈。问：积几何？

答曰：七万六百六十六尺太半尺。

盘池问所属的负土术与下面冥谷问所属的载土术都是求人到积尺及用徒人数，也是符合“商功”本义的。

负土往来七十步[11]，其二十步上下棚、除，棚、除二当平道五，踟蹰之间十加一，载输之间三十步，定一返一百四十步。土笼积一尺六寸。秋程人功行五十九里半。问：人到积尺及用徒各几何？

答曰：人到二百四尺。

用徒三百四十六人一百五十三分人之六十二。

术曰[12]：以一笼积尺乘程行步数，为实。往来上下棚、除二当平道五。棚，阁；除，邪道；

有上下之难，故使二当五也。置定往来步数，十加一，及载输之间三十步，以为法。除之，所得即一人所到尺。按：此术棚，阁；除，邪道；有上下之难，故使二当五。置定往来步数，十加一，及载输之间三十步，是为往来一返凡用一百四十步。于今有术为所有行率，笼积一尺六寸为所求到土率，程行五十九里半为所有数。而今有之，即人到尺数。“以所到约积尺，即用徒人数”者[13]，此一人之积除其众积尺，故得用徒人数。　为术又可令往来一返所用之步约程行为返数[14]，乘笼积为一人所到。以此术与今有术相返覆[15]，则乘除之或先后，意各有所在而同归耳。以所到约积尺[16]，即用徒人数。

今有冥谷，上广二丈，袤七丈；下广八尺，袤四丈；深六丈五尺。问：积几何？

　　荅曰：五万二千尺。

载土往来二百步[17]，载输之间一里，程行五十八里。六人共车，车载三十四尺七寸。问：人到积尺及用徒各几何？

　　荅曰：人到二百一尺五十分尺之十三。

　　　　用徒二百五十八人一万六十三分

人之三千七百四十六。

术曰[18]：以一车积尺乘程行步数，为实。置今往来步数，加载输之间一里，以车六人乘之，为法。除之，所得即一人所到尺。按：此术今有之义[19]：以载输及往来并得五百步，为所有行率，车载三十四尺七寸为所求到土率，程行五十八里，通之为步，为所有数。而今有之，所得则一车所到。欲得人到者，当以六人除之，即得。术有分[20]，故亦更令乘法而并除者，亦用以车尺数以为一人到土率，六人乘五百步为行率也。 又亦可五百步为行率[21]，令六人约车积尺数为一人到土率，以负土术入之。入之者[22]，亦可求返数也。要取其会通而已。术恐有分[23]，故令乘法而并除。"以所到约积尺，即用徒人数"者，以一人所到积尺除其众积，故得用徒人数也。以所到约积尺[24]，即用徒人数。

[注释]

[1] 刍童：本义是平顶草垛，见图 5-39。《九章算术》和秦汉数学简牍关于刍童的例题皆是上大下小。农村的草垛大都如此。李籍《音义》云："如倒置研石。"通常是地面上的一种土方工程，西汉帝王陵皆为刍童形。曲池：曲折回绕的水池，实际上是曲面

体。此处曲池的上、下底皆为圆环，见图 5-40。盘池：盘状的水池，地下的水土工程。冥谷：墓穴，地下的土方工程。李籍云："如正置研石。"盘池、冥谷在数学上与刍童相同，见图 5-39。 [2] 记刍童的上广、长分别为 a_1，b_1，下广、长分别为 a_2，b_2，高 h，则其体积公式为 $V=\frac{1}{6}[(2b_1+b_2)a_1+(2b_2+b_1)a_2]h$ 。若：或。 [3] "此术假令刍童上广一尺"九句：是说假令一个标准刍童：上广 1 尺，长 2 尺，下广 3 尺，长 4 尺，高 1 尺，见图 5-41（1）。它所用棋是：中央正方体 2 个，四面堑堵 6 个，四角阳马 4 个。 [4] "倍下袤为八"十句：是说先构造第一个长方体：其长为标准刍童下长 4 尺的 2 倍加上长 2 尺，即 10 尺；广为其下广 3 尺，高为其高 1 尺。其体积为 30 尺^3，见图 5-41（2），它含有中央正方体 6 个［即图 5-41（2）中标Ⅰ者］，旁堑堵 24 个（即标Ⅱ者），端堑堵 8 个（即标Ⅲ者），四角阳马 24 个（即标Ⅳ者）。正方体Ⅱ，Ⅲ，Ⅳ分解成堑堵、阳马的方法分别如图 5-41（4）、（5）、（6）所示。 [5] "后倍上袤"七句：是说再构造一个长方体：长为标准刍童上长 2 尺的 2 倍加下长 4 尺，即 8 尺；广为刍童的上广 1 尺，高为刍童的高 1 尺，见图 5-41（3）。其体积为 8 尺^3。它含有中央正方体 6 个，端堑堵 4 个。 [6] "并两旁"四句：是说将两个长方体相加，三品棋 1 个都变成了 6 个。所以除以 6，就得到刍童体积公式。旁：通方。按：两个长方体所含三品棋的数目如下：

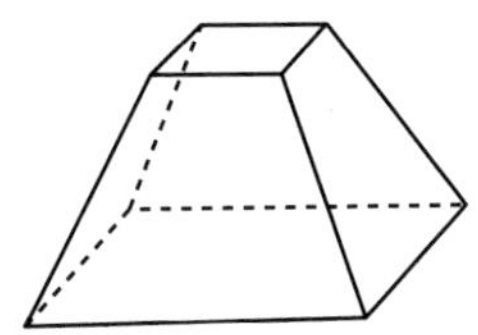

图 5-39 刍童、盘池、冥谷

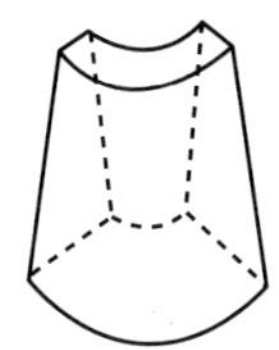

图 5-40 曲池

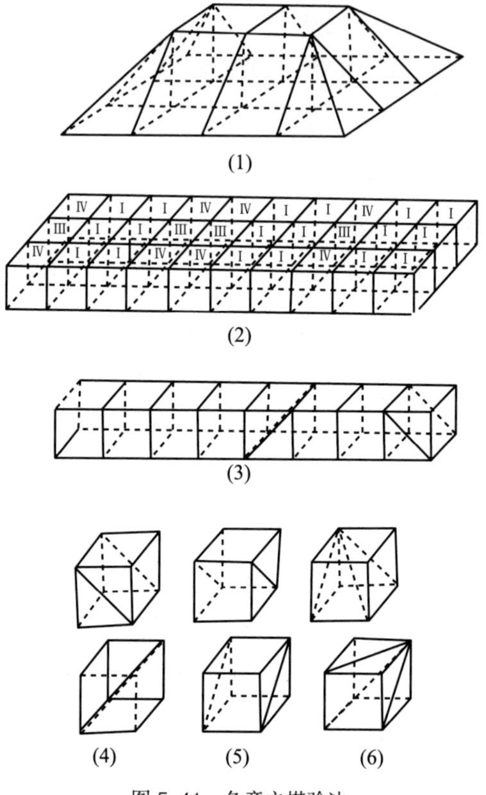

图 5-41　刍童之棋验法

	中央立方	两端堑堵	两旁堑堵	四角阳马
标准刍童	2	2	4	4
第一长方体	6	8	24	24
第二长方体	6	4	0	0
总　　计	12	12	24	24
与标准刍童之比	6 : 1	6 : 1	6 : 1	6 : 1

[7] 刘徽使用有限分割求和法，将刍童分解为中央 2 个立方体、两端 2 个堑堵、两旁 4 个堑堵，四角 4 个阳马，求其体积之和以求出其体积公式，见图 5-42。一个阳马广 $\frac{1}{2}(a_2-a_1)$，

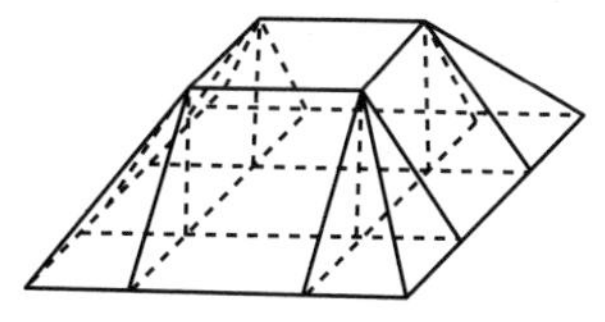

图 5-42　刍童之有限分割求和法

长 $\frac{1}{2}(b_2-b_1)$，高 h，则由阳马体积公式，其体积是 $\frac{1}{3}\left[\frac{1}{2}(a_2-a_1)\times\frac{1}{2}(b_2-b_1)h\right]$，4 个四角阳马的体积是 $\frac{1}{3}(a_2-a_1)(b_2-b_1)h$。一个端堑堵广 a_1，长 $\frac{1}{2}(b_2-b_1)$，高 h，则由堑堵体积公式，其体积是 $\frac{1}{2}[a_1\times\frac{1}{2}(b_2-b_1)h]$。2 个端堑堵的体积是 $\frac{1}{2}a_1(b_2-b_1)h$。一个旁堑堵广 $\frac{1}{2}(a_2-a_1)$，长 $\frac{1}{2}b_1$，高 h，则其体积是 $\frac{1}{2}\left[\frac{1}{2}(a_2-a_1)\times\frac{1}{2}b_1h\right]$。4 个旁堑堵的体积是 $\frac{1}{2}(a_2-a_1)b_1h$。中央 2 立方的体积是 a_1b_1h。那么 6 个四面堑堵和 2 中央立方的体积是 $\frac{1}{2}a_1(b_2-b_1)h+\frac{1}{2}(a_2-a_1)b_1h+a_1b_1h=\frac{1}{2}(a_2b_1+a_1b_2)h$。求中央 2 立方、四面 6 堑堵和 4 个四角阳马的体积之和，便得到刍童的体积公式 $V=\frac{1}{3}(a_2-a_1)(b_2-b_1)h+\frac{1}{2}(a_2b_1+a_1b_2)h$。[8] 刘徽给出刍童的另一体积公式 $V=\frac{1}{3}\left[\frac{1}{2}(a_1b_2+a_2b_1)+(a_2b_2+a_1b_1)\right]h$。　[9] 记曲池的上中、外周分别为 l_1，L_1，下中、外周为 l_2，L_2，则令 $b_1=\frac{1}{2}(l_1+L_1)$，$b_2=\frac{1}{2}(l_2+L_2)$，利用刍童体积公式求其体积。　[10]“此池环而不通匝”八句：是说这种曲池是圆环形的但不连通，像盘起来的蛇那样弯曲。也称为周，是说像委谷依垣那样的周。将它伸直，周就成为长。求长的意思如同环田。　[11] 此是附属于盘池问的程功问题：如果背负土筐一个往

返 70 步。其中有 20 步是上下的棚、除。在棚、除上行走 2 相当于平地 5，徘徊的时间 10 加 1，装卸的时间相当于 30 步。因此，一个往返走 100 步 $+\left[(70\text{步}-20\text{步})+20\text{步}\times\frac{5}{2}\right]\times\frac{1}{10}+30\text{步}$ =140 步。土笼的容积是 1 尺^{3}600 寸^3。秋季一人每天标准运送 $59\frac{1}{2}$ 里。求一人一天运到的土方尺数及用工人数。负土：背土。棚：刘徽注曰“棚，阁”，阁就是楼阁，也作栈道。除：台阶，阶梯。刘徽注曰“除，邪道”。踟蹰：徘徊。李籍《音义》云：“行不进也。”载输：装卸。笼：盛土器，土筐。人到积尺：即每人每天运到的土方尺数。 [12] “术曰”十五句：是说求人到积尺的方法是：（土笼积尺 × 程行步数）÷ 定往返步数 =（1 尺^{3}600 寸^3 × $59\frac{1}{2}$ 里）÷ 140 步 =204 尺^3。 [13] 以 1 人所运到的积尺数除众人共同运到的积尺数，就得用徒人数。刘徽将其归结为今有术，140 步为所有率，土笼容积 1 尺^3 600 寸^3 为所求率，程行 $59\frac{1}{2}$ 里为所有数。 [14] 刘徽提出的又一方法：人到积尺 =（程行步数 ÷ 定往返步数）× 土笼积尺 =（$59\frac{1}{2}$ 里 ÷140 步）×1 尺^{3}600 寸^3= 204 尺^3。其中程行步数 ÷ 定往返步数是一人每天往返次数。 [15] 这里是先除后乘，与《九章算术》先乘后除不同，意在提供不同的思路。 [16] 此给出：用徒人数 = 盘池积尺 ÷ 人到积尺 = $70666\frac{2}{3}$尺^3 ÷204 尺^3/ 人 = $346\frac{62}{153}$ 人。 [17] 此是附属于冥谷问的程功问题。载土：是用车辆运输土石。三十四尺七寸是 34 尺^{3}700 寸^3。 [18]“术曰”九句：是说求人到积尺的方法：（一车积尺 × 程行步数）÷[（往来步数 +1 里）×6]=（34 尺^3 700 寸^3 ×58 里）÷[（200 步 +300 步）×6]= $201\frac{13}{50}$ 尺^3。 [19] 刘徽以今有术解释《九章算术》的方法，往来步数及载输共 500 步为所有率，车载即一车积尺 34 尺^3 700 寸^3 为所求率，一天标准输送路程 58 里 =17400 步为所有数。那么一天一车到积

尺 =（一车积尺 × 程行步数）÷（往来步数 +1 里）=（34 尺 ^{3} 700 寸 ^{3} × 58 里）÷（200 步 +300 步）。6 人共一车，车到积尺除以 6，就是人到积尺。 [20]“术有分”四句：是说先求出车到积尺会有分数，于是以一车积尺数作为一人到土率，以 6 乘 500 步作为行率，变成了以 6 乘法而一并除。 [21] 这是刘徽提出的第二种思路，即以 6 人约“车积尺数”为一人到土率，纳入负土术。按：载土术与负土术的区别是前者以“一车所到”入算，后者以“一人所到”入算。 [22]“人之者”三句：是说如果纳入负土术，也可由“程行步数 ÷（往来步数 +1 里）”求出每辆车一天往返的次数。因此车到积尺 =[程行步数 ÷（往来步数 +1 里）]× 土笼积尺 =（58 里 ÷500 步）×34 尺 ^{3} 700 寸 ^{3} $= 201\frac{13}{50}$尺^3。关键在于要融会通达。者：假设之辞。 [23]“术恐有分”二句：是说先求出每辆车一天的往返次数，方法虽然正确，但先做除法，难免有分数，所以采取先乘法而后一并除的方式。 [24]“以所到约积尺”二句：是说给出用徒人数 = 冥谷积尺 ÷ 人到积尺 =52000 尺 ^{3} ÷ $201\frac{13}{50}$尺^3 / 人 = $258\frac{3746}{10063}$人。

[点评]

刍童术刘徽注分三段。第一段是记述《九章算术》时代推导刍童体积公式的棋验法。第二段是刘徽以有限分割求和法提出并证明刍童新的体积公式。第三段是刘徽提出的刍童的另一体积公式，但如何使用有限分割求和法，有待于进一步探讨。

今有委粟平地[1]，下周一十二丈，高二丈。问：积及为粟几何？

答曰：积八千尺。于徽术，当积七千六百四十三尺一百五十七分尺之四十九。臣淳风等谨依密率，为积七千六百三十六尺十一分尺之四。

为粟二千九百六十二斛二十七分斛之二十六。于徽术，当粟二千八百三十斛一千四百一十三分斛之一千二百一十。臣淳风等谨依密率，为粟二千八百二十八斛九十九分斛之二十八。

今有委菽依垣[2]，下周三丈，高七尺。问：积及为菽各几何？

答曰：积三百五十尺。依徽术，当积三百三十四尺四百七十一分尺之一百八十六也。臣淳风等谨依密率，为积三百三十四尺十一分尺之一。

为菽一百四十四斛二百四十三分斛之八。依徽术，当菽一百三十七斛一万二千七百一十七分斛之七千七百七十一。臣淳风等谨依密率，为菽一百三十七斛八百九十一分斛之四百三十三。

今有委米依垣内角[3]，下周八尺，高五尺。问：积及为米各几何？

答曰：积三十五尺九分尺之五。于徽术，当积三十三尺四百七十一分尺之四百五十七。　臣淳风等谨依密率，当积三十三尺三十三分尺之三十一。

为米二十一斛七百二十九分斛之六百九十一。于徽术，当米二十斛三万八千一百五十一分斛之三万六千九百八十。　臣淳风等谨依密率，为米二十斛二千六百七十三分斛之二千五百四十。

委粟术曰[4]：下周自乘，以高乘之，三十六而一。此犹圆锥也。于徽术，亦当下周自乘，以高乘之，又以二十五乘之，九百四十二而一也。其依垣者[5]，居圆锥之半也。十八而一。于徽术，当令此下周自乘，以高乘之，又以二十五乘之，四百七十一而一。依垣之周，半于全周。其自乘之幂居全周自乘之幂四分之一，故半全周之法以为法也。其依垣内角者[6]，角，隅也，居圆锥四分之一也。九而一。于徽术[7]，当令此下周自乘而倍之，以高乘之，又以二十五乘之，四百七十一而一。依隅之周，半于依垣。其自乘之幂居依垣自乘之幂四分之一，当半依垣之法以为法。法不可半，故倍其实。 又此术亦用周三径一之率[8]。假令以三除周，得径。若不尽，通分内子，即为径之积分。令自乘，以高乘之，为三方锥之积分。母自相乘，得九，为法，又当三而一，约方锥之积。从方锥中求圆锥之积，亦犹方幂求圆幂。乃当三乘之，四而一，得圆锥之积。前求方锥积，乃合三而一，今求圆锥之积，复合三乘之。二母既同，故相准折。惟以四乘分母九，得三十六而连除，圆锥之积。其圆锥之积与平地聚粟同，故三十六而一。 臣淳风等谨依密率[9]，以七乘之，其平地者，二百六十四而一；依垣者，一百三十二而一；依隅者，六十六而一也。 程粟一斛积二尺七寸[10]，二尺七寸者，谓方一尺，深二尺七寸，凡积二千七百寸。其米一斛积一尺六寸五分寸之一[11]，谓积一千六百二十寸。其菽、荅、麻、麦一斛皆二尺四寸十分寸之三[12]。谓积二千四百三十寸。此为以粗精为率[13]，而不等其概也。粟率五，米率三，故米一斛于粟一斛，五分之三；菽、荅、麻、麦亦如本率云。故谓此三量器为概，而皆不合于今斛。当今大司农斛圆径一尺三寸五分五厘[14]，正深一尺。于徽术，为积一千四百四十一寸，排成余分，又有十分寸之三。王莽铜斛于今尺为深九寸五分五厘[15]，径一尺三寸六分八厘七毫。以徽术计之，于今斛为容九斗七升四合有奇。《周官·考工记》[16]："㮚氏为量，深一尺，内方一尺，而圆外，其实一鬴。"于徽术，此圆积一千五百七十寸。《左氏传》曰[17]："齐旧四量：豆、区、釜、钟。四升曰豆，各自其四，以登于釜。釜十则钟。"钟六斛四斗；釜六斗四升，方一尺，深一尺，其积一千寸。若此方积容六斗四升，则通外圆积成旁，容十斗四合一龠五分龠之三也。以数相乘之，则斛之制：方一尺而圆其外，庣旁一厘七毫，幂一百五十六寸四分寸之一，深一尺，积一千五百六十二寸半，容十斗。王莽铜斛与《汉书·律历志》所论斛同。

[注释]

[1] 委：累积，堆积。委粟：堆放谷物。委粟平地即在平地上堆积谷物，得圆锥形，其容积公式同圆锥体积公式，见图 5-11。 [2] 委菽依垣即靠墙一侧堆积菽，得半圆锥形，见图 5-43。 [3] 委米依垣内角即靠墙的内角堆积米，得圆锥的 $\frac{1}{4}$，见图 5-44。 [4] 记圆锥下底周长为 L，高为 h，则其体积为 $V=\frac{1}{36}L^2h$ 。刘徽说：此如同圆锥术。根据我刘徽的术，应当以下周长自乘，以高乘之，又以 25 乘之，除以 942，即 $V=\frac{25}{942}L^2h$ 。 [5] “其依垣者”二句及其刘徽注十句：是说如果是靠墙一侧，刘徽说是圆锥的 $\frac{1}{2}$，记半圆锥下底周长为 L_1，则其体积为 $V_1=\frac{1}{18}L_1^2h$ 。刘徽说，根据我刘徽的术，应当以下周长自乘，以高乘之，又以 25 乘之，除以 471。即 $V_1=\frac{25}{471}L_1^2h$ 。其推导过程是 $V_1=\frac{1}{2}\times\frac{25}{942}L^2h=\frac{1}{2}\times\frac{25}{942}(2L_1)^2=\frac{25}{471}L_1^2h$ 。 [6] “其依内角者”二句及其刘徽注三句：是说如果是靠墙的内角，就除以 9。记其下底周长为 L_2，则其体积为即 $V_2=\frac{1}{9}L_2^2h$ 。刘徽说，角是隅角，占据圆锥的 $\frac{1}{4}$。 [7] “于徽术”十一句：是说根据我刘徽的术，应当以下周长自乘，加倍，以高乘之，又以 25 乘之，除以 471。记 $\frac{1}{4}$ 圆锥下底周长为 L_2，其体积为

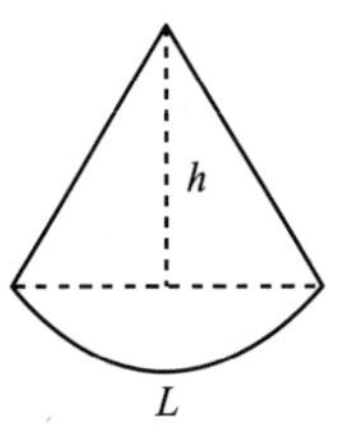

图 5-43　委菽依垣

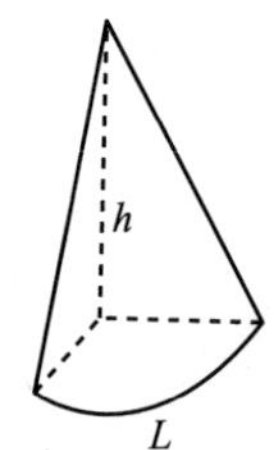

图 5-44　委米依垣内角

$V_2=\frac{25}{471}L_2^2\times2\times h=\frac{50}{471}L_2^2$。刘徽又说，靠墙内角是靠墙一侧的$\frac{1}{2}$。它的周长自乘之幂占据靠墙一侧周长自乘之幂的$\frac{1}{4}$，应当以靠墙一侧的法的$\frac{1}{2}$作为法。其法无法取$\frac{1}{2}$，所以将实加倍。亦即其推导过程是$V_2=\frac{1}{2}\times\frac{25}{471}L_1^2=\frac{1}{2}\times\frac{25}{471}(2L_2)^2=\frac{50}{471}L_2^2$。[8]“又此术亦用周三径一之率”三十句：是说此术也是用周3径1之率。假设以3除下周长，得到直径。如果除不尽，就通分，纳入分子，便是直径的积分。将直径自乘，以高乘之，是三个外切方锥的积分。分母相乘，得9，作为法，又应当除以3，求得一个方锥的体积积分。从方锥求内切圆锥的体积，也如同从正方形之幂求内切圆之幂。于是应当用3乘之，除以4，得到内切圆锥的体积。前面求方锥的体积，应当除以3；现在求圆锥的体积，又应当以3乘；两个数既然相同，所以恰好互相抵消，只以4乘分母9，得36而合起来除，就是内切圆锥的体积。圆锥的体积与平地堆积粟的形状相同，所以除以36。圆锥之积，前省“得”字。 [9]李淳风等以密率$\pi=\frac{22}{7}$将《九章算术》的公式分别修正为$V=\frac{7}{264}L^2h$，$V_1=\frac{7}{132}L_1^2h$，$V_2=\frac{7}{66}L_2^2h$。 [10]1标准粟斛容积是2尺^{3}7尺^{2}寸。刘徽说，这意味着底方1尺，深2尺7寸，即2700寸^3。[11]1标准米斛容积是1尺^{3}6$\frac{1}{5}$尺^{2}寸。刘徽说其容积1620寸^3。[12]1标准菽、荅、麻、麦斛容积是2尺^{3}4$\frac{3}{10}$尺^{2}寸。刘徽说其容积2430寸^3。 [13]“此为以粗精为率”九句：是说这里是以粗精建立率，而各种谷物的概不相等。粟率5，米率3。所以1斛米1尺^{3}6$\frac{1}{5}$尺^{2}寸是1斛粟2尺^{3}700寸^{3}的$\frac{3}{5}$。菽、荅、麻、麦斛2尺^3$4\frac{3}{10}$尺^{2}寸也遵从自己的率即$\frac{9}{10}$。所以说以此三种量器作为概，而都不符合现在的斛。概，古代称量谷物时用以刮平斗斛的器具。《礼记·月令》："正权概。"郑玄注："概，平斗斛者。" [14]"当今大司农斛圆径"六句：是说现今大司农斛的圆径d为1尺3寸5分5厘，深1尺。由我刘徽的术，容积1441寸^3。列出剩余的分数，还有$\frac{3}{10}$尺^{2}寸。按：大司农斛底周长$L=\frac{157}{50}d=\frac{157}{50}\times$ 1尺3寸5分5厘=4尺2寸5分4厘7毫，底面积$S=\frac{1}{2}Lr=\frac{1}{2}\times$ 4尺2寸5分4厘7毫$\times(\frac{1}{2}\times$1尺3寸5分5厘）=144寸^2 12分^2 80厘^2，故容积$V=Sh=1441\frac{3}{10}$寸^3。[15]"王莽铜斛于今尺为"四句：是说根据现在的尺度，王莽铜斛的深9寸5分5厘，直径1尺3寸6分8厘7毫。用我刘徽的术计算，其底周长$L=\frac{157}{50}d=\frac{157}{50}\times$ 1尺3寸6分8厘7毫=4尺2寸9分7厘7毫，其容积$V=\frac{25}{314}L^2h=\frac{25}{314}\times$(4尺2寸9分7厘7毫)$^2\times$9寸5分5厘$=1404\frac{4}{10}$寸^3，合成今斛（即魏斛）为$1404\frac{4}{10}$寸^3 $\times$1斗$\div$ $1441\frac{3}{10}$寸^3 =9斗7升$4\frac{4}{10}$合，有奇零$\frac{4}{10}$合。 [16]"《周官·考工记》"八句：是说《周官·考工记》说："桌氏制作量器，深1尺，底是边长为1尺的正方形的外接圆，其容积是1鬴。"见图5-45，桌氏量的底径$d=\sqrt{2}$尺，由我刘徽的术计算，其底周长$L=\frac{157}{50}d=\frac{157}{50}\times\sqrt{2}$尺，其容积$V=\frac{25}{314}L^2h=\frac{25}{314}\left(\frac{157}{50}\times\sqrt{2}\text{尺}\right)^2$ $\times$1尺=1570寸^3。桌氏是负责制造量器的官员。 [17]"《左氏传》"二十四句：是说《左氏传》说："齐国旧有四种量器：豆、区、釜、钟。4升是1豆，豆、区

各以 4 进，便得到釜，10 釜就是 1 钟。”1 钟是 6 斛 4 斗。1 釜是 6 斗 4 升，它的底面是 1 尺见方，深是 1 尺，容积是 1000 寸^3。如果这样一个正方体的空间容纳 6 斗 4 升，那么，做其底的外接圆，成为一个量器，容积是 1570 寸^3，即 10 斗 4 合 $1\frac{3}{5}$ 龠。用这些数值计算，则斛的形制：底面是与边长 1 尺的正方形有庣旁 1 厘 7 毫的圆，面积 $156\frac{1}{4}$ 寸^2，深是 1 尺，容积是 $1562\frac{1}{2}$ 寸^3，容量是 10 斗。王莽铜斛与《汉书・律历志》所论述的斛相同。乘，计算。庣旁是量器的截面中假设的边长 1 尺的正方形的对角线超过外圆周的部分，见图 5-46。若要此量器变成容积 10 斗的斛，其容积应为 V = 1000 寸^3 × 10 斗 ÷ 6 斗 4 升 = $1562\frac{1}{2}$ 寸^3，底面积为 $S = 156\frac{1}{4}$ 寸^2。底的直径 $d = \sqrt{\frac{200}{157}S}$ =1 尺 4 寸 1 分 8 毫。它与边长 1 尺的正方形的对角线 $\sqrt{\ }$ 尺相差 $\sqrt{2}$ 尺 − d = 1 尺 4 寸 1 分 4 厘 2 毫 −1 尺 4 寸 1 分 8 毫 =3 厘 4 毫。故庣旁 1 厘 7 毫。按：这里的庣旁与王莽铜斛之庣旁是正方形的对角线不满圆周的部分相反。《九章算术注》与《隋书・律历志》《晋书・律历志》实际上是记载了刘徽用他的两个圆周率对王莽铜斛的校验。

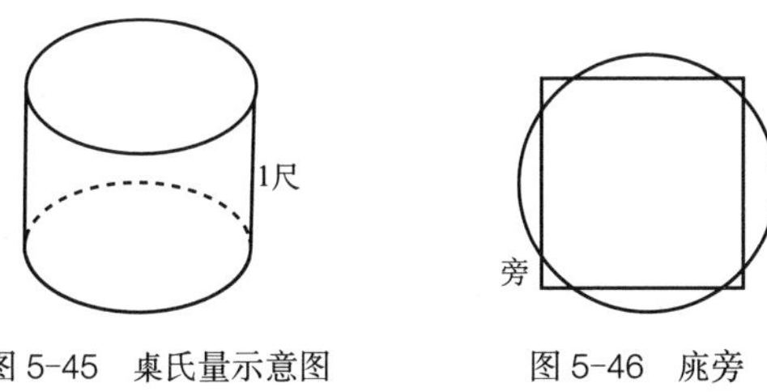

图 5-45　桌氏量示意图　　图 5-46　庣旁

[点评]

委粟术及其例题委粟平地、委菽依垣、委米依垣内角是分别求堆成圆锥、半圆锥、$\frac{1}{4}$ 圆锥形状的粟、菽、米的容积及数量，都不是商功问题，但从体积问题成为“商功”的主体之后，便将它们纳入“商功”。明《永乐大典·筭》则将其从“商功”分离出来，另设“委粟”类。

今有穿地，袤一丈六尺，深一丈，上广六尺，为垣积五百七十六尺。问：穿地下广几何？

答曰：三尺五分尺之三。

术曰[1]：置垣积尺，四之为实。穿地四为坚三。垣，坚也。以坚求穿地，当四之，三而一也。以深、袤相乘，为深袤之立实也。又以三之为法。以深、袤乘之立实除垣积[2]，则坑广。又“三之”者，与坚率并除之。所得，倍之。坑有两广，先并而半之，即为广狭之中平。令先得其中平，故又倍之知，两广全也。减上广，余即下广。按：此术穿地四，为坚三。垣，即坚也。今以坚求穿地，当四乘之，三而一。“深袤相乘”者，为深袤立幂。以深袤立幂除积，即坑广。又“三之，为法”，与坚率并除。“所得倍之”者，为坑有两广，先并而半之，为中平之广。今此得中平之广，故倍之还为两广并。故“减上广，余即下广”也。

［注释］

[1]“术曰”九句：是说挖的坑是长方体。此问实际上是堑的体积公式的逆运算，即已知穿地的上广 a_1，长 b，深 h，体积 V，求下广 a_2：$a_2=\frac{2V}{bh}-a_1$。[2]“以深、袤乘之立实除垣积”二句：是说记 a 是穿坑上、下广 a_1，a_2 的平均值，则 $a=\frac{V}{bh}$。

今有仓，广三丈，袤四丈五尺，容粟一万斛。问：高几何？

答曰：二丈。

术曰[1]：置粟一万斛积尺为实。广袤相乘为法。实如法而一，得高尺。以广袤之幂除积[2]，故得高。按：此术本以广袤相乘，以高乘之，得此积。今还元，置此广袤相乘为法，除之，故得高也。

今有圆囷[3]，圆囷，廪也，亦云圆囤也。高一丈三尺三寸少半寸，容米二千斛。问：周几何？

答曰：五丈四尺。于徽术，当周五丈五尺二寸二十分寸之九。　臣淳风等谨按：密率，为周五丈五尺一百分尺之二十七。

术曰[4]：置米积尺，此积犹圆垛壔之积。以十二乘之，令高而一。所得，开方除之，即周。于徽术[5]，当置米积尺，以三百一十四乘之，为实。

二十五乘囷高，为法。所得，开方除之，即周也。此亦据见幂以求周，失之于微少也。 晋武库中有汉时王莽所作铜斛[6]。其篆书字题斛旁云：律嘉量斛，方一尺而圆其外，庣旁九厘五毫，幂一百六十二寸，深一尺，积一千六百二十寸，容十斗。及斛底云[7]：律嘉量斗，方尺而圜其外，庣旁九厘五毫，幂一尺六寸二分，深一寸，积一百六十二寸，容一斗。合、龠皆有文字。升居斛旁，合、龠在斛耳上。后有赞文[8]，与今《律历志》同，亦魏晋所常用。今粗疏王莽铜斛文字尺寸分数[9]，然不尽得升、合、勺之文字。按[10]：此术本周自相乘，以高乘之，十二而一，得此积。今还元，置此积，以十二乘之，令高而一，即复本周自乘之数。凡物自乘，开方除之，复其本数。故开方除之，即得也。 臣淳风等谨依密率[11]，以八十八乘之，为实，七乘囷高为法，实如法而一。开方除之，即周也。

粗疏，系南宋本、大典本、杨辉本原文，汲古阁本讹作“租疏”，微波榭本进而讹作“祖疏”。清李潢据此说刘徽注中涉及王莽铜斛的几段文字都是祖冲之语，特别刘徽所求出的圆周率第二个近似值$\frac{3927}{1250}$是祖冲之所创。20世纪50年代中国数学史界还就圆周率近似值$\frac{3927}{1250}$的作者到底是刘徽还是祖冲之发生了一次大辩论。以讹传讹，以至于斯！

[注释]

[1] 一万斛积尺：由“程粟一斛积二尺七寸”，即粟一斛以体积2700寸^{3}为标准，可知1万斛的积尺为27000尺^3。 [2] 这是已知长方体体积V，广a，长b，求高h：$h=\frac{V}{ab}$。显然它是长方体

体积公式 $V = abh$ 的逆运算。 [3] 圆囷：即圆柱体、圆堢壔，刘徽说："圆囷，廩也。" 也就是圆囤。李籍《音义》云："仓圆曰囷。" 廩：粮仓，仓库。容米二千斛：由一标准米斛的容积是 1620 寸 ^{3}，2000 斛米的积尺为 3240 尺 ^{3}。 [4] 此即已知圆囷的体积 V，高 h，求底周 L：$L = \sqrt{\frac{12V}{h}}$，它是圆堢壔体积公式 $V = \frac{1}{12}L^2h$ 的逆运算。 [5] 刘徽将开方式修正为 $L = \sqrt{\frac{314V}{25h}}$，由于徽术 $\frac{157}{50}$ 是不足近似值，故由此求出的周长略嫌微小。 [6] 刘徽所引与传世王莽铜斛斛铭略有出入。原器斛铭为："律嘉量斛，方尺而圜其外，庣旁九厘五豪，冥百六十二寸，深尺，积千六百二十寸，容十斗。"（见文物出版社：《中国古代度量衡图集》）《隋书・律历志》所引斛铭，"圜" 作 "圆"，"豪" 作 "毫"，"冥" 作 "幂"，"千" 作 "一千"。 [7] 刘徽所引与传世王莽铜斛斗铭略有出入。原器斛铭为："律嘉量斗，方尺而圜其外，庣旁九厘五豪，冥百六十二寸，深寸，积百六十二寸，容一斗。" [8] 赞文：指王莽铜斛正面之总铭，凡八十一字："黄帝初祖，德帀于虞，虞帝始祖，德帀于新。岁在大梁，龙集戊辰。戊辰直定，天命有民。据土德受，正号即真。改正建丑，长寿隆崇。同律度量衡，稽当前人。龙在己巳，岁次实沈。初班天下，万国永遵。子子孙孙，享传亿年。" 正史 "律历志" 记载此总铭的只有《隋书》。其《律历志》为李淳风等人所撰。故注文 "与今律历志同，亦魏晋所常用" 两句断非唐初以前所为，或此两句为唐人旁注 "赞文" 以上文字，阑入正文，或自 "晋武库中" 以下一百三十一字，为唐人所作，疑即李淳风等注释，阑入刘注。 [9] 今粗疏：现在粗略地疏解。 [10] "按" 十五句：是说圆柱体体积公式，其逆运算为 $L^2 = \frac{12V}{h}$，则由其体积和高求周长的公式是：$L = \sqrt{\frac{12V}{h}}$。 [11] 此为李淳风等以

$\pi=\frac{22}{7}$求周的方法，修正为$L=\sqrt{\frac{88V}{7h}}$。

［点评］

商功的本义是商量土方工程量的分配及土方工程中不同土的互求。要计算工程量，当然得知道土方的体积，因此创造了许多多面体和圆体的体积公式。现今人们更重视后者。体积问题中有一部分是求堆成圆锥形的粟米的容积，后来归于《永乐大典》的委粟类。体积问题成为中国古代最发达的数学分支之一。刘徽解决多面体体积问题的刘徽原理已经深入到希尔伯特数学问题的第三个问题，是中国古代体积理论的最大成就。宋元数学家受多面体体积问题的启发，还创造了垛积术，是今之高阶等差级数求和问题，这是中国古典数学的一个新分支，也取得了领先世界数坛数百年的成绩。然而正像面积理论中只考虑圆、弓形、圆环等规整的图形，未涉及椭圆等曲边形一样，中国古典数学的体积理论也有重大缺陷，就是只讨论圆柱、圆锥、圆台、球等这些规整的图形的求积公式，从未涉及椭圆体等这类图形的体积计算问题。

卷六　均输[1] 以御远近劳费

今有均输粟[2]：甲县一万户，行道八日；乙县九千五百户，行道十日；丙县一万二千三百五十户，行道十三日；丁县一万二千二百户，行道二十日，各到输所。凡四县赋当输二十五万斛，用车一万乘[3]。欲以道里远近、户数多少衰出之[4]。问：粟、车各几何？

荅曰：甲县粟八万三千一百斛，车

三千三百二十四乘。

乙县粟六万三千一百七十五斛，车二千五百二十七乘。

丙县粟六万三千一百七十五斛，车二千五百二十七乘。

丁县粟四万五百五十斛，车一千六百二十二乘。

术曰：令县户数各如其本行道日数而一[5]，以为衰。按：此均输[6]，犹均运也。令户率出车，以行道日数为均，发粟为输。据甲行道八日，因使八户共出一车；乙行道十日，因使十户共出一车……计其在道，则皆户一日出一车，故可为均平之率也。 臣淳风等谨按：县户有多少之差，行道有远近之异。欲其均等，故各令行道日数约户为衰。行道多者少其户，行道少者多其户。故各令约户为衰。以八日约除甲县，得一百二十五，乙、丙各九十五，丁六十一。于今有术[7]，副并为所有率，未并者各为所求率，以赋粟车数为所有数，而今有之，各得车数。一旬除乙，十三除丙，各得九十五；二旬除丁，得六十一也。甲衰一百二十五[8]，乙、丙衰各九十五，丁衰六十一，副并为法。以赋粟车数乘未并者，各自为实。衰分，科率。实如法得一车[9]。各置所当出车[10]，以其行道日数乘之，如户数而一，得率：户用车二日四十七分日之三十一，故谓之均。求此户以率，当各计车之衰分也。有分者[11]，上下辈之。辈，配也。车、牛、人之数不可分裂。推少就多，均赋之宜。今按：甲分既少[12]，宜从于乙。满法除之，有余从丙。丁分又少，亦宜就丙，除之适尽。加乙、丙各一，上下辈益，以少从多也。以二十五斛乘车数[13]，即粟数。

[注释]

[1] 均输：中国古代处理合理负担的重要数学方法，九数之一。李籍《音义》云："均，平也。输，委也。以均平其输委，故曰均输。"均输法源于何时，尚不能确定。1983 年底湖北江陵张家山汉墓出土《算数书》竹简的同时，出土了均输律，否定了均输源于桑弘羊均输法的成说。《盐铁论·本议篇》载贤良文学们批评桑弘羊的均输法时说："盖古之均输，所以齐劳逸而便贡输，非以为利而贾万物也。"可见先秦已有均输法。《九章算术》中的均输问题与此庶几相近，而不同于桑弘羊的均输法。《周礼·地官·司徒》云："均人掌均地政，均地守，均地职，均人民牛马车辇之力政。"实际上是讨论合理负担的均输问题。因此，九数中的均输类起源于先秦是无疑的。不过，均输章 28 个

问题中，只有前 4 个问题是典型的均输问题，后 24 个问题都是算术难题。 [2] 此问是向各县征调粟米时徭役的均等负担问题。 [3] 乘（shèng）：车辆，或指四马一车，也指配有一定数量士兵的兵车。李籍《音义》云："数车曰乘。一本作量。"是当时还有一作"量"的抄本。 [4] 欲根据路途的远近、户数的多少按比例出粟与车。 [5]"令县户数各如其本行道日数而一"二句：是说记各县行道日数为 a_i，户数为 b_i，则 $\frac{b_i}{a_i}$，$i=1$，2，3，4，就是各县出车与出粟的列衰。 [6] 刘徽说，此处均输，就是均等输送。使每户按户率出车，就以需在路上走的日数实现均等，而以各县发送粟作为输。根据甲县需在路上走 8 日，所以就使 8 户共出一车；乙县需在路上走 10 日，所以就使 10 户共出一车……计算它们在路上的劳费，则都是 1 户 1 日出 1 车，所以可以用来实现均平之率。 [7] 李淳风等将其归结为今有术：副并 $\sum_{i=1}^{4}\frac{b_i}{a_i}$ 为所有率，未并者 $\frac{b_i}{a_i}$ 各为所求率，$i=1$，2，3，4，以赋粟车数 A 为所有数。 [8]"甲衰一百二十五"七句及其刘徽注二句：是说甲衰 $\frac{b_1}{a_1}=\frac{10000}{8}=1250$，乙衰 $\frac{b_2}{a_2}=\frac{9500}{10}=950$，丙衰 $\frac{b_3}{a_3}=\frac{12350}{13}=950$，丁衰 $\frac{b_4}{a_4}=\frac{12200}{20}=610$。约去公因子 10，分别为 125，950，950，61。副并 $\sum_{i=1}^{4}\frac{b_i}{a_i}=125+95+95+61=376$ 作为法。以赋粟车数乘未并者 $A\times\frac{b_i}{a_i}$ 各自为实，即甲县实 $A\times\frac{b_1}{a_1}=10000\text{乘}\times125=1250000\text{乘}$，乙县实 $A\times\frac{b_2}{a_2}=10000\text{乘}\times95=950000$ 乘，丙县实与乙县实相同，丁县实 $A\times\frac{b_4}{a_4}=10000\text{乘}\times61=610000$ 乘。刘徽认为，衰分分别是从各县征调车数的率。科，课税，征税。科率，征税的率。 [9] 记各县出车数

为 A_i，$i=1$，2，3，4，此谓各县出车数为 $A_i=\left(A\times\frac{b_i}{a_i}\right)\div\sum_{i=1}^{4}\frac{b_i}{a_i}$，$i=1$，2，3，4，那么甲县出车 $A_1=1250000$乘$\div376=3324\frac{22}{47}$乘，乙县、丙县各出车 $A_2=A_3=950000$ 乘 $\div$ $376=2526\frac{28}{47}$乘，丁县出车 $A_i=610000$乘$\div376=1622\frac{16}{47}$乘。[10]“各置所当出车”八句：是说每户用车都是 $A_i\times\frac{b_i}{a_i}=\left[A\times\frac{b_i}{a_i}\div\sum_{i=1}^{4}\frac{b_i}{a_i}\right]\times\frac{a_i}{b_i}=A\div\sum_{i=1}^{4}\frac{b_i}{a_i}=2\frac{31}{47}$日，为户率，所以实现了均等负担。求每户的率，应当各自以车的衰分来计算。以，训之。[11]“有分者”二句及其刘徽注五句：是说如果车、牛、人数有分数，必须搭配成整数，其原则是将小的并到大的。这与商功章的人数可以是分数不同，既反映了两者编纂时代不同，也反映了均输诸术的实用性更强。刘徽说：“辈，配也。”[12]“甲分既少”七句：是说甲、乙、丙、丁四县出车的奇零部分依次是$\frac{22}{47}$，$\frac{28}{47}$，$\frac{28}{47}$，$\frac{16}{47}$。将甲、丁县的奇零部分并入乙、丙二县。[13] 250000 斛用车 10000 乘，则 1 乘车运送 25 斛。故以 25 斛乘各县出车数，即得各县出粟数。

今有均输卒[1]：甲县一千二百人，薄塞；乙县一千五百五十人，行道一日；丙县一千二百八十人，行道二日；丁县九百九十人，行道三日；戊县一千七百五十人，行道五日。凡五县，赋输卒一月一千二百人。欲以远近、人数多少衰出之。问：县各几何？

答曰：甲县二百二十九人。

乙县二百八十六人。

丙县二百二十八人。

丁县一百七十一人。

戊县二百八十六人。

术曰：令县卒各如其居所及行道日数而一[2]，以为衰。按：此亦以日数为均[3]，发卒为输。甲无行道日，但以居所三十日为率。言欲为均平之率者，当使甲三十人而出一人，乙三十一人而出一人……。“出一人”者，计役则皆一人一日，是以可为均平之率。甲衰四[4]，乙衰五，丙衰四，丁衰三，戊衰五，副并为法。以人数乘未并者各自为实。实如法而一。为衰[5]，于今有术，副并为所有率，未并者各为所求率，以赋卒人数为所有数。此术以别[6]，考则意同。以广异闻，故存之也。各置所当出人数[7]，以其居所及行道日数乘之，如县人数而一，得率：人役五日七分日之五。有分者[8]，上下辈之。辈，配也。今按：丁分最少，宜就戊除。不从乙者，丁近戊故也。满法除之，有余从乙。丙分又少，亦就乙除。有余从甲，除之适尽。从甲、丙二分，其数正等。二者于乙远近皆同，不以甲从乙者，方以下从上也。

［注释］

[1] 此问是向各县征调兵役的均等负担问题。薄：接近，迫近。李籍《音义》云："迫也。"又云："薄，或作博，非是。"是当时还有一作"博"的抄本。塞：边塞。李籍云："边也。"薄塞：接近边境。　[2]"令县卒各如其居所"二句：是说记各县行道日数为 a_i，人数为 b_i，则 $\frac{b_i}{30+a_i}$，i=1，2，3，4，5，就是各县出卒的列衰。其中 30 为一个月的日数。　[3]"此亦以日数为均"十句：是说以日数实现均等，派遣兵卒作为输送的赋。1 月 30 日，甲无行道日，1 人赋 30 日；乙行道 1 日，1 人赋 30 日 +1 日 =31 日；丙行道 2 日，1 人赋 30 日 +2 日 =32 日；丁行道 3 日，1 人赋 30 日 +3 日 =33 日；戊行道 5 日，1 人赋 30 日 +5 日 =35 日。为了得到均平之率，应当使甲、乙、丙、丁、戊各县分别 30 人，31 人，32 人，33 人，35 人而出 1 人。这就以日数实现均等负担，使每人服役 1 日。　[4]"甲衰四"八句：是说甲县衰 $\frac{b_1}{30+a_1}=\frac{1200}{30}=40$，乙县衰 $\frac{b_2}{30+a_2}=\frac{1550}{30+1}=50$，丙衰县 $\frac{b_3}{30+a_3}=\frac{1280}{30+2}=40$，丁县衰 $\frac{b_4}{30+a_4}=\frac{990}{30+3}=30$，戊县衰 $\frac{b_5}{30+a_5}=\frac{1750}{30+5}=50$，故分别以 4，5，4，3，5 为甲、乙、丙、丁、戊县之列衰。以副并 $\sum_{i=1}^{5}\frac{b_i}{30+a_i}$，即 4+5+4+3+5=21 作为法。以人数乘未并者 $A\times\frac{b_i}{30+a_i}$ 各自为实。甲县之实 $A\times\frac{b_1}{30+a_1}=1200\text{人}\times 4=4800$ 人，乙县之实 $A\times\frac{b_2}{30+a_2}=1200\text{人}\times 5=6000$ 人，丙县之实 $A\times\frac{b_3}{30+a_3}=1200\text{人}\times 4=4800$ 人，丁县之实 $A\times\frac{b_4}{30+a_4}=$

1200人×3＝ 3600 人，戊县之实 $A\times\frac{b_5}{30+a_5}$ =1200 人 ×5=6000 人。记各县出卒数为 A_i，则 $A_i=\left(A\times\frac{b_i}{30+a_i}\right)\div\sum_{j=1}^{5}\frac{b_j}{30+a_j}$，$i$ =1，2，3，4，5。因此甲县出卒 A_1 = 4800人 ÷ 21 = $228\frac{4}{7}$人，乙县出卒 A_2 = 6000人 ÷ 21 = $285\frac{5}{7}$人，丙县同甲县，丁县出卒 A_4 = 3600人 ÷ 21 = $171\frac{3}{7}$人，戊县同乙县。 [5] 刘徽将其归结为今有术，副并 $\sum_{i=1}^{5}\frac{b_i}{30+a_i}$ 为所有率，未并者 $\frac{b_i}{30+a_i}$ 各为所求率，i =1，2，3，4，5，以出卒数 A 为所有数。 [6] 以：古通“似”。汉初简帛中“似”常作“以”。刘徽意在提供不同的思路，以“广异闻”。 [7]“各置所当出人数”五句：是说 $A_i\times\frac{b_i}{30+a_i}=\left[\left(A\times\frac{b_i}{30+a_i}\right)\div\sum_{i=1}^{5}\frac{b_i}{30+a_i}\right]\times\frac{30+a_i}{b_i}=A\div\sum_{i=1}^{5}\frac{b_i}{30+a_i}$ 为率。率都是 $5\frac{5}{7}$ 日，所以实现了均等负担。 [8]“有分者”二句及其刘徽注十八句：是说仍然将车、牛、人的分数调整为整数，但除以少从多外，还要以下从上、舍远就近。甲、乙、丙、丁、戊五县出卒的奇零部分依次是 $\frac{4}{7}$，$\frac{5}{7}$，$\frac{4}{7}$，$\frac{3}{7}$，$\frac{5}{7}$。丁县的最少，就近加到戊县上，而不加到较远的乙县上。戊县加 $\frac{3}{7}$，得到 1 人之后余 $\frac{1}{7}$，加到乙县上。其次是甲、丙县的 $\frac{4}{7}$ 最少，以下从上，将丙县加到乙县上，得到 1 人之后余 $\frac{3}{7}$，加到甲县上，适尽。

今有均赋粟[1]：甲县二万五百二十户，粟一斛二十钱，自输其县；乙县一万二千三百一十二户，粟一斛一十钱，至输所二百里；丙县七千一百八十二户，粟一斛一十二钱，至输所一百五十里；丁县一万三千三百三十八户，粟一斛一十七钱，至输所二百五十里；戊县五千一百三十户，粟一斛一十三钱，至输所一百五十里。凡五县赋输粟一万斛。一车载二十五斛，与僦一里一钱[2]。欲以县户赋粟，令费劳等。问：县各粟几何？

答曰：甲县三千五百七十一斛二千八百七十三分斛之五百一十七。

乙县二千三百八十斛二千八百七十三分斛之二千二百六十。

丙县一千三百八十八斛二千八百七十三分斛之二千二百七十六。

丁县一千七百一十九斛二千八百七十三分斛之一千三百一十三。

戊县九百三十九斛二千八百七十三分斛之二千二百五十三。

术曰：以一里僦价乘至输所里[3]，此以出钱为均也。问者曰："一车载二十五斛，与僦一里一钱。"一钱，即一里僦价也。以乘里数者，欲知僦一车到输所所用钱也。甲自输其县，则无取僦价也。以一车二十五斛除之，欲知僦一斛所用钱。加以斛粟价，则致一斛之费。加以斛之价于一斛僦直，即凡输粟取僦钱也。甲一斛之费二十，乙、丙各十八，丁二十七，戊十九也。各以约其户数[4]，为衰。言使甲二十户共出一斛[5]，乙、丙十八户共出一斛……计其所费，则皆户一钱，故可为均赋之率也。计经赋之率[6]，既有户筭之率，亦有远近贵贱之率。此二率者，各自相与通。通则甲二十，乙十二，丙七，丁十三，戊五。一斛之费谓之钱率[7]。钱率约户率者，则钱为母，户为子。子不齐，令母互乘为齐，则衰也。若其不然[8]，以一斛之费约户数，取衰。并有分，当通分内子约之，于筭甚繁。此一章皆相与通功共率[9]，略相依似。以上二率、下一率亦可放此，从其简易而已。又以分言之[10]，使甲一户出二十分斛之一，乙一户出十八分斛之一……各以户数乘之，亦可得一县凡所当输，俱为衰也。乘之者，乘其子，母报除之。

以此观之，则以一斛之费约户数者，其意不异矣。然则可置一斛之费而返衰之[11]，约户，以乘户率为衰也。合分注曰："母除为率，率乘子为齐"，返衰注曰："先同其母，各以分母约，其子为返衰。"以施其率[12]，为筭既约，且不妨处下也。甲衰一千二十六[13]，乙衰六百八十四，丙衰三百九十九，丁衰四百九十四，戊衰二百七十，副并为法。所赋粟乘未并者，各自为实。实如法得一。各置所当出粟，以其一斛之费乘之，如户数而一，得率：户出三钱二千八百七十三分钱之一千三百八十一[14]。按：此以出钱为均。问者曰："一车载二十五斛，与僦一里一钱。"一钱即一里僦价也。以乘里数者，欲知僦一车到输所用钱。甲自输其县，则无取僦之价。"以一车二十五斛除之"者，欲知僦一斛所用钱。加一斛之价于一斛僦直，即凡输粟取僦钱。甲一斛之费二十，乙、丙各十八，丁二十七，戊一十九。"各以约其户，为衰"，甲衰一千二十六，乙衰六百八十四，丙衰三百九十九，丁衰四百九十四，戊衰二百七十。言使甲二十户共出一斛，乙、丙十八户共出一斛……。计其所费[15]，则皆户一钱，故可为均赋之率也。于今有术，副并为所有率，未并者各为所求率，赋粟一万斛为所有数。此今有衰分之义也。

[注释]

[1] 此问是向各县征收粟作为赋税的均等负担问题。 [2] 僦(jiù)：租赁、雇。 [3] "以一里僦价乘至输所里" 四句及其刘徽注十六句：是说缴纳 1 斛之费 =（1 里僦价 × 里数）÷ 1 车斛数 +1 斛粟价。那么甲县缴纳 1 斛之费 =（1 钱 ×0）÷25+20 钱 =20 钱，乙县缴纳 1 斛之费 =（1 钱× 200）÷25+10 钱 =18 钱，丙县缴纳 1 斛之费 =（1 钱 ×150）÷25+12 钱 =18 钱，丁县缴纳 1 斛之费 =（1 钱× 250）÷25+17 钱 =27 钱，戊县缴纳 1 斛之费 =（1 钱 ×150）÷25+13 钱 =19 钱。 [4] 记各县缴纳 1 斛之费为 a_i，户数为 b_i，则 $\frac{b_i}{a_i}$ 就是各县出粟的列衰，i =1，2，3，4，5。 [5] 此以钱数实现均等负担，所以各县分别使 20 户，18 户，18 户……共出 1 斛，就使每户出 1 钱，可以做到负担均等。 [6] "计经赋之率" 十句：是说考虑分配赋税的率，既有每户算赋的率，也有路途远近，粟价贵贱的率。各县的这二种率要分别相与通达。要通达，就将各县的户数 20520，12312，7182，13338，5130 分别约简为户率 20，12，7，13，5。 [7] "一斛之费谓之钱率" 七句：是说缴纳一斛之费称为钱率，钱率约户率就得到列衰。如果其中有分数，就通过齐同形成列衰。即先以各县缴纳 1 斛之费分别约户率，得到 $\frac{20}{20}$，$\frac{12}{18}$，$\frac{7}{18}$，$\frac{13}{27}$，$\frac{5}{19}$ 为列衰。通过齐同，化成 1026，684，399，494，270。 [8] "若其不然" 六句：是说如果不这样，便以各县缴纳 1 斛之费约户数，即以 $\frac{20520}{20}$，$\frac{12312}{18}$，

$\frac{7182}{18}$，$\frac{13338}{27}$，$\frac{5130}{19}$作为列衰。并且会有分数，当通分纳子后约简，则非常烦琐。 [9]“此一章皆相与通功共率”四句：是说这一章都是通功共率的问题，大体相似。上 2 问，下 1 问的率亦可仿此，遵从简易的原则而已。 [10]“又以分言之”十二句：是说又以分数表示之，使甲县 1 户出$\frac{1}{20}$斛，乙县 1 户出$\frac{1}{18}$斛……各以它们的户数乘之，也可以得到一县所应当缴纳粟的率，都作为衰。所谓以它们的户数乘之，就是乘它们的分子，再以分母回报以除。由此看来，则与以各县缴纳 1 斛的费用除其户数，其意义没有什么不同。 [11]“然则可置一斛之费而返衰之”三句：是说这样一来，可以布置缴纳 1 斛的费用而对其应用返衰术，因为要以各县缴纳 1 斛的费用除户数，所以分别乘各县的户率作为衰。按：各县出粟 $A_i=\left(A\times\frac{b_i}{a_i}\right)\div\sum_{j=1}^{n}\frac{b_j}{a_j}=(Ab_ia_1a_2\cdots a_{i-1}a_{i+1}\cdots a_n)\div\sum_{j=1}^{n}b_ja_1a_2\cdots a_{j-1}a_{j+1}\cdots a_n$，$i$=1，2，3，4，5。与返衰术相比较，这是以 $b_ia_1a_2\cdots a_{i-1}a_{i+1}\cdots a_n$，$i$=1，2，3，4，5 为列衰，显然是以 b_i 乘 $a_1a_2\cdots a_{i-1}a_{i+1}\cdots a_n$。 [12]“以施其率”三句：是说以这样的方法施行它们的率，作为算法既约简，且不妨碍处理下面的问题。 [13]“甲衰一千二十六”九句：是说甲衰 $\frac{b_1}{a_1}=\frac{20520}{20}=1026$，乙衰 $\frac{b_2}{a_2}=\frac{12312}{18}=684$，丙衰 $\frac{b_3}{a_3}=\frac{7182}{18}=399$，丁衰 $\frac{b_4}{a_4}=\frac{13338}{27}=494$，戊衰 $\frac{b_5}{a_5}=\frac{5130}{19}=270$。副并 $\sum_{i=1}^{n}\frac{b_i}{a_i}$=1026+684+399+494+270=2873 作为法。以 $A\times\frac{b_i}{a_i}$ 分别为各县的实。记各县出粟数为 A_i，则 $A_i=\left(A\times\frac{b_i}{a_i}\right)\div\sum_{j=1}^{n}\frac{b_j}{a_j}$，$i$=1，2，3，4，5。 [14]“得率……”二十六句：是

说以 $A_i \times \frac{b_i}{a_i} = \left[A \times \frac{b_i}{a_i} \div \sum_{i=1}^{5} \frac{b_i}{a_i} \right] \times \frac{a_i}{b_i} = A \div \sum_{i=1}^{5} \frac{b_i}{a_i}$ 为率。率都是 $3\frac{1381}{2873}$ 钱，所以实现了均等负担。 [15] 刘徽将其归结为今有术：副并 $\sum_{i=1}^{5} \frac{b_i}{a_i}$ 为所有率，未并者 $\frac{b_i}{a_i}$ 各为所求率，i=1，2，3，4，5，以出粟数 A 为所有数。

今有均赋粟[1]：甲县四万二千筭，粟一斛二十，自输其县；乙县三万四千二百七十二筭，粟一斛一十八，佣价一日一十钱，到输所七十里；丙县一万九千三百二十八筭，粟一斛一十六，佣价一日五钱，到输所一百四十里；丁县一万七千七百筭，粟一斛一十四，佣价一日五钱，到输所一百七十五里；戊县二万三千四十筭，粟一斛一十二，佣价一日五钱，到输所二百一十里；己县一万九千一百三十六筭，粟一斛一十，佣价一日五钱，到输所二百八十里。凡六县赋粟六万斛，皆输甲县。六人共车，车载二十五斛，重车日行五十里，空车日行七十里，载输之间各一日。粟有贵贱，佣各别价，以筭出钱，令费劳等。问：县各粟几何？

答曰：甲县一万八千九百四十七斛一百三十三分斛之四十九。

乙县一万八百二十七斛一百三十三分斛之九。

丙县七千二百一十八斛一百三十三分斛之六。

丁县六千七百六十六斛一百三十三分斛之一百二十二。

戊县九千二十二斛一百三十三分斛之七十四。

己县七千二百一十八斛一百三十三分斛之六。

术曰[2]：以车程行空、重相乘为法。并空、重，以乘道里，各自为实。实如法得一日。按：此术重往空还[3]，一输再行道也。置空行一里，用七十分日之一；重行一里，用五十分日之一。齐而同之，空、重行一里之路，往返用一百七十五分日之六。完言之者[4]，一百七十五里之路，往返用六日也。故并空、重者，齐其子也；空、重相乘者，同其母也。于今有术[5]，至输所里为所有数，六为所求率，一百七十五为所有率，而今有之，即各得输所用日也。加载输各一日[6]，故得凡日也。而以六人乘之[7]，欲知致一车用人也。又以佣价乘之[8]，欲知致车人佣直几钱。以二十五斛除之[9]，欲知致一斛之佣直也。加一斛粟价，则致一斛之费[10]。加一斛之价于致一斛之佣直，即凡输一斛粟取佣所用钱。各以约其算数为衰[11]，今按：甲衰四十二，乙衰二十四，丙衰十六，丁衰十五，戊衰二十，己衰十六。于今有术[12]，副并为所有率。未并者各自为所求率，所赋粟为所有数。此今有衰分之义也。副并为法。以所赋粟乘未并者，各自为实。实如法得一斛。各置所当出粟[13]，以其一斛之费乘之，如算数而一，得率：算出九钱一百三十三分钱之三。又载输之间各一日者，即二日也。

［注释］

[1] 此问亦是向各县征收粟作为赋税的均等负担问题，不过是按各县算赋多少，而不是按人或户数多少征收。佣：雇佣。佣价：雇佣的价钱。下佣直同。 [2] 此先求各县到输所的日数。记各县空、重行里数分别为 m_1，m_2，到输所的路途为 l_i，到输所所用日数为 t_i，则 m_1m_2 为法，$(m_1+m_2)l_i$ 为实，因此 $t_i=(m_1+m_2)l_i\div(m_1m_2)$，$i$=1，2，3，4，5，6，便得到各县到输所所用日数。

[3]“此术重往空还”九句：是说空车日行 70 里，故行 1 里用 $\frac{1}{70}$ 日；重车日行 50 里，故行 1 里用 $\frac{1}{50}$ 日；空、重车行 1 里用 $\left(\frac{1}{70}+\frac{1}{50}\right)$ 日。应用齐同术，得 $\left(\frac{1}{70}+\frac{1}{50}\right)$日 $=\left(\frac{50}{3500}+\frac{70}{3500}\right)$日 $=\frac{120}{3500}$日 $=\frac{6}{175}$ 日。　[4]“完言之者”七句：是说以整数表示之，175 里路，一辆车重往空还，往返用 6 日。空、重车一日所行相加 m_1+m_2 是使分子相齐。空、重车一日所行相乘 m_1m_2 是使分母相同。　[5] 此是以今有术解释上述算法。六县至输所的里数 0，70，140，175，210，280 分别作为所有数，6 为所求率，175 为所有率。各县到输所用日为 $t_i=(m_1+m_2)\,l_i\div(m_1m_2)$，$i$=1，2，3，4，5，6。即甲县到输所用日 t_1=0，乙县到输所用日 $t_2=70\times6\div175=2\frac{2}{5}$，丙县到输所用日 $t_3=140\times6\div175=4\frac{4}{5}$，丁县到输所用日 $t_4=175\times6\div175=6$，戊县到输所用日 $t_5=210\times6\div175=7\frac{1}{5}$，己县到输所用日 $t_6=280\times6\div175=9\frac{3}{5}$。[6]“加载输各一日”一句及其刘徽注一句：是说载输共 2 日。刘徽说这得到各县到输所总日数即 t_i+2 日，依次是 2 日，$4\frac{2}{5}$日，$6\frac{4}{5}$日，8 日，$9\frac{1}{5}$日，$11\frac{3}{5}$日。　[7] 由于 6 人一辆车，所以 $(t_i+2)\times6$ 为运送 1 车所用人数。　[8] 记某县 1 人 1 日的佣价为 p_i 钱，则运送 1 车所用人数乘佣价，即 $(t_i+2)\times6p_i$ 钱，就是缴纳 1 车到输所的佣价。其中 p_1= 0 钱，p_2= 10 钱，p_3= 5 钱，p_4= 5 钱，p_5= 5 钱，p_6= 5 钱。　[9] 除以 25，得 $\frac{1}{25}(t_i+2)\times6p_i$，就是缴纳 1 斛到输所的佣价。　[10] 记某县 1 斛粟价为 q_i 钱，则某县缴纳 1 斛到输所的佣价加该县 1 斛粟价，得 $a_i=\frac{1}{25}(t_i+2)\times6p_i+q_i$，$i$=1，2，3，4，5，6，就是该县缴纳 1 斛的费用。[11] 记各县算数为 b_i，i=1，2，3，4，5，6，以各县缴纳 1 斛

的费用除该县算数：$b_i \div a_i$，就是各县的列衰，即甲县衰 $b_1 \div a_1=42000\div20=2100$，乙县衰 $b_2 \div a_2 = 34272 \div \frac{714}{25} = 1200$，丙县衰 $b_3 \div a_3=19328\div \frac{604}{25} = 800$，丁县衰 $b_4 \div a_4=17700\div \frac{590}{25} = 750$，戊县衰 $b_5 \div a_5=232040\div \frac{576}{25} = 1000$，己县衰 $b_6 \div a_6 = 19136 \div \frac{598}{25} = 800$。刘徽约去最大公约数 50，变成甲县衰 42，乙县衰 24，丙县衰 16，丁县衰 15，戊县衰 20，己县衰 16。将列衰在旁边相加：42+24+16+15+20+16=133，作为法。以所赋粟数乘各县未相加的列衰，分别作为各县的实。记各县出粟数为 A_i，则 $A_i=A\times\left\{b_i \div\left[\frac{1}{25}(t_i+2)\times 6p_i+q_i\right]\right\}\div\sum_{j=1}^{6}\left\{b_j \div\left[\frac{1}{25}(t_i+2)\times 6p_i+q_i\right]\right\}=[A\times(b_i \div a_i)]\div\sum_{j=1}^{6}(b_j \div a_j)$，$i$=1，2，3，4，5，6。［12］刘徽将其归结为今有术：副并 $\sum_{i=1}^{6}(b_i \div a_i)$ 为所有率，未并者 $b_i \div a_i$ 各为所求率，i=1，2，3，4，5，6，以赋粟数 A 为所有数。［13］刘徽谓以 $A_i \times \frac{b_i}{a_i} = \left[\left(A\times\frac{b_i}{a_i}\right)\div\sum_{i=1}^{6}\frac{b_i}{a_i}\right]\times\frac{a_i}{b_i} = A \div \sum_{i=1}^{6}\frac{b_i}{a_i}$ 为率。率都是 1 算出钱 $9\frac{3}{133}$，所以实现了均等负担。

［点评］

追求社会公平和谐是中华民族仁人志士的理想，数学方法是实现这种理想的有力工具，均输只是其中一例。

今有粟七斗，三人分舂之，一人为粝米，一人为

粺米，一人为糳米，令米数等。问：取粟、为米各几何？

答曰：粝米取粟二斗一百二十一分斗之一十。

粺米取粟二斗一百二十一分斗之三十八。

糳米取粟二斗一百二十一分斗之七十三。

为米各一斗六百五分斗之一百五十一。

术曰：列置粝米三十[1]，粺米二十七，糳米二十四，而返衰之。此先约三率[2]：粝为十，粺为九，糳为八。欲令米等者，其取粟：粝率十分之一，粺率九分之一，糳率八分之一。当齐其子，故曰返衰也。　臣淳风等谨按：米有精粗之异，粟有多少之差。据率，粺、糳少而粝多，用粟，则粺、糳多而粝少。米若依本率之分，粟当倍率[3]，故今返衰之，使精取多而粗得少。副并为法。以七斗乘未并者，各自为取粟实。实如法得一斗。于今有术[4]，副并为所有率，未并者各为所求率，粟七斗为所有数，而今有之，故各得取粟也。若求米等者[5]，以本率各乘定所取粟为实，以粟率五十为法，实如法得一斗。若径求为米等数者[6]，置粝米三，用粟五；粺米二十七，用粟五十；糳米十二，用粟二十五。齐其粟，同其米。并齐为法。以七斗乘同为实。所得，即为米斗数。

［注释］

[1] 求各种粟米取粟的术文是说，列出粝米 30，粺米 27，糳米 24 而应用返衰术，就是以 $\frac{1}{30}$，$\frac{1}{27}$，$\frac{1}{24}$ 为列衰。在旁边将它们相加：$\frac{1}{30}+\frac{1}{27}+\frac{1}{24}=\frac{648}{19440}+\frac{720}{19440}+\frac{810}{19440}=\frac{2178}{19440}$ 作为法。以 7 斗分别乘 $\frac{1}{30}$，$\frac{1}{27}$，$\frac{1}{24}$，即 $\frac{1}{30}\times7$，$\frac{1}{27}\times7$，$\frac{1}{24}\times7$，各自作为粝米、粺米、糳米取粟的实。那么 $\frac{1}{30}\times7\div\frac{2178}{19440}=2\frac{180}{2178}=2\frac{10}{121}$ 为粝米取粟数，$\frac{1}{27}\times7\div\frac{2178}{19440}=2\frac{684}{2178}=2\frac{38}{121}$ 为粺米取粟数，$\frac{1}{24}\times7\div\frac{2178}{19440}=2\frac{1314}{2178}=2\frac{73}{121}$ 为糳米取粟数。　[2] 刘徽简化了计算方法：先将粝米率 30、粺米率 27、糳米率 24 约简为粝米率 10，粺米率 9，糳米率 8。欲所取的粟舂出的米相等，那么粝米取粟率为 $\frac{1}{10}$，粺米取粟率为 $\frac{1}{9}$，糳米取粟率为 $\frac{1}{8}$。分别以 $\frac{1}{10}$，$\frac{1}{9}$，$\frac{1}{8}$ 为列衰，所以应用返衰术。这需要将列衰应用齐同术，化成 $\frac{36}{360}$，$\frac{40}{360}$，$\frac{45}{360}$。[3] 李淳风等是说，依本率，粺米率、糳米率少而粝米率多，若

求舂出同等数量的米所用的粟，则粺米、糳米少而粝米多。各种米若按照本率分配，则取粟就背离了各自的率。倍：背离，背弃。 [4] 刘徽将其归结为今有术：在旁边将返衰相加，得出法 $\frac{36}{360}+\frac{40}{360}+\frac{45}{360}=\frac{121}{360}$，作为所有率。以 $\frac{1}{10}$，$\frac{1}{9}$，$\frac{1}{8}$ 作为所求率，7 斗作为所有数，应用今有术，便求出粝米、粺米、糳米的取粟数：粝米取粟 $=\left(7斗\times\frac{1}{10}\right)\div\frac{121}{360}=2\frac{10}{121}斗$，粺米取粟 $=\left(7斗\times\frac{1}{9}\right)\div\frac{121}{360}=2\frac{38}{121}斗$，糳米取粟 $=\left(7斗\times\frac{1}{8}\right)\div\frac{121}{360}=2\frac{73}{121}斗$。 [5]“若求米等者”四句：是说如果要求舂出的米数，则为米 = 舂粝米取粟 $\times\frac{3}{5}=1\frac{151}{605}斗$。 [6] 此为刘徽提出的直接求舂出的米的方法：为米 $=7斗\div\left(\frac{5}{3}+\frac{50}{27}+\frac{25}{12}\right)=1\frac{151}{605}斗$。

今有人当禀粟二斛。仓无粟，欲与米一、菽二，以当所禀粟。问：各几何？

答曰：米五斗一升七分升之三，

菽一斛二升七分升之六。

术曰 [1]：置米一、菽二，求为粟之数。并之，得三、九分之八，以为法。亦置米一、菽二，而以粟二斛乘之，各自为实。实如法得一斛。臣淳风等谨按：置粟率五 [2]，乘米一，米率三除之，得一、三分之二，即是米一之粟也；粟率十，以乘菽二，菽率九除之，得二、九分之二，即是菽二之粟也。并全，得三；齐子，并之，得二十四；同母，得二十七，约之，得九分之八。故云“并之，得三、九分之八”。米一、菽二当粟三、九分之八，此其粟率也。于今有术[3]，米一、菽二皆为所求率，当粟三、九分之八为所有率，粟二斛为所有数。凡言率者，当相与通之，则为米九、菽十八，当粟三十五也。亦有置米一、菽二，求其为粟之率，以为列衰。副并为法。以粟乘列衰为实。所得即米一、菽二所求粟也。以米、菽本率而今有之，即合所问。

[注释]

[1]“术曰”十句：是说列衰是1，2，但法是米1化为粟的 $1\frac{2}{3}$ 与菽2化为粟的 $2\frac{2}{9}$ 之和：$1\frac{2}{3}+2\frac{2}{9}=3\frac{8}{9}$。因此米数 $=20$斗$\times 1\div 3\frac{8}{9}=5\frac{1}{7}$斗，粟数$=20$斗$\times 2\div 3\frac{8}{9}=10\frac{2}{7}$斗。 [2]李淳风等用衰分术先分别求出米1，菽2相当的粟：米1相当的粟$=20$斗$\times 1\frac{2}{3}\div 3\frac{8}{9}=\frac{60}{7}$斗，菽2相当的粟$=20$斗$\times 2\frac{2}{9}\div 3\frac{8}{9}=\frac{80}{7}$斗。 [3]李淳风等分别用今有术求出所出的米、菽数：米数$=\frac{60}{7}$斗$\times\frac{3}{5}=5\frac{1}{7}$斗，菽数$=\frac{80}{7}$斗$\times\frac{9}{10}=10\frac{2}{7}$斗。显然李淳风等的方法不如原术简捷。

今有取佣，负盐二斛，行一百里，与钱四十。今负盐一斛七斗三升少半升，行八十里。问：与钱几何？

答曰：二十七钱一十五分钱之一十一。

术曰[1]：置盐二斛升数，以一百里乘之为法。按：此术以负盐二斛升数乘所行一百里[2]，得二万里，是为负盐一升行二万里，得钱四十。于今有术，为所有率。以四十钱乘今负盐升数，又以八十里乘之，为实。实如法得一钱。以今负盐升数乘所行里[3]，今负盐一升凡所行里也。于今有术以所有数，四十钱为所求率也。衰分章“贷人千钱”与此同[4]。

［注释］

[1]“术曰”六句：是说求与钱的方法是：（40 钱 × 今负盐升 ×80 里）÷（2 斛升数 ×100 里）=（40 钱 × $173\frac{1}{3}$升 ×80里）÷（200升 ×100里）= $27\frac{11}{15}$钱 。　[2] 刘徽认为负盐 2 斛行 100 里得 40 钱，相当于负盐 1 升行 20000 里得 40 钱。　[3] 刘徽认为，以现在所背负的盐的升数乘所走的里数，就是现在背负 1 升盐所走的总里数。对于今有术，就是所有数，40 钱就是所求率。以：训“为”。　[4] 衰分章“贷人千钱”问中，贷人 1000 钱 30 日得息 30 钱，相当于贷人 30000 钱 1 日得息 30 钱。所以刘徽说两者相同。

今有负笼，重一石行百步，五十返。今负笼重一石一十七斤，行七十六步。问：返几何？

答曰：五十七返二千六百三分返之一千六百二十九。

术曰[1]：以今所行步数乘今笼重斤数为法。此法谓负一斤一返所行之积步也。故笼重斤数乘故步，又以返数乘之，为实。实如法得一返。按：此法，负一斤一返所行之积步；此实者，一斤一日所行之积步。故以一返之课除终日之程，即是返数也。 臣淳风等谨按：此术，所行步多者，得返少；所行步少者，得返多。然则故所行者，今返率也。故令所得返乘今返之率，为实，而以故返之率为法，今有术也。 按：此负笼又有轻重，于是为术者因令重者得返少，轻者得返多。故又因其率以乘法、实者，重今有之义也。然此意非也[2]。按：此笼虽轻而行有限，笼过重则人力遗，力有遗而术无穷，人行有限而笼轻重不等。使其有限之力随彼无穷之变，故知此术率乖理也。若故所行有空行返数，设以问者，当因其所负以为返率，则今返之数可得而知也。假令空行一日六十里，负重一斛，行四十里。减重一斗进二里半，负重二斗以下[3]，与空行同。今负笼重六斗，往还行一百步。问：返几何。荅曰：一百五十返。术曰：置重行率，加十里，以里法通之，为实。以一返之步为法。实如法而一，即得也。

［注释］

[1]《九章算术》求返数的方法是：返数 =（故笼重斤数 × 故步数 × 返数）÷（今行步数 × 今笼重斤数）。 [2] 李淳风等指出《九章算术》的方法是错误的。 [3] 二斗以下：即少于等于二斗。按：《晋书·食货志》云："男女十六已上至六十为正丁，十五已下至十三、六十一已上至六十五为次丁，十二已下、六十六已上为老小，不事。"显然，这里就整数论之，某数以上、以下均含该数。李淳风参加了《晋书》的编写。毫无疑问，在李淳风时代，"二斗以下"应指小于等于二斗。

今有乘传委输[1]，空车日行七十里，重车日行五十里。今载太仓粟输上林[2]，五日三返。问：太仓去上林几何？

荅曰：四十八里一十八分里之一十一。

术曰[3]：并空、重里数，以三返乘之，为法。令空、重相乘，又以五日乘之，为实。实如法得一里。此亦如上术[4]，率：一百七十五里之路，往返用六日也。于今有术，则五日为所有数，

《史记·秦始皇本纪》：秦始皇三十五年，"乃营作朝宫渭南上林苑中"。戴震误认为汉武帝时才有上林苑，云"苍在汉初，何缘预载？"否定张苍删补《九章算术》事，便是根据这个问题。

一百七十五里为所求率，六日为所有率。以此所得，则三返之路。今求一返，当以三约之，因令乘法而并除也。 为术亦可各置空、重行一里用日之率[5]，以为列衰，副并为法。以五日乘列衰为实。实如法，所得即各空、重行日数也。各以一日所行以乘，为凡日所行。三返约之，为上林去太仓之数。按[6]：此术重往空还，一输再还道。置空行一里，七十分日之一，重行一里用五十分日之一。齐而同之，空、重行一里之路，往返用一百七十五分日之六。完言之者[7]，一百七十五里之路，往返用六日。故“并空、重”者，并齐也；“空、重相乘”者，同其母也。于今有术，五日为所有数，一百七十五为所求率，六为所有率。以此所得，则三返之路。今求一返者，当以三约之。故令乘法而并除，亦当约之也。

［注释］

[1] 乘：乘坐。传（zhuàn）：驿站或驿站的马车。李籍《音义》云：“传，邮。”乘传：乘坐驿车。 [2] 太仓：古代设在京城中的大粮仓。上林：指上林苑，秦汉宫苑。 [3]《九章算术》求里数的算法是：太仓去上林距离 =（空行里数 × 重行里数 ×5）÷[（空行里数 + 重行里数）×3]。 [4] 上术：指上面“均赋粟”问。刘徽指出，其率是 175 里之路往返用 6 日，对今有术而言，5 日为所有数，

175 里为所求率，6 日为所有率，先求出 5 日 3 返的距离，除以 3，便得 1 返的里程。因而用 3 乘法而一并除。　[5] 此下刘徽以衰分术求解。以空车行 1 里用 $\frac{1}{70}$ 日、重车行 1 里用 $\frac{1}{50}$ 日为列衰，求出 5 日中空行日数 $=\left(\frac{1}{70}\times 5\text{日}\right)\div\left(\frac{1}{70}+\frac{1}{70}\right)=2\frac{1}{12}$ 日，重行日数 $=\left(\frac{1}{50}\times 5\text{日}\right)\div\left(\frac{1}{70}+\frac{1}{70}\right)=2\frac{11}{12}$ 日。分别以空行、重行 1 日的里数乘之，得空行、重行 3 返的里数。除以 3，得 1 返的里数，即太仓到上林的距离。　[6] 此下刘徽解释今有术中所有率、所求率的来源。首先以分数表示，空车行 1 里用 $\frac{1}{70}$ 日，重车行 1 里用 $\frac{1}{50}$ 日。齐而同之，空、重车行 1 里用 $\frac{6}{175}$ 日。它与凫雁类刘徽注第二种齐同方式一致。　[7]“完言之者”七句：是说以整数表示，就是空、重车行 175 里往返用 6 日。“将空车、重车相加”就是将所齐的分子相加。“使空车、重车相乘”，就是使它们的分母相同。完言之，以整数表示。它与刘徽第一种齐同方式一致。

今有络丝一斤为练丝一十二两[1]，练丝一斤为青丝一斤一十二铢。今有青丝一斤，问：本络丝几何？

答曰：一斤四两一十六铢三十三分铢之一十六。

术曰[2]：以练丝十二两乘青丝一斤一十二铢为法。以青丝一斤铢数乘练丝一斤两数，又以络丝一斤乘，为实。实如法得一斤。按：此系重今有术，即多次应用今有术，此问是两次。

练丝一斤为青丝一斤十二铢[3]，此练率三百八十四，青率三百九十六也。又，络丝一斤为练丝十二两，此络率十六，练率十二也。置今有青丝一斤，以练率三百八十四乘之，为实，实如青丝率三百九十六而一。所得，青丝一斤，练丝之数也。又以络率十六乘之，所得为实，以练率十二为法，所得，即练丝用络丝之数也。是谓重今有也。虽各有率，不问中间。故令后实乘前实，后法乘前法而并除也。故以练丝两数为实，青丝铢数为法。

此系三率悉通的方法。

一曰[4]：又置络丝一斤两数与练丝十二两，约之，络得四，练得三，此其相与之率。又置练丝一斤铢数与青丝一斤一十二铢，约之，练得三十二，青得三十三，亦其相与之率。齐其青丝、络丝，同其二练，络得一百二十八，青得九十九，练得九十六，即三率悉通矣。今有青丝一斤为所有数，络丝一百二十八为所求率，青丝九十九为所有率。为率之意犹此[5]，但不先约诸率耳。凡率错互不通者，皆积齐同用之。放此，虽四五转不异也。言"同其二练"者，以明三率之相与通耳，于术无以异也。

此系解释《九章算术》的方法。

又一术[6]：今有青丝一斤铢数乘练丝一斤两数，为实，以青丝一斤一十二铢为法，所得，即用练丝两数。以络丝一斤乘，所得为实，以练丝十二两为法，所得即用络丝斤数也。

今有恶粟二十斗[7]，舂之，得粝米九斗。今欲求粺米一十斗，问：恶粟几何？

答曰：二十四斗六升八十一分升之七十四。

术曰[8]：置粝米九斗，以九乘之，为法。亦置粺米十斗，以十乘之，又以恶粟二十斗乘之，为实。实如法得一斗。按：此术置今有求粺米十斗[9]，以粝米率十乘之，如粺率九而一，即粺化为粝。又以恶粟率二十乘之，如粝率九而一，即粝亦化为恶粟矣。此亦重今有之义。为术之意，犹络丝也。虽各有率，不问中间。故令后实乘前实，后法乘前法，而并除之也。

［注释］

[1] 络丝：粗絮。练丝：煮熟生丝或生丝织品，使之柔软洁白。青丝：青色的丝线。 [2]“术曰”六句是《九章算术》求络丝的方法：络丝 =[（青丝 384 铢 × 练丝 16 两）× 络丝 1 斤]÷（练丝 12 两 × 青丝 396 铢）=1 斤 4 两 16 $\frac{16}{33}$铢。 [3]“练丝一斤为青丝一斤十二铢”二十六句：是说刘徽先求出练丝、青丝的率关系：练∶青 =384∶396，又求出络丝、练丝的率关系：络∶

练 =16∶12。然后使用今有术，求出青丝 1 斤用练丝数 = 青丝 1 斤 ×384÷396。又使用今有术，求出练丝用络丝数 = 用练丝数 ×16÷12。这是重今有术。虽然诸物各自有率，但是没有问中间的物品。所以使后面的实乘前面的实，后面的法乘前面的法而一并除。练丝以两数形成实，青丝以铢数形成法。盖将两次今有术连接起来，就是：用络丝数 = 用练丝数 ×16÷12=（青丝 1 斤 ×384÷396）×16÷12=（青丝 1 斤 ×384×16）÷（396×12）。最后一个等号后面是将上述两次今有术中的二实相乘作为实，二法相乘作为法。“练丝之数”前省“得”字。 [4] 一曰：另一种方法说。这是刘徽提出“三率悉通”的方法。先求出络丝与练丝的相与之率，即络∶练 =16∶12=4∶3。又求出青丝与练丝的相与之率，即青∶练 =396∶384=33∶32。然后齐其青丝、络丝，同其二练，使络丝、练丝、青丝三率都互相通达，则络∶练∶青 =128∶96∶99。然后一次应用今有术，直接由青丝求出络丝：络丝 = 青丝 1 斤 ×128÷99。 [5] 刘徽是说，前面形成率的意图也是这样，但不先约简诸率而已。凡是诸率错互不相通达的，都可以多次应用齐同术。仿此，即使是转换四五次，也没有什么不同。说“使其中练丝的二种率相同”，是为了明确三种率的相与通达，对于各种术没有不同。积：多，多次。 [6]“又一术”十句：是说又一种方法：先求出青丝 1 斤用练丝的两数：练丝两数 =（青丝 1 斤铢数 × 练丝 1 斤两数）÷ 青丝 1 斤 12 铢。再求出练丝所用络丝数：络丝 =（用练丝两数 × 络丝 1 斤）÷ 练丝 12 两 =[（青丝 1 斤铢数 × 练丝 1 斤两数）× 络丝 1 斤]÷（练丝 12 两 × 青丝 1 斤 12 铢）。这是对《九章算术》术文的阐释。 [7] 恶：劣等。李籍《音义》云：“不善也。”恶粟：劣等的粟。 [8]“术曰”九句：是说求恶粟的方法是：恶粟 =[（粺米 10 斗 ×10）× 恶粟 20 斗]÷（粝米 9 斗 ×9）。 [9] 刘徽先使用今有术由 10 斗粺米求出粝米：粝米 $=10$斗$\times 10\div 9=\frac{100}{9}$斗。又使用今有术由$\frac{100}{9}$斗粝米求出恶粟：恶粟 $=\frac{100}{9}$斗$\times 20\div 9=\frac{2000}{8}$斗 $=24$斗$6\frac{74}{81}$斗。亦是重今有术，与络丝问同。

［点评］

此二问中刘徽注展示了解决多重比例问题的三种方法：《九章算术》原法、重今有术和诸率悉通法。

今有善行者行一百步，不善行者行六十步。今不善行者先行一百步，善行者追之。问：几何步及之？

答曰：二百五十步。

术曰[1]：置善行者一百步，减不善行者六十步，余四十步，以为法。以善行者之一百步乘不善行者先行一百步，为实。实如法得一步。按：此术以六十步减一百步[2]，余四十步，即不善行者先行率也；善行者行一百步，追及率。约之，追及率得五，先行率得二。于今有术，不善行者先行一百步为所有数，五为所求率，二为所有率，而今有之，得追及步也。

今有不善行者先行一十里，善行者追之一百里，先至不善行者二十里。问：善行者几何里及之？

答曰：三十三里少半里。

术曰[3]：置不善行者先行一十里，以善行者先至二十里增之，以为法。以不善行者先行一十里乘善行者一百里，为实。实如法得一里。按：此术不善行者既先行一十里[4]，后不及二十里，并之，得三十里也，谓之先行率。善行者一百里为追及率。约之，先行率得三，三为所有率，而今有之，即得也。其意如上术也。

今有兔先走一百步[5]，犬追之二百五十步，不及三十步而止。问：犬不止，复行几何步及之？

答曰：一百七步七分步之一。

术曰[6]：置兔先走一百步，以犬走不及三十步减之，余为法。以不及三十步乘犬追步数，为实。实如法得一步。按：此术以不及三十步减先走一百步[7]，余七十步，为兔先走率。犬行二百五十步为追及率。约之，先走率得七，追及率得二十五。于今有术，不及三十步为所有数，二十五为所求率，七为所有率，而今有之，即得也。

王孝通《缉古算术》第一问注云：

今按：《九章》均输篇有犬追兔术，与此相似。彼问：犬走一百步，兔走七十步。令兔先走七十五步，犬始追之，问：几何步追及？

答曰：二百五十步追及。

彼术曰：以兔走减犬走，余者为法。又以犬走乘兔先走为实。实如法

［注释］

[1]“术曰”八句：是说求追及步数的方法是：追及步数 =（善行者 100 步 × 不善行者先行 100 步）÷（善行者 100 步 − 不善行者 60 步）=250 步。 [2] 刘徽求出不善行者的先行率和善行者的追及率，分别作为所求率与所有率，不善行者先行 100 步作为所有数，以今有术解此问，则先行率是两者的行程之差 100 步 −60 步 =40 步，追及率就是善行者的行程 100 步，因此追及率∶先行率 =100 步∶40 步 =5∶2，于是追及步数 = 不善行者先行 100 步 ×5÷2=250 步。 [3]“术曰”七句：是说求追及里数的方法是：追及里数 =（不善行者先行 10 里 × 善行者追之 100 里）÷（不善行者先行 10 里 + 善行者先至 20 里）= $33\frac{1}{3}$ 里。 [4] 刘徽求出不善行者的先行率和善行者的追及率，分别作为所有率与所求率，不善行者先行 10 里作为所有数，以今有术解此问，则先行率是不善行者先行 10 里与后不及 20 里之和 10 里 +20 里 =30 里，追及率就是善行者追之 100 里，因此追及率∶先行率 =100 里∶30 里 =10∶3，于是追及里数 = 不善行者先行 10 里 ×10÷3= $33\frac{1}{3}$ 里。 [5] 走：跑。 [6] 求复行步数的方法是：复行步数 =（犬追 250 步 × 不及 30 步）÷（兔先走 100 步 − 不及 30 步）= $107\frac{1}{7}$ 步。 [7] 刘徽求出兔的先走率和犬的追及率，分别作为所有率与所求率，犬不及 30 步作为所有数，以今有术解此问，则先走率是兔走 100 步与不及 30 步之差 100 步 −30 步 =70 步，追及率就是犬行 250 步，因此追及率∶先走率 =250 步∶70 步 =25∶7，于是复行步数 = 不及 30 步 ×25÷7 = $107\frac{1}{7}$ 步。

而一，即得追及步数。

现传本《九章算术》中无此问，它在唐中叶之前流传过程中脱落了，也可能是李淳风等整理《九章算术》时做了删减。

[点评]

此三问都是追及问题，我们作为一组。

今有人持金十二斤出关。关税之，十分而取一。今关取金二斤，偿钱五千。问：金一斤直钱几何？

答曰：六千二百五十。

术曰[1]：以一十乘二斤，以十二斤减之，余为法。以一十乘五千，为实。实如法得一钱。

按：此术置十二斤[2]，以一乘之，十而一，得一斤五分斤之一，即所当税者也。减二斤，余即关取盈金。以盈除所偿钱，即金直也。今术既以十二斤为所税[3]，则是以十为母，故以十乘二斤及所偿钱，通其率。于今有术，五千钱为所有数，十为所求率，八为所有率，而今有之，即得也。

[注释]

[1]“术曰”七句：是说求1斤金值钱的方法是：1斤金值钱=（偿钱5000钱 ×10）÷（关取2斤 ×10- 持金12斤）=6250钱。[2]此为刘徽提出的新方法，应当向关卡缴税的金为12斤 × $\frac{1}{10}$，关卡多取的金为关取2斤 - 税金12斤 × $\frac{1}{10}$，因此1斤金值钱 = 偿钱5000钱 ÷（关取2斤 - 税金12斤 × $\frac{1}{10}$）=6250钱。

[3] 刘徽将此问归结到今有术，应当缴税 $12斤\times\frac{1}{10}=\frac{12}{10}斤$，多缴 $2斤-\frac{12}{10}斤=\frac{8}{10}斤$，所以偿钱 5000 钱为所有数，10 为所求率，8 为所有率，即 1 斤金值钱 = 偿钱 5000 钱 ×10÷8=6250 钱。

今有客马，日行三百里。客去忘持衣。日已三分之一，主人乃觉。持衣追及与之而还，至家视日四分之三。问：主人马不休，日行几何？

答曰：七百八十里。

术曰[1]：置四分日之三，除三分日之一，按：此术“置四分日之三，除三分日之一”者[2]，除，其减也。减之余，有十二分之五，即是主人追客还用日率也。半其余，以为法。去其还[3]，存其往。率之者，子不可半，故倍母，二十四分之五，是为主人与客均行用日之率也。副置法，增三分日之一。法二十四分之五者[4]，主人往追用日之分也。三分之一者，客去主人未觉之前独行用日之分也。并连此数得二十四分日之十三，则主人追及前用日之分也。是为客人与主人均行用日率也。然则主人用日率者[5]，客马行率也；客用日率者，主人马行率也。母同则子齐，是为客马行率五，主人马行率十三。于今有术，三百里为所有数，十三为所求率，五为所有率，而今有之，即得也。以三百里乘之，为实。实如法，得主人马一日行。欲知主人追客所行里者[6]，以三百里乘客用日分子十三，以母二十四而一，得一百六十二里半。以此乘客马与主人均行日分母二十四，如客马与主人均行用日分子五而一，亦得主人马一日行七百八十里也。

[**注释**]

[1]《九章算术》的方法是以 $\frac{1}{2}\times\frac{1}{12}=\frac{5}{24}$ 作为法，以 $300里\times\left(\frac{5}{24}+\frac{1}{3}\right)$ 作为实，那么主马日行里 $=300里\times\left(\frac{5}{24}+\frac{1}{3}\right)\div\frac{5}{24}=780里$。 [2] 除：在《九章算术》及其刘徽注中有二义：一是除法之除，一是减。其：为。刘徽将此问归结到今有术：从 $\frac{1}{3}$ 日时主人发觉客人忘持衣到主人追客还的 $\frac{3}{4}$ 日，用日为 $\frac{3}{4}-\frac{1}{3}=\frac{5}{12}$，是主人追客还用日率。 [3] 刘徽认为作为率，分子不能再除以 2，所以将分母加倍。$\frac{5}{24}$ 是主人与客人共同行走的用日率，也就是主人追客用日率。 [4] 刘徽认为，$\frac{5}{24}$ 加主人发觉前的 $\frac{5}{24}+\frac{1}{3}=\frac{13}{24}$，是主人追及前客人用日率。因此主人用日率：客人用日率 $=\frac{5}{24}:\frac{13}{24}=5:13$。 [5] 刘徽指出，主人用日率就是客马行率，客用日率就是主马行率，亦即主马行率：客马行率 =13 : 5。主马行率为所有率，客马行率为所求率，300 里

作为所有数。应用今有术，则主马日行里 =300 里 $\times 13 \div 5=780$ 里。　[6] 刘徽给出求主马日行里的另一种方法。先求出主人追客所行里，也就是主人追上客人之前客人所行里。客人用日 $\frac{13}{24}$ 日，日行 300 里，故所行里为 300里 $\times \frac{13}{24}=162\frac{1}{2}$ 里。主人行 $162\frac{1}{2}$ 里用 $\frac{5}{24}$ 日，所以主马日行里 $=162\frac{1}{2}$ 里 $\div \frac{5}{24}=780$ 里。以：训如。

［点评］

这个问题反映了西汉文景之治时社会和谐的景象，而在乱世南北朝时期产生的《张丘建算经》有有人盗马，主人追讨的问题。

今有金箠[1]，长五尺。斩本一尺，重四斤；斩末一尺，重二斤。问：次一尺各重几何？

答曰：末一尺重二斤，
次一尺重二斤八两，
次一尺重三斤，
次一尺重三斤八两，
次一尺重四斤。

术曰[2]：令末重减本重，余，即差率也。又置本重，以四间乘之，为下第一衰。副置，以差率减之，每尺各自为衰。按：此术五尺有四间者[3]，有四差也。今本末相减，余即四差之凡数也。以四约之，即得每尺之差，以差数减本重，余即次尺之重也。为术所置，如是而已。今此率以四为母[4]，故令母乘本为衰，通其率也。亦可置末重[5]，以四间乘之，为上第一衰。以差重率加之，为次下衰也。副置下第一衰[6]，以为法。以本重四斤遍乘列衰，各自为实。实如法得一斤。以下第一衰为法[7]，以本重乘其分母之数，而又返此率乘本重，为实。一乘一除，势无损益，故惟本存焉[8]。众衰相推为率，则其余可知也。亦可副置末衰为法[9]，而以末重二斤乘列衰为实。此虽迂回[10]，然是其旧，故就新而言之也。

［注释］

[1] 箠：马鞭，杖，刑杖。李籍《音义》云：箠，"策也"。 [2] 此术先求出各尺重的列衰。记各尺重 a_i，$i=1,2,3,4,5$，a_1-a_5 称为差率，则列衰就是 $4a_1$，$4a_1-(a_1-a_5)$，$4a_1-2(a_1-a_5)$，$4a_1-3(a_1-a_5)$，$4a_5$。其中 $a_1=4$ 斤，$a_5=2$ 斤，$a_1-a_5=2$ 斤，所以列衰为 16，14，12，10，8。 [3] 刘徽提出更简单的方法：a_1-a_5 是各尺重的总差数，$\frac{1}{4}(a_1-a_5)$ 是相邻两尺重之差，即公差。记各尺重 A_i，$i=1,2,3,4,5$，那么各尺重依次是 $A_1=a_1$，$A_2=a_1-\frac{1}{4}(a_1-a_5)$，$A_3=a_1-\frac{2}{4}(a_1-a_5)$，$A_4=a_1-\frac{3}{4}(a_1-a_5)$，

$A_5=a_5$。将 $a_1=4$ 斤，$a_5=2$ 斤代入，即得到答案。 [4] 刘徽指出，《九章算术》的方法是以 4 为分母将各数通之，求出列衰，使它们的率互相通达。 [5]“亦可置末重”五句：是说也可以布置末 1 尺的重量，以间隔 4 乘之，作为上第一衰。逐次以重量的差率加之，就得到下面每尺的衰。差重率，就是差率。 [6]“副置下第一衰”五句：是说在求出各尺的列衰之后，以第一衰 $4a_1$ 作为法，以本重 a_1 乘诸列衰，作为实，实除以法，即求出各尺重。即 $A_i=a_1a_i\div 4a_1$，$i=1$，2，3，4，5。 [7] 刘徽指出，此法以下第一衰作为法，以本 1 尺的重量乘它的分母，而反过来以此率乘本 1 尺的重量，作为实。 [8] 一乘一除既不减小也不增加，仍是本重。以诸衰互相推求作为率，则其余各尺的重量可以知道。 [9] 刘徽认为，亦可从末重开始计算，以末衰 a_5 为法，以末重 a_5 乘列衰作为实。 [10] 刘徽说，这种方法虽然迂回，然而是原来的，所以用新的方法表示之。

[点评]

相对说来，《九章算术》和秦汉时期关于数列的研究比较薄弱。对等差数列虽有涉及，但未形成一个分支。此问及以下二问实际上是用衰分术求解等差数列各项。刘徽创造了新的方法。

今有五人分五钱，令上二人所得与下三人等。问：各得几何？

苔曰：甲得一钱六分钱之二，

乙得一钱六分钱之一，

丙得一钱，

丁得六分钱之五，

戊得六分钱之四。

术曰[1]：置钱，锥行衰。按：此术锥行者，谓如立锥：初一、次二、次三、次四、次五，各均为一列者也。并上二人为九，并下三人为六。六少于九，三。数不得等，但以五、四、三、二、一为率也。以三均加焉。副并为法。以所分钱乘未并者，各自为实。实如法得一钱。此问者，令上二人与下三人等。上、下部差一人，其差三。均加上部，则得二三；均加下部，则得三三。上、下部犹差一人，差得三。以通于本率，即上、下部等也。于今有术[2]，副并为所有率，未并者各为所求率，五钱为所有数，而今有之，即得等耳。假令七人分七钱[3]，欲令上二人与下五人等，则上、下部差三人。并上部为十三，下部为十五。下多上少，下不足减上，当以上、下部列差而后均减，乃合所问耳。 此可放下术[4]，令上二人分二钱半为上率，令下三人分二钱半为下率，上、下二率以少减多，余为实。置二人、三人各半之，减五人，余为法，实如法得一钱，即衰相去也。下衰率六分之五者，丁所得钱数也。

［注释］

[1]“术曰”十二句及其刘徽注十九句：是说先设它们是 5，4，3，2，1。上 2 人的和是 9，下 3 人的和是 6，不相等。下 3 人之和少 3，而人数多 1。因此，每个都加上 3，以 8，7，6，5，4 作为列衰，便做到上 2 人与下 3 人的列衰之和相等。将列衰相加 8+7+6+5+4=30 作为法。以所分的 5 钱乘未相加的衰，各自作为实。实分别除以法，便得到各人分得的钱数，即甲分得钱 $=5钱\times 8\div 30=1\frac{2}{6}$ 钱，乙分得钱 $=5钱\times 7\div 30=1\frac{1}{6}$ 钱，丙分得钱 =5 钱 $\times 6\div 30=1$ 钱，丁分得钱 $=5钱\times 5\div 30=\frac{5}{6}$ 钱，戊分得钱 $=5钱\times 4\div 30=\frac{4}{6}$ 钱。行（háng）：行列。锥行衰：就是排列成锥形的列衰。李籍《音义》云：“锥行衰者，下多上少，如立锥之形。” [2] 刘徽将其归结于今有术，列衰之和为所有率，未相加的列衰为所求率，5 钱为所有数。 [3] 刘徽举出一个 7 人分 7 钱，欲令上 2 人与下 5 人相等的例题，它与上述例题相反：按锥行衰，下部之和 15 多于上部之和 13，下不足减上。刘徽提出以列差均减求列衰的方法。“列差”就是上下部之和的差除以上下部项数之差。设上部之和为 S_1，项数为 m_1，下部之和为 S_2，项数为 m_2，则列差为 $\frac{S_1-S_2}{m_1-m_2}$。实际上这是一个普遍方法，对任何锥行衰的情况，以 $\frac{S_1-S_2}{m_1-m_2}$ 均减，都可以使上下部相等。 [4] 刘徽在此以下九节竹问的方法求出各人钱数之差。设总钱数为 S，上部 m_1 人，下部 m_2 人，则相邻二人钱数之差为 $\left|\frac{S}{2}\div m_1-\frac{S}{2}\div m_2\right|\div\frac{m_1+m_2}{2}=\frac{S|m_1-m_2|}{mn(m_1+m_2)}$。五人分五钱问二

人钱数之差是$\frac{1}{6}$。丁在下 3 人中居中，所得应是下 3 人的平均数，因此应分$2\frac{1}{2}$钱 ÷ 3 = $\frac{5}{6}$钱。

今有竹九节，下三节容四升，上四节容三升。问：中间二节欲均容[1]，各多少？

答曰：下初一升六十六分升之二十九，

次一升六十六分升之二十二，

次一升六十六分升之一十五，

次一升六十六分升之八，

次一升六十六分升之一，

次六十六分升之六十，

次六十六分升之五十三，

次六十六分升之四十六，

次六十六分升之三十九。

术曰：以下三节分四升为下率[2]，以上四节分三升为上率。此二率者，各其平率也。上、下率以少减多[3]，余为实。按[4]：此上、下节各分所容为率者，各其平率。“上、下以少减多”者[5]，余为中间五节半之凡差，故以为实也。置四节、三节[6]，各半之，以减九节，余为法。实如法得一升，即衰相去也。按：此术法者，上、下节所容已定之节，中间相去节数也。实者，中间五节半之凡差也。故实如法而一，则每节之差也。下率一升少半升者[7]，下第二节容也。一升少半升者，下三节通分四升之平率。平率即为中分节之容也。

［注释］

[1] 均容：即各节自下而上均匀递减。这实际上是一个等差数列的问题。　[2] 下率：下 3 节分所容的 4 升为下率；上率：上 4 节分所容的 3 升为上率。　[3]《九章算术》以 $\frac{4}{3}$升 $-\frac{3}{4}$升 $=\frac{7}{12}$升，作为实。　[4] 刘徽认为下率 $\frac{4}{3}$升是下 3 节容积的平均值，即 4升 $\div 3=\frac{4}{3}$升；上率 $\frac{3}{4}$升是上 4 节容积的平均值，即 3G $\div 4=\frac{3}{4}$升。　[5] 刘徽认为 $\frac{4}{3}$升 $-\frac{3}{4}$升 $=\frac{7}{12}$升，是中间 9节 $-\left(\frac{4}{2}+\frac{3}{2}\right)$节 $=5\frac{1}{2}$节的总差，所以作为实。凡：总。[6]“置四节、三节”六句：是说以 9节 $-\left(\frac{4}{2}+\frac{3}{2}\right)$节 $=5\frac{1}{2}$节作为法。实除以法，$\frac{7}{12}$升 $\div\frac{11}{2}=\frac{7}{66}$升，就是相去衰，即各节容积之差，也就是这个等差数列的公差。　[7] 下率 $\frac{4}{3}$升 $=1\frac{1}{3}$升是下第二节的容积，由此利用各节的相去衰 $\frac{7}{66}$升，即可求出各节的容积。

今有凫起南海[1]，七日至北海；雁起北海，九日至南海。今凫、雁俱起，问：何日相逢？

答曰：三日十六分日之十五。

术曰[2]：并日数为法，日数相乘为实，实如法得一日。按：此术置凫七日一至[3]，雁九日一至。齐其至，同其日，定六十三日凫九至，雁七至。今凫、雁俱起而问相逢者，是为共至。并齐以除同，即得相逢日。故"并日数为法"者，并齐之意；"日数相乘为实"者，犹以同为实也。 一曰[4]：凫飞日行七分至之一，雁飞日行九分至之一，齐而同之，凫飞定日行六十三分至之九，雁飞定日行六十三分至之七。是为南北海相去六十三分，凫日行九分，雁日行七分也。并凫、雁一日所行，以除南北相去，而得相逢日也。

今有甲发长安，五日至齐[5]；乙发齐，七日至长安。今乙发已先二日，甲乃发长安。问：几何日相逢？

答曰：二日十二分日之一。

术曰[6]：并五日、七日以为法。按：此术"并五日、七日为法"者[7]，犹并齐为法。置甲五日一至、乙七日一至，齐而同之，定三十五日甲七至，乙五至。并之为十二至者，用三十五日也。谓甲、乙与发之率耳。然则日化为至，当除日，故以为法也。以乙先发二日减七日，“减七日”者[8]，言甲、乙俱发，今以发为始发之端，于本道里则余分也。余，以乘甲日数为实。七者，长安去齐之率也；五者，后发相去之率也。今问后发，故舍七用五。以乘甲五日，为二十五日。言甲七至，乙五至，更相去，用此二十五日也。实如法得一日。一日甲行五分至之一[9]，乙行七分至之一。齐而同之，甲定日行三十五分至之七，乙定日行三十五分至之五。是为齐去长安三十五分，甲日行七分，乙日行五分也。今乙先行发二日，已行十分，余，相去二十五分。故减乙二日，余，令相乘，为二十五分。

今有一人一日为牝瓦三十八枚[10]，一人一日为牡瓦七十六枚。今令一人一日作瓦，牝、牡相半。问：成瓦几何？

荅曰：二十五枚少半枚。

术曰[11]：并牝、牡为法，牝、牡相乘为实，实如法得一枚。此意亦与凫雁同术。牝、牡瓦相并，犹如凫、雁日飞相并也。按：此术，“并牝、牡为法”

者，并齐之意；“牝、牡相乘为实”者，犹以同为实也。故实如法即得也。

今有一人一日矫矢五十[12]，一人一日羽矢三十，一人一日筈矢十五。今令一人一日自矫、羽、筈，问：成矢几何？

答曰：八矢少半矢。

术曰[13]：矫矢五十，用徒一人；羽矢五十，用徒一人太半人；筈矢五十，用徒三人少半人。并之，得六人，以为法。以五十矢为实。实如法得一矢。按：此术言成矢五十[14]，用徒六人，一日工也。此同工共作，犹凫、雁共至之类，亦以同为实，并齐为法。可令矢互乘一人为齐[15]，矢相乘为同。今先令同于五十矢，矢同则徒齐，其归一也。——以此术为凫雁者[16]，当雁飞九日而一至，凫飞九日而一至七分至之二，并之，得二至七分至之二，以为法。以九日为实。——实如法而一[17]，得一人日成矢之数也。

今有假田[18]，初假之岁三亩一钱，明年四亩一钱，后年五亩一钱。凡三岁得一百。问：田几何？

答曰：一顷二十七亩四十七分亩之

三十一。

术曰[19]：置亩数及钱数。令亩数互乘钱数，并以为法。亩数相乘，又以百钱乘之，为实。实如法得一亩。按：此术令亩互乘钱者[20]，齐其钱；亩数相乘者，同其亩，同于六十。则初假之岁得钱二十，明年得钱十五，后年得钱十二也。凡三岁得钱一百，为所有数，同亩为所求率，四十七钱为所有率，今有之，即得也。齐其钱，同其亩，亦如凫雁术也。于今有术，百钱为所有数，同亩为所求率，并齐为所有率。　臣淳风等按：假田六十亩，初岁得钱二十，明年得钱十五，后年得钱十二，并之得钱四十七，是为得田六十亩三岁所假。于今有术，百钱为所有数，六十亩为所求率，四十七为所有率，而今有之，即合问也。

今有程耕[21]，一人一日发七亩，一人一日耕三亩，一人一日耰种五亩。今令一人一日自发、耕、耰种之，问：治田几何？

答曰：一亩一百一十四步七十一分步之六十六。

术曰[22]：置发、耕、耰亩数。令互乘人数，并，以为法。亩数相乘为实。实如法得一亩。此犹凫雁术也。 臣淳风等谨按：此术亦[23]发、耕、耰种亩数互乘人者，齐其人；亩数相乘者，同其亩。故并齐为法，以同为实。计田一百五亩，发用十五人，耕用三十五人，种用二十一人，并之，得七十一工。治得一百五亩，故以为实。而一人一日所治，故以人数为法除之，即得也。

今有池，五渠注之。其一渠开之，少半日一满；次，一日一满；次，二日半一满；次，三日一满；次，五日一满。今皆决之，问：几何日满池？

答曰：七十四分日之十五。

术曰[24]：各置渠一日满池之数，并，以为法。按：此术其一渠少半日满者[25]，是一日三满也；次，一日一满；次，二日半满者，是一日五分满之二也；次，三日满者，是一日三分满之一也；次，五日满者，是一日五分满之一也；并之，得四满十五分满之十四也。以一日为实。实如法得一日。此犹矫矢之术也[26]。先令同于一日，日同则满齐。自凫雁至此[27]，其为同齐有二术焉，可随率宜也。

其一术[28]：各置日数及满数。令日互相乘满，并，以为法。日数相乘为实。实如法得一日。亦如凫雁术也。按：此其一渠少半日满池者，是一日三满池也；次，一日一满；次，二日半满者，是五日再满；次，三日一满；次，五日一满。此谓列置日数于右行，及满数于左行。以日互乘满者，齐其满；日数相乘者，同其日。满齐而日同，故并齐以除同，即得也。

［注释］

[1] 凫（fú）：野鸭。刘徽认为此问及下长安至齐、牝牡二瓦、矫矢、假田、程耕、五渠共池 7 问都是凫雁类问题。 [2]“术曰”四句：是说求凫雁相逢日的方法是：相逢日 = 日数之积 ÷ 日数之和。对此题，相逢日 $=(7日\times9日)\div(7日+9日)=3\frac{15}{16}日$。 [3] 刘徽以齐同原理阐释此题解法。他提出两种齐同方式，这里是齐其至为凫 9 至，雁 7 至，同其日为 63 日，那么 63 日共 9+7=16 至。所以一至即凫雁相逢日 $=63日\div16日=3\frac{15}{16}日$。 [4] 刘徽又提出第二种齐同方式：同其距离之分，齐其日行。凫日行 $\frac{1}{7}$ 至，雁日行 $\frac{1}{9}$ 至，通过齐同，则凫日行 $\frac{9}{63}$ 至，雁日行 $\frac{7}{63}$ 至。换言之，将南北海距离分成 63 份，凫日行 9 份，雁日行 7 份。因此凫、雁一日共飞（9+7）份，所以相逢日 $=63份\div(9+7)份/日=3\frac{15}{16}日$。 [5] 长安：古地名。秦离宫。汉高祖七年（前 200）始都于此。故城在今西安市西北。齐：古诸侯国名。周武王封太公望于齐，都临淄。汉初封韩信为齐王，仍都临淄。 [6]《九章算术》的方法

是，以（5+7）日作为法，以（7-2）日 ×5 日作为实，于是相逢日 $=(7-2)日\times5日\div(5+7)日=2\frac{1}{12}日$。 [7] 刘徽以“齐其至，同其日”的方式阐释此问的解法，即由于甲 5 日 1 至，乙 7 日 1 至，同其日为 35 日，齐其至为日数化为到达的次数，甲 7 至，乙 5 至，共为 12 至。那么，应当除以日数，所以以它作为法。 [8] 刘徽认为“减 7 日”是说甲、乙同时出发，现在以同时出发为始发的开端，对于原本的道路里数就是余分。 [9] 刘徽又以“同其距离之分，齐其日行”的方式阐释此问的解法，即长安至齐为 35 份，甲 1 日行 $\frac{7}{35}$ 至，乙 1 日行 $\frac{5}{35}$ 至。换言之，甲 1 日行 7 份，乙 1 日行 5 份，甲、乙 1 日共行（7+5）份。乙先发 2 日，走 10 份，故余 25 份。 [10] 牝（pìn）：雌性。牡（mǔ）：雄性。牝、牡常指鸟兽。古代瓦亦分牝、牡，牝瓦又称板瓦、雌瓦、阴瓦，牡瓦又称筒瓦、雄瓦、阳瓦。 [11]“术曰”四句：是说求做瓦枚数的方法是：枚数 =（牝瓦数 × 牡瓦数）÷（牝瓦数 + 牡瓦数）。 [12] 此问是为箭安装箭翎。矫：本义是一种揉箭使之直的箝子，引申为使弯曲的物体变直。李籍《音义》引《说文解字》云：“揉箭，箝也。”又云：矫，“俗作挢”。筈（kuò）：本义是箭的尾部扣弦处，引申为安装箭尾，又作“栝”。羽：本义是鸟的长毛，引申为箭翎，装饰在箭杆的尾部，用以保持方向。 [13]“术曰”十二句：是说 1 人 1 日矫矢 50，即矫矢 50 用工 1 人。1 人 1 日羽矢 30，即羽矢 50 用工为 $50矢\div30矢/人=1\frac{2}{3}人$。1 人 1 日筈矢 15 即筈矢 50 用工为 $50矢\div15矢/人=3\frac{1}{3}人$。因此以 $1人+1\frac{2}{3}人+3\frac{1}{3}人=6人$ 作为法。那么求成矢数的方法是：成矢数 $50矢\div6=8\frac{1}{3}矢$。 [14] 刘徽认为，同其成矢 50 枝，齐其徒共用工 6 人，是 1 日的工。这是同工共作类的问题，如同野鸭、大雁共同到达之类，也是以同作为实，将齐相加作为法。 [15] 刘徽认为，又可以使矫矢、箬矢、羽矢互乘 1 人，分别得矫矢 30×15 人，羽矢 50×15 人，箬矢 50×30 人作为齐，箭的枝数相乘 $50\times30\times15$ 矢作为同。现在先将它们同于 50 枝箭，箭的枝数相同，则用工数应该分别与之相齐，其归宿是一样的。 [16] 此处插入用此术的方法解凫雁问如何求得法、实的方法：同其日是同于 9 日，作为实；齐其至，雁 9 日而 1 至，凫 9 日而 $1\frac{2}{7}$ 至，则 $1+1\frac{2}{7}$ 作为法。因此相逢日 $=9日\div\left(1+1\frac{2}{7}\right)=3\frac{15}{16}日$。 [17]“实如法而一”中之法、实指上文“亦以同为实，并齐为法”中的法、实。 [18] 假：雇赁，租赁。李籍《音义》云：假，“借也”。假田指汉代租给贫民垦殖的土地。 [19] 记第一，二，三年分别假 a_1，a_2，a_3 亩 1 钱，则求畝数的方法是亩数 $=100钱\times a_1a_2a_3\div(1钱\times a_2a_3+1钱\times a_1a_3+1钱\times a_1a_2)$。 [20] 刘徽认为此术中，使亩数互乘钱数，即 $1钱\times a_2a_3=20钱$，$1钱\times a_1a_3=15钱$，$1钱\times a_1a_2=12钱$，是齐各年的钱；亩数相乘，即 $a_1a_2a_3=60亩$，是使它们的亩数相同。三年共得到的 100 钱，作为所有数，相同的亩数 60 作为所求率，20+15+12=47 钱作为所有率，对其应用今有术，就得到田地的亩数。齐各年的钱数，使它们的亩数相同，亦如同凫雁术。 [21] 程耕：标准的耕作量。李籍《音义》云：耕，“犁也。《诗》曰：‘亦服尔耕’”。发：开垦。李籍云：发，“伐也。《诗》曰：‘骏发尔私’”。耰（yōu）：古代用以破碎土块，平整田地的农具。这里指播种后用耰平土，覆盖种子。李籍云：“覆种也。《孟子》曰：‘播种而耰之’”。 [22] 记 1 人 1 日程耕发、耕、耰的亩数分别是 a_1，a_2，a_3 亩，“术曰”七句：是说以 $1\times a_2a_3+1\times a_1a_3+1\times a_1a_2$ 作为法，以 $a_1a_2a_3$ 作为实，则求程耕亩数的方法是：亩数 $=a_1a_2a_3\div(1\times a_2a_3+1\times a_1a_3+1\times a_1a_2)$。 [23] 亦：通“以”。 [24]“术曰”四句：是说将各渠 1 日满池次数相加，作为法，即刘徽所说，一渠 1 日满 3 次，二渠

1 日满 1 次，三渠 1 日满 $\frac{2}{5}$ 次，四渠 1 日满 $\frac{1}{3}$ 次，五渠 1 日满 $\frac{1}{5}$ 次，共 1 日满 $4\frac{14}{15}$ 次，作为法。 [25]“此术其一渠少半日满者”十五句：是说以 1 日作为实，则日数 $=1日\div 4\frac{14}{15}=\frac{15}{74}$ 日。 [26]刘徽以齐同原理阐释此问的解法：像矫矢术一样，同其日，齐其满。 [27]刘徽指出凫雁类问题都有两种齐同方式。 [28]另一种解法：设五渠 b_i 满的日数分别是 a_i，$i=1$，2，3，4，5，布置日数及满数（原为竖排，今改横排）：

日数	a_1	a_2	a_2	a_4	a_5
满数	b_1	b_2	b_3	b_4	b_5

日数互乘满数，则日数 $=a_1a_2a_3a_4a_5\div(b_1a_2a_3a_4a_5+b_2a_1a_3a_4a_5+b_3a_1a_2a_4a_5+b_4a_1a_2a_3a_5+b_5a_1a_2a_3a_4)$。将 $a_1=\frac{1}{3}$，$a_2=1$，$a_3=2\frac{1}{2}$，$a_4=3$，$a_5=5$ 及 $b_1=b_2=b_3=b_4=b_5=1$，代入上式，得日数 $=(\frac{1}{3}\times 1\times 2\frac{1}{2}\times 3\times 5)\div(1\times 1\times 2\frac{1}{2}\times 3\times 5+1\times\frac{1}{3}\times 2\frac{1}{2}\times 3\times 5+1\times\frac{1}{3}\times 1\times 3\times 5+1\times\frac{1}{3}\times 1\times 2\frac{1}{2}\times 5+1\times\frac{1}{3}\times 1\times 2\frac{1}{2}\times 3)=\frac{15}{74}$（日）。

[点评]

这 7 个算术问题通常称为凫雁类，刘徽都通过齐同原理解决。齐同方式有二，一是“齐其至，同其日”，二是同其距离之分，齐其日行。

今有人持米出三关[1]，外关三而取一，中关五而取一，内关七而取一，余米五斗。问：本持米几何？

答曰：十斗九升八分升之三。

术曰[2]：置米五斗，以所税者三之，五之，七之，为实。以余不税者二、四、六相互乘为法。实如法得一斗。此亦重今有也[3]。“所税者”，谓今所当税之。定三、五、七皆为所求率，二、四、六皆为所有率。置今有余米五斗，以七乘之，六而一，即内关未税之本米也。又以五乘之，四而一，即中关未税之本米也。又以三乘之，二而一，即外关未税之本米也。今从末求本，不问中关，故令中率转相乘而同之，亦如络丝术。又一术[4]：“外关三而取一”，则其余本米三分之二也。求外关所税之余，则当置一，二分乘之，三而一。欲知中关，以四乘之，五而一。欲知内关，以六乘之，七而一。凡余分者，乘其母、子，以三、五、七相乘得一百五，为分母，二、四、六相乘得四十八，为分子。约而言之，则是余米于本所持三十五分之十六也。于今有术，余米五斗为所有数，分母三十五为所求率，分子十六为所有率也。

今有人持金出五关，前关二而税一，次关三而税一，次关四而税一，次关五而税一，次关六而税一。并五关所税，适重一斤。问：本持金几何？

答曰：一斤三两四铢五分铢之四。

术曰[5]：置一斤，通所税者以乘之，为实。亦通其不税者，以减所通，余为法。实如法得一斤。此意犹上术也[6]。置一斤，“通所税者”，谓令二、三、四、五、六相乘为分母，七百二十也。“通其所不税者”，谓令所税之余一、二、三、四、五相乘为分子，一百二十也。约而言之，是为余金于本所持六分之一也。以子减母，凡五关所税六分之五也。于今有术，所税一斤为所有数，分母六为所求率，分子五为所有率。此亦重今有之义。 又，虽各有率，不问中关，故令中率转相乘而连除之，即得也。置一以为持金之本率[7]，以税率乘之、除之，则其率亦成积分也。

[注释]

[1] 此问及下一问都是持物出关问题。 [2]“术曰”八句：是说布置米 5 斗，以所征税者 3，5，7 乘之，作为实。以剩余不征税者 2，4，6 互相乘，作为法，求本持米的方法是：本持米

$=5$斗$\times 3\times 5\times 7\div(2\times 4\times 6)=19\frac{3}{8}$升。 [3] 刘徽将以上解法归结于重今有术，首先以 5 斗为所有数，7 为所求率，6 为所有率，求内关未税之米。接着以内关未税之米为所有数，5 为所求率，4 为所有率，求中关未税之米。又以中关未税之米为所有数，3 为所求率，2 为所有率，求外关未税之米。通过三重今有术，如同络丝问。 [4] 刘徽提出又一种方法，从外关开始计算，求出所余 5 斗占本持米的比率。外关所税之余为$\frac{1\times 2}{3}$，中关所税之余为$\frac{1\times 2\times 4}{3\times 5}$，内关所税之余为$\frac{1\times 2\times 4\times 6}{3\times 5\times 7}=\frac{48}{105}=\frac{16}{35}$，即所余 5 斗为本持米的$\frac{16}{35}$。5 斗为所有数，35 为所求率，16 为所有率，由今有术，得本持米$=5$斗$\times 35\div 16=10$斗$9\frac{3}{8}$升。 [5] 记五关所税者分别是 a_i，不税者为 b_i，$i=1$，2，3，4，5，“术曰”八句：是说以 1 斤乘所税者 1 斤$\times a_1a_2a_3a_4a_5$为实，所税者与不税者分别相乘，相减为法，则本持金$=$（1 斤$\times a_1a_2a_3a_4a_5$）$\div$（$a_1a_2a_3a_4a_5-b_1b_2b_3b_4b_5$）。 [6] 如同上术，刘徽求出五关所税 1 斤占本持金的比率：所税者之 2，3，4，5，6 相乘，得 720，为分母；所不税者 1，2，3，4，5 相乘，得 120，为分子。将其约简，剩余的金为本持金的$\frac{1}{6}$。因此，所税者 1 斤为本持金的$\frac{5}{6}$。然后，应用今有术，便求出本持金。 [7]“置一以为持金之本率”三句：是说本持金率为 1，税率为$\frac{5}{6}$，由五关所税 1 斤，应用今有术亦求出本持金。

[点评]

《九章算术》均输章也含有两部分内容，第一部分只有 4 个传统的均输术及其例题，第二部分共 24 个题目，是日常生活、生产中提出的各种算术难题及其解法。与衰分章类似，《九章算术》的整理者张苍、耿寿昌大约一方面因为收集到的均输问题比较少，一方面固守九数的格局，便将这些算术难题归于均输章，亦不伦不类，同样在分类上违背了同一性。

卷七　盈不足[1] 以御隐杂互见

盈不足术曰[2]：按：盈者，谓之朓[3]；不足者，谓之朒[4]。所出率谓之假令[5]。盈、朒维乘两设者，欲为同齐之意[6]。据“共买物，人出八，盈三；人出七，不足四”，齐其假令，同其盈、朒，盈、朒俱十二。通计齐则不盈不朒之正数[7]，故可并之为实，并盈、不足为法。齐之三十二者，是四假令，有盈十二。齐之二十一者，是三假令，亦朒十二。并七假令合为一实，故并三、四为法[8]。若两设有分者[9]，齐其子，同其母。令下维乘上，讫，以同约之[10]。所出率以少减多者[11]，余谓之设差，以为少设，则并盈、朒，是为定实。故以少设约定实，则法为人数，适足之实故为物价。盈、朒当与少设相通。不可遍约[12]，亦当分母乘，设差为约法、实[13]。置所出率[14]，盈、不足各居其下。令维乘所出率，并，以为实。并盈、不足为法。实如法而一。有分者[15]，通之。盈不足相与同其买物者[16]，置所出率，以少减多，余，以约法、实。实为物价，法为人数。

这是刘徽所说的求不盈不朒之正数的方法。

这是对共买物问题求物价、人数的方法。

其一术曰：并盈、不足为实[17]。以所出率以少减多，余为法。实如法得一。以所出率乘之[18]，减盈、增不足即物价。此术意谓盈不足为众人之差[19]，以所出率以少减多，余为一人之差。以一人之差约众人之差，故得人数也。

今有共买物，人出八，盈三；人出七，不足四。问：人数、物价各几何[20]？

答曰：

七人，

物价五十三[21]。

今有共买鸡，人出九，盈一十一；人出六，不足十六。问：人数、鸡价各几何？

答曰：

九人，

鸡价七十[22]。

今有共买琎[23]，人出半，盈四；人出少半，不足三。问：人数、琎价各几何？

答曰：

四十二人，

琎价十七。注云[24]："若两设有分者，齐其子，同其母"。此问两设俱见零分，故齐其子，同其母。又云[25]："令下维乘上，讫，以同约之。"不可约，故以乘，同之。

今有共买牛，七家共出一百九十，不足三百三十；九家共出二百七十，盈三十。问：家数、牛价各几何？

答曰：

一百二十六家，

牛价三千七百五十[26]。按：此术"并盈、不足”者，为众家之差，故以为实。置所出率，各“以家数除之，各得一家所出率，以少减多”者，得一家之差。以除，即家数[27]。以多率乘之，减盈，故得牛价也[28]。

[注释]

[1] 盈不足：中国古典数学的重要科目，“九数”之一，现今称之为盈亏类问题。秦汉数学简牍及郑玄引郑众“九数”作“赢不足”。李籍《音义》云：“盈者，满也。不足者，虚也。满、虚相推，以求其适，故曰盈不足。” [2] 戴震辑录本及四库本、聚珍版、杨辉本脱“盈不足”三字，微波榭本补。戴震辑录校勘本及四库本、聚珍版将刘徽注及《九章算术》盈不足术、其一术移植于“今有共买牛”问之下，豫簪堂本、微波榭本、钱校本、汇校本从。今恢复大典本、杨辉本、戴震辑录本原顺序。 [3] 朓(tiǎo)：本义是夏历月底月亮在西方出现。引申为盈，有余。 [4] 朒(nǜ)：本义是夏历月初月亮在东方出现。引申为不足。李籍《音义》云：朒，“不足也。或作朏，非是”。朏(fěi)：夏历月初未胜之明，也指夏历每月初三。引申为不足。李籍云朏“非是”，则不妥。朏、朒都可以引申为不足。杨辉本作“朏”，其母本当是李籍所见另一抄本。 [5] 以上19字，《九章算术新校》(下称新校本)置于术文“各居其下”之后，今恢复大典本、杨辉本原顺序。 [6] 此谓将盈、朒与两设交叉相乘，是想做到齐同的意思，即以盈、朒分别乘对方的整行，使盈、朒相同，同时使所出分别与盈、朒相齐。即：

a_1 所出	a_2 所出	a_1b_2	a_2b_1 齐
盈	b_2 朒	b_1b_2	b_1b_2 同

假令每人出 8 钱，盈 3 钱；每人出 7 钱，不足 4 钱，使它们的假令相齐，使盈、朒相同，则盈、朒都是 12。　[7] 通同之后计算齐，则求所出既不盈也不朒的准确之数，所以可将它们相加，作为实；将盈、不足相加，作为法。正数：准确的数，恰好的数。　[8] 自“盈朒维乘”至此，新校本置于术文“实如法而一”之下，今恢复大典本、杨辉本原顺序。　[9] 此谓如果两个假设中有分数，则使它们的分子相齐，使它们的分母相同。使下行与上行交叉相乘，完了，以同约简之。　[10] 自“若两设”至此，新校本置于术文“有分者通之”之下，今恢复大典本、杨辉本原顺序。　[11] 此谓所出率中以小减大，其余数 $|a_1-a_2|$ 称为设差。它就是少设的数量，那么将盈与朒相加，这就是确定的实。所以用少设的数量去除确定的实，即法，得到人数，去除适足之实，就得到物价。盈、朒应当与少设的数量相通。　[12] 如果出现少设的数量不能都除尽的情形，也应当用分母乘，用设差去除法、实。此处以少设约定实与上“并盈、朒，是为定实”相应，定实即是法，以少设约定实即是约法。　[13] 自“所出率以少减多”至此，新校本置于术文“法为人数”之下，今恢复大典本、杨辉本原顺序。　[14] 以 $a_1b_2+a_2b_1$ 作为实，b_1+b_2 作为法，那么不盈不朒之正数就是

$$\text{不盈不朒之正数}=(a_1b_2+a_2b_1)\div(b_1+b_2)\text{。}$$

[15] 有分者，通之：如果有分数，就通分。　[16] 此即为共买物类问题提出的方法：

$$\text{物价}=(a_1b_2+a_2b_1)\div|a_1-a_2| \qquad \text{人数}=(b_1+b_2)\div|a_1-a_2|$$

[17] 此谓求人数的公式，同上。　[18] 此谓以所出乘人数，减盈或增不足，就是物价：

$$\begin{aligned}\text{物价}&=[(b_1+b_2)\div|a_1-a_2|]\times a_1-b_1\\&=[(b_1+b_2)\div|a_1-a_2|]\times a_2+b_2\text{。}\end{aligned}$$

[19] 此术的思路是：盈与不足之和是众人所出钱数的差额，所出

率以小减大，余数为一人所出钱数的差额。以一人的差额除众人的差额，所以得到人数。 [20] 此问是设人出 8（记为 a_1），盈 3（记为 b_1）；人出 7（记为 a_2），不足 4（记为 b_2）；求人数、物价。这是盈不足问题的标准表述。连同以下 3 问，都是盈不足术的例题。 [21] 将题设代入盈不足术公式，得人数 $=(b_1+b_2)\div|a_1-a_2|=(3\text{钱}+4\text{钱})\div(8\text{钱}/\text{人}-7\text{钱}/\text{人})=7\text{人}$，物价 $=(a_1b_2+a_2b_1)\div|a_1-a_2|=(8\text{钱}/\text{人}\times4\text{钱}+7\text{钱}/\text{人}\times3\text{钱})\div(8\text{钱}/\text{人}-7\text{钱}/\text{人})=53\text{钱}$。 [22] 将题设代入盈不足术公式，得人数 $=(b_1+b_2)\div|a_1-a_2|=(11\text{钱}+16\text{钱})\div(9\text{钱}/\text{人}-6\text{钱}/\text{人})=9\text{人}$，鸡价 $=(a_1b_2+a_2b_1)\div|a_1-a_2|=(9\text{钱}/\text{人}\times16\text{钱}+6\text{钱}/\text{人}\times11\text{钱})\div(9\text{钱}/\text{人}-6\text{钱}/\text{人})=70$ 钱。 [23] 琎：美石。李籍云：“美石似玉曰琎。”“琎”字下，杨辉本有注：“一云准。”李籍云：“一本作准。”可见李籍时代还有“琎”作“准”的《九章算术》抄本。准：古代定律数之乐器，状如瑟。汉京房（前77—前 37）做，事见《晋书·律历志上》。 [24] 注云：此为刘徽引盈不足术自注，处理两设有分数的情形，如共买琎问，人出 $\frac{1}{2}$钱，盈 4 钱；人出$\frac{1}{3}$钱，不足 3 钱。根据盈不足术，求得人数 $=(4\text{钱}+3\text{钱})\div\left(\frac{1}{2}\text{钱}/\text{人}-\frac{1}{3}\text{钱}/\text{人}\right)=7\text{钱}\div\left(\frac{3}{6}-\frac{2}{6}\right)\text{钱}/\text{人}=$ 42 人。琎价 $=\left(\frac{1}{2}\text{钱}/\text{人}\times3\text{钱}+\frac{1}{3}\text{钱}/\text{人}\times4\text{钱}\right)\div\left(\frac{1}{2}-\frac{1}{3}\right)\text{钱}/\text{人}$ =17 钱 [25] 又云：此亦为刘徽引盈不足术自注，处理以同（即两设齐同后的公分母）不可约盈朒维乘两设的情形。此时则以同（即两设齐同后的公分母，注中省去）乘两设及盈、朒，化成整数，这也是“同”的运算，故称“同之”。 [26] 此问是设 9 家（记为 m_1）共出 270 钱（记为 n_1），则一家出 $\frac{n_1}{m_1}=\frac{270\text{钱}}{9}=30\text{钱}$，记为 a_1，盈 30 钱，记为 b_1；7 家（记为

m_2）共出 190（记为 n_2），则一家出 $\frac{n_2}{m_2}=\frac{190}{7}$钱，记为 a_2，不足 330 钱，记为 b_2；求家数、牛价。将其代入盈不足术公式，得家数 $=(b_1+b_2)\div|a_1-a_2|=(30\text{钱}+330\text{钱})\div\left(30\text{钱}-\frac{190}{7}\text{钱}\right)=360\text{钱}\div\left(\frac{210}{7}-\frac{190}{7}\right)\text{钱}=126(\text{家})$，得牛价 $=(a_1b_2+a_2b_1)\div|a_1-a_2|=\left(30\text{钱}\times330\text{钱}+\frac{190}{7}\text{钱}\times30\text{钱}\right)\div\left(30\text{钱}-\frac{190}{7}\text{钱}\right)=\left(\frac{69300}{7}+\frac{5700}{7}\right)\text{钱}^2\div\left(\frac{210}{7}-\frac{190}{7}\right)\text{钱}=3750\text{钱}$。[27] 此谓 $b_1+b_2=30\text{钱}+330\text{钱}=360\text{钱}$ 为各家之差，所以作为实；$|a_1-a_2|=\left|\frac{n_1}{m_1}-\frac{n_2}{m_2}\right|=\left|30\text{钱}-\frac{190\text{钱}}{7}\right|=\frac{20}{7}$钱为一家所出之差，所以作为法。因此家数 $=(b_1+b_2)\div\left|\frac{n_1}{m_1}-\frac{n_2}{m_2}\right|=(30\text{钱}+330\text{钱})\div(30\text{钱}-\frac{190}{7}\text{钱})=360\text{钱}\div\frac{20}{7}\text{钱}=126$（家）。[28] 此谓牛价 $=\text{家数}\times a_1-b_1=126\times30\text{钱}-30\text{钱}=3750\text{钱}$。这是用盈不足术之其一术的方法。

［**点评**］

盈不足术在由两所出率、盈、不足求出实和法之后，首先是进行“实如法而一”的运算，刘徽称之为求不盈不朒之正数的方法。这是为了解决一般数学问题而设的。接着是将两所出率相减，除实就得到物价，除法就得到人数。《九章算术》说这是为了解决盈不足相与同其买物问题而设的，下面的两盈两不足术亦如是。

今有共买金[1]，人出四百，盈三千四百；人出三百，盈一百。问：人数、金价各几何？

答曰：三十三人，

金价九千八百。

今有共买羊[2]，人出五，不足四十五；人出七，不足三。问：人数、羊价各几何？

答曰：

二十一人，

羊价一百五十。

两盈、两不足术曰[3]：置所出率，盈、不足各居其下。令维乘所出率，以少减多，余为实。两盈、两不足以少减多，余为法。实如法而一。有分者，通之。两盈、两不足相与同其买物者[4]，置所出率，以少减多，余，以约法、实，实为物价，法为人数。按：此术两不足者，两设皆不足于正数。其所以变化，犹两盈。而或有势同而情违者。当其为实，俱令不足维乘相减，则遗其所不足焉。故其余所以为实者，无朒数以损焉。盖出而有余两盈，两设皆逾于正数。假令与共买物，人出八，盈三；人出九，盈十。齐其假令，同其两盈。两盈俱三十。举齐则兼去[5]。其余所以为实者，无盈数。两盈以少减多，余为法。齐之八十者[6]，是十假令，而凡盈三十者，是十，以三之；齐之二十七者，是三假令，而凡盈三十者，是三，以十之。今假令两盈共十、三，以三减十，余七为一实。故令以三减十，余七为法。所出率以少减多，余谓之设差。因设差为少设，则两盈之差是为定实。故以少设约法得人数[7]，约实即得金数。

其一术曰[8]：置所出率，以少减多，余为法。两盈、两不足以少减多，余为实。实如法而一，得人数。以所出率乘之，减盈、增不足，即物价。“置所出率，以少减多”，得一人之差。两盈、两不足相减，为众人之差。故以一人之差除之，得人数。以所出率乘之，减盈、增不足，即物价。

[注释]

[1] 这是两盈的问题。假令人出 400 钱（记为 a_1），盈 3400 钱（记为 b_1）；人出 300 钱（记为 a_2），盈 100 钱（记为 b_2）。将其代入下面所述之两盈公式，得人数 $=|b_1-b_2|\div|a_1-a_2|=$（3400钱 $-$ 100钱）$\div$（400钱 $-$ 300钱）$=33$ 人，金价 $=|a_1b_2-a_2b_1|\div|a_1-a_2|$ $=|400$钱$\times100$钱-300钱$\times3400$钱$|\div$（400钱 $-$ 300钱）$=9800$钱。

[2] 这是两不足的问题。假令人出 5 钱，记为 a_1，不足 45，记为 b_1；人出 7，记为 a_2，不足 3，记为 b_2。将其代入两不足公式，得人数 $=|b_1-b_2|\div|a_1-a_2|=$（45钱 $-$ 3钱）$\div|5$钱 -7钱$|=21$(人)，羊价 $=|a_1b_2-a_2b_1|\div|a_1-a_2|=|5$钱$\times3$钱$-7$钱$\times45$钱$|\div$（5钱 $-$ 7钱）

=150钱。 [3] 此术文为解决可以化为两盈两不足的数学问题而设，但是盈不足章没有这类问题。假令出 a_1，盈（或不足）b_1，出 a_2，盈（或不足）b_2，以 $|a_1b_2-a_2b_1|$ 作为实，以 $|b_1-b_2|$ 作为法，那么不盈不朒之正数 $=|a_1b_2-a_2b_1|\div|b_1-b_2|$。 [4] 此是为共买物类问题而设的术文，即物价 $=|a_1b_2-a_2b_1|\div|a_1-a_2|$，人数 $=|b_1-b_2|\div|a_1-a_2|$。 [5] 举齐则兼去：实现了齐，那么两盈都可以消去。 [6] 以下是举例说明为什么“两盈以少减多，余为法”。“凡盈三十者，是十，以三之”是说盈 30 是 10 用 3 乘得到的。同样，“凡盈三十者，是三，以十之”是说盈 30 是 3 用 10 乘得到的。“今假令两盈共十、三，以三减十，余七为一实”是说现在由假令得到的两盈是 10 与 3，以 3 减 10，余数 7 成为一份实。[7] 此谓以假令所少的除法就得到人数，除实就得到金数。以上刘徽以齐同原理，并将共买物问改成两盈的问题为例，阐释了《九章算术》解法的正确性。 [8] 此亦为共买物类问题而设的方法，求人数的方法同上。求物价的方法：若是两盈的情形，则物价 $=(|b_1-b_2|\div|a_1-a_2|)\times a_1-b_1=(|b_1-b_2|\div|a_1-a_2|)\times a_2-b_2$。若是两不足的情形，则物价 $=(|b_1-b_2|\div|a_1-a_2|)\times a_1+b_1=(|b_1-b_2|\div|a_1-a_2|)\times a_2+b_2$。

今有共买犬[1]，人出五，不足九十；人出五十，适足。问：人数、犬价各几何？

答曰：

二人，

犬价一百。

今有共买豕[2]，人出一百，盈一百；人出九十，适足。问：人数、豕价各几何？

答曰：

一十人，

豕价九百。

盈适足、不足适足术曰[3]：以盈及不足之数为实。置所出率，以少减多，余为法，实如法得一。其求物价者，以适足乘人数，得物价。此术意谓以所出率，“以少减多”者，余是一人不足之差。不足数为众人之差。以一人差约之，故得人之数也。“以盈及不足数为实”者，数单见，即众人差，故以为实。所出率以少减多，即一人差，故以为法。以除众差得人数。以适足乘人数，即得物价也。

[注释]

[1] 这是不足适足的问题。假令人出 5 钱，记为 a_1，不足 90 钱，记为 b；人出 50 钱，记为 a_2，适足。将其代入下面所述之不足适足公式，得人数 $= b \div |a_1 - a_2| = 90钱 \div |5钱 - 50钱| = 2(人)$，犬价 $= b \div |a_1 - a_2| \times a_2 = (90钱 \div |5钱 - 50钱|) \times 50钱 = 100钱$。适足：李籍《音义》云：“恰也。” [2] 豕：猪。这是盈适足的问题。假令人出 100 钱，记为 a_1，盈 100 钱，记为 b；人出 90 钱，记为 a_2，适足。将其代入盈适足公式，得人数 $= b \div |a_1 - a_2| = 100钱 \div (100钱 - 90钱) = 10(人)$，豕价 $= b \div |a_1 - a_2| \times a_2 = [100钱 \div (100钱 - 90钱)] \times 90钱 = 900钱$。 [3] 设所出

a_1，盈或不足 b_1，出 a_2，适足，则求人数的方法是：人数 $= b \div |a_1 - a_2|$。求物价的方法是：物价 $= b \div |a_1 - a_2| \times a_2$。

今有米在十斗桶中，不知其数。满中添粟而舂之，得米七斗。问：故米几何？

答曰：二斗五升。

术曰[1]：以盈不足术求之。假令故米二斗，不足二升；令之三斗，有余二升。按：桶受一斛，若使故米二斗，须添粟八斗以满之。八斗得粝米四斗八升，课于七斗，是为不足二升。若使故米三斗，须添粟七斗以满之。七斗得粝米四斗二升，课于七斗，是为有余二升。以盈、不足维乘假令之数者，欲为齐同之意。为齐同者，齐其假令，同其盈朒。通计齐即不盈不朒之正数，故可以并之为实，并盈、不足为法。实如法，即得故米斗数，乃不盈不朒之正数也。

今有垣高九尺。瓜生其上，蔓日长七寸[2]；瓠生其下，蔓日长一尺。问：几何日相逢？瓜、瓠各长几何？

答曰：

五日十七分日之五，

瓜长三尺七寸一十七分寸之一，

瓠长五尺二寸一十七分寸之一十六。

术曰[3]：假令五日，不足五寸；令之六日，有余一尺二寸。按："假令五日，不足五寸"者，瓜生五日，下垂蔓三尺五寸；瓠生五日，上延蔓五尺。课于九尺之垣，是为不足五寸。"令之六日，有余一尺二寸"者，若使瓜生六日，下垂蔓四尺二寸；瓠生六日，上延蔓六尺。课于九尺之垣，是为有余一尺二寸。以盈、不足维乘假令之数者，欲为齐同之意。齐其假令，同其盈、朒。通计齐，即不盈不朒之正数，故可并以为实，并盈、不足为法。实如法而一，即设差不盈不朒之正数，即得日数。以瓜、瓠一日之长乘之，故各得其长之数也。

[注释]

[1] 将假令故米 2 斗，不足 2 升，假令 3 斗，盈 2 升代入求不盈不朒之正数的公式，得米斗数 =（2 斗 ×2 升 +3 斗 ×2 升）÷（2 升 +2 升）= $2\frac{1}{2}$ 斗。　[2] 蔓（wàn）：细长而不能直立的茎，木本曰藤，草本曰蔓。李籍《音义》云："瓜蔓也。"瓠（hù）：蔬菜名，一年生草本，茎蔓生。结实呈长条状者称为瓠瓜，可入菜；呈短颈大腹者就是葫芦。　[3] 此谓将假令 5 日，不足 5 寸，假令 6 日，盈 12 寸代入求不盈不朒之正数的公式，得日数 =（5 日 ×12 寸 +6 日 ×5 寸）÷（5 寸 +12 寸）= $5\frac{5}{17}$ 日。

今有蒲生一日[1]，长三尺；莞生一日，长一尺。

蒲生日自半，莞生日自倍。问：几何日而长等？

答曰：

二日十三分日之六，

各长四尺八寸一十三分寸之六。

术曰[2]：假令二日，不足一尺五寸；令之三日，有余一尺七寸半。按："假令二日，不足一尺五寸"者，蒲生二日，长四尺五寸，莞生二日，长三尺，是为未相及一尺五寸，故曰不足。"令之三日，有余一尺七寸半"者，蒲增前七寸半，莞增前四尺，是为过一尺七寸半，故曰有余。以盈、不足乘除之，又以后一日所长各乘日分子，如日分母而一者，各得日分子之长也。故各增二日定长，即得其数。

[注释]

[1] 蒲：香蒲，又称蒲草，多年生水草，叶狭长，可以编制蒲席、蒲包、扇子。莞（guān）：蒲草类水生植物，俗名水葱。也指莞草编的席子。 [2] 此谓将假令 2 日，不足 15 寸，假令 3 日，盈 $17\frac{1}{2}$ 寸代入求不盈不朒之正数的公式，得到日数 =（2 日 × $17\frac{1}{2}$ 寸 +3 日 ×15 寸）÷（15 寸 + $17\frac{1}{2}$ 寸）= $2\frac{6}{13}$ 日。以莞的生长为例求莞长：2 日莞生长 1+2=3（尺）。第三日全天应当生长 4 尺，那么 $\frac{6}{13}$ 日应当生长 4 尺 × $\frac{6}{13}$。故 $2\frac{6}{13}$ 日生长 3 尺 +4 尺

$\times\frac{6}{13}$=4尺$8\frac{6}{13}$寸。

[点评]

用盈不足术无法求得此问的准确解。由题设，蒲、莞皆以等比级数生长。设生长 x 日，则蒲长为 $(3-3\times\frac{1}{2^x})\div(1-\frac{1}{2})$，莞长 $(1-2^x)\div(1-2)$。若要它们相等，x 应满足方程 $(3-3\times\frac{1}{2^x})\div(1-\frac{1}{2})=(1-2^x)\div(1-2)$。整理得 $(2^x)^2-7\times2^x+6=0$，分解得 $(2^x-1)(2^x-6)=0$。于是 $2^x=1$，$2^x=6$。第一式的解 $x=0$，不合题意，舍去。对第二式两端取对数，$\log2^x=\log6$，得 $x=1+\frac{\log3}{\log2}$。然而《九章算术》和刘徽都未认识到盈不足术对非线性问题只能给出近似解，不能得出精确解。不过，由于盈不足术实际上是一种线性插值方法，它对求解一些复杂的不容易计算其实根的方程，仍不失为一种有效的求解根的近似值的方法，见图7-1，钱宝琮指出：在现在的高等数学教科书中，这种求方程实根的方法叫作“假借法”，也叫“弦位法”。我们不要数典忘祖，这个方法应该叫作“盈不足术”。

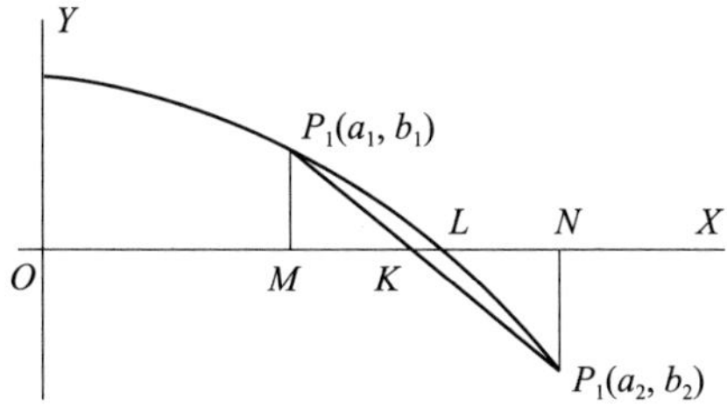

图7-1　盈不足术

今有醇酒一斗[1]，直钱五十；行酒一斗，直钱一十。今将钱三十，得酒二斗。问：醇、行酒各得几何？

答曰：

醇酒二升半，

行酒一斗七升半。

术曰[2]：假令醇酒五升，行酒一斗五升，有余一十；令之醇酒二升，行酒一斗八升，不足二。据醇酒五升，直钱二十五；行酒一斗五升，直钱一十五。课于三十，是为有余十。据醇酒二升，直钱一十；行酒一斗八升，直钱一十八。课于三十，是为不足二。以盈不足术求之。此问已有重设及其齐同之意也。

今有大器五、小器一，容三斛；大器一、小器五，容二斛。问：大、小器各容几何？

答曰：

大器容二十四分斛之十三，

小器容二十四分斛之七。

术曰[3]：假令大器五斗，小器亦五斗，盈一十斗；令之大器五斗五升，小器二斗五升，不足二斗。按：大器容五斗，大器五容二斛五斗，以减三斛，余五斗，即小器一所容，故曰小器亦五斗。小器五容二斛五斗，大器一，合为三斛。课于两斛，乃多十斗。令之大器五斗五升，大器五合容二斛七斗五升，以减三斛，余二斗五升，即小器一所容，故曰小器二斗五升。大器一容五斗五升，小器五合容一斛二斗五升，合为一斛八斗。课于二斛，少二斗。故曰不足二斗。以盈、不足维乘除之。

[注释]

[1] 醇酒：醇厚的美酒。李籍《音义》云："厚酒也。"行（háng）：质量差。行酒：劣质酒。李籍云："市酒也。" [2] 此谓假令一种酒，比如醇酒是 5 升，则行酒 1 斗 5 升，盈 10 钱。如果醇酒是 2 升，则行酒 1 斗 8 升，不足 2 钱，代入求不盈不朒之正数的公式，得醇酒数 =（5 升 ×2 钱 +2 升 ×10 钱）÷（2 钱 +10 钱）= $2\frac{1}{2}$ 升。行酒数 =2 斗 − $2\frac{1}{2}$ 升 =1 斗 $7\frac{1}{2}$ 升。显然此问是重设。重设，每次假设都是双重的，与共买物类问题每次假设都只是一个假设不同。 [3] 此谓假令一种器，比如大器容 5 斗，则小器亦容 5 斗，盈 10 斗，如果大器容 5 斗 5 升，则小器容 2 斗 5 升，不足 2 斗，代入盈不足术求不盈不朒之正数的公式，得大器所容 =（5 斗 ×2 斗 + $5\frac{1}{2}$ 斗 ×10 斗）÷（10 斗 +2 斗）= $\frac{13}{24}$ 斛。则小器所容 =3 斛 − $\frac{13}{24}$ 斛 ×5= $\frac{7}{24}$ 斛。此亦有重设之意。

今有漆三得油四，油四和漆五[1]。今有漆三斗，欲令分以易油，还自和余漆。问：出漆、得油、和漆各几何？

答曰：

出漆一斗一升四分升之一，

得油一斗五升，

和漆一斗八升四分升之三。

术曰[2]：假令出漆九升，不足六升；令之出漆一斗二升，有余二升。按：此术三斗之漆[3]，出九升，得油一斗二升，可和漆一斗五升。余有二斗一升，则六升无油可和，故曰不足六升。令之出漆一斗二升[4]，则易得油一斗六升，可和漆二斗。于三斗之中已出一斗二升，余有一斗八升。见在油合和得漆二斗，则是有余二升。以盈、不足维乘之，为实，并盈、不足为法。实如法而一，得出漆升数。求油及和漆者[5]，四、五各为所求率，四、三各为所有率，而今有之，即得也。

[注释]

[1] 油：指桐油，用油桐的果实榨出的油。与漆调和，成为油漆，家具的涂料。和（hùo）：调和。 [2] 将假令出漆 9 升，不足

6 升，出漆 1 斗 2 升，有盈余 2 升，代入求不盈不朒之正数的公式，得出漆数 =（9 升 ×2 升 +12 升 ×6 升）÷（6 升 +2 升）= $11\frac{1}{4}$升。 [3]“此术三斗之漆”七句：是说由今有术，9 升漆易得油 =9 升 ×4÷3=12 升。而再由今有术，12 升油能和漆 =12 升 ×5÷4=15 升。 [4]“令之出漆一斗二升”七句：是说由今有术，1 斗 2 升漆易得油 =12 升 ×4÷3=16 升。而再由今有术，16 升油能和漆 =16 升 ×5÷4=20 升。 [5]“求油及和漆者”五句：是说应用今有术，由出漆$11\frac{1}{4}$升，求出易得的油：$11\frac{1}{4}$升 ×4÷3=15 升。再由易得的油 15 升，应用今有术，求出所和的漆：15 升 ×5÷4= $18\frac{3}{4}$升。

今有玉方一寸，重七两；石方一寸，重六两。今有石立方三寸，中有玉，并重十一斤。问：玉、石重各几何？

答曰：

玉一十四寸，重六斤二两，

石一十三寸，重四斤一十四两。

术曰：假令皆玉，多十三两；令之皆石，不足一十四两。不足为玉，多为石。各以一寸之重乘之，得玉、石之积重。立方三寸[1]是一面之方，计积二十七寸。玉方一寸重七两，石方一寸重六两，是为玉、石重差一两。假令皆玉，合有一百八十九两。课于一十一斤，有余一十三两。

玉重而石轻，故有此多。即二十七寸之中有十三寸，寸损一两，则以为石重，故言多为石。言多之数出于石以为玉。假令皆石，合有一百六十二两。课于十一斤，少十四两，故曰不足。此不足即以重为轻，故令减少数于石重[2]，即二十七寸之中有十四寸，寸增一两也。

[注释]

[1]“立方三寸”三句：是说以 3 寸为边长的正方体，其体积是 27 寸^3。 [2] 石重：指以玉为石后石之总重，亦即玉石并重。

[点评]

此问实际上没有用到盈不足术，将其编入此章，大约是编者的疏忽。

今有善田一亩，价三百；恶田七亩[1]，价五百。今并买一顷，价钱一万。问：善、恶田各几何？

答曰：

善田一十二亩半，

恶田八十七亩半。

术曰[2]：假令善田二十亩，恶田八十亩，多一千七百一十四钱七分钱之二；令之善田一十亩，恶田九十亩，不足五百七十一钱七分钱之三。按：善田二十亩，直钱六千；恶田八十亩，直钱五千七百一十四、七分钱之二。课于一万，是多一千七百一十四、七分钱之二。令之善田十亩，直钱三千，恶田九十亩，直钱六千四百二十八、七分钱之四。课于一万，是为不足五百七十一、七分钱之三。以盈不足术求之也。

[注释]

[1] 善田：良田。恶田：又称为“恶地”，贫瘠的田地。李籍《音义》云：恶，“不善也”。　[2] 此亦有重设之意。比如假令善田 20 亩，则恶田 80 亩，盈余 $1714\frac{2}{7}$ 钱；假令善田 10 亩，则恶田 90 亩，不足 $571\frac{3}{7}$ 钱。代入求不盈不朒的正数的公式，得善田 $=\left(20\text{亩}\times 571\frac{3}{7}\text{钱}+10\text{亩}\times 1714\frac{2}{7}\text{钱}\right)\div\left(1714\frac{2}{7}\text{钱}+571\frac{3}{7}\text{钱}\right)=12\frac{1}{2}\text{亩}$。

今有黄金九枚，白银一十一枚，称之重，适等。交易其一，金轻十三两。问：金、银一枚各重几何？

苔曰：

金重二斤三两一十八铢，

银重一斤一十三两六铢。

术曰[1]：假令黄金三斤，白银二斤一十一分斤之五，不足四十九，于右行。令之黄金二斤，白银一斤一十一分斤之七，多一十五，于左行。以分母各乘其行内之数，以盈、不足维乘所出率，并，以为实。并盈、不足为法。实如法，得黄金重。分母乘法以除，得银重。约之得分也。按：此术假令黄金九[2]，白银一十一，俱重二十七斤。金，九约之，得三斤；银，一十一约之，得二斤一十一分斤之五，各为金、银一枚重数。就金重二十七斤之中减一金之重，以益银，银重二十七斤之中减一银之重，以益金，则金重二十六斤一十一分斤之五，银重二十七斤一十一分斤之六。以少减多，则金轻一十七两一十一分两之五。课于一十三两，多四两一十一分两之五。通分内子言之，是为不足四十九。又令之黄金九[3]，一枚重二斤，九枚重一十八斤，白银一十一，亦合重一十八斤也。乃以一十一除之，得一枚一斤一十一分斤之七，为银一枚之重数。今就金重一十八斤之中减一枚金，以益银，复减一枚银，以益金，则金重一十七斤一十一分斤之七，银重一十八斤一十一分斤之四。以少减多，即金轻一十一分斤之八。课于一十三两，少一两一十一分两之四。通分内子言之，是为多一十五。以盈不足为之[4]，如法，得金重。“分母乘法以除”者[5]，为银两分母，故同之。须通法而后乃除得银重。余皆约之者，术省故也。

[注释]

[1]《九章算术》求黄金、白银重的方法是：布置

	左行	右行
黄金	2	3
白银	$1\frac{7}{11}$	$2\frac{5}{11}$
盈不足	15	49

或

	左行	右行
黄金	2	3
白银	$\frac{18}{11}$	$\frac{27}{11}$
盈不足	15	49

将黄金 3 斤，不足 49，黄金 2 斤，盈余 15 代入盈不足术求不盈不朒之正数的公式，得黄金重 =（3 斤 ×15+2 斤 ×49）÷（15+49）$=2\frac{15}{64}$ 斤。将白银 $\frac{27}{11}$ 斤，不足 49，白银 $\frac{18}{11}$ 斤，盈余 15 代入盈不足术求不盈不朒之正数的公式，得白银重 =（27 斤 ×15+18 斤 ×49）÷[（15+49）×11]= $1\frac{53}{64}$ 斤。　[2] 这是刘徽阐释为什么说“不足四十九”。假令 9 枚金，或 11 枚白银，其重量都是 27 斤。换言之，1 枚金重 3 斤，1 枚银重 $\frac{27}{11}$ 斤。在 9 枚金重的 27 斤中减去 1 枚金重，加 1 枚银重，则金重 =27 斤 −3 斤 + $\frac{27}{11}$ 斤 $=26\frac{5}{11}$ 斤；在 11 枚银重的 27 斤中减去 1 枚银重，加 1 枚

金重，则银重 =27 斤 − $\frac{27}{11}$ 斤 +3 斤 = 27$\frac{6}{11}$ 斤。以小减大，金这边轻 = 27$\frac{6}{11}$ 斤 − 26$\frac{5}{11}$ 斤 = 1$\frac{1}{11}$ 斤 = 17$\frac{5}{11}$ 两，与题设中的金这边轻 13 两相比较，17$\frac{5}{11}$ 两 −13 两 = 4$\frac{5}{11}$ 两。通分内子，为 $\frac{49}{11}$，所以说不足为 49。 [3] 这是刘徽阐释为什么说“多一十五”。假令 9 枚黄金，1 枚重 2 斤，9 枚重 18 斤。11 枚白银，也重 18 斤，1 枚重 $\frac{18}{11}$ 斤 = 1$\frac{7}{11}$ 斤。在 9 枚金重的 18 斤中减去 1 枚金重，加 1 枚银重，则金重 =18 斤 −2 斤 + 1$\frac{7}{11}$ 斤 = 17$\frac{7}{11}$ 斤；在 11 枚银重的 18 斤中减去 1 枚银重，加 1 枚金重，则银重 =18 斤 − 1$\frac{7}{11}$ 斤 + 2 斤 = 18$\frac{4}{11}$ 斤。以小减大，金这边轻 = 18$\frac{4}{11}$ 斤 − 17$\frac{7}{11}$ 斤 = $\frac{8}{11}$ 斤 = 11$\frac{7}{11}$ 两，与题设中的金这边轻 13 两相比较，13 两 − 11$\frac{7}{11}$ 两 = 1$\frac{4}{11}$ 两，通分内子，为 $\frac{15}{11}$ 两，所以说多 15。 [4]“以盈不足为之”三句：是说以盈不足术解决之，如法计算，便得到 1 枚黄金的重量。 [5] 此谓“以分母乘法，以除实”，是因为所出白银的两分母本来是相同的。

今有良马与驽马[1]发长安，至齐。齐去长安三千里。良马初日行一百九十三里，日增一十三里，驽马初日行九十七里，日减半里。良马先至齐，复还迎驽马。问：几何日相逢及各行几何？

答曰：

一十五日一百九十一分日之一百三十五
而相逢，
良马行四千五百三十四里一百九十一分
里之四十六，
驽马行一千四百六十五里一百九十一分
里之一百四十五。

术曰[2]：假令十五日，不足三百三十七里半。令之十六日，多一百四十里。以盈、不足维乘假令之数，并而为实。并盈、不足为法。实如法而一，得日数。不尽者，以等数除之而命分。　求良马行者[3]：十四乘益疾里数而半之，加良马初日之行里数，以乘十五日，得良马十五日之凡行。又以十五乘益疾里数[4]，加良马初日之行。以乘日分子[5]，如日分母而一。所得，加前良马凡行里数，即得。其不尽而命分。　求驽马行者[6]：以十四乘半里，又半之，以减驽马初日之行里数，以乘十五日，得驽马十五日之凡行。又以十五日乘半里[7]，以减驽马初日之行。余[8]，以乘日分子，

这里使用了等差数列求和公式 $S_n=\left[a_1+\frac{(n-1)}{2}d\right]n$。这是中国数学史上第一个等差数列求和公式。

这里使用了等差数列的通项公式 $a_n=a_1+nd$。这是中国数学史上第一个等差数列通项公式。

如日分母而一。所得，加前里，即驽马定行里数。其奇半里者，为半法，以半法增残分，即得。其不尽者而命分。按：令十五日，不足三百三十七里半者，据良马十五日凡行四千二百六十里，除先去齐三千里，定还迎驽马一千二百六十里。驽马十五日凡行一千四百二里半。并良、驽二马所行，得二千六百六十二里半。课于三千里，少三百三十七里半，故曰不足。令之十六日，多一百四十里者，据良马十六日凡行四千六百四十八里，除先去齐三千里，定还迎驽马一千六百四十八里。驽马十六日凡行一千四百九十二里。并良、驽二马所行，得三千一百四十里。课于三千里，余有一百四十里，故谓之多也。以盈不足之。“实如法而一，得日数”者，即设差不盈不朒之正数。以二马初日所行里乘十五日，为一十五日平行数[9]。求初末益疾减迟之数者[10]，并一与十四，以十四乘而半之，为中平之积；又令益疾减迟里数乘之，各为减益之中平里，故各减益平行数，得一十五日定行里[11]。若求后一日，以十六日之定行里数乘日分子，如日分母而一，各得日分子之定行里数。故各并十五日

$\frac{1}{2}n(n-1)$ 是自然数列 1,2,3,… 的前 n 项之和。这是中国数学史上第一次出现此公式，即宋元时期茭草形垛的求积公式。

定行里，即得。其驽马奇半里者，法为全里之分，故破半里为半法，以增残分，即合所问也。

[注释]

[1] 驽：李籍《音义》引《字林》曰："骀也。"驽马：能力低下的马，劣马。　[2] 求相逢日数的方法是：假令 16 日相逢，盈 140 里，假令 15 日，不足 $337\frac{1}{2}$ 里，将其代入不盈不朒之正数的公式，得相逢日数 $=\left(15\text{日}\times 140\text{里}+16\text{日}\times 337\frac{1}{2}\text{里}\right)\div\left(337\frac{1}{2}\text{里}+140\text{里}\right)=15\frac{135}{191}$ 日。　[3] 记良马益疾里数为 d，设第 n 日所行 a_n，则良马 15 日所行里数为 $S_{15}=\left(a_1+\frac{14d}{2}\right)\times 15=(193+14\times 13\div 2)\times 15=4260$（里）。　[4] 又以十五乘益疾里数，加良马初日之行：此给出了良马在第 16 日所行里数，则 $a_{16}=a_1+15d=193+15\times 13=388$（里）。　[5] 此谓先计算出良马在第 16 日的 $\frac{135}{191}$ 中所行为 388 里 $\times\frac{135}{191}=274\frac{46}{191}$ 里。良马在 $15\frac{135}{191}$ 日中共行 4260 里 $+274\frac{46}{191}$ 里 $=4534\frac{46}{191}$ 里。　[6] 记驽马日减里数为 e，设第 n 日所行为 b_n，则 15 日所行里数为 $S_{15}'=\left(b_1-\frac{14e}{2}\right)\times 15=\left(97\text{里}-14\times\frac{1}{2}\div 2\right)\times 15=1402\frac{1}{2}$ 里。[7] 此得驽马第 16 日所行里数 $b_{16}=b_1+15e=97\text{里}-15\text{里}\times\frac{1}{2}=89\frac{1}{2}$ 里。　[8] 驽马在第 16 日的 $\frac{135}{191}$ 中所行为 $89\frac{1}{2}$ 里 $\times\frac{135}{191}=63\frac{99}{382}$ 里，那么驽马在 $15\frac{135}{191}$ 日中共行 $1402\frac{1}{2}$ 里 $+63\frac{99}{382}$ 里 $=1465\frac{145}{191}$ 里。如果除不尽，就以法作分母命名一个分数。　[9] 平：齐一，均等。平行：匀速行进。　[10] 求初末

益疾减迟之数：就是求从第 1 日到最后 1 日增加的或减少的里数。中平之积：各项平均值之和，即 $\frac{1}{2}n(n-1)$。中平，平均。疾，急速。 [11] 刘徽给出了等差数列前 n 项之和公式的另一形式 $S_n=a_1n+\frac{[1+(n-1)](n-1)}{2}d=a_1n+\frac{n(n-1)}{2}d$ 。

［点评］

此亦非线性问题，答案也是近似的。由等差数列求和公式，设良、驽二马 n 日相逢，则良马所行为 $S_n=[193+(n-1)\times13\div2]\,n$，驽马所行为 $S_n'=[97+(n-1)\times\frac{1}{2}\div2]\,n$。依题设，$S_{15}+S_{15}'$ =[193 里 + ($n-1$) ×13 里 ÷2]+[97 里 + ($n-1$) × $\frac{1}{2}$ 里 ÷2] n=6000 里。整理得 $5n^2+227n=4800$，于是 $n=\frac{1}{2}\left(\sqrt{147529}-227\right)$ 为相逢日。

今有人持钱之蜀贾[1]，利：十，三。初返，归一万四千；次返，归一万三千；次返，归一万二千；次返，归一万一千；后返，归一万。凡五返归钱，本利俱尽。问：本持钱及利各几何？

答曰：

本三万四百六十八钱三十七万一千二百九十三分钱之八万四千八百七十六，

利二万九千五百三十一钱三十七万一千

二百九十三分钱之二十八万六千四百一十七。

术曰[2]：假令本钱三万，不足一千七百三十八钱半；令之四万，多三万五千三百九十钱八分。按：假令本钱三万[3]，并利为三万九千，除初返归留，余，加利为三万二千五百；除二返归留，余，又加利为二万五千三百五十；除第三返归留，余，又加利为一万七千三百五十五；除第四返归留，余，又加利为八千二百六十一钱半；除第五返归留，合一万钱，不足一千七百三十八钱半。若使本钱四万[4]，并利为五万二千，除初返归留，余，加利为四万九千四百；除第二返归留，余，又加为利四万七千三百二十，除第三返归留，余，又加利为四万五千九百一十六；除第四返归留，余，又加利为四万五千三百九十钱八分；除第五返归留，合一万，余三万五千三百九十钱八分，故曰多。　又术[5]：置后返归一万，以十乘之，十三而一，即后所持之本。加一万一千，又以十乘之，十三而一，即第四返之本。加一万二千，又以十乘之，十三而一，即第三返之本。加一万三千，又以十乘之，十三而一，即第二返之本。

加一万四千，又以十乘之，十三而一，即初持之本。并五返之钱以减之，即利也。

[注释]

[1] 之蜀贾：到蜀地做买卖。贾(gǔ)：做买卖。李籍《音义》云："贾，一本作'价'。"是当时还有一部作"价"的抄本。利：十，三：即$\frac{3}{10}$的利息，本利＝本钱 ×（1+$\frac{3}{10}$）。 [2] 此谓假令本钱为30000钱，不足$1738\frac{1}{2}$钱，假令本钱为40000钱，盈余$35390\frac{4}{5}$钱，将其代入求不盈不朒的正数的公式，则本钱＝$\left(30000钱\times 35390\frac{4}{5}钱+40000钱\times 1738\frac{1}{2}钱\right)\div\left(35390\frac{4}{5}钱+1738\frac{1}{2}钱\right)=30468\frac{84876}{371293}$钱。 [3]"假令本钱三万"十七句：是说假令本钱是30000钱，初返本利为$30000钱\times\left(1+\frac{3}{10}\right)=39000$钱。归留14000钱，余25000钱。二返本利为$25000钱\times\left(1+\frac{3}{10}\right)=32500$钱。归留13000钱，余19500钱。三返本利为$19500钱\times\left(1+\frac{3}{10}\right)=25350$钱。归留12000钱，余13350钱。四返本利为$13350钱\times\left(1+\frac{3}{10}\right)=17355$钱。归留11000钱，余6355钱。五返本利为$6355钱\times\left(1+\frac{3}{10}\right)=8261\frac{1}{2}$钱。除去第五返归留10000钱，$8261\frac{1}{2}钱-10000钱=-1738\frac{1}{2}$钱，所以说不足$1738\frac{1}{2}$钱。 [4]"若使本钱四万"十八句：是说假令本钱是40000钱，初返本利为$40000钱\times\left(1+\frac{3}{10}\right)=52000$钱。归

留 14000 钱，余 38000 钱。二返本利为 38000 钱 $\times\left(1+\frac{3}{10}\right)=$ 49400 钱。归留 13000 钱，余 36400 钱。三返本利为 36400 钱 $\times\left(1+\frac{3}{10}\right)=$47320 钱。归留 12000 钱，余 35320 钱。四返本利为 35320 钱 $\times\left(1+\frac{3}{10}\right)=$45916 钱。归留 11000 钱，余 34916 钱。五返本利为 34916 钱 $\times\left(1+\frac{3}{10}\right)=45390\frac{8}{10}$ 钱。除去第五返归留 10000 钱，$45390\frac{8}{10}$ 钱 -10000 钱 $=35390\frac{8}{10}$ 钱，所以说盈余 $35390\frac{8}{10}$ 钱。　[5] 刘徽提出不应用盈不足术的又术，即由第五返归留 10000 钱开始，5 次应用今有术求解：第五次所持本钱 =10000 钱 $\times 10\div 13=7692\frac{4}{13}$ 钱。第四次所持本钱 $=\left(7692\frac{4}{13}+11000\text{ 钱}\right)\times 10\div 13=14378\frac{118}{169}$ 钱。第三次所持本钱 $=\left(14378\frac{118}{169}\text{ 钱}+12000\text{ 钱}\right)\times 10\div 13=20291\frac{673}{2197}$ 钱。第二次所持本钱 $=\left(20291\frac{673}{2197}\text{ 钱}+13000\text{ 钱}\right)\times 10\div 13=25608\frac{19912}{28561}$ 钱。第一次所持本钱 $=\left(25608\frac{19912}{28561}\text{ 钱}+14000\text{ 钱}\right)\times 10\div 13=30468\frac{84876}{371293}$ 钱。求利息的方法是：利息 =（14000 钱 +13000 钱 +12000 钱 +11000 钱 +10000 钱）$-30468\frac{84876}{371293}$ 钱 $=29531\frac{286417}{371293}$ 钱。

今有垣厚五尺，两鼠对穿。大鼠日一尺，小鼠亦日一尺。大鼠日自倍 [1]，小鼠日自半。问：几何日相逢？各穿几何？

　　荅曰：

二日一十七分日之二。

大鼠穿三尺四寸十七分寸之一十二，

小鼠穿一尺五寸十七分寸之五。

术曰[2]：假令二日，不足五寸；令之三日，有余三尺七寸半。大鼠日倍，二日合穿三尺；小鼠日自半，合穿一尺五寸。并大鼠所穿，合四尺五寸。课于垣厚五尺，是为不足五寸。令之三日，大鼠穿得七尺，小鼠穿得一尺七寸半，并之，以减垣厚五尺，有余三尺七寸半。以盈不足术求之，即得。以后一日所穿乘日分子，如日分母而一，即各得日分子之中所穿。故各增二日定穿，即合所问也。

[注释]

[1] 日自倍：后一日所穿是前一日的 2 倍，则各日所穿是以 2 为公比的递升等比数列。日自半：后一日所穿是前一日的 $\frac{1}{2}$ 倍，则各日所穿是以 $\frac{1}{2}$ 为公比的递减等比数列。 [2] 假令 2 日，不足 5 寸，假令 3 日，盈余 $37\frac{1}{2}$ 寸。将它们代入盈不足术求不盈不朒的正数的公式，则相逢日数 $=\left(3\text{日}\times 5\text{寸}+2\text{日}\times 37\frac{1}{2}\text{寸}\right)\div\left(5\text{寸}+37\frac{1}{2}\text{寸}\right)=2\frac{2}{17}$ 日。然此亦为近似解。求其准确解的方法是：设二鼠 n 日相逢，则大小鼠所穿分别为 $S_n=\frac{1\text{尺}\times\left(1-2^n\right)}{1-2}=$

(2^n-1)尺， $S_{15}{}' = \dfrac{1尺\times\left[1-\left(\frac{1}{2}\right)^n\right]}{1-\frac{1}{2}} = 2\times\dfrac{2^n-1}{2^n}$尺。由题设 $(2^n-1)尺+2\times\dfrac{2^n-1}{2^n}尺=5尺$。整理得 $2^{2n}-4\times2^n-2=0$，于是 $n=\dfrac{\log\left(2+\sqrt{6}\right)}{\log2}$。

[点评]

盈不足章分为两部分。第一部分是盈不足术、两盈两不足术、盈适足不足适足术及其例题，第二部分是盈不足术在一般数学问题中的应用。在人们解题能力尚不高的数学发展的早期，后者不失为解决数学难题的一种有效方法。数学史家钱宝琮、李约瑟认为盈不足术传入阿拉伯地区和欧洲，成为他们解决数学问题的主要方法。

卷八　方程[1] 以御错糅正负[2]

今有上禾三秉[3]，中禾二秉，下禾一秉，实三十九斗；上禾二秉，中禾三秉，下禾一秉，实三十四斗；上禾一秉，中禾二秉，下禾三秉，实二十六斗。问：上、中、下禾实一秉各几何？

答曰：上禾一秉九斗四分斗之一，
中禾一秉四斗四分斗之一，
下禾一秉二斗四分斗之三。

方程程[4]，课程也。群物总杂，各列有数，总言其实。令每行为率，二物者再程，三物者三程，皆如物数程之，并列为行，故谓之方程。行之左右无所同存[5]，且为有所据而言耳。此都术也[6]，以空言难晓，故特系之禾以决之。术曰[7]：置上禾三秉[8]，中禾二秉，下禾一秉，实三十九斗于右方。中、左禾列如右方。又列中、左行如右行也[9]。以右行上禾遍乘中行[10]，而以直除。为术之意，令少行减多行，返覆相减，则头位必先尽。上无一位，则此行亦阙一物矣。然而举率以相减[11]，不害余数之课也。若消去头位[12]，则下去一物之实。如是叠令左右行相减，审其正负，则可得而知。先令右行上禾乘中行[13]，为齐同之意。为齐同者，谓中行直减右行也。从简易虽不言齐同，以齐同之意观之，其义然矣。又乘其次[14]，亦以直除。复去左行首。然以中行中禾不尽者遍乘左行[15]，而以直除。亦令两行相去行之中禾也。左方下禾不尽者[16]，上为法，下为实。实即下禾之实。上、中禾皆去，故余数是下禾实，非但一秉。欲约众秉之实，当以禾秉数为法。列此[17]，以下禾之秉数乘两行，以直除，则下禾之位

这是刘徽关于方程的定义。

此符合现代线性方程组有解的条件。

这相当于列出今之线性方程组的增广矩阵。

刘徽在此提出了方程术消元的理论基础，符合现代线性方程组理论。刘徽对此没有试图证明，认为这是一条不证自明的公理。

直除法使线性方程组的每次变换，相当于今之矩阵变换。

刘徽在此一

直使用直除法求中禾、上禾，与《九章算术》的代入法有所不同。刘徽知道这种方法不如代入法简便。之所以使用，是为了开拓不同的思路。

《九章算术》在消去中、左行的首项及左行的中项之后，没有再用直除法，而是采用类似于今之代入法的方法求解。刘徽认为这种方法比一直使用直除法简约。

皆决矣。各以其余一位之秉除其下实。即计数矣[18]，用算繁而不省。所以别为法，约也。然犹不如自用其旧，广异法也。求中禾[19]，以法乘中行下实，而除下禾之实。此谓中两禾实[20]，下禾一秉实数先见，将中秉求中禾，其列实以减下实。而左方下禾虽去一秉[21]，以法为母，于率不通。故先以法乘，其通而同之。俱令法为母，而除下禾实。以下禾先见之实令乘下禾秉数，即得下禾一位之列实。减于下实，则其数是中禾之实也。余[22]，如中禾秉数而一，即中禾之实。余，中禾一位之实也。故以一位秉数约之，乃得一秉之实也。求上禾[23]，亦以法乘右行下实，而除下禾、中禾之实。此右行三禾共实，合三位之实，故以二位秉数约之，乃得一秉之实。今中、下禾之实，其数并见，令乘右行之禾秉以减之，故亦如前，各求列实，以减下实也。余[24]，如上禾秉数而一，即上禾之实。实皆如法，各得一斗。三实同用。不满法者，以法命之。母、实皆当约之。

[**注释**]

[1] 方程：中国古典数学的重要科目，“九数”之一，即今之线性方程组解法。 [2] 糅（róu）：本义是杂饭，引申为混杂，混

合。错糅：交错混杂。　[3] 禾：粟，今之小米。又指庄稼的茎秆。这里应该是带谷穗的谷秸。秉：禾束，禾把。李籍《音义》云："一禾为秉。"　[4] "程" 十一句，是刘徽关于方程的定义。自宋以来，直到 20 世纪，关于方程的含义多所误解，比如将 "方" 理解成方形、方阵、正、比、比方等；将 "程" 理解成式、表达式等；都是望文生义。方：并也。《说文解字》："方，并船也。像两舟，省总头形。" 程：本义是度量名，引申为事务的标准。《荀子・致仕》："程者，物之准也。"《九章算术》"冬（春、夏、秋）程人功" "程功" "程行" 和 "程粟" 等皆指标准度量。因此，方程的本义是并而程之，即将诸物之间的几个数量关系并列起来，考察其度量标准。刘徽的定义完全符合《九章算术》方程的本义。一个数量关系排成有顺序的一行，像一枝竹或木棍，一行行并列起来，恰似一条竹筏或木筏，这正是方程的形状。李籍《音义》云："方者，左右也。程者，课率也。左右课率，总统群物，故曰方程。" 李籍的说法接近本义。程，就是求解其标准。行，古代竖为行，横为列，与今相反。因此古代方程的一行，仍是今之线性方程组的一行。只是古代的行自右向左排列。令每行为率，是说每一个数量关系构成一个有顺序的整体，并投入运算，类似于今之线性方程组中之行向量的概念。　[5] "行之左右无所同存" 二句指出，方程中没有等价的行，同时，每一行都是有根据的。　[6] 都术：普遍方法。决：古多作 "泱"。本义是开凿壅塞，疏通水道，引申为解决问题。刘徽认为，方程术是普遍方法，但太复杂，只好借助于禾来阐释。　[7] 方程术：即今之线性方程组解法，是《九章算术》最杰出的成就，它是什么时候产生的，不得而知。现在发现的秦汉数学简牍中没有方程术。在西方，直到 17 世纪人们才能解线性方程组。　[8] 这是列出方程，如图 8-1（1）所示，设 x，y，z 分别表示上、中、下禾一秉之实，它相当于线性方程组：

$$
\begin{aligned}
3x + 2y + z &= 39 \\
2x + 3y + z &= 34 \\
x + 2y + 3z &= 26
\end{aligned}
$$

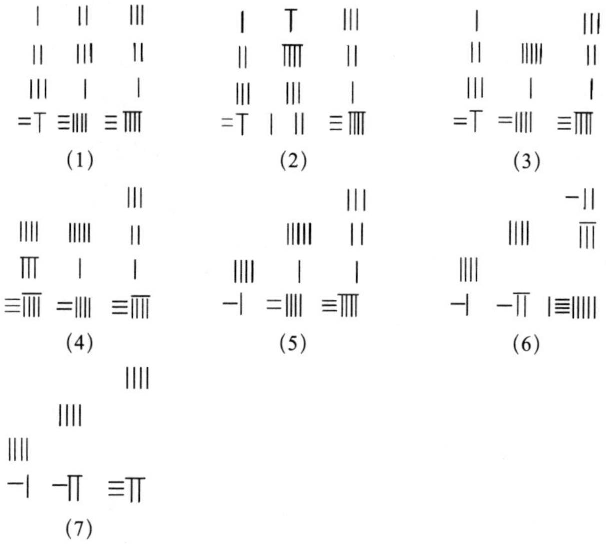

图 8-1　方程术筹式图

[9] 此句各本均窜于“术曰”之前，今校正。　[10] 遍乘：整个地乘，普遍地乘。直：当，临。除：减。直除：面对面相减，两行对减。此谓以右行上禾系数 3 乘整个中行，见图 8-1（2）。然后以右行与中行对减。如刘徽所说，以少行减多行，反复相减，中行上禾的系数变为 0，此行就缺少一个未知数，见图 8-1（3）。它相当于线性方程组：

$$
\begin{aligned}
3x + 2y + z &= 39 \\
5y + z &= 24 \\
x + 2y + 3z &= 26
\end{aligned}
$$

[11]“然而举率以相减”二句：是说方程的整行与整行相减，不影响方程的解。举：全。举率：整行。刘徽“令每行为率”，故举率即全行、整行。　[12]“若消去头位”五句：是说若消去了这一行

的头位，则下面的常数项也去掉一种物品的实。像这样，反复使左右行相减，考察它们的正负，就可以知道它们的结果。叠，重复，重叠。　[13]“先令右行上禾乘中行”七句：是说先使右行上等禾的秉数乘整个中行，是为了让它们齐同。为了做到齐同，就应当从中行对减右行。遵从简易的原则，虽然没有说齐同，不过以齐同的意图考察之，其意义是明显的。因为刘徽在方程中“令每行为率”，便可以将率的三种等量变换“乘以散之，约以聚之，齐同以通之”施用于方程的变换。以某数乘整行，就是“乘以散之”，也就是使该行其他项与其首项相齐。如果一行中诸系数和常数项有公因子，可以约去，就是“约以聚之”。从中行直减右行，直到使中行首项系数化为 0，就是同。而消元的过程就是“齐同以通之”。后来李淳风等在《张丘建算经注释》中将其概括为“同齐者，谓同行首，齐诸下”。　[14]“又乘其次”二句：是说以右行上禾系数 3 乘整个左行，以右行直减左行，使左行上禾系数也化为 0，亦即刘徽所说“复去左行首”，见图 8-1（4）。它相当于线性方程组：

$$
\begin{aligned}
3x + 2y + z &= 39 \\
5y + z &= 24 \\
4y + 8z &= 39
\end{aligned}
$$

[15]“然以中行中禾不尽者遍乘左行”二句：是说以中行中禾系数 5 乘左行整行，以中行直减左行，4 度减，则左行中禾系数亦化为 0，亦即刘徽所说“亦令两行相去行之中禾也”。　[16]“左方下禾不尽者”四句：是说左行的下等禾没有减尽的，上方的作为法，下方的作为实。这里的实就是下等禾之实。换言之，左行下禾系数为 36，实为 99。下禾系数与实有公因子 9，以其约简，下禾系数为 4，作为法，实为 11，见图 8-1（5），它相当于线性方程组：

$$
\begin{aligned}
3x + 2y + z &= 39 \\
5y + z &= 24 \\
4z &= 11
\end{aligned}
$$

正如刘徽所说，左行的上等禾、中等禾皆消去了，所以余数就是下等禾之实，但不是1秉的。想约去众多的秉的实，应当以下等禾的秉数作为法。 [17]“列此”五句：是说列出这一行，以下等禾的秉数乘另外两行，以左行对减，则这二行下等禾位置上的系数就都被消去了。分别以各行余下的一种禾的秉数除下方的实。决：训绝。皆决：都消去了。在这里，刘徽仍用直除法由左行下禾系数消去中、右行的下禾系数，见图8-1（6）所示。它相当于线性方程组：

$$
\begin{aligned}
12x + 8y &= 145 \\
4y &= 17 \\
4z &= 11
\end{aligned}
$$

同样，再用中行中禾的系数消去右行中禾的系数，见图8-1（7）。它相当于线性方程组：

$$
\begin{aligned}
4x &= 37 \\
4y &= 17 \\
4z &= 11
\end{aligned}
$$

[18]“即计数矣”六句：是说而统计用算的次数，运算太烦琐而不简省。创造别的方法，是为了约简。然而这种方法还不如仍用其旧法，不过，这是为了扩充不同的方法。即：训则。数：用算的次数。 [19]“求中禾”三句：是说为了求中禾，以左行的法即下禾的系数乘中行的下实，减去左行下禾的实。记直除后中行的实为B'，中禾的系数为b_2'，下禾的系数为b_3'，左行的法为c_3'，下实为C'，则得$B'c_3'-C'b_3'$。在此问中即$24\times4-11\times1=85$。显然由此开始，不再使用直除法，而是类似于今之代入法的方

法。　[20]“此谓中两禾实”四句：是刘徽解释《九章算术》的方法：中行有中等、下等两种禾的实，而1秉下等禾的实数已先显现出来了，那么从中等禾的秉数求中等禾的实，就用下禾的列实去减中行下方的实。中，谓中行。中两禾实，中行的中、下两种禾之实。见（xiàn），显现。中秉，中禾秉数。列实指下禾的实，即左行下禾的实乘中行的下禾秉数，此问中是11×1。　[21]“而左方下禾虽去一秉”十一句：是说虽可以减去左行1秉下等禾的实，可是以法作为分母，对于率不能通达。所以先以左行的法乘中行下方的实，使其通达而做到同。都以左行的法作为分母，而减去下等禾的实。以左行下等禾先显现的实乘中行下等禾的秉数，就得到下等禾一位的列实。以它去减中行下方的实，则其余数就是中等禾之实。“通而同之”系汉、魏关于齐同术的术语，它是通过“通”而做到“同”，与方田章的“同而通之”通过“同”做到“通”不同。　[22]“余”三句及其刘徽注四句：是说中禾之余实除以中行的中禾的秉数，即（$B'c_3'-C'b_3'$）÷$b_2'=B''$，就是中禾之实（仍以左行之法c_3'为法）。正如刘徽所说，余数是中等禾这一种物品的实。所以以它的秉数除之，就得到1秉中等禾的实。记右行的实为A，右行之上、中、下禾的系数为a_1，a_2，a_3，即得$Ac_3'-C'a_3-B''a_2$。此问中即以（24×4-11×1）÷5=17为中禾之实，以4为法。　[23]“求上禾”三句及其刘徽注十句：是说如果求上等禾的实，亦以左行之法乘右行下实，减去左行下等禾实乘右行下禾秉数，再减去中行中禾之实乘右行中禾秉数。刘徽说，右行是三种禾共有的实，是三种禾实之和，所以去掉二种禾的秉数，就得到一种的实。现在中、下等禾的实都显现出来了，便以它们乘右行中相应的禾秉数，以减下方的实，所以也像前面那样，分别求出中等禾、下等禾的列实，以它们减下方的实，就得到1秉一种禾的实。此问中即39×4-11×1-17×2=111。　[24]此谓其余数除以上等禾秉数，就是 1 秉上等禾之实。实皆除以法，分别得 1 秉的斗数。余：指以左行之法乘右行下实，减去左行下禾实乘右行下禾秉数，再减去中行中禾之实乘右行中禾秉数之余数。它除以右行上禾之秉数，即（$Ac_3' - C'a_3 - B''a_2$）$\div a_1$，就是上禾之实，仍以左行之法为法。在此问中就是（$39\times4-11\times1-17\times2$）$\div3=37$，仍以 4 为法。亦得到形如图 8-1（7）的方程。于是得到 1 秉上禾之实 $x=9\frac{1}{4}$ 斗，1 秉中禾之实 $y=4\frac{1}{4}$ 斗，1 秉下禾之实 $z=2\frac{3}{4}$ 斗。

［**点评**］

中国古典数学中的“方程”是今之线性方程组，与今之“方程”的含义不同。今之方程古代称为开方。1859 年李善兰（1811—1882）与传教士伟烈亚力（A. Wylie，1815—1887）合译棣么甘（De Morgen，1806—1871，今译为德·摩根）的《代数学》时，将 equation 译作“方程”，1872 年华蘅芳（1833—1902）与传教士傅兰雅（J. Fryer，1839—1928）合译华里司（William Wallace，1768—1843）的《代数术》时将 equation 译作“方程式”。华蘅芳在《学算笔谈》(1896）等著作中“方程”“方程式”并用，前者仍是《九章算术》本义，后者指 equation。1934 年数学名词委员会确定用“方程(式)”表示 equation，用“线性方程组”表示中国古代的“方程”。1956 年科学出版社出版的《数学名词》去掉了“式”字，最终改变了“方程”的本义。

实际上，明之后直至 20 世纪 80 年代，对方程的含义多所误解。“方”的本义是并，“程”的本义是事物的标准，引申为求事物的标准。因此，方程的本义是并而程之，即将诸物之间的几个数量关系并列起来，考察其度量标准。刘徽关于“方程”的定义完全符合方程的本义。

方程术是《九章算术》的最高成就。它使用直除法与类似于今之代入法的方法消元。刘徽提出“举率以相减，不害余数之课”的原理并用齐同原理论证了方程术的正确性。

刘徽指出方程术是“都术”即普通方法，但因为太复杂，不得不借助“禾实”来阐释。北宋贾宪《黄帝九章算经细草》提出了离开“禾”的比较抽象的方程术：“排列逐项问数，命首位物多者为主，以邻行数增乘求等，数等可以减损，余物与价即总数也，亦例乘之。一物既增，余物与价亦各升为一体。以原多物行内数目对减，其余次递增减，增少数与多数为停。如求对除以求位简，价可为实，物可为法而止。”

今有上禾七秉[1]，损实一斗，益之下禾二秉，而实一十斗；下禾八秉，益实一斗，与上禾二秉，而实一十斗。问：上、下禾实一秉各几何？

答曰：上禾一秉实一斗五十二分斗之一十八，

下禾一秉实五十二分斗之四十一。

术曰：如方程。损之曰益[2]，益之曰损。问者之辞虽[3]？今按[4]：实云上禾七秉、下禾二秉，实一十一斗；上禾二秉、下禾八秉，实九斗也。“损之曰益”，言损一斗，余当一十斗。今欲全其实，当加所损也。“益之曰损”，言益实以一斗，乃满一十斗。今欲知本实，当减所加，即得也。损实一斗者[5]，其实过一十斗也；益实一斗者，其实不满一十斗也。重谕损益数者，各以损益之数损益之也。

[注释]

[1] 设 x y 分别表示上、下禾一秉之实，题设相当于给出关系：

$$(7x-1)+2y=10$$

$$2x+(8y+1)=10$$

[2] “术曰”四句：是说如同方程术那样求解。“损之曰益”：关系式一端减损某量，相当于另一端增益同一量。“益之曰损”：关系式一端增益某量，相当于另一端减损同一量。 [3] 虽：古与“谁”通用，训“何”。问者之辞虽：提问者的话是什么意思呢？ [4] 刘徽指出，通过损益，其线性方程组就是

$$7x+2y=11$$

$$2x+8y=9$$

[5] “损实一斗者”四句：是说“损实一斗”，就是它的实超过 10 斗的部分；“益实一斗”，就是它的实不满 10 斗的部分。

［点评］

损益是建立方程的一种重要方法，虽然《九章算术》没有赋予其“损益术”之名，但从许多问题的术文声明“损益之”来看，它与正负术等术文具有同等的功能。损益之说本是先秦哲学家的一种辩证思想。《周易·损》：“损下益上，其道上行。”《老子·四十二章》：“物或损之而益，或益之而损。”其他学者也经常用到“损益”。《九章算术》的编纂者借用“损益”这一术语，仍是增减的意思，与《老子》之说十分接近，当然其含义稍有不同。一般认为，代数 algebra 来自于阿拉伯文 al jabr，是因为花拉子米（Al-Khowârizmî，约 783—约 850）写了一部代数著作《算法与代数学》（*al-Kitābal-mukhta sarfi hisab al-jabr wa al-muquābala*）。Al jabr 在阿拉伯文中的意思是“还原”或“移项”，解方程时将负项由一端移到另一端，变成正项，就是“还原”；*wa al-muquābala* 是“对消”，即将两端相同的项消去或合并同类项（D. E. Smith, *History of Mathematics*, vol. Ⅱ, Dover Publications, P. 382, 1925）。显然，《九章算术》使用还原与合并同类项，要比花拉子米早上千年左右。

今有上禾二秉，中禾三秉，下禾四秉，实皆不满斗。上取中、中取下、下取上各一秉而实满斗[1]。问：上、中、下禾实一秉各几何？

答曰：上禾一秉实二十五分斗之九，

中禾一秉实二十五分斗之七，

下禾一秉实二十五分斗之四。

术曰：如方程。各置所取[2]。置上禾二秉为右行之上，中禾三秉为中行之中，下禾四秉为左行之下。所取一秉及实一斗各从其位。诸行相借取之物，皆依此例。以正负术入之[3]。

这是刘徽关于正负数的相当抽象而严谨的定义。

正负术[4]曰：今两筭得失相反[5]，要令正负以名之。正筭赤，负筭黑。否则以邪正为异。方程自有赤黑相取[6]，法实数相推求之术，而其并减之势不得广通，故使赤黑相消夺之。于筭或减或益[7]，同行异位殊为二品，各有并减之差见于下焉。著此二条，特系之禾以成此二条之意。故赤黑相杂足以定上下之程[8]，减益虽殊足以通左右之数，差实虽分足以应同异之率。然则其正无人以负之[9]，负无人以正之，其率不妄也。同名相除[10]，此为以赤除赤，以黑除黑。行求相减者[11]，为去头位也。然则头位同名者当用此条；头位异名者当用下条。异名相益[12]，益行减行[13]，当各以其类矣。其异名者，非其类也。非其类者，犹无对也，非所得减也。故赤用黑对则除[14]，黑，无对则除，黑；黑用赤对则除[15]，赤，无对则除，赤；赤、黑并于本数。

这是正负数减法法则。

此为相益之[16]，皆所以为消夺。消夺之与减益成一实也。术本取要[17]，必除行首，至于他位，不嫌多少，故或令相减，或令相并，理无同异而一也。**正无人负之[18]，负无人正之**。无人，为无对也。无所得减，则使消夺者居位也。其当以列实或减下实[19]，而行中正、负杂者亦用此条。此条者，同名减实、异名益实，正无人负之，负无人正之也。**其异名相除[20]，同名相益，正无人正之，负无人负之**。此条“异名相除”为例，故亦与上条互取。凡正负所以记其同异[21]，使二品互相取而已矣。言负者未必负于少，言正者未必正于多。故每一行之中虽复赤黑异算无伤。然则可得使头位常相与异名。此条之实兼通矣[22]，遂以二条返覆一率。观其每与上下互相取位，则随算而言耳，犹一术也。又[23]，本设诸行，欲因成数以相去耳，故其多少无限，令上下相命而已。若以正负相减[24]，如数有旧增法者，每行可均之，不但数物左右之也。

这是正负数加法法则。

[注释]

[1] 设 x，y，z 分别表示上、中、下禾一秉之实，它相当于线性方程组：

$$\begin{aligned} 2x + y \quad\quad &= 1 \\ 3y + z &= 1 \\ x \quad\quad + 4z &= 1 \end{aligned}$$

其筹式见图 8-2（1）。

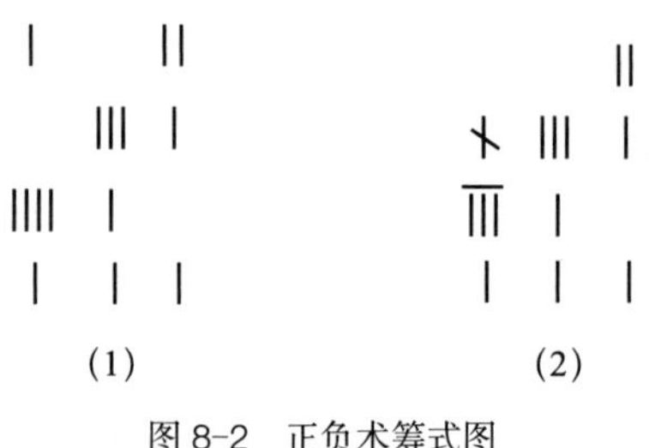

图 8-2　正负术筹式图

[2] 此谓分别布置所借取的数量。刘徽说，凡是各行之间有互相借取物品的问题，皆依照此例。　[3] 入：纳入。此谓将正负术纳入其解法。此问的方程在消去左行上禾的系数时，其中会出现 0-1=-1 的运算，从而变成

$$\begin{aligned} 2x + y \quad\quad &= 1 \\ 3y + \ z &= 1 \\ -y + 8z &= 1 \end{aligned}$$

所以要用到正负术求解。其筹式见图 8-2（2）。　[4] 正负术即正负数加减法则。　[5]“今两算得失相反”五句：是说如果两个算数所表示的得与失是相反的，必须引入正负数以命名之。这是刘徽的正负数定义。它表明正数与负数是互相依存的、相对的。正数相对于负数而言为正数，负数相对于正数而言为负数。因此，正数与负数可以互相转化，已经摆脱了以盈为正，以欠为负的素朴观念。刘徽又记述了正负数的算筹表示法。不过学术界在理解上尚有不同意见。有的学者认为“正算赤，负算黑”是整个算筹涂成红色或黑色，有的学者认为只是在算筹上有红色或黑色的标记。有的学者认为“以邪正为异”是指邪置、正置，有的学者认为指正算的截面为正三角形，负算的截面为正方形。宋元时

期常在算筹上置一邪筹表示负数。本书以这种方式表示负数，见图 8-2（2）左行的丨，就表示 -1。 [6]“方程自有赤黑相取”四句：是说方程术自有红算数与黑算数互相借取，法与实的数值互相推求的方法，然而它们相加相减的态势不能广泛通达，所以使红算数与黑算数互相消减夺位。相取，互相借取。消夺，指相消与夺位两种运算。相消是以某数消减另一个数。如果将该数相消化为 0，则就是夺，即夺其位。 [7]“于算或减或益”五句：是说对于算数，有的减损，有的增益，它们在同一行的不同位置上，完全表示两种不同的物品，它们各有加有减，其和差显现于下方的位置上。于是，撰著这两条法则，并且特地将它们与禾联系起来，为的是阐明此两条的意义。益，加，增益。二品，两种物品。二条，正负数加法法则与正负数减法法则。刘徽在此说明为什么必须建立赤黑相消夺之术，即正负术。 [8]“故赤黑相杂足以定上下之程”三句：是说因此红算数与黑算数虽然互相错杂，却足以确定上下的程式，相减相加虽然不同却足以使左右行之数互相通达，差与实虽然有区别，却足以适应于同号异号的计算。赤黑相杂，指方程的一行中正负数相杂。减益虽殊，指方程中左右行相对的正负数相加减。差实虽分，指各行中诸未知数的系数与实的关系。刘徽在此说明正负术在这三种情况中的应用。“率”指计算方法。“率”的本义是标准，引申为按标准计算，计算方法。《隋书·律历志》在谈到数学方法时说：“夫所谓率者，有九流焉。”下“其率不妄”之“率”同。 [9]“然则其正无人以负之”三句：是说那么在减法运算中正的算数如果无偶，就变成负的，负的算数如果无偶，就变成正的，其计算方法并不是虚妄的。人，偶，伴侣。《庄子·大宗师》：“彼方且与造物者为人，而游乎天地之一气。”王先谦集解引王引之云：“为人，犹言为偶。”无人就是“无偶”。以，训则。 [10]“同名相除”三句：是说相减的两个数如果符号相同，则它们的数值相减，即刘徽所说的“以赤除赤”“以黑除黑”，则它们的数值（这里是绝对值）相减。即 $(\pm a)-(\pm b)=\pm(a-b)$，$a>b$，$(\pm a)-(\pm b)=\mp(a-b)$，$a<b$。名，名分，指称，此处即今之正负号。同名即同号。除，这里是减的意思。 [11]“行求相减者”四句：是说诸行中要求相减，为的是消去它的头位。那么两行的头位如果是同号的，应当用此条；头位如果是异号的，应当用下条。相减，指相加、相减，偏词复义。为去头位，为的是消去头位。因为直除法只是消去某行的头位。“此条”指正负数减法法则中的“同名相除”。“下条”指正负数减法法则中的“异名相益”。 [12] 此谓相减的两个数如果符号不相同，则它们的数值相加，即以赤除黑，或以黑除赤，则它们的数值（也是绝对值）相加。即 $(\pm a)-(\mp b)=\pm(a+b)$。异名，即不同号。 [13]“益行减行”八句：是说不管是两行相加，还是相减，都应当分别依据它们的类别。如果是与它符号不同的，就不是它那一类的。不是它那一类的，就好像是没有对减的数，则就不可以相减了。这是说在建立正负数加减法则之前正负数是无法相加减的。其类：它们的类别，这里指同号、异号。无对，没有相对的数。 [14]“故赤用黑对则除”四句：是说红算数如果用黑算数作对减的数，则得黑算数，如果没有对减的数，也得黑算数。即 $(-a)-(+b)=-(a+b)$，$0-(+a)=-a$。 [15]“黑用赤对则除”五句：是说黑算数如果用红算数对减，则得红算数。如果黑算数没有与之对减的数，也得红算数。即 $(+a)-(-b)=+(a+b)$，$0-(-a)=a$。 [16]“此为相益之”三句：是说红算数与黑算数都是原本的数相加。这里是两者相增益，都是用来消减夺位。消减夺位与减损增益使之成为一种物品的实。之，语气词。 [17]“术本取要”七句：是说数学方法最根本的是要抓住

其关键。方程术中必定要消去某一行的首位，至于其他位，不管是多少，所以有时是它们相减，有时是它们相加，不论符号是相同还是不同，原理都是一样的。而，训乃。 [18]“正无人负之”二句及其刘徽注四句：是说正数没有与之对减的数，则为负数。负数没有与之对减的数，则为正数。正如刘徽所说的“无人，为无对也”。没有相减的，则“使消夺者居位”，即夺位。即 $0-(+a)=-a$，$a>0$，$0-(-a)=+a$，$a>0$。 [19]“其当以列实或减下实”六句：是说那些应当以列实去减下方的实的，以及一行中正负数相错杂的，也应当应用这一条。这一条就是，同符号的就减实、不同符号的就加实，正数如果无偶就变成负数，负数如果无偶就变成正数。或，与“有”通，训而。此条，指正负数减法法则。 [20]“其异名相除”四句：是说如果两者是异号的，则它们的数值（这里是绝对值）相减，即 $(\pm a)+(\mp b)=\pm(a-b)$，$a>b$。如果相加的两者是同号的，则它们的数值（这里是绝对值）相加，即 $(\pm a)+(\pm b)=\pm(a+b)$。如果正数没有与之相加的，则为正数，即 $0+(+a)=+a$，$a>0$。如果负数没有与之相加的，则为负数，即 $0+(-a)=-a$，$a>0$。这是正负数加法法则。 [21]“凡正负所以记其同异”六句：是说凡是正负数所以记出它们的同号异号，只是使二种物品互取而已。表示成负的，其数值未必就小，表示成正的，其数值未必就大。所以每一行之中即使将红算与黑算互易符号，也没有什么障碍。那么可以使两行的头位取成互相不同的符号。 [22]“此条之实兼通矣”五句：是说这些条文的实质全都是相通的，于是以上两条翻来覆去都是同一种运算。考察它们在一行中上下互相选取的符号，则都是根据运算的需要而定的，如同一种方法，即 $(\pm a)-(\pm b)=(\pm a)+(\mp b)=\pm(a-b)$。 [23]“又”五句：是说又，设置诸行，本意是想凭借已经确定的数互相消减，所以不管行数是多少，使上下相命就可以了。成，训定。成数，指确定的数。 [24]“若以正负相减”四句：是说如一行诸数中有原来的法的重叠，那么这一行可以自行调节，不只是对各物品的数量利用左右行相消。增（céng），训层。增法，重叠的法，即有公因子。均，调和，调节，这里可以理解为约简。

［**点评**］

《九章算术》中负数的引入及正负数加减法则的提出，都是世界上最早的，超前其他文化传统几百年甚至上千年。直到 15—17 世纪，欧洲某些大数学家还不承认负数是数。

今有上禾五秉[1]，损实一斗一升，当下禾七秉；上禾七秉，损实二斗五升，当下禾五秉。问：上、下禾实一秉各几何？

答曰：上禾一秉五升，

下禾一秉二升。

术曰[2]：如方程。置上禾五秉正，下禾七秉负，损实一斗一升正。言上禾五秉之实多，减其一斗一升，余，是与下禾七秉相当数也。故互其算，令相折除[3]，以一斗一升为差。为差者，上禾之余实也。次置上禾七秉正[4]，下禾五秉负，损实二斗五升正。以正负术入之。按：正负之术本设列行，物程之数不限多少，必令与实上、下相次，而以每行各自为率。然而或减或益[5]，同行异位殊为二品，各自并、减之差见于下也。

今有上禾六秉[6]，损实一斗八升，当下禾一十秉；下禾一十五秉，损实五升，当上禾五秉。问：上、下禾实一秉各几何？

答曰：上禾一秉实八升，

下禾一秉实三升。

术曰：如方程。置上禾六秉正[7]，下禾一十秉负，损实一斗八升正。次，上禾五秉负，下禾一十五秉正，损实五升正。以正负术入之。言上禾六秉之实多，减损其一斗八升，余，是与下禾十秉相当之数。故亦互其算，而以一斗八升为差实。差实者，上禾之余实。

今有上禾三秉[8]，益实六斗，当下禾一十秉；下禾五秉，益实一斗，当上禾二秉。问：上、下禾实一秉各几何？

答曰：上禾一秉实八斗，

下禾一秉实三斗。

术曰[9]：如方程。置上禾三秉正，下禾一十秉负，益实六斗负。次置上禾二秉负，下禾五秉正，益实一斗负。以正负术入之。言上禾三秉之实少[10]，益其六斗，然后于下禾十秉相当也。故亦互其筭，而以六斗为差实。差实者，下禾之余实。

［注释］

[1] 记上、下禾一秉之实分别为 x，y，此问题设相当于给出关系：

$$5x-11=7y$$

$$7x-25=5y$$

[2] 此列出方程的右行，相当于$5x-7y=11$。未知数的系数有负数。 [3] 互其筭：交换算数，即损益。折除：折消。 [4] 再列出方程的左行，相当于$7x-5y=25$。 [5]“然而或减或益”三句：是说然而有的减损，有的增益，它们在同一行不同位置完全表示二种不同的物品，各自有加有减，其和差显现于下方。 [6] 记上、下禾一秉之实分别为 x，y，此问题设相当于给出关系：

$$6x-10y=18$$

$$15y-5=5x$$

[7]“置上禾六秉正”八句：是说得出方程，相当于

$$6x-10y=18$$

$$-5x+15y=5$$

两个未知数的系数都有负数。次，次置。 [8] 记上、下禾一秉之实分别为 x，y，此问题设相当于给出关系：

$$3x+6=10y$$

$$5y+1=2x$$

[9] 此谓得出方程，相当于：

$$3x-10y=-6$$

$$-2x+5y=-1$$

此不仅两个未知数都有负系数，而且实亦为负数。 [10]“言上禾三秉之实少”三句：是说3捆上等禾的实少，给它增益6斗，然后与10捆下等禾的实相等。于，训与。

［点评］

三问都是关于常数项和未知数项的损益问题。

今有牛五、羊二[1]，直金十两；牛二、羊五，直金八两。问：牛、羊各直金几何？

答曰：牛一直金一两二十一分两之一十三，

羊一直金二十一分两之二十。

术曰：如方程。假令为同齐[2]，头位为牛，当相乘。右行定，更置牛十，羊四，直金二十两；左行牛十，羊二十五，直金四十两。牛数等同，金多二十两者，羊差二十一使之然也。以少行减多行，则牛数尽，惟羊与直金之数见，可得而知也。以小推大[3]，虽四五行不异也。

[注释]

[1] 记牛、羊直金分别为 x、y，此问题设给出线性方程组：

$$5x+2y=10$$
$$2x+5y=8$$

见图 8-3（1）。　[2] 相乘：指头位互相乘，以做到齐同。假令做齐同变换，两行的头位是牛，应当互相乘，右行就确定了。通过齐同运算，右行由“牛五、羊二，直金十两”变换成“牛十、羊四，直金二十两”。以右行首项系数 5 乘左行整行，又以左行首项系数 2 乘右行整行，得到如图 8-3（2）所示的方程，它相当于：

$$10x+4y=20$$
$$10x+25y=40$$

以少行减多行，即以右行减左行，得方程见图 8-3（3），它相当于：

$$10x+4y=20$$
$$21y=20$$

因此 1 羊直金 $y=\frac{20}{21}$ 两。　[3] 刘徽认为，这一方法可以推广到任意多行的方程。

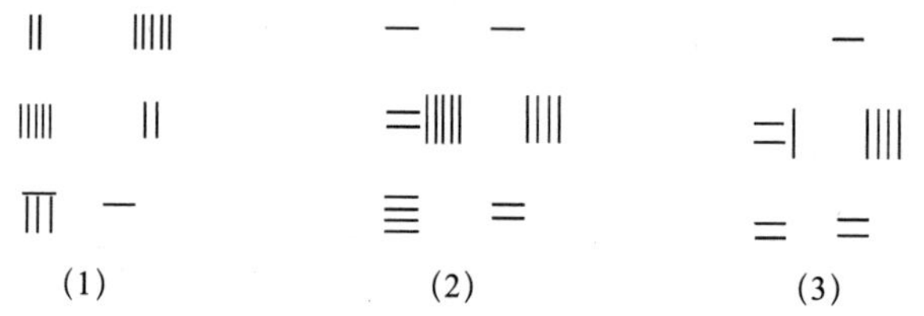

(1)　(2)　(3)

图 8-3　互乘相消法筹式图

[点评]

刘徽在牛羊直金问的注中创造了解线性方程组的互乘相消法。可惜，刘徽的这一创造长期未引起数学家的重视，直到北宋贾宪《黄帝九章算经细草》（11 世纪上半叶）才大量使用互乘相消法，同时也使用直除法。南宋秦九韶《数书九章》(1247)才废止直除法，完全使用互乘相消法。

今有卖牛二、羊五[1]，以买一十三豕，有余钱一千；卖牛三、豕三，以买九羊，钱适足；卖六羊、八豕，以买五牛，钱不足六百。问：牛、羊、豕价各几何？

答曰：牛价一千二百，

羊价五百，

豕价三百。

术曰[2]：如方程。置牛二、羊五正，豕一十三负，余钱数正；次，牛三正，羊九负，豕三正；次，五牛负，六羊正，八豕正，不足钱负。以正负术入之。此中行买、卖相折，钱适足，故但互买、卖筭而已。故下无钱直也。设欲以此行如方程法，先令二牛遍乘中行，而以右行直除之。是故终于下实虚缺矣，故注曰“正无实负，负无实正”[3]，方为类也。方将以别实加适足之数与实物作实。盈不足章黄金白银与此相当。“假令黄金九、白银一十一，称之重适等。交易其一，金轻十三两。问：金、银一枚各重几何？”与此同。

[注释]

[1] 记牛、羊、豕价分别为 x，y，z，此问题设相当于给出关系式：

$$2x+5y=13z+1000$$

$$3x+3z=9y$$

$$6y+8z=5x-600$$

[2] 列出方程，见图 8-4，它相当于线性方程组：

$$2x+5y-13z=1000$$

$$3x-9y+3z=0$$

$$-5x+6y+8z=-600$$

[3] 方：正是。方为类：正是为了这一类问题。刘徽此处所引当然是前人的旧注。

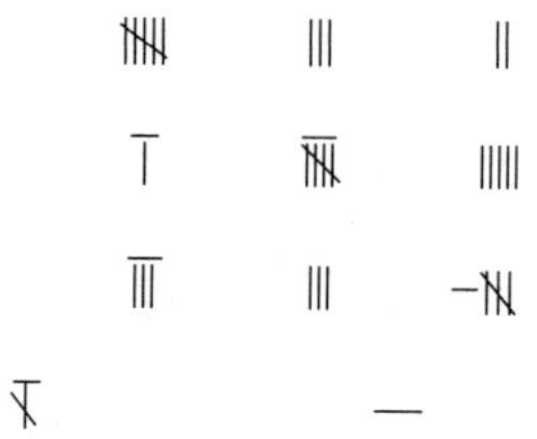

图 8-4　牛羊买豕问筹式图

今有五雀六燕[1]，集称之衡，雀俱重，燕俱轻。一雀一燕交而处，衡适平。并雀、燕重一斤。问：雀、燕一枚各重几何？

答曰：雀重一两一十九分两之一十三，

燕重一两一十九分两之五。

术曰：如方程。交易质之[2]，各重八两。此四雀一燕与一雀五燕衡适平。并重一斤，故各八两。

列两行程数[3]。左行头位其数有一者，令右行遍除。亦可令于左行[4]，而取其法、实于左。左行数多，以右行取其数。左头位减尽，中、下位筭当燕与实。右行不动，左上空。中法，下实，即每枚当重宜可知也。按[5]：此四雀一燕与一雀五燕其重等，是三雀四燕重相当，雀率重四，燕率重三也。诸再程之率皆可异术求也，即其数也。

[注释]

[1] 五雀六燕：后来衍化为成语，喻双方分量相等，如五雀六燕，铢两悉称。亦省作“五雀”。称（chēng）：称量。李籍《音义》云：“正斤两也。”衡：衡器，秤。李籍云：“权衡也。”《艺文类聚》卷九十二《鸟部 下》于“燕”字云：“《九章算术》曰：‘五雀六燕，飞集衡，衡适平。’”文字与此稍异。记 1 枚雀、燕的重量分别为 x、y，此问题设相当于给出关系式：

$$4x+y=x+5y$$

$$x+y=16$$

[2] 质：称、衡量。《汉语大字典》《汉语大词典》“质”之释义均以此问为例句。疑“称量”之义由“质”训评断、评量引申而来。此实际上给出形如图 8-5（1）所示的方程，相当于线性方程组：

$$4x+y=8$$

$$x+5y=8$$

[3] 由于左行头位为 1，令从右行四度减去左行，右行头位化为 0，下位为 −19，实为 −24。整行乘以 −1，如图 8-5（2）所示，即得 1 枚燕的重量。 [4] 此是消去方程左行头位的程序。因为左行

燕的枚数多，所以求燕的重量可以用此行，在此行求燕的法与实。以右行的头位 4 乘左行整行，减去右行，左行头位为 0，法为 19，实为 24，如图 8-5（3）所示。同样可以消去中位，求出 1 枚雀的重量。　[5] 异术：新异的方法，实际上就是刘徽在麻麦问提出的方程新术。由原方程即图 8-5（1）中的两行相减，下方的实变为 0，雀的系数为 3，燕的系数为 -4，也就是 3 雀相当于 4 燕，于是雀 : 燕 = 4 : 3，或 $x : y = 4 : 3$。任取一行，比如右行，用今有术将雀化为燕，即 $4 \times \frac{4}{3}y + y = 8$。于是 $y = \frac{24}{19} = 1\frac{5}{19}$ 两。

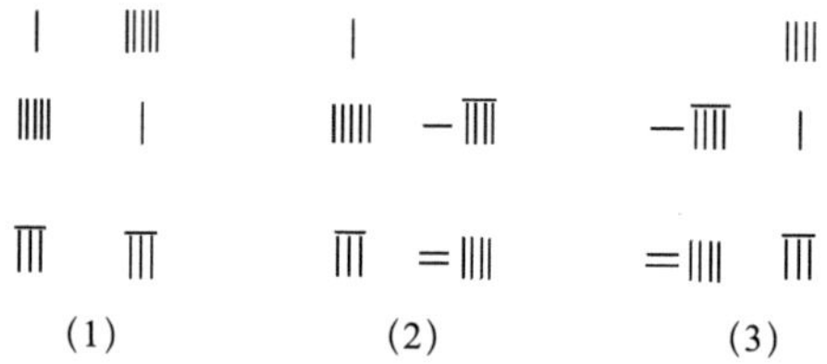

(1)　(2)　(3)

图 8-5　雀燕问筹式图

今有甲、乙二人持钱不知其数 [1]。甲得乙半而钱五十，乙得甲太半而亦钱五十。问：甲、乙持钱各几何？

答曰：甲持三十七钱半，

乙持二十五钱。

术曰 [2]：如方程。损益之。此问者言一甲、半乙而五十 [3]，太半甲、一乙亦五十也。各以分母乘其全，内子，行定：二甲、一乙而钱一百；二甲、三乙而钱一百五十。于是乃如方程。诸物有分者放此 [4]。

今有二马、一牛价过一万[5]，如半马之价；一马、二牛价不满一万，如半牛之价。问：牛、马价各几何？

答曰：马价五千四百五十四钱一十一分钱之六，

牛价一千八百一十八钱一十一分钱之二。

术曰：如方程。损益之。此一马半与一牛价直一万也[6]，二牛半与一马亦直一万也。“一马半与一牛直钱一万”[7]，通分内子，右行为三马、二牛，直钱二万。“二牛半与一马直钱一万”，通分内子，左行为二马、五牛，直钱二万也。

［注释］

[1] 记甲、乙持钱分别是 x，y，此问题设相当于给出关系式：

$$x+\frac{1}{2}y=50$$

$$\frac{2}{3}x+y=50$$

[2] 损益之：此处的“损益”与第 2 问的意义及其他有关问题的用法有所不同，是指将分数系数通过通分损益成整数系数。　[3] 刘徽指出其方程相当于线性方程组：

$$2x+y=100$$

$$2x+3y=150$$

[4] 放：训仿。此问是《九章算术》第一个分数系数方程，故刘徽指出其他有关分数系数的方程，仿此处理。 [5] 记马、牛之价分别是 x，y，此问题设相当于给出关系式：

$$(2x+y)-10000=\frac{1}{2}x$$

$$10000-(x+2y)=\frac{1}{2}y$$

[6] 损益之，得出

$$1\frac{1}{2}x+y=10000$$

$$x+2\frac{1}{2}y=10000$$

这里既有未知数和常数项的互其算，又有未知数的合并同类项。 [7] 刘徽说，通过通分纳子，将方程化成

$$3x+2y=20000$$

$$2x+5y=20000$$

[点评]

以上二问都是通过损益得到分数系数方程组。

今有武马一匹[1]，中马二匹，下马三匹，皆载四十石至坂，皆不能上。武马借中马一匹，中马借下马一匹，下马借武马一匹，乃皆上。问：武、中、下马一匹各力引[2]几何？

答曰：武马一匹力引二十二石七分石之六，

中马一匹力引一十七石七分石之一，

下马一匹力引五石七分石之五。

术曰：如方程。各置所借。以正负术入之[3]。

［注释］

[1] 武马：上等马。李籍《音义》云："武马，戎马也。戎马言武马者，犹《曲礼》谓戎车为武车也。取其健猛而善行也。"坂（bǎn）：斜坡。李籍云："不平也。"借：李籍云："从人假物也。"记 1 匹武马、中马、下马之力引分别是 x，y，z，《九章算术》给出的方程相当于线性方程组：

$$x+y=40$$

$$2y+z=40$$

$$x+3z=40$$

[2] 引：本义是拉弓、开弓，引申为牵引、拉。李籍《音义》云："引，重也。"力引：拉力，牵引力。　[3] 此问的方程是已经讨论过的类型，刘徽没有注。

今有五家共井[1]，甲二绠不足，如乙一绠；乙三绠不足，以丙一绠；丙四绠不足，以丁一绠；丁五绠不足，以戊一绠；戊六绠不足，以甲一绠。如各得所不足一绠，皆逮。问：井深、绠长各几何？

荅曰：井深七丈二尺一寸，

甲绠长二丈六尺五寸，

乙绠长一丈九尺一寸，

丙绠长一丈四尺八寸，

丁绠长一丈二尺九寸，

戊绠长七尺六寸。

术曰：如方程[2]。以正负术入之。此率初如方程为之[3]，名各一逮井。其后，法得七百二十一，实七十六，是为七百二十一绠而七十六逮井，并用逮之数以法除实者，而戊一绠逮井之数定，逮七百二十一分之七十六。是故七百二十一为井深[4]，七十六为戊绠之长，举率以言之。

［注释］

[1] 绠（gēng）：汲水用的绳索。李籍《音义》云：绠，“汲水索。”逮（dài）：及，及至。记甲、乙、丙、丁、戊绠长与井深分别是 x，y，z，u，v，w，此问题设相当于给出线性方程组：

$$2x+y=w$$

$$3y+z=w$$

$$4z+u=w$$

$$5u+v=w$$

$$6v+x=w$$

[2] 此依方程术求解，然而此方程 6 个未知数，只能列出 5 行，实际上是一个不定问题，有无穷多组解。《九章算术》的编纂者未

认识到这一点。 [3]“此率初如方程为之”九句：是说此法最初是如方程术那样求解出来的，指的是各达到一次井深。其后，得到法是721，实是76。这就是721根戊家的井绳而能76次达到井底，这是合并了达到井底的次数。如果以法除实，那么就确定了戊家1根井绳达到井底的数，达到井深的$\frac{76}{721}$。 [4]刘徽指出，以721为井深，76为戊绠长，129为丁绠长……是“举率以言之”。事实上，上述方程经过消元，可以化成

$$721x=265w$$
$$721y=191w$$
$$721z=148w$$
$$721u=129w$$
$$721v=76w$$

这实际上给出了$x:y:z:u:v:w=265:191:148:129:76:721$。显然，只要令$w=721n$，$n$=1，2，3，…都会给出满足题设的$x$，$y$，$z$，$u$，$v$，$w$的值。《九章算术》只是把其中的最小一组正整数解作为定解。

[点评]

此问6个未知数，只能列出5行，有无数组解，《九章算术》以最小一组作为答案。刘徽指出这是“举率以言之”，在中国数学史上第一次明确指出不定方程问题。

今有白禾二步、青禾三步、黄禾四步、黑禾五步[1]，实各不满斗。白取青、黄，青取黄、黑，黄取黑、白，黑取白、青，各一步，而实满斗。问：

白、青、黄、黑禾实一步各几何？

答曰：白禾一步实一百一十一分斗之三十三，

青禾一步实一百一十一分斗之二十八，

黄禾一步实一百一十一分斗之一十七，

黑禾一步实一百一十一分斗之一十。

术曰：如方程。各置所取。以正负术入之。

今有甲禾二秉、乙禾三秉、丙禾四秉，重皆过于石：甲二重如乙一[2]，乙三重如丙一，丙四重如甲一。问：甲、乙、丙禾一秉各重几何？

答曰：甲禾一秉重二十三分石之一十七，

乙禾一秉重二十三分石之一十一，

丙禾一秉重二十三分石之一十。

术曰：如方程。置重过于石之物为负[3]。此问者言甲禾二秉之重过于一石也[4]。其过者何云？如乙一秉重矣。互言其筭，令相折除，而一以石为之差实。差实者，如甲禾余实，故置筭相与同也。以正负术入之。此入，头位异名相除者，正无人正之，负无人负之也。

今有令一人[5]、吏五人、从者一十人，食鸡一十；令一十人、吏一人、从者五人，食鸡八；令五人、吏一十人、从者一人，食鸡六。问：令、吏、从者食鸡各几何？

答曰：令一人食一百二十二分鸡之四十五，

吏一人食一百二十二分鸡之四十一，

从者一人食一百二十二分鸡之九十七。

术曰：如方程。以正负术入之。

今有五羊、四犬、三鸡、二兔直钱一千四百九十六[6]；四羊、二犬、六鸡、三兔直钱一千一百七十五；三羊、一犬、七鸡、五兔直钱九百五十八；二羊、三犬、五鸡、一兔直钱八百六十一。问：羊、犬、鸡、兔价各几何？

答曰：羊价一百七十七，

犬价一百二十一，

鸡价二十三，

兔价二十九。

术曰：如方程。以正负术入之。

[注释]

[1] 记 1 步白禾、青禾、黄禾、黑禾之实分别是 x，y，z，u，此问题设相当于给出线性方程组：

$$2x + y + z = 1$$

$$3y + z + u = 1$$

$$x + 4z + u = 1$$

$$x + y + 5u = 1$$

消元中会产生负数，所以纳入正负术。这也是已经讨论过的情形，刘徽未出注。 [2] “甲二重如乙一”三句：是说 2 秉甲禾超过 1 石的重量与 1 秉乙禾的重量相等，3 秉乙禾超过一石的重量与 1 秉丙禾的重量相符，4 秉丙禾超过 1 石的重量与 1 秉甲禾的重量相符。此给出关系式：

$$2x - 1 = y$$

$$3y - 1 = z$$

$$4z - 1 = x$$

[3] 重过于石之物：指与某种禾的重量超过 1 石的部分相当的那种物品。此列出方程，相当于线性方程组：

$$2x - y = 1$$

$$2y - z = 1$$

$$-x + 4z = 1$$

[4] 这个问题是说，2 秉甲等禾的重量超过 1 石。那超过的部分是什么呢？就如同 1 秉乙等禾的重量。互相置换它们的算数，使其

互相折算，那么一律以 1 石作为差实，亦即二甲减一乙，三乙减一丙，四丙减一甲，则差实同是一石。差实，如同甲等禾余下的实，所以布置的算数都是相同的。 [5] 令：官名，古代政府机构的长官，如尚书令、大司农令等，也专指县级行政长官。吏：古代官员的通称。汉以后特指官府中的小官和差役。从：随从。李籍《音义》云："随也。" 记令、吏、从者 1 人食鸡分别是 x，y，z，此问给出的方程相当于线性方程组：

$$x+5y+10z=10$$

$$10x+y+5z=8$$

$$5x+10y+z=6$$

此亦为已经讨论过的类型，刘徽未出注。 [6] 记羊、犬、鸡、兔 1 只的价钱分别是 x, y, z, u，此问给出的方程相当于线性方程组：

$$5x+4y+3z+2u=1496$$

$$4x+2y+6z+3u=1175$$

$$3x+y+7z+5u=958$$

$$2x+3y+5z+u=861$$

此亦为已经讨论过的类型，刘徽未出注。

今有麻九斗、麦七斗、菽三斗、荅二斗、黍五斗，直钱一百四十[1]；麻七斗、麦六斗、菽四斗、荅五斗、黍三斗，直钱一百二十八；麻三斗、麦五斗、菽七斗、荅六斗、黍四斗，直钱一百一十六；麻二斗、麦五斗、菽三斗、荅九斗、黍四斗，直钱一百一十二；麻一斗、麦三斗、菽二斗、荅八斗、黍五斗，直钱九十五。问：一斗直几何？

答曰：麻一斗七钱，

麦一斗四钱，

菽一斗三钱，

荅一斗五钱，

黍一斗六钱。

术曰[2]：如方程。以正负术入之。此麻麦与均输、少广之章重衰、积分皆为大事[3]。其拙于精理徒按本术者，或用筭而布毡，方好烦而喜误，曾不知其非，反欲以多为贵。故其筭也，莫不暗于设通而专于一端。至于此类，苟务其成，然或失之，不可谓要约。更有异术者[4]，庖丁解牛，游刃理间，故能历久其刃如新。夫数，犹刃也，易简用之则动中庖丁之理。故能和神爱刃，速而寡尤。凡《九章》为大事[5]，按法皆不尽一百筭也。虽布筭不多，然足以筭多。世人多以方程为难，或尽布筭之象在缀正负而已，未暇以论其设动无方。斯胶柱调瑟之类。聊复恢演[6]，为作新术，著之于此，将亦启导疑意。网罗道精，岂传之空言？记其施用之例，著策之数，每举一隅焉。

以上实际上是刘徽为所创之方程新术写的序言。刘徽阐发了关于数学方法的精辟见解。

方程新术曰[7]：以正负术入之。令左、右相减，先去下实，又转去物位，则其求一行二物正、负相借者，是其相当之率。又令二物与他行互相去取，转其二物相借之数，即皆相当之率也。各据二物相当之率，对易其数，即各当之率也。更置成行及其下实[8]，各以其物本率今有之，求其所同，并，以为法。其当相并而行中正负杂者，同名相从，异名相消，余以为法。以下置为实。实如法，即合所问也。一物各以本率今有之[9]，即皆合所问也。率不通者[10]，齐之。

“各当之率”即“相与之率”。以上是方程新术的第一步。

这是方程新术的第二步：求某个未知数的值。

这是方程新术的第三步。

其一术曰[11]：置群物通率为列衰。更置成行群物之数，各以其率乘之，并，以为法。其当相并而行中正负杂者，同名相从，异名相消，余为法。以成行下实乘列衰，各自为实。实如法而一，即得。

以旧术为之[12]，凡应置五行。今欲要约。先置第三行[13]，减以第四行，又减第五行；次置第二行[14]，以第二行减第一行，又减第四行，去其头位；余，可半；次置右行及第二行[15]，去其头位；次以右行去第四行头位[16]；次以左行去第二行头位[17]；次以第五行去第一行头位[18]；次以第二行去第四行头位[19]；余，可半；以右行去第二行头位[20]；以第二行去第四行头位[21]。余[22]，约之为法、实，实如法而一，得六，

传本方程旧术答案的解矩阵是正确的，但消元程序错讹极多。清中叶戴敦元的校勘答案是对的，但不仅改变了解矩阵，而且改字太多。本文所载是笔者的校勘。期待有更准确的校勘。

即有黍价。以法治第二行[23]，得荅价，右行得菽价，左行得麦价，第三行麻价。如此凡用七十七筭[24]。以新术为此[25]：先以第四行减第三行。次以第三行去右行及第二行、第四行下位[26]。又以减左行下位[27]，不足减乃止。次以左行减第三行下位[28]。次以第三行去左行下位[29]。讫，废去第三行。次以第四行去左行下位[30]，又以减右行下位。次以右行去第二行及第四行下位[31]。次以第二行减第四行及左行头位[32]。次以第四行减左行菽位[33]，不足减乃止。次以左行减第二行头位[34]，余，可再半。次以第四行去左行及第二行头位[35]。次以第二行去左行头位[36]。余，约之，上得五，下得三，是菽五当荅三。次以左行去第二行菽位[37]，又以减第四行及右行菽位，不足减乃止。次以右行减第二行头位[38]，不足减乃止。次以第二行去右行头位[39]。次以左行去右行头位[40]。余，上得六，下得五。是为荅六当黍五。次以左行去右行荅位[41]。余，约之，上为二，下为一。次以右行去第二行下位[42]，以第二行去第四行下位[43]，又以减左行下位。次[44]，左行去第二行下位。余，上得三，下得四。是为麦三当菽四。次以第二行减第四行下位[45]。次以第四行去第二行下位。余，上得四，下得七，是为麻四当麦七。是为相当之率举矣[46]。据麻四当麦七[47]，即麻价率七而麦价率四；又麦三当菽四，即为麦价率四而菽价率三；又菽五当荅三，即为菽价率三而荅价率五；又荅六当黍五，即为荅价率五而黍价率六；而率通矣。更置第三行[48]，以第四行减之，余有麻一斗、菽四斗正，荅三斗负，下实四正。求其同为麻之数，以菽率三、荅率五各乘其斗数，如麻率七而一，菽得一斗七分斗之五正，荅得二斗七分斗之一负。则菽、荅化为麻。以并之，令同名相从，异名相消，余得定麻七分斗之四，以为法。置四为实，而分母乘之，实得二十八，而分子化为法矣。以法除得七，即麻一斗之价。置麦率四、菽率三、荅率五、黍率六[49]，皆以麻乘之，各自为实。以麻率七为法，所得即各为价。 亦可使置本行实与物同通之[50]，各以本率今有之，求其本率所得，并，以为法。如此，即无正负之异矣，择异同而已。 又可以一术为之[51]：置五行通率，为麻七、麦四、菽三、荅五、黍六，以为列衰。成行麻一斗、菽四斗正，荅三斗负，各以其率乘之。讫，令同名相从，异名相消，余为法。

又置下实乘列衰，所得各为实。此可以置约法，则不复乘列衰，各以列衰为价。如此则凡用一百二十四算也[52]。

用新术是124算，比用旧术77算多，这再一次看出，刘徽提出方程新术的意图在于说明同一类数学问题，可以用不同的方法解决，所谓“广异法”。

[注释]

[1] 记1斗麻、麦、菽、荅、黍的实分别是 x，y，z，u，v，此问给出的方程相当于线性方程组：

$$
\begin{aligned}
9x+7y+3z+2u+5v&=140\\
7x+6y+4z+5u+3v&=128\\
3x+5y+7z+6u+4v&=116\\
2x+5y+3z+9u+4v&=112\\
x+3y+2z+8u+5v&=95
\end{aligned}
$$

[2]《九章算术》用方程术并将正负术纳入求解。 [3]“此麻麦与均输、少广之章”十二句：是说此麻麦问与均输章的重衰、少广章的积分等都是重要问题。那些对数理的精髓认识肤浅，只知道按本来方法做的人，有时为了布置算数而铺下毡毯，正是喜好烦琐而导致错误，竟然不知道这样做不好，反而想以布算多为贵。所以他们都不通晓全面而通达的知识而拘泥于一孔之见。至于此类做法，即使努力使其成功，然而有时会产生失误，不能说是抓住了关键。重衰，指均输章用连锁比例求解的各个问题的方法。积分，指少广章开方及开立方问题。暗，不通晓，不明白，不了解。暗于设通，不通晓全面而通达。约（yào），要领，关键。 [4]“更有异术者”十句：是说更有一种新异的方法，就像是庖丁解牛，使刀刃在牛的肌理间游动，所以能历经很久其刀刃却像新的一样。数学方法，就像是刀刃，遵从易简的原则使用之，就常常正合于庖丁解牛的道理。所以只要能和谐精神，爱护刀刃，就会做得迅

速而错误极少。庖（páo），厨房，又作厨师，如越俎代庖。庖丁解牛，《庄子 · 养生主》中的一则寓言。云“庖丁为文惠君解牛，手之所触，肩之所倚，足之所履，膝之所踦，砉（huā）然向然，奏刀騞（huā）然，莫不中音”。文惠君曰：“善哉！技盖至此乎？”庖丁对曰：“臣之所好者，道也，进乎技矣。……方今之时，臣以神遇而不以目视，官知止而神欲行。……今臣之刀十九年矣，所解数千牛矣，而刀刃若新发于硎。彼节者有间，而刀刃者无厚。以无厚入有间，恢恢乎其于游刃必有余地矣，是以十九年而刀刃若新发于硎。” [5]“凡《九章》为大事”八句：是说凡是《九章算术》中成为大的问题，按方法都不足 100 步计算。虽然布算不多，然足以计算很复杂的问题。世间的人大都把方程术看得很难，或者认为布算之象只不过在点缀正、负数而已，没有花时间讨论它们的无穷变换。这是如同胶柱调瑟那样的事情。瑟，古代的拨弦乐器，见图 8-6，春秋时已流行。形似古琴，但无徽位，通常 25 弦，每弦一柱，鼓瑟者转动弦柱，以调节乐音。胶柱调瑟，用胶黏住瑟的弦柱而去调节音调，以比喻拘泥不知变通，又作“胶柱鼓瑟”。 [6]“聊复恢演”九句：是说我姑且展示演算，为之作一新术，撰著于此，只不过是启发开导疑惑之处。搜罗数理的精髓，岂能只说空话？我记述其施用的例子，运算的方法，在这里只举其一隅而已。聊，姑且，暂且，勉强。郑玄注《诗经 · 素冠》曰“聊，犹且也”。复，助词。聊复，姑且。南朝刘义庆《世说新语》有“未能免俗，聊复尔耳”之语，在刘徽之后矣。恢，张布，展开。不过李籍《音义》云：恢，“大也。”演，演算。不过李籍云：演，“广也”。聊复恢演，姑且展开演算。新术，即下文之方程新术，它有两种程序，一种是以今有术求解，

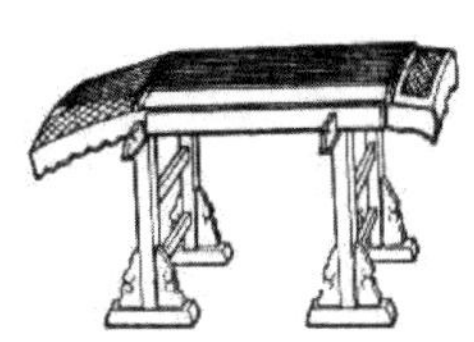
图 8-6 瑟

即方程新术本术。一种以衰分术求解，即“其一术”。网罗，搜罗。道精，道理的精髓。每举一隅，举一反三。 [7]“方程新术曰”十三句：是说方程新术说：将正负术纳入之。使左、右行相减，先消去下方的实，又转而消去某些位置上的物品，则由此求出某一行中二种物品以正、负表示的互相借取的数，就是它们的相当之率。又使此二种物品的系数与其他行互相去取，转而求出那些行的二种物品的互相借取之数，则全都是相当之率。分别根据二种物品的相当之率，对易其数，那么就是它们分别对应的率，即相与率。其，助词。相当之率，与相与之率相反的率关系。对易相当之率的两数，就变成相与之率。比如某行消成 $bx-ay=0$，$a>0$，$b>0$，那么 b，a 分别是 x，y 的相当之率，则 $x:y=a:b$，a，b 就是 x，y 的相与之率。各行的相与之率，通过通而同之，就求出了所有未知数的相与之率。各当之率，即相与之率。 [8]“更置成行及其下实”十一句：是说重新布置那确定的一行及其下方的实，分别以各种物品的本率应用今有术，求出各物同为某物的数，相加，作为法。如果其中应当相加而行中正负数相混杂的，那么同一符号的就相加，不同符号的就相消，余数作为法。以下方布置的数作为实。实除以法，便应该是所问的那种物品的数量。成，训定。成行，指所确定的一行。下置，下方所布置的实。设诸未知数为 x_1，x_2，⋯，x_n，已求出诸未知数的相与之率 $x_1:x_2:\cdots:x_n=m_1:m_2:\cdots:m_n$，成行为 $a_1x_1+a_2x_2+\cdots+a_nx_n=A$。若先求 x_j，则由今有术，$x_i=\dfrac{m_ix_j}{m_j}$，$i=1$，2，⋯，n，$i\neq j$。由此，成行化为 $a_1\dfrac{m_1}{m_j}x_j+a_2\dfrac{m_2}{m_j}x_j+$，⋯，$+a_n\dfrac{m_n}{m_j}x_j=A$，或$\left(a_1\dfrac{m_1}{m_j}+a_2\dfrac{m_2}{m_j}+\right.$，⋯，$\left.+a_n\dfrac{m_n}{m_j}\right)x_j=A$。于是 A 作为实，$a_1\dfrac{m_1}{m_j}+a_2\dfrac{m_2}{m_j}+\cdots+a_n\dfrac{m_n}{m_j}=$

$\sum_{i=1}^{n} a_i \frac{m_i}{m_j}$ 作为法，则 $x_j = A \div \sum_{i=1}^{n} a_i \frac{m_i}{m_j}$。成行是相消过程中项数较少的一行，亦可使用相消前方程的任意一行。[9]“一物各以本率今有之”二句：是说每一种物品各以其本率应用今有术，便都应该是所问的物品的数量，即求其他未知数的值 $x_i = \frac{m_i x_j}{m_j}$，$i$=1，2，…，$n$，$i \neq j$。[10]“率不通者”二句：是说其中如果有互相不通达的率，就使它们相齐。即使用齐同术，使诸率悉通。[11]“其一术曰”十三句：是说另一种方法：布置所有物品的通率，作为列衰。重新布置那确定的一行各个物品之数，各以其率乘之，相加，得 $\sum_{i=1}^{n} a_i m_i$，作为法。如果其中有应当相加而行中正负数相混杂的，那么同一符号的就相加，不同符号的就相消，余数作为法。以确定的这行下方的实乘列衰，得 Am_j，j=1，2，…，n，各自作为实。实除以法，即 $x_j = Am_j \div \sum_{i=1}^{n} a_i m_i$，$j$=1，2，…，$n$，便得到答案。通率，诸未知数的相与之率。[12] 旧术：旧的方法，它不是《九章算术》的方程术，而是一直使用直除法的方法。下文行、列仍按古代的意义，而以阿拉伯数字记算筹数字，则此 5 行方程如图 8-7（1）所示。此为 1 算。[13]“先置第三行”三句：是说以第 4 行减第 3 行，又去减第 5 行。按：由于位值制，这里是以第 3 行减去第 4 行后新的第 3 行（下类此）去减第 5 行，第 5 行头位变为 0，其方程如图 8-7（2）所示。此共 3 算。[14]“次置第二行”六句：是说再布置第 2 行，以第 2 行减第 1 行。以第 1 行减第 4 行。消去其头位；剩余的整行，可以被 2 整除，便除以 2，如图 8-7（3）所示。以上共 4 算。[15]“次置右行及第二行”二句：是说布置右行及第 2 行，分别以第 3 行二度减、七度减，其头位均变为 0，如图 8-7（4）所示。此共 11 算。[16] 此谓布置第 4 行，以右

1	2	3	7	9
3	5	5	6	7
2	3	7	4	3
8	9	6	5	2
5	4	4	3	5
95	112	116	128	140

（1）

0	2	1	7	9
3	5	0	6	7
−2	3	4	4	3
11	9	−3	5	2
5	4	0	3	5
91	112	4	128	140

（2）

0	0	1	7	2
3	2	0	6	1
−2	2	4	4	−1
11	6	−3	5	−3
5	1	0	3	2
91	50	4	128	12

（3）

0	0	1	0	0
3	2	0	6	1
−2	2	4	−24	−9
11	6	−3	26	3
5	1	0	3	2
91	50	4	100	4

（4）

0	0	1	0	0
3	0	0	6	1
−2	20	4	−24	−9
11	0	−3	26	3
5	−3	0	3	2
91	42	4	100	4

（5）

0	0	1	0	0
3	0	0	0	1
−2	20	4	−20	−9
11	0	−3	4	3
5	−3	0	−7	2
91	42	4	−82	4

（6）

0	0	1	0	0
3	0	0	0	0
−2	20	4	−20	−25
11	0	−3	4	−2
5	−2	0	−7	1
91	42	4	−82	−79

（7）

0	0	1	0	0
3	0	0	0	0
−2	0	4	−20	−25
11	2	−3	4	−2
5	−5	0	−7	1
91	−20	4	−82	−79

（8）

0	0	1	0	0
3	0	0	0	0
−2	0	4	0	−25
11	2	−3	28	−2
5	−5	0	−39	1
91	−20	4	−94	−79

（9）

0	0	1	0	0
3	0	0	0	0
−2	0	4	0	−25
11	0	−3	28	−2
5	62	0	−39	1
91	372	4	−94	−79

（10）

图 8-7　方程旧术运算图

行二度减第 4 行，第 4 行头位变为 0（头位均就有效数字而言），如图 8-7（5）所示。此共 3 算。 [17] 此谓布置第 2 行，以左行二度减第 2 行，第 2 行头位变为 0，如图 8-7（6）所示。此共 3 算。 [18] 此谓布置第 1 行，以第 5 行头位 3 遍乘第 1 行，减去第 5 行，第 1 行头位变为 0，如图 8-7（7）所示。此共 3 算。 [19]“次以第二行去第四行头位”三句：是说布置第 4 行，将第 2 行加于第 4 行，并整行除以 2。第 4 行头位变为 0，如图 8-7（8）所示。此共3算。 [20] 此谓布置第2行，以右行头位25遍乘第2行，二十度减右行，第 2 行头位变为 0。如图 8-7(9)所示。此共 21 算。 [21] 此谓布置第 4 行，以第 2 行头位遍乘第 4 行，二度减第 2 行，则第 4 行头位变为 0。第 4 行仅有黍的系数及下实，如图 8-7（10）所示。此共 4 算。 [22]“余”五句：是说以等数 62 约简第 4 行，作为法、实。实除以法，得 1 斗黍为 6 钱。此共 2 算。 [23]“以法治第二行”五句：是说将黍价 1 斗 6 钱代人第 2 行，减实，约简，得 1 斗荅为 5 钱。将黍、荅价代入右行，从实中减去，约简，得 1 斗菽为 3 钱。将黍、荅、菽价代入左行，从实中减去，约简，得 1 斗麦为 4 钱。将菽、荅价代入第 3 行，从实中减去，得 1 斗麻为 7 钱。此共 19 算。治，处理。 [24] 此谓如此凡用 77 算。按：一算即一次运算。 [25]“以新术为此”二句：是说以方程新术解决这个问题：先以第 4 行减第 3 行，如图 8-8（1）所示。[26] 此是说，再以第 3 行消去右行及第 2 行、第 4 行的下位，如图 8-8（2）所示。 [27]“又以减左行下位”二句：是说又以第 3 行消减左行，直到其下位不足减为止，如图 8-8（3）所示。 [28] 此谓再以左行减第 3 行，以消减其下位，如图 8-8（4）所示。 [29]“次以第三行去左行下位”三句：是说再以第 3 行消去左行下位，之后，废去第 3 行，如图 8-8（5）所示。以上是消去各行的下位。 [30]“次以第四行去左行下位”二句：是

1	2	1	7	9
3	5	0	6	7
2	3	4	4	3
8	9	-3	5	2
5	4	0	3	5
95	112	4	128	140

(1)

1	-26	1	-25	-26
3	5	0	6	7
2	-109	4	-124	-137
8	93	-3	101	107
5	4	0	3	5
95	0	4	0	0

(2)

-22	-26	1	-25	-26
3	5	0	6	7
-90	-109	4	-124	-137
77	93	-3	101	107
5	4	0	3	5
3	0	4	0	0

(3)

-22	-26	23	-25	-26
3	5	-3	6	7
-90	-109	94	-124	-137
77	93	-80	101	107
5	4	-5	3	5
3	0	1	0	0

(4)

-91	-26	-25	-26
12	5	6	7
-372	-109	-124	-28
317	93	101	107
20	4	3	5
0	0	0	0

(5)

39	-26	-25	0
-13	5	6	2
173	-109	-124	-28
-148	93	101	14
0	4	3	1
0	0	0	0

(6)

-39	-26	-25	0
-13	-3	0	2
173	3	-40	-28
-148	37	59	14
0	0	0	1
0	0	0	0

(7)

14	-1	-25	0
-13	5	6	2
133	43	-40	-28
-89	-22	59	14
0	0	0	1
0	0	0	0

(8)

17	-1	-25	0
-4	-3	0	2
4	43	-40	-28
-23	-22	59	14
0	0	0	1
0	0	0	0

(9)

17	-1	-2	0
-4	-3	-1	2
4	43	-9	-28
-23	-22	9	14
0	0	0	1
0	0	0	0

(10)

0	−1	0	0
−55	−3	5	2
735	43	−95	−28
−397	−22	53	14
0	0	0	1
0	0	0	0

（11）

0	−1	0	0
0	−3	5	2
−5	43	−95	−28
3	−22	53	14
0	0	0	1
0	0	0	0

（12）

0	−1	0	0
0	−3	5	2
−5	3	0	−3
3	2	−4	−1
0	0	0	1
0	0	0	0

（13）

0	−1	0	0
0	−3	1	2
−5	3	6	−3
3	2	−2	−1
0	0	−2	1
0	0	0	0

（14）

0	−1	0	0
0	−3	1	0
−5	3	6	−15
3	2	−2	3
0	0	−2	5
0	0	0	0

（15）

0	−1	0	0
0	−3	1	0
−5	3	6	0
3	2	−2	−6
0	0	−2	5
0	0	0	0

（16）

0	−1	0	0
0	−3	1	0
−5	3	6	−2
3	2	−2	0
0	0	−2	1
0	0	0	0

（17）

0	−1	0	0
0	−3	1	0
−5	3	2	−2
3	2	−2	0
0	0	0	1
0	0	0	0

（18）

0	−1	0	0
1	−2	1	0
−3	5	2	−2
1	0	−2	0
0	0	0	1
0	0	0	0

（19）

0	−1	0	0
1	−2	−3	0
−3	5	4	−2
1	0	0	0
0	0	0	1
0	0	0	0

（20）

0	−1	4	0
1	1	−7	0
−3	1	0	−2
1	0	0	0
0	0	0	1
0	0	0	0

（21）

图 8-8 方程新术运算图

说以第 4 行（仍是原来的序号）消去左行下位，又以第 4 行消减右行下位，如图 8-8（6）所示。 [31] 此谓再以右行消去第 2 行、第 4 行下位，如图 8-8（7）所示。 [32] 此谓再以第 2 行消减第 4 行、左行头位，如图 8-8（8）所示。 [33] “次以第四行减左行菽位”二句：是说再以第 4 行消减左行菽位（第 3 位），直到不足减为止，如图 8-8（9）所示。 [34] “次以左行减第二行头位”三句：是说再以左行消减第二行头位，其剩余的行可以两次被 2 整除，如图 8-8（10）所示。[35] 此句是说再以第四行加左行，减第二行，消去它们的头位，如图 8-8（11）所示。 [36] “次以第二行去左行头位”六句：是说再以第 2 行加左行，消去其头位。余数上为 -310，下为 186，以等数 62 约简之，上方得到 5，下方得到 3，这就是菽 5 相当于荅 3，如图 8-8（12）所示。 [37] “次以左行去第二行菽位”三句：是说再以左行消去第 2 行菽位，又以左行消减第四行及右行菽位，直到不足减为止，如图 8-8（13）所示。 [38] “次以右行减第二行头位”二句：是说再以右行减第 2 行，直到头位不足减为止，如图 8-8（14）所示。 [39] 再以第 2 行消去右行头位，如图 8-8（15）所示。 [40] “次以左行去右行头位”五句：是说再以左行消去右行头位，余数上为 -6，下为 5。这表示荅 6 相当于黍 5，如图 8-8（16）所示。 [41] “次以左行去右行荅位”五句：是说再以左行消去右行荅位，余数右行上为 -10，下为 5。以等数 5 约简，上为 -2，下为 1，如图 8-8（17）所示。 [42] 此谓再以右行消去第 2 行下位，如图 8-8（18）所示。[43]“以第二行去第四行下位”二句：是说再以第 2 行消去第 4 行下位，又以第 2 行消减左行下位，如图 8-8（19）所示。 [44]“次”六句：是说再以左行消去第 2 行下位，余数上得 -3，下得 4。这表示麦 3 相当于菽 4，如图 8-8（20）所示。 [45]“次以第四行去第二行下位”五句：是说再以第 2 行消减第 4 行下位，以第 4 行消去第 2 行下位。余数第 2 行上为 4，下为 -7。这表示麻 4 相当于麦 7，如图 8-8（21）所示。 [46] 此谓这样就列举出了各种谷物的相当之率，即麻 4 相当于麦 7，麦 3 相当于菽 4，菽 5 相当于荅 3，荅 6 相当于黍 5。 [47]“据麻四当麦七”九句：是说由麻 4 相当于麦 7，得出麻∶麦 =7∶4。由麦 3 相当于菽 4，得出麦∶菽 =4∶3。由菽 5 相当于荅 3，得出菽∶荅 =3∶5。由荅 6 相当于黍 5，得出荅∶黍 5∶6。由于麻与麦，麦与菽，菽与荅，荅与黍的四组率中，麦、菽、荅的率已各自相等，故麻∶麦∶菽∶荅∶黍 =7∶4∶3∶5∶6，或 $x:y:z:u:v=7:4:3:5:6$，因而诸率都互相通达了。 [48]“更置第三行”二十二句：是说重新布置第 3 行，以第 4 行减第 3 行，得到图 8-7（11）中的第 3 行，它相当于 $x+4z-3u=4$。欲先求 1 斗麻之价（x），需根据菽（z）、荅（u）与麻的相与之率，求菽、荅同为麻之数，即将 z，u 化为 x，得 $x+4\times\frac{3}{7}x-3\times\frac{5}{7}x=4$，即 $\left(1+4\times\frac{3}{7}-3\times\frac{5}{7}\right)x=4$。那么 1 斗麻价 $x=7$。 [49] 此谓利用已求出的麻价与麻、麦、菽、荅、黍各价的相与率，使用今有术，求出麦、菽、荅、黍诸价：1 斗麦价 $y=\frac{4}{7}x=\frac{4}{7}\times 7=4$，1 斗菽价 $z=\frac{3}{7}x=3$，1 斗荅价 $u=\frac{5}{7}x=5$，1 斗黍价 $v=\frac{6}{7}x=6$。 [50]“亦可使置本行实与物同通之”八句：是说也可以布置本行，将诸物与实同而通之，求其本率所对应的结果。此“本行”不是两行对减所得到的行，而是指原方程的任一行，比如左行：$x+3y+2z+8u+5v=95$。由诸未知数的相与之率，利用今有术，将其化成同一未知数，比如x，则$x+3\times\frac{4}{7}x+2\times\frac{3}{7}x+8\times\frac{5}{7}x+5\times\frac{6}{7}x=95$。于是$\left(1+3\times\frac{4}{7}+2\times\frac{3}{7}+8\times\frac{5}{7}+5\times\frac{6}{7}\right)x=95$，即$\frac{95}{7}x=95$。以$\frac{95}{7}$作为法，求出$x$，即得麻价 7。显然，这里没有正负数的加减问题，只是选择所同于的谷物罢了。 [51] 此是以上述“其一术”解麻麦问的细草，它归结到衰分术。以麻、麦、菽、荅、黍的相与率作为列衰，即$m_1:m_2:m_3:m_4:m_5=7:4:3:5:6$。以第 4 行减第 3 行，得到图 8-7（11）中的第 3 行作为成行，它相当于$x+4z-3u=4$。这里法为$\sum_{i=1}^{n}a_im_i=1\times7+4\times3-3\times5=4$；诸未知数的实为：麻的实$Am_1=4\times7$，麦的实$Am_2=4\times4$，菽的实$Am_3=4\times3$，荅的实$Am_4=4\times5$，黍的实$Am_5=4\times6$。分别以列衰作为价格即可。一般情况下，以下实乘列衰各为实，成行中的系数分别以列衰乘之，并为法，实如法，各得所求。然此问恰巧“下实”与“法”相等，可以约法，故不必以下实乘列衰，径直以列衰作为所求数即可。 [52] 刘徽认为，以方程新术计算需 124 算，比使用方程旧术多。

[点评]

方程术即线性方程组解法，堪称《九章算术》的最高成就，各地现收藏的秦汉数学简牍尚未发现方程术。方程术派生出两项重要成就：一是建立方程的损益术，约上千年后被西方视为代数学起源的阿拉伯地区的花拉子米使用的还原与合并同类项与此基本相同。一是提出正负术即正负数加减法则，超前其他民族几个世纪，甚至上千年。15—17世纪负数传入欧洲，许多著名数学家还不承认负数是数。刘徽不仅给出了方程的定义，而且以齐同原理和率的思想建立了方程术的理论基础，并创造了解方程的互乘相消法，现今的解法与之基本相同。

卷九　句股[1] 以御高深广远

今有句三尺[2]，股四尺，问：为弦几何？

荅曰：五尺。

今有弦五尺，句三尺，问：为股几何？

荅曰：四尺。

今有股四尺，弦五尺，问：为句几何？

荅曰：三尺。

句股短面曰句，长面曰股，相与结角曰弦。句短其股，股短其弦。将以施于诸率，故先具此术以见其原也。术曰[3]：句、股各自乘，并，而开方除之，即弦。句自乘为朱方[4]，股自乘为青方。令出入相补[5]，各从其类，因就其余不移动也，合成弦方之幂。开方除之，即弦也。

又[6]，股自乘，以减弦自乘，其余，开方除之，即句。臣淳风等谨按：此术以句、股幂合成弦幂[7]。句方于内，则句短于股。令股自乘，以减弦自乘，余者即句幂也。故开方除之，即句也。

又[8]，句自乘，以减弦自乘，其余，开方除之，即股。句、股幂合以成弦幂，令去其一，则余在者皆可得而知之。

"出入相补，各从其类"就是著名的出入相补原理。它在卷一、五称为"以盈补虚"，在卷五还称为"损广补狭"。最晚在《九章算术》时代，它就是推导面积和体积公式的主要方法。

今有圆材径二尺五寸，欲为方版[9]，令厚七寸。问：广几何？

答曰：二尺四寸。

术曰[10]：令径二尺五寸自乘，以七寸自乘减之，其余，开方除之，即广。此以圆径二尺五寸为弦，版厚七寸为句，所求广为股也。

由直径是勾股形的弦可知，《九章算术》时代已经通晓圆的一个重要性质：圆径所对的圆周角必定是直角。

今有木长二丈，围之三尺。葛生其下，缠木七周，上与木齐[11]。问：葛长几何？

答曰：二丈九尺。

术曰[12]：以七周乘围为股，木长为句，为之求弦。弦者，葛之长。据围广，求从为木长者其形葛卷裹袤[13]。以笔管青线宛转[14]，有似葛之缠木。解而观之，则每周之间自有相间成句股弦。则其间葛长，弦。七周乘围，并合众句以为一句；木长而股，短。术云木长谓之股，言之倒。句与股求弦[15]，亦无围，弦之自乘幂出上第一图。句、股幂合为弦幂，明矣。然二幂之数谓倒在于弦幂之中而已[16]，可更相表里，居里者则成方幂，其居表者则成矩幂。二表里形讹而数均。又按：此图句幂之矩青[17]，卷白表，是其幂以股弦差为广，股弦并为袤，而股幂方其里。股幂之矩青[18]，卷白表，是其幂以句弦差为广，句弦并为袤，而句幂方其里。是故差之与并[19]，用除之，短、长互相乘也。

[**注释**]

[1] 句股：中国古典数学的重要科目，由先秦“九数”中的“旁要”发展而来。贾宪《黄帝九章算经细草》将勾股容方解法称为勾股旁要法，我们推测，“旁要”除了测望城邑等一次测望问题外，还应当包括勾股术、勾股容方、勾股容圆等内容。郑玄引郑众注“九数”曰：“今有句股、重差也。”由此并根据《九章算

术》体例和内容的分析，可以推测，勾股问题在汉代得到了大发展，并形成了一个在深度、广度上都超过“旁要”的科目。张苍、耿寿昌整理《九章算术》，将其补充到原有的“旁要”卷，并将其改称“句股”。 [2] 句：勾股形中短直角边。刘徽说“短面曰句”。赵爽《周髀算经注》云：“横者谓之广。句亦广。广，短也。”股：勾股形中长直角边。刘徽说“长面曰股”。赵爽《周髀算经注》云：“从者谓之修。股亦修。修，长也。”弦：勾股形中的斜边。刘徽说“相与结角曰弦”。赵爽《周髀算经注》云：“径，直；隅，角也。亦谓之弦。” [3] 设勾、股、弦分别为 a，b，c，勾股术包括三种形式，相当于勾股定理的表达方式。第一种形式为 $\sqrt{a^2+b^2}=c$。勾股形见图 9-1（1）。 [4]《九章算术》与刘徽时代常给图形涂上朱、青、黄等不同的颜色。这里勾方为朱方，股方为青方，但并不是固定不变的。 [5] 这是刘徽记述的《九章算术》成书时代使用出入相补原理对勾股术的证明。由于文字过于简括，如何出入相补，历来说法不一，大约有 30 种不同方式。图 9-1（2）所示见之于李潢《九章算术细草图说》，分别作以勾、股、弦为边长的正方形，并将勾方、股方、弦方进行分割，将勾方中的Ⅰ，股方中的Ⅱ，Ⅲ分别移到弦方中的Ⅰ′，Ⅱ′，Ⅲ′，其余部分不移动，则勾方与股方恰好合成弦方。 [6] 此是勾股定理的第二种形式 $\sqrt{c^2-b^2}=a$。 [7] 此即 $a^2+b^2=c^2$。 [8] 此是勾股定理的第三种形式 $\sqrt{c^2-a^2}=b$。 [9] 版：木板，后作

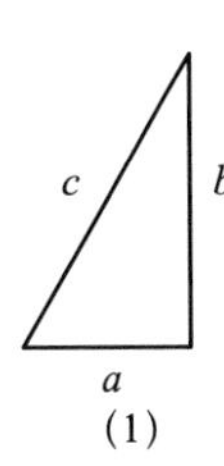

(1)

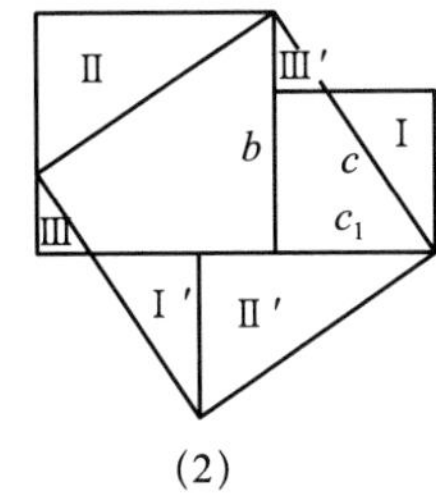

(2)

图 9-1　勾股术的出入相补

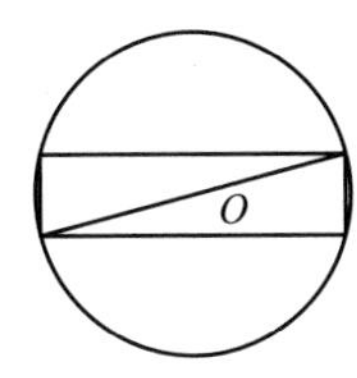

图 9-2　圆材为方版

“板”。 [10] 此即广 $\sqrt{(25寸)^2-(7寸)^2}=24寸$，如刘徽所说，版厚、版广和圆材的直径构成一个勾股形的勾、股、弦，由勾股又术，版广为 $b=\sqrt{c^2-a^2}$，见图 9-2。 [11] 葛缠木如图 9-3(1) 所示。 [12] 术文是将葛缠木问题化成木长作为勾，木之周长乘缠木周数作为股，葛长作为弦的勾股问题求解。 [13] 此谓根据围的广，求纵为木长而其形状如裹卷木的葛的长。 [14] “以笔管青线宛转”十二句：是说取一支笔管，用青线宛转缠绕之，就像葛缠绕树。把它解开而观察之，则每一周之间各自间隔成勾股弦。那么其间隔中葛的长，就是弦，如图 9-3（2）所示。7 周乘围广，就是合并各个勾股形的勾作为一个勾。树长作为股，却比勾短，所以如果术文说树长叫作股，就把勾、股说颠倒了。 [15] “句与股求弦”五句：是说在此问这种情况下，由勾与股求弦，如同没有缠绕的情形，弦自乘得到的幂也出自上面第一图，即勾股术已佚的第一图。那么勾幂与股幂合成弦幂，是很明显的。 [16] “然二幂之数谓倒在于弦幂之中而已”五句：是说这样，勾、股二幂之数倒互于弦幂之中，它们在弦幂中互相为表里，位于里面的就成为正方形的幂，那位于表面的就成为折矩形的幂。二组位于表、里的幂的形状不同而数值却相等。 [17] “此图句幂之矩青”五句：是说勾幂之矩呈青色，卷曲在白色的股方表面。勾幂之矩的广为股弦差 $c-b$，长为股弦并 $c+b$。股幂是正方形，在勾幂之矩的里面，见图 9-4（1）。 [18] “股幂之矩青”五句：

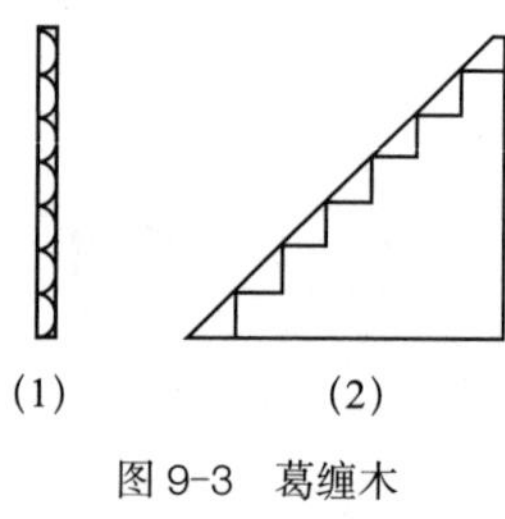
(1) (2)

图 9-3 葛缠木

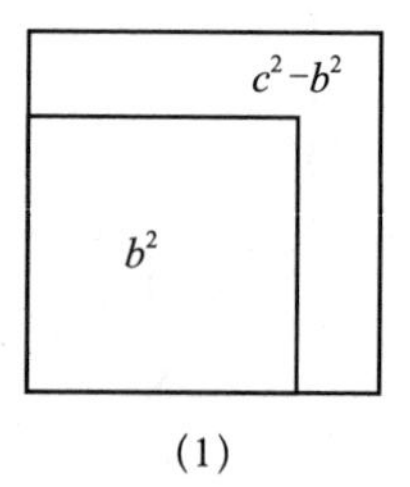

(1)

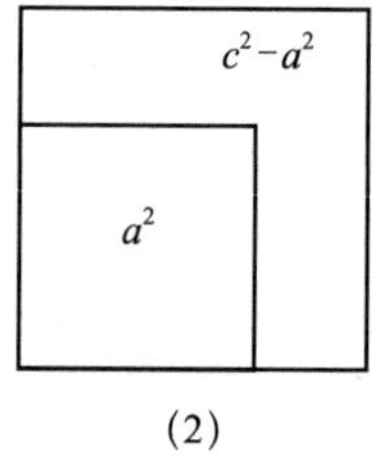

(2)

图 9-4 股方勾矩与勾方股矩

是说股幂之矩呈青色，卷曲在白色的勾方表面。股幂之矩的广为勾弦差 $c-a$，长为勾弦并 $c+a$。勾幂是正方形，在股幂之矩的里面，见图 9-4（2）。[19]“是故差之与并”二句：是说由于勾（或股）矩之幂是短（股弦差或勾弦差）、长（股弦并或勾弦并）互相乘，所以勾（或股）弦差与勾（或股）弦并的关系用除法表示出来，亦即 $c-a=\dfrac{c^2-a^2}{c+a}$，$c+a=\dfrac{c^2-a^2}{c-a}$，$c-b=\dfrac{c^2-b^2}{c+b}$，$c+b=\dfrac{c^2-b^2}{c-b}$。

［**点评**］

据《周髀算经》，勾股知识在中国起源很早，起码可以追溯到公元前 11 世纪的商高。商高答周公问曰：“句广三，股修四，径隅五。”公元前 5 世纪陈子答荣方问中已有勾股术的抽象完整的表述。刘徽认为解勾股形要用到勾、股、弦诸率，故“先具此术以见其源”。勾股术及 3 个勾、股、弦互求的例题以及圆材求方版、葛缠木问都是勾股术的直接应用，故归于一类。

今有池方一丈，葭生其中央[1]，出水一尺。引葭赴岸，适与岸齐。问：水深、葭长各几何？

答曰：水深一丈二尺，

葭长一丈三尺。

术曰：半池方自乘[2]，此以池方半之，得五尺为句，水深为股，葭长为弦。以句、弦见股，故令句自乘，

20 世纪起，许多中学数学课外读物中的印度莲花问题，实际上是此“引葭赴岸”问的改写，却晚出 1000 多年。数典不能忘祖，中国的课外读物，宜以此题为例。

先见矩幂也。以出水一尺自乘[3]，减之，出水者，股弦差。减此差幂于矩幂则除之。余，倍出水除之，即得水深。差为矩幂之广，水深是股。令此幂得出水一尺为长，故为矩而得葭长也。加出水数[4]，得葭长。臣淳风等谨按：此葭本出水一尺，既见水深，故加出水尺数而得葭长也。

今有立木，系索其末，委地三尺[5]。引索却行，去本八尺而索尽。问：索长几何？

答曰：一丈二尺六分尺之一。

术曰：以去本自乘[6]，此以去本八尺为句，所求索者，弦也。引而索尽、开门去阃者，句及股弦差同一术。去本自乘者，先张矩幂。令如委数而一[7]。委地者，股弦差也。以除矩幂，即是股弦并也。所得[8]，加委地数而半之，即索长。子不可半者，倍其母。加差者并，则两长，故又半之。其减差者并，而半之得木长也。

今有垣高一丈。倚木于垣，上与垣齐。引木却行一尺，其木至地。问：木长几何？

答曰：五丈五寸。

术曰[9]：以垣高一十尺自乘，如却行尺数而一。所得，以加却行尺数而半之，即木长数。此以垣高一丈为句，所求倚木者为弦，引却行一尺为股弦差。为术之意与系索问同也。

今有圆材埋在壁中[10]，不知大小。以锯锯之，深一寸，锯道长一尺。问：径几何？

岳麓书院藏秦简《数》亦有此问，文字古朴。

　　荅曰：材径二尺六寸。

术曰：半锯道自乘[11]，此术以锯道一尺为句，材径为弦，锯深一寸为股弦差之一半，锯道长是半也。　臣淳风等谨按：下锯深得一寸为半股弦差[12]，注云为股弦差者，锯道也。如深寸而一[13]，以深寸增之，即材径。亦以半增之，如上术，本当半之，今此皆同半差，故不复半也。

今有开门去阃一尺[14]，不合二寸。问：门广几何？

　　荅曰：一丈一寸。

术曰[15]：以去阃一尺自乘，所得，以不合二寸半之而一。所得，增不合之半，即得门广。此去阃一尺为句[16]，半门广为弦，不合二寸以半之，得一寸为股弦差，求弦。故当半之。今次以两弦为广数，不复半之也。

[注释]

[1] 葭：初生的芦苇。引葭赴岸见图 9-5。图 9-5（1）、（2）这类示意图均取自杨辉《详解九章算法》，下同。 [2] 此谓取池方的一半自乘，刘徽认为池方之半、水深、葭长构成一个勾股形。记池方之半为 a，水深为 b，葭长为 c，要以勾、弦表示出股，所以先将 a^2 表示成矩幂 $a^2=c^2-b^2$，见图 9-5（3）。这实际上是已知勾与股弦差求股、弦的问题。见（xiàn）：显现。 [3] 此谓以出水自乘减半池方自乘。其余数，以露出水面的长度的 2 倍除之，就得到水深。刘徽认为出水就是股弦差 $c-b$，将股弦差幂（$c-b$）^{2} 减勾矩幂 a^2，得 $a^2-(c-b)^2=2b(c-b)$，就可以做除法。股弦差 $c-b$ 是勾的折矩幂 c^2-b^2 的广，水深就是股。使这个幂得到露出水面的 1 尺，作为长，将它变成折矩，就得到芦苇的长。亦即水深为 $b=\dfrac{a^2-(c-b)^2}{2(c-b)}$，芦苇长 $c=\dfrac{a^2+(c-b)^2}{2(c-b)}$。 [4]“加出水数”二句：是说加芦苇露出水面的数，就得到芦苇的长。实际上是 $c=b+(c-b)$。 [5] 委（wěi）：抛置，堆积。委地：抛在地上，拖垂于地。后来刘义庆《世说新语》云陶侃母“头发委地”。 [6] 此谓以到木柱根部的距离自乘。刘徽认为，这里以到木柱根部的距离 8 尺作为勾，所求索长就是弦。以到木柱根部的距离自乘，是先展现勾的折矩幂，即先将 a^2 表示成矩幂 $a^2=c^2-b^2$，见图 9-7（2）。 [7] 此谓以地

（1）葭出水图

（2）引葭赴岸图

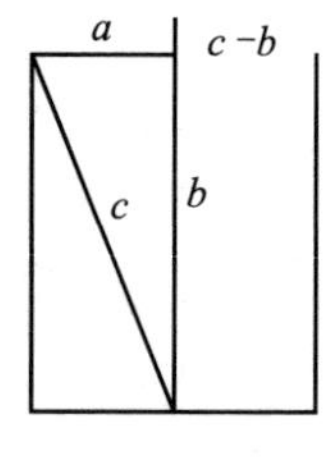

（3）

图 9-5 引葭赴岸

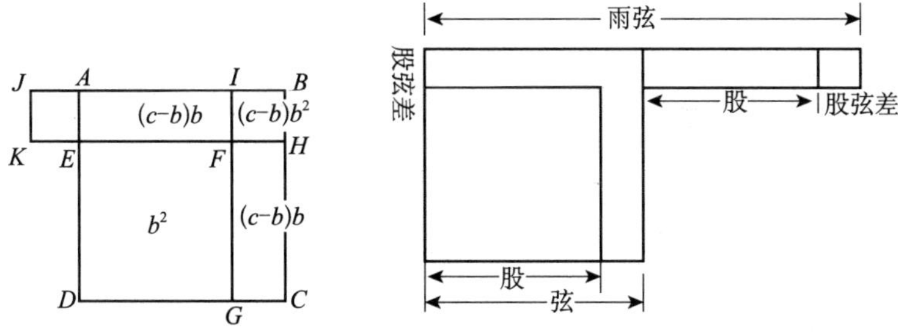

图 9-6　勾与股弦差求股弦

上堆积的绳索的长除之。刘徽认为，在地上堆积的长就是股弦差。以除勾的折矩幂，就是股弦和 $c+b=\dfrac{a^2}{c-b}=\dfrac{c^2-b^2}{c-b}$。[8]“所得”三句及其刘徽注七句：是说所得的结果，加堆积在地上的长，除以 2，就是绳索的长。刘徽说：在股弦和上加股弦差，则是绳索长的 2 倍，所以又除以 2。在股弦和上减股弦差，也除以 2，便得到木柱的长，见图 9-8。此即由于（c+b）+（c−b）=2c，　故　$c=\dfrac{1}{2}[(c+b)+(c-b)]=\dfrac{1}{2}\left[\dfrac{a^2}{c-b}+(c-b)\right]$。两“者”字，训“于”。根据李学勤的意见，“者”“诸”为互文，“诸”“于”为互文，故“者”“于”为互文。　[9]“术曰”六句及其刘徽注四句：是说以垣高 10 尺自乘，除以向后倒退的尺数。以所得到的结果加向后倒退的尺数，除以 2，就是木柱的长。刘徽认为，这里以垣高 1 丈作为勾，所求的倚在垣上的木柱作为弦，以拖着向后倒退 1 尺作为股弦差。造术的意图与在木柱顶端系

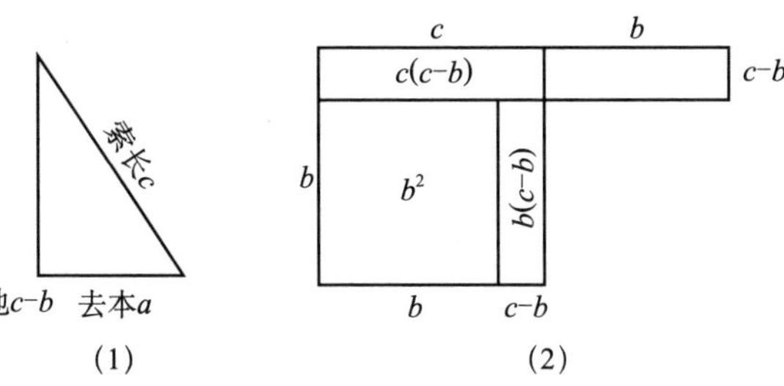

图 9-7　系索

绳索的问题相同。设木长为 c，垣高为 a，却行尺数为 $c-b$，则木长为 $c=\frac{1}{2}\left[\frac{a^2}{c-b}+(c-b)\right]$。 [10] 方田章弧田术刘徽注将其称为勾股锿圆材，见图 9-9（1）。 [11]“半锿道自乘”一句及其刘徽注四句：是说锿道长的 $\frac{1}{2}$ 自乘。刘徽认为，此术中以锿道长 1 尺作为勾，木材的直径作为弦，锿道深 1 寸是股弦差的 $\frac{1}{2}$，锿道长也应取其 $\frac{1}{2}$，见图 9-9（2）。是，训“则”。 [12] 各家都认为李淳风注文字有错误。 [13]“如深寸而一”三句及其刘徽注五句：是说除以锿道深 1 寸，加上锿道深 1 寸，就是木材的直径。刘徽认为，也以股弦差的 $\frac{1}{2}$ 加之。如同上术，本来应当取其 $\frac{1}{2}$，现在这里所有的因子都取了 $\frac{1}{2}$，所以就不再取其 $\frac{1}{2}$。这里实际上应用了公式 $c=\left\{\left(\frac{1}{2}a\right)^2+\left[\frac{1}{2}(c-b)\right]^2\right\}\div\frac{1}{2}(c-b)$。[14]“门”有两扉。《玉篇・户部》：“一扉曰户，两扉曰门。”阃（kǔn）：门橛、门限、门槛。开门去阃形如图 9-10（1）所示。 [15]“术曰”七句，是说以到门槛的距离 1 尺自乘，所得到的结果，除以没有合上的宽度 2 寸的 $\frac{1}{2}$。所得到的结果，加没有合上的宽度 2 寸的 $\frac{1}{2}$，就得到门的广。 [16] 刘徽认为，这里以到门槛的距离 1 尺作为勾，

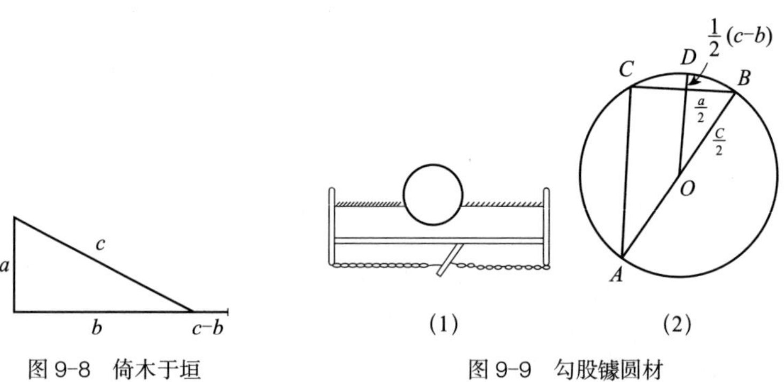

图 9-8　倚木于垣

图 9-9　勾股锿圆材

门广的$\frac{1}{2}$作为弦，取没有合上的宽度2寸的$\frac{1}{2}$，得到1寸作为股弦差，以求弦。本来应当取其$\frac{1}{2}$。现在以两弦作为门广的数，所以不再取其$\frac{1}{2}$。这里实际上应用了$c=\frac{1}{2}\left[\frac{a^2}{c-b}+(c-b)\right]$。

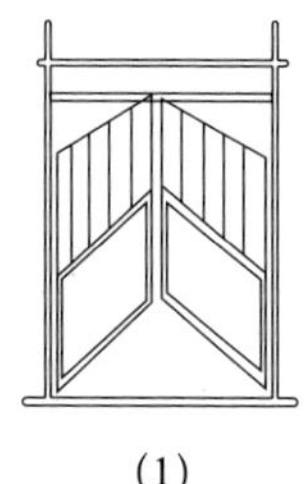

(1)

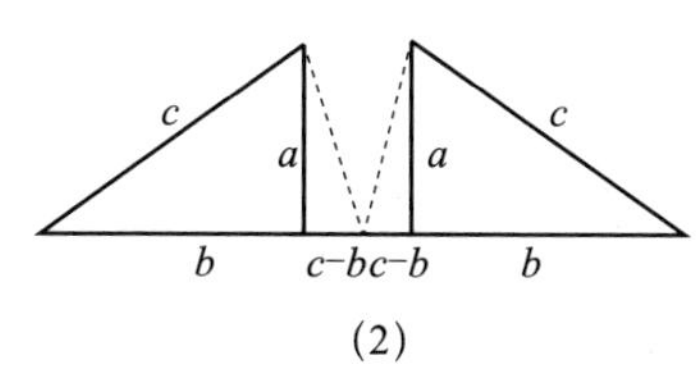

(2)

图9-10　开门去阃

［点评］

《九章算术》中引葭赴岸、引而索尽、倚木于垣、勾股镶圆材、开门去阃等问都是具体问题的算草，刘徽指出它们都是已知股弦较与勾求股或股、弦的方法，但是没有概括出抽象性术文。北宋贾宪《黄帝九章算经细草》则给出了抽象性术文："股弦较与句求股法曰：句自乘，以股弦较自乘减之，余为实。倍股弦较为法，实如法而一。"此即$b=\frac{a^2-(c-b)^2}{2(c-b)}$。在引而索尽问中贾宪给出了求弦的抽象性术文："术曰：句自乘为实，如股弦较而一。加较，半之，得弦。"此即$c=\frac{1}{2}\left[\frac{a^2}{c-b}+(c-b)\right]=\frac{a^2+(c-b)^2}{2(c-b)}$。在勾股镶圆材的细草中贾宪又给出了求弦的抽象性术文："半句自乘，为实。如半股弦较而一，加半较，即弦。"此即$c=\frac{a^2}{2(c-b)}+\frac{c-b}{2}=\frac{a^2+(c-b)^2}{2(c-b)}$。

今有户高多于广六尺八寸，两隅相去适一丈。问：户高、广各几何？

答曰：广二尺八寸，

高九尺六寸。

术曰[1]：令一丈自乘为实。半相多，令自乘，倍之，减实，半其余，以开方除之。所得，减相多之半，即户广；加相多之半，即户高。令户广为句[2]，高为股，两隅相去一丈为弦，高多于广六尺八寸为句股差。按图为位[3]，弦幂适满万寸。倍之，减句股差幂，开方除之。其所得即高广并数。以差减并而半之，即户广；加相多之数，即户高也。 今此术先求其半[4]。一丈自乘为朱幂四、黄幂一。半差自乘，又倍之，为黄幂四分之二。减实，

这是对《九章算术》所使用的公式的改进。赵爽也有同样的公式，可见此亦非刘徽所首创，而是他"采其所见"者，写入自己的注。

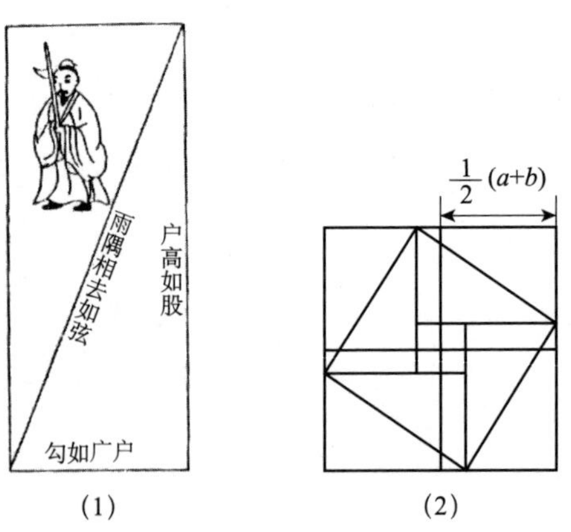

图 9-11 户高多于广

半其余，有朱幂二、黄幂四分之一。其于大方者四分之一。故开方除之，得高广并数半。减差半，得广；加，得户高。　又按：此图幂[5]：句股相并幂而加其差幂，亦减弦幂，为积。盖先见其弦，然后知其句与股。今适等[6]，自乘，亦各为方，合为弦幂。令半相多而自乘[7]，倍之，又半并自乘，倍之，亦合为弦幂。而差数无者[8]，此各自乘之，而与相乘数，各为门实。及股长句短，同原而分流焉。假令句、股各五，弦幂五十，开方除之，得七尺，有余一，不尽。假令弦十，其幂有百，半之为句、股二幂，各得五十，当亦不可开。故曰：圆三、径一，方五、斜七，虽不正得尽理，亦可言相近耳。其句股合而自相乘之幂者[9]，令弦自乘，倍之，为两弦幂，以减之。其余，开方除之，为句股差。加于合而半，为股；减差于合而半之，为句。句、股、弦即高、广、袤[10]。其出此图也，其倍弦为袤。令矩句即为幂[11]，得广即句股差。其矩句之幂[12]，倍句为从法，开之亦句股差。以句股差幂减弦幂[13]，半其余，差为从法，开方除之，即句也。

[注释]

[1] “术曰”十三句：是说将 1 丈自乘作为实。取高多于广的$\frac{1}{2}$，自乘，加倍，减实，取其余数的$\frac{1}{2}$。对之开方，其结果减去高多于广的$\frac{1}{2}$，就是门户的广。加上高多于广的$\frac{1}{2}$，就是门户的高，见图 9-11（1）。户广 $=\sqrt{\frac{(1\text{丈})^2-2\left(\frac{6\text{尺}8\text{寸}}{2}\right)^2}{2}}-\frac{1}{2}\times 6\text{尺}8\text{寸}=2\text{尺}8\text{寸}$，户高 $=\sqrt{\frac{(1\text{丈})^2-2\left(\frac{6\text{尺}8\text{寸}}{2}\right)^2}{2}}+\frac{1}{2}\times 6\text{尺}8\text{寸}=9\text{尺}6\text{寸}$。[2] 刘徽将门户的广作为勾，高作为股，两对角的距离 1 丈作为弦，那么高多于广 6 尺 8 寸就是勾股差。《九章算术》实际上使用了公式 $a=\sqrt{\frac{c^2-2\left(\frac{b-a}{2}\right)^2}{2}}-\frac{b-a}{2}$，$b=\sqrt{\frac{c^2-2\left(\frac{b-a}{2}\right)^2}{2}}+\frac{b-a}{2}$。[3] “按图为位”十句：如图 9-12（1）作以弦 c 为边长的正方形，弦幂为 c^2。将其分解为 4 个以 a，b 为勾、股的勾股形，称为朱幂，及一个以勾股差 $b-a$ 为边长的小正方形，称为黄方。显然 $c^2=4\times\frac{1}{2}ab+(b-a)^2$。取 2 个弦幂，其面积为 $2c^2$。将一个弦幂的黄方除去，而将 4 个剩余的朱幂拼补到另一个弦幂上，则成为一个以勾股并 $a+b$ 为边长的大正方形，如图 9-12（2）所示。其面积为 $(a+b)^2=2c^2-(b-a)^2$。于是 $b+a=\sqrt{2c^2-(b-a)^2}$。因此 $a=\frac{1}{2}[\sqrt{2c^2-(b-a)^2}-(b-a)]$，$b=\frac{1}{2}[\sqrt{2c^2-(b-a)^2}+(b-a)]$。这是对《九章算术》方法的改进。[4] “今此术先求其半”十五句：是刘徽记载的对《九章算术》所使用的公式的证明：见图 9-11（2），一个弦幂由 4 个朱幂及 1 个黄幂组成，而

$\left[\frac{1}{2}(b-a)\right]^2$ 是黄幂的 $\frac{1}{4}$，$2\left[\frac{1}{2}(b-a)\right]^2$ 为黄幂的 $\frac{2}{4}$。从弦幂 c^2 中除去 $2\left[\frac{1}{2}(b-a)\right]^2$，则余 4 个朱幂、$\frac{1}{2}$ 个黄幂。取其一半，则有 2 个朱幂，$\frac{1}{4}$ 个黄幂，恰好是以 $(a+b)$ 为边长的正方形的 $\frac{1}{4}$，即 $\frac{1}{4}(b+a)^2=\frac{c^2-2\left[\frac{1}{2}(b-a)\right]^2}{2}$。将其开方，得 $\frac{1}{2}(a+b)=\sqrt{\frac{c^2-2\left[\frac{1}{2}(b-a)\right]^2}{2}}$。减勾股差之半 $\frac{1}{2}(b-a)$ 就是户广，加勾股差之半 $\frac{1}{2}(b-a)$ 就是户高。差半，即勾股差之半。 [5] 为积：为弦积。这是一个勾股恒等式 $(b+a)^2+(b-a)^2-c^2=c^2$。这里先显现出它的弦，然后知道与之对应的勾与股。 [6]“今适等”四句：是说如果 $b=a$，则 $c^2=2a^2$。 [7] 刘徽在这里提出又一勾股恒等式：$2\left[\frac{1}{2}(b+a)\right]^2+2\left[\frac{1}{2}(b-a)\right]^2=c^2$。 [8]“而差数无者”二十二句：是说当 $b-a=0$ 时，$a^2=b^2=ab$。这与股长而勾短的情形，是同源而分流。假设 $a=b=5$，则弦幂 $c^2=50$，而 $\sqrt{50}$ 的根是 7（尺），还有余数 1，开不尽。假设 $c=10$，则 $c^2=100$，取其 $\frac{1}{2}$，就成为勾、股二者的幂，分别是 50，也应当是不可开的。所以说：周 3 径 1，方 5 斜 7，虽然没有正好穷尽其数理，取近似值还是可以的。 [9]“其句股合而自相乘之幂者”十二句：是说如果是勾股和而自乘之幂的情形，使弦自乘，加倍，就成为 2 个弦幂，以勾股和自乘之幂减之。对其余数做开方除法，就是勾股差。将它加于勾股和，取其 $\frac{1}{2}$，就是股；以它减勾股和，取其 $\frac{1}{2}$，就是勾。合：通和。在这里刘徽提出了由勾股和与弦求勾股的公式 $a=\frac{1}{2}(b+a)-\frac{1}{2}\sqrt{2c^2-(b+a)^2}$，

$b=\frac{1}{2}(b+a)+\frac{1}{2}\sqrt{2c^2-(b+a)^2}$。它们与由勾股差与弦求勾股的公式是对称的。其推导过程是：如图 9-13 所示，将图 9-12（2）中以 $a+b$ 为边长的大正方形逆时针旋转 45°，使其中的弦幂正置，在它的一侧拼补上一个如图 9-12（1）所示的弦幂，则连接成一个面积为二弦幂 $2c^2$ 的长方形。勾股和幂与二弦幂的公共部分不动，将勾股和幂中的朱幂Ⅰ，Ⅱ，Ⅲ分别移到二弦幂中的朱幂Ⅰ′，Ⅱ′，Ⅲ′处，则只有一个黄方 $(b-a)^2$ 未被填满，亦即 $(b-a)^2=2c^2-(b-a)^2$。于是 $(b-a)=\sqrt{2c^2-(b+a)^2}$。由 $a=\frac{1}{2}[(b+a)-(b-a)]$，$b=\frac{1}{2}[(b+a)+(b-a)]$ 即得。　[10]“句、股、弦即高、广、袤”三句：是说勾、股、弦就是门户的高、广、斜。如果画出这个图的话，它以弦的 2 倍作为长，即图 9-13 中的长方形，它以 $2c$ 作为长。袤，通邪，斜。　[11]“令矩句即为幂”二句：是说将矩勾作为幂，求得它的广就是勾股差。矩勾是股幂减以勾幂所余之矩，即 b^2-a^2，如图 9-14（1）所示，它不同于刘徽注的“句矩”，后者与赵爽之“矩句”同义，均指 c^2-b^2，见图 9-4（1）。刘徽在此给出了又一个勾股恒等式 $b-a=\frac{b^2-a^2}{b+a}$。[12] 刘徽在此提出了以 $b-a$ 为其根的开方式，即以 $b-a$ 为未知数的二次方程 $(b-a)^2+2a(b-a)=b^2-a^2$。如图 9-14（2）所示。矩勾 b^2-a^2 可以分解成黄方 $(b-a)^2$ 及以 $b-a$ 为广以 a 为长的两个长方形，后者的面积共为 $2a(b-a)$。

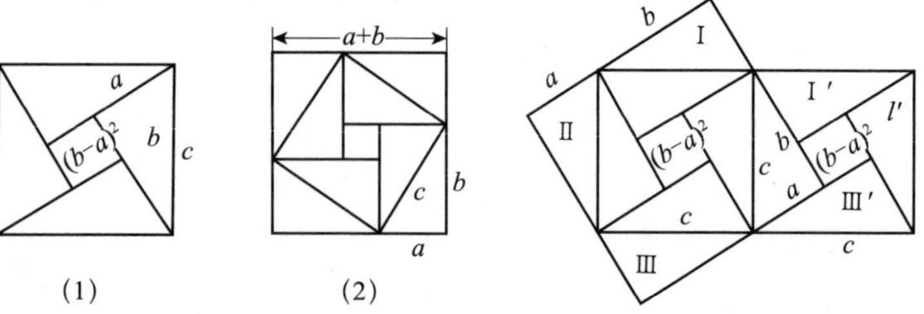

(1)　(2)

图 9-12　由勾股差与弦求勾股的推导　　图 9-13　由勾股和与弦求勾股的推导

[13] 刘徽又提出由勾股差 $b-a$ 求勾 a 的开方式，即以 a 为未知数的二次方程 $a^2+(b-a)a=\frac{c^2-(b-a)^2}{2}$，如图 9-15 所示。弦幂 c^2 除去黄方 $(b-a)^2$，取其 $\frac{1}{2}$，余 2 个朱幂 Ⅰ，Ⅱ。勾方 a^2 与 $(b-a)a$ 之和为面积等于 ab 的长方形，它亦含有 2 个朱幂 Ⅰ，Ⅱ′。因此 $\frac{c^2-(b-a)^2}{2}$ 与 $a^2+(b-a)a$ 的面积相等。

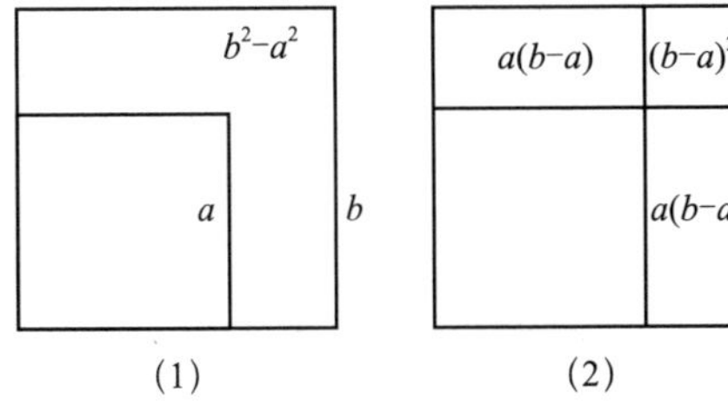

图 9-14　矩勾与求股弦差的二次方程

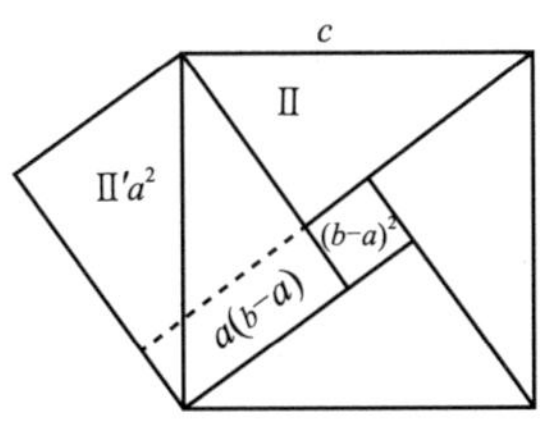

图 9-15　由勾股差与弦求勾的二次方程

[点评]

在赵爽、刘徽的公式中记勾股差率为 q，弦率为 p，即 $c:(b-a)=p:q$，那么勾、股、弦三率就是 $a=\frac{1}{2}\left[\sqrt{2p^2-q^2}-q\right]$，$b=\frac{1}{2}\left[\sqrt{2p^2-q^2}+q\right]$，$c=p$。其中 $2p^2-q^2$ 当然是一个完全平方数。反之，若给定两个数 p，q，使 $2p^2-q^2$ 成为完全平方数，上述公式就可以构造出一个勾股形。因此，它是勾股数的另外一个通解公式。中国古代什么时候完成这个通解公式，书缺有间，尚不清楚。但是，南宋秦九韶《数书九章》(1247) 解决“遥度圆城”题时，就“以句股差率求之”，利用该式列出了一个 10 次方程。秦氏仅以一句话提示其解法，说明该公式早已产生，还说明在南宋时代，关于通过勾股差率和弦率求勾股数的知识在数学界是相当普及的。笔者孤陋寡闻，未见到国外有该公式的记载。《九章算术》中户高多于广问也是具体问题的解法，刘徽将其归结为已知勾股差与弦求勾、股的方法，并作了论证。赵爽、刘徽将其简化为$a=\frac{1}{2}\left[\sqrt{2c^2-(b-a)^2}-(b-a)\right]$，$b=\frac{1}{2}\left[\sqrt{2c^2-(b-a)^2}+(b-a)\right]$。在刘徽提出的勾股和与弦求勾、股的公式$a=\frac{1}{2}(b+a)-\frac{1}{2}\sqrt{2c^2-(b+a)^2}$，$b=\frac{1}{2}(b+a)+\frac{1}{2}\sqrt{2c^2-(b+a)^2}$中，令勾股和为$q$，弦率为$p$，即$c:(b+a)=p:q$，那么勾、股、弦三率就是$a=\frac{1}{2}\left(q-\sqrt{2p^2-q^2}\right)$，$b=\frac{1}{2}\left(q+\sqrt{2p^2-q^2}\right)$，$c=p$也是勾股数组的一种通解公式。其中$2p^2-q^2$当然是一个完全平方数。

今有竹高一丈[1]，末折抵地，去本三尺。问：折者高几何？

答曰：四尺二十分尺之一十一。

术曰：以去本自乘[2]，此去本三尺为句，折之余高为股，以先令句自乘之幂。令如高而一[3]，凡为高一丈为股弦并之，以除此幂得差。所得[4]，以减竹高而半余，即折者之高也。此术与系索之类更相返覆也[5]。亦可如上术[6]，令高自乘为股弦并幂，去本自乘为矩幂，减之，余为实。倍高为法，则得折之高数也。

[注释]

[1] 折：李籍《音义》云："断也。"竹高折地如图 9-16（1）所示。　[2] 此谓以抵到地面处到竹根的距离自乘。刘徽认为这是以抵到地面处距竹根 3 尺作为勾，折断之后余下的高作为股，所以先得到勾的自乘之幂。以：训故。　[3] 此谓除以高。刘徽认为总的高 1 丈是股弦并，以它除勾幂，得到股弦差，亦即 $c-b=\dfrac{a^2}{c+b}$，见图 9-16（2）。凡为：训共。之：语气词。　[4]"所得"三句：是说以所得的数减竹高，而取其余数的 $\dfrac{1}{2}$，就是折断之后的高，亦即 $b=\dfrac{1}{2}\left[(c+b)-\dfrac{a^2}{c+b}\right]$。　[5] 刘徽认为，此术与系索类问题互为反复。两者的差别仅仅在于将 $c-b$ 换成 $c+b$，故如此说。　[6]"亦可如上术"七句：是说也可像上术那样，将高自乘，作为股弦和之幂，抵到地面处到竹根的距离自乘作为矩幂，两者相减，余数作为实。将高加倍作为法，实除以法，就得到折断之后高的数值，亦即 $b=\dfrac{(c+b)^2-a^2}{2(c+b)}$。得出此式的方式如图 9-16（3）所示：作以 $c+b$ 为边长的正方形。其中 I 为 b^2，除去 $a^2=c^2-b^2$，将 I 移到 I′处，则其面积显然是 $2b(c+b)$，求出 b 即可。

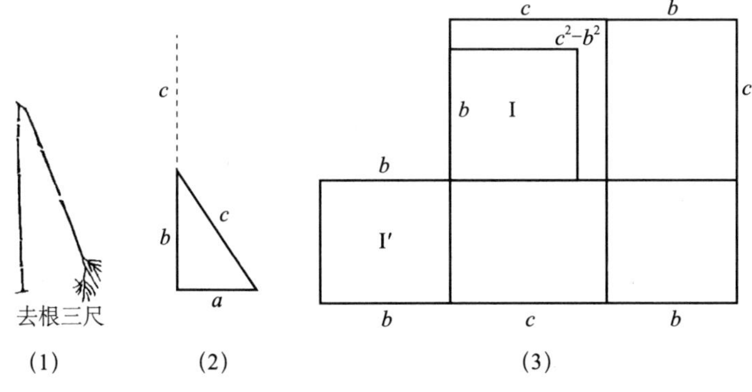

图 9-16　由勾与股弦和求股

［点评］

竹高折地问也是具体问题的解法，刘徽将此问归结为已知勾与股弦并求股的问题，但未抽象出一般性公式。贾宪《黄帝九章算经细草》则给出已知股弦和与勾求股的抽象术文："股弦和与句求股法曰：句自乘为实，如股弦和而一。以减股弦和，半之为股。"此即 $b=\frac{1}{2}\left[(c+b)-\frac{a^2}{c+b}\right]$。

今有二人同所立。甲行率七，乙行率三[1]。乙东行，甲南行十步而邪东北与乙会。问：甲、乙行各几何？

答曰：乙东行一十步半，

甲邪行一十四步半及之。

术曰：令七自乘[2]，三亦自乘，并而半之，以为甲邪行率。邪行率减于七自乘，余为南行率。以三乘七为乙东行率。此以南行为句[3]，东行为股，邪行为弦。并句弦率七。欲引者[4]，当以股率自乘为幂，如并而一，所得为句弦差率。加并，之半为弦率，以差率减，余为句率。如是或有分[5]，当通而约之乃定。术以同使无分母[6]，故令句弦并自乘为朱、黄相连之方。股自乘为青幂之矩[7]，以句弦并为袤，差为广。今有相引之直，加损同上。其图大

《九章算术》将勾、股、弦三率分别称为南行率、东行率、邪行率，刘徽在论证中称为勾率、股率和弦率，但未改写术文，贾宪则在刘徽的基础上在此术及下"甲乙出邑"问中给出了求勾、股、弦三率的术文，而以后者最为简洁、完整："句股和率、股率各自乘，并而为弦率。和率、股率相乘为股率。弦减和幂即句率。"

自"术以同使无分母"起是

体，以两弦为袤，句弦并为广。引横断其半为弦率[8]，列用率七自乘者，句弦并之率，故弦减之，余为句率。同立处是中停也[9]，皆句弦并为率，故亦以句率同其袤也。**置南行十步[10]，以甲邪行率乘之，副置十步，以乙东行率乘之，各自为实。实如南行率而一，各得行数。**南行十步者[11]，所有见句求见弦、股，故以弦、股率乘，如句率而一。

勾、股、弦三率的几何推导方法。

[注释]

[1] 此谓设甲行率为 m，乙行率为 n，则 $m:n=7:3$。 [2] 设南行为 a，东行为 b，邪行为 c，《九章算术》术文给出 $a:b:c=\frac{1}{2}\left(m^2-n^2\right):mn:\frac{1}{2}\left(m^2+n\right)$。其中南行率 $\frac{1}{2}\left(m^2-n^2\right)=m^2-\frac{1}{2}\left(m^2+n\right)$。 [3] 刘徽认为南行、东行、邪行构成一个勾股形，见图 9-17（1）。并勾弦即勾弦并。[4]“欲引者”八句：是说如果想要把它引申的话，应当以股率自乘作为幂，除以勾弦

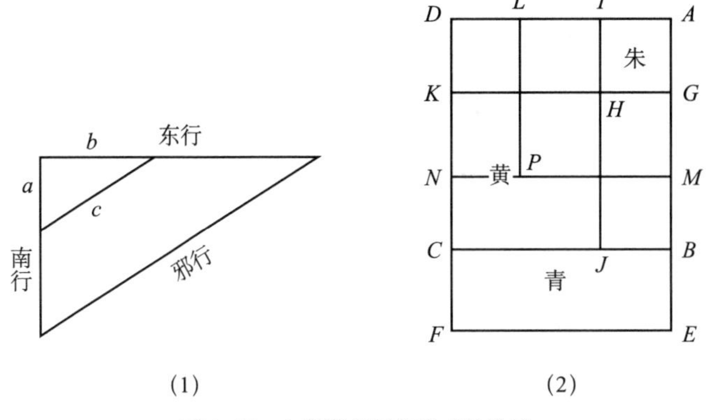

图 9-17　勾股数组通解公式的推导

和，所得作为勾弦差率。将它加勾弦和，除以 2，作为弦率；以勾弦差率减弦率，其余数作为勾率。亦即勾弦差 $c-a$ 之率 $\frac{n^2}{m}$，弦 $c=\frac{1}{2}[(c+a)+(c-a)]$ 之率 $\frac{1}{2}\left(\frac{n^2}{m}+m\right)=\frac{m^2+n^2}{2m}$，勾 $a=\frac{1}{2}[(c+a)-(c-a)]$ 之率 $\frac{m^2+n^2}{2m}-\frac{n^2}{m}=\frac{m^2-n^2}{2m}$。引，引申。[5]“如是或有分”二句：是说这样做，勾率、弦率也许有分数，应当将它们通分约简才能确定。 [6]“术以同使无分母”二句：是说此术以同即勾弦并率 m 消去分母，所以使勾弦和自乘 $(c+a)^2$ 作为朱方 $AGHI$ 即勾方 a^2 与黄方 $HJCK$ 即弦方 c^2 相连的正方形 $ABCD$，见图 9-17（2）。 [7]“股自乘为青幂之矩”八句：是说将股自乘化为青幂之矩即 $b^2=c^2-a^2$，它以勾弦和 $c+a$ 为长，勾弦差 $c-a$ 为广。如果将它们引申成长方形 $BEFC$，增加、减损之后，它们的广、长就如上述。其图形的要义就是以两弦 $2c$ 为长，以勾弦和 $c+a$ 为广。大体，要义，有关大局的道理。 [8]“引横断其半为弦率”五句：是说在图形 $AEFD$ 的一半处引一条横线 NM 切断它，$c(c+a)$ 就成为弦率。列出来所用的率 7 自乘者，是因为它是勾弦和 $(c+a)^2$ 的率，所以以弦率 $c(c+a)$ 减之，余数就作为勾率 $a(c+a)$。[9]“同立处是中停也”三句：是说甲、乙所站的那同一个地方是中间平分的位置，它们都以勾弦和 $c(c+a)$ 建立率，所以也使勾率的长与之相同，即勾率 $a(c+a)=\frac{1}{2}\left(m^2-n^2\right)$，股率 $b(c+a)=mn$，弦率 $c(c+a)=\frac{1}{2}\left(m^2+n^2\right)$。停，均匀，平均。中停，中间平分。在此问中，$a:b:c=20:21:29$。[10]“置南行十步”七句：是说已知南行 $a=10$ 步和甲邪行率 c、乙东行率 b、南行率 a，利用今有术求出甲邪行和乙东行：甲邪行 $=10$步 $\times c\div a$，乙东行 $=10$步 $\times b\div a$。 [11]“南行十步者”四句：是说已知勾 $a=10$ 步和弦率 29、股率

21、勾率 20，利用今有术求出弦 $=10\text{步}\times 29\div 20=14\frac{1}{2}$ 步，股 $=10\text{步}\times 21\div 20=10\frac{1}{2}$ 步。

［点评］

此问表明，《九章算术》在世界数学史上第一次提出了完整的勾股数组通解公式。长期以来，学术界认为公元 3 世纪的希腊数学家丢番图第一次给出了勾股数组的通解公式，实际上，丢番图只是给出了求直角三角形的有理数边的公式 $a=\frac{2mc}{m^2+1}$，$b=ma-c\frac{m^2-1}{m^2+1}$，其中 m 是有理数。需要做 $m=\frac{u}{v}$，$c=u^2+v^2$ 的变换，才可以得到勾股数通解公式，而且比《九章算术》起码晚四五百年。现代数论证明，若 $(c+a):b=m:n$，并且 m，n 互素，上式给出了勾股形的全部可能的情形，称为勾股数组的通解公式。勾股数组又称为整数勾股形。此问中的 m，n 互素。下"二人出邑"问也使用此式，其中的 m，n 分别为 5，3，也互素。说明《九章算术》时代大约知道这一条件。

今有句五步，股一十二步。问：句中容方几何？

答曰：方三步一十七分步之九。

术曰[1]：并句、股为法，句、股相乘为实。实如法而一，得方一步。句、股相乘为朱、青、黄幂各二[2]。令黄幂袤于隅中，朱、青各以其类，令这是刘徽提出的一条重要原理，即相似勾股形的对应边成比例，是为以率解决勾股测望问题的基础。

从其两径，共成修之幂：中方黄为广，并句、股为袤。故并句、股为法。幂图[3]：方在句中，则方之两廉各自成小句股，而其相与之势不失本率也。句面之小句、股[4]，股面之小句、股，各并为中率。令股为中率[5]，并句、股为率，据见句五步而今有之，得中方也。复令句为中率[6]，以并句、股为率，据见股十二步而今有之，则中方又可知。此则虽不效而法[7]，实有法由生矣。下容圆率而似今有、衰分言之[8]，可以见之也。

[注释]

[1] 此是勾股容方问题：已知勾股形勾 a，股 b，其所容正方形的边长 $d=\frac{ab}{a+b}$，见图 9-18（1）。 [2]“句、股相乘”八句：是说勾、股相乘之幂 ab 含有朱幂勾股形、青幂勾股形、黄幂正方形各 2 个，如图 9-18（2）。使 2 个黄幂位于两端，界定其长，朱幂、青幂各根据自己的类别组合，使它们的勾、股与 2 黄幂的边相吻合，共同组成一个长方形，其幂是 ab：以勾股形内容的正方形即黄幂的边长 d 作为广，勾、股相加 $a+b$ 作为长。所以使勾、股相加作为法，见图 9-18（3）。 [3]“幂图”四句：是说幂的图形：正方形在勾股形中，那么，正方形的两边各自形成小勾股形，而其相与的态势没有改变原勾股形的率。此即：设勾上小勾股形的三边为 a_1，b_1，c_1，股上小勾股形的三边为 a_2，b_2，c_2，则 $a:b:c=a_1:b_1:c_1=a_2:b_2:c_2$。 [4]“句面之小句、股”三句：是说勾边上的小勾、股，股边上的小勾、股，分别相加，作为中率。亦即由于 $\frac{a}{b}=\frac{a_1}{b_1}$，所以

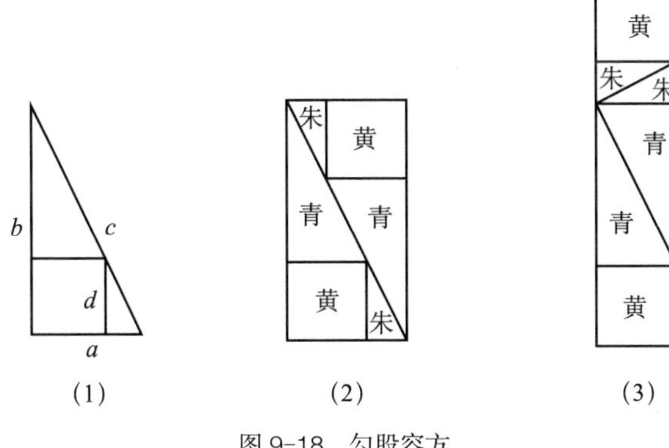

(1)　(2)　(3)

图 9-18　勾股容方

$\frac{a+b}{b}=\frac{a_1+b_1}{b_1}$。$a=a_1+b_1$ 为此比例式的中率。由于 $b_1=d$，故 $\frac{a+b}{b}=\frac{a_1+b_1}{b_1}=\frac{a}{d}$。同样，由于 $\frac{a}{b}=\frac{a_2}{b_2}$，取 $b=a_2+b_2$ 为中率，因 $a_2=d$，则有 $\frac{a+b}{a}=\frac{a_2+b_2}{b_2}=\frac{b}{d}$。可见，刘徽已完全通晓合比定理。　[5]"令股为中率"四句：是说以股 b 作为中率，勾、股相加 $a+b$ 作为率，根据显现的勾 5 步而应用今有术，便得到中间正方形的边长 $d=\frac{ab}{a+b}=(5\text{步}\times12\text{步})\div(5\text{步}+12\text{步})=3\frac{9}{17}$ 步。　[6]"复令句为中率"四句：是说以勾 a 为中率，亦有 $d=\frac{ab}{a+b}=(5\text{步}\times12\text{步})\div(5\text{步}+12\text{步})=3\frac{9}{17}$ 步。　[7]"此则虽不效而法"二句：是说此基于率的方法虽然没有效法基于出入相补的方法，实与法却由此产生出来。而，训其。有，训与。实有法即实与法。　[8]"下容圆率而似今有"二句：是说下面的勾股容圆的方法而以今有术、衰分术求之，又可以见到这一点。似，古通以。率，方法。

［点评］

贾宪将勾股容方的解法称为勾股旁要法："句股旁要法曰：句、股相乘为实，并句、股为法，除之，得句中容方。以容直并方外余句股相乘，得容积之实。如余句而一，得股长。如余股而一，得句阔。”这为我们考察先秦九数之一“旁要”的内容提供了可贵的线索。

今有句八步，股一十五步。问：句中容圆径几何[1]？

答曰：六步。

术曰[2]：八步为句，十五步为股，为之求弦。三位并之为法，以句乘股，倍之为实。实如法得径一步。句、股相乘为图本体[3]，朱、青、黄幂各二，倍之，则为各四。可用画于小纸[4]，分裁邪正之会，令颠倒相补，各以类合，成修幂：圆径为广，并句、股、弦为袤。故并句、股、弦以为法。 又以圆大体言之[5]，股中青必令立规于横广，句、股又邪三径均，而复连规，从横量度句股，必合而成小方矣。又画中弦以规除会[6]，则句、股之面中央小句股弦：句之小股、股之小句皆小方之面，皆圆径之半。其数故可衰之[7]。以句、股、弦为列衰，副并为法。以句乘未并者，各自为实。实如法而一，得句面之小股，可知也。以股乘列衰为实，则得股面之小句可知。言虽异矣，及其所以成法之实，则同归矣。 则圆径又可以表之差、并[8]：句弦差减股为圆径；又，弦减句股并，余为圆径；以句弦差乘股弦差而倍之，开方除之，亦圆径也。

刘徽简要说明如何作出勾股形的内切圆。中国古代尽管没有古希腊那样关于作图的严格规定。但是面积、体积及勾股测望问题，都离不开作图。刘徽注《九章算术》的宗旨是“析理以辞，解体用图”，可见他辞、图并重。他还著有《九章重差图》一卷，可惜已亡佚。

由于勾股容圆的直径就是弦和较，即$d=(a+b)-c$，贾宪在勾股容圆术

[注释]

[1] 句中容圆：勾股形内切一个圆，见图 9-19（1）。元数学家李冶（1192—1279）称其为勾股容圆。 [2]“术曰”八句：是说利用勾股术 $c=\sqrt{a^2+b^2}$ 求出弦 c，则勾股形所容圆直径 $d=\frac{2ab}{a+b+c}$。 [3]“句、股相乘为图本体”四句：是说勾与股相乘作为图形的主体，含有朱幂、青幂、黄幂各 2 个。将其加倍，则各为 4 个。实际上，将一个勾股形从所容圆的圆心将其分解成 1 个黄幂、1 个朱幂与 1 个青幂。黄幂是边长为所容圆半径的正方形；朱幂由 2 个小勾股形组成，其小勾是圆半径，而小股是勾与圆半径之差 $a-\frac{d}{2}$；青幂也由 2 个小勾股形组成，其小勾是圆半径，而小股是股与圆半径之差 $b-\frac{d}{2}$。取 2 个勾股形，拼成一个广为 a，长为 b 的长方形，即勾股相乘幂，见图 9-19（2）。其面积为 ab，它含有朱幂、青幂、黄幂各 2 个。2 个勾股相乘之幂其面积为 $2ab$，含有朱幂、青幂、黄幂各 4 个，见图 9-19（2）。 [4]“可

之后提出了勾股求弦和较法：“句股相乘，倍之为实。句股求弦，加句、股为法。实如法而一。”即 $(a+b)-c=\frac{2ab}{a+b+c}$。

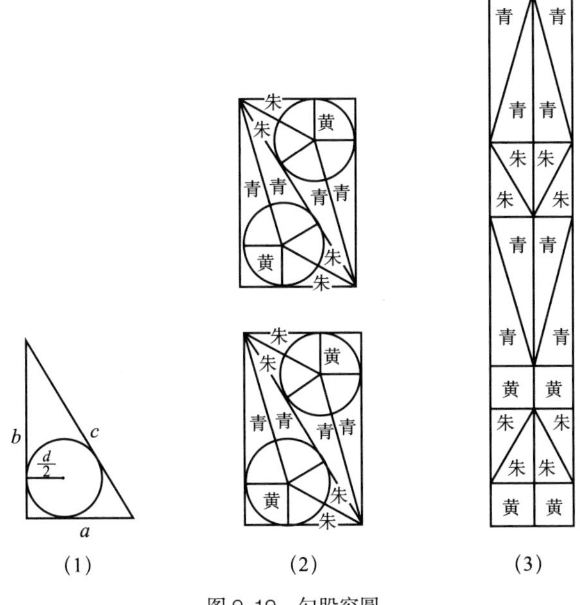

图 9-19　勾股容圆

用画于小纸”八句：是说可以把它们画到小纸片上，从斜线与横线、竖线交会的地方将其裁开，通过平移、旋转而出入相补，使各部分按照各自的类型拼合，成为一个长方形的幂：圆的直径 d 作为广，勾、股、弦相加 $a+b+c$ 作为长。所以以勾、股、弦相加作为法。这是刘徽记述的用出入相补原理对勾股容圆公式的证明。　[5]“又以圆大体言之”六句：是说又根据圆的义理阐述此术。股边上的青幂等元素必须使圆规立于勾的横线上，并且到勾、股、弦的三个半径相等的点上，这样再连成圆，纵横量度勾、股，必定合成小正方形。连规就是画圆，以画圆的工具规代替圆。　[6]“又画中弦以规除会”四句：是说又过圆心画出中弦，以观察它们施予会通的情形，那么勾边、股边的中部都有小勾股弦，分别记为 a_1，b_1，c_1；a_2，b_2，b_2。勾上的小股 b_1、股上的小勾 a_2 都是小正方形的边长，是圆直径的一半，即 $b_1=a_2=\frac{d}{2}$。中弦，过圆心平行于弦而两端交于勾、股的线段，见图 9-20。规除会，观察它们施予会通的情形。规（kuī），通窥。除（zhù），给予，施予。　[7]“其数故可衰之”十三句：是说所以对它们可以施行衰分术。显然 $a_1:b_1:c_1=a_2:b_2:c_2=a:b:c$。以勾 a，股 b，弦 c 作为列衰，在旁边将它们相加即 $a+b+c$ 作为法。以勾 a 乘未相加的勾、股、弦，各自作为实。实除以法，得到勾边上的小股 $b_1=\frac{ab}{a+b+c}$，是可知的。以股乘列衰作为实，则得到股边上的小勾 $a_2=\frac{ab}{a+b+c}$，是可知的。言辞虽然不同，至于用它们构成法与实，则都有同一个归宿。可见刘徽必定认识到 $a_1+b_1+c_1=a$，$a_2+b_2+c_2=b$。之：训与。成法之实：形成法与实。　[8]“则圆径又可以表之差、并”八句：是说圆的直径又可以表

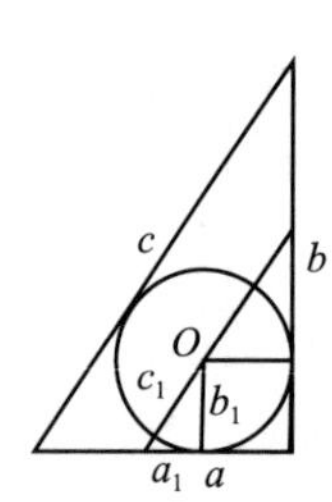

图 9-20　以衰分术求解勾股容圆

示成勾、股、弦的和差关系：$d=b-(c-a)$，$d=(a+b)-c$，$d=\sqrt{2(c-a)(c-b)}$。这实际上是持竿出户问由勾弦差、股弦差求黄方的边长。

［点评］

《九章算术》此问开中国勾股容圆问题研究之先河。它在宋元时期有了极大发展，产生了洞渊九容，讨论了勾股形与圆的9种相切关系，李冶由此演绎成《测圆海镜》(1248)，给出了勾股形与圆的关系的若干命题，就同一个圆与16个勾股形的关系提出了270个问题，并以天元术为主要方法解决了其中大部分问题。所谓天元术是宋元时代创造的设未知数列方程的方法。

今有邑方二百步，各中开门。出东门一十五步有木。问：出南门几何步而见木？

答曰：六百六十六步太半步。

术曰[1]：出东门步数为法，以句率为法也。半邑方自乘为实，实如法得一步。此以出东门十五步为句率[2]，东门南至隅一百步为股率，南门东至隅一百步为见句步。欲以见句求股，以为出南门数。正合“半邑方自乘”者，股率当乘见句，此二者数同也。

今有邑东西七里，南北九里，各中开门。出东门一十五里有木。问：出南门几何步而见木？

答曰：三百一十五步。

术曰[3]：东门南至隅步数，以乘南门东至隅步数为实。以木去门步数为法。实如法而一。此以东门南至隅四里半为句率[4]，出东门一十五里为股率，南门东至隅三里半为见股。所问出南门即见股之句。为术之意，与上同也。

今有邑方不知大小，各中开门。出北门三十步有木，出西门七百五十步见木。问：邑方几何？

答曰：一里。

术曰[5]：令两出门步数相乘，因而四之，为实。开方除之，即得邑方。按[6]：半邑方，令半方自乘，出门除之，即步。令二出门相乘，故为半方邑自乘，居一隅之积分。因而四之，即得四隅之积分。故为实，开方除，即邑方也。

[注释]

[1] 术文是说，记出东门为 a，半邑方为 b，见图 9-21，则出南门 $DE=\frac{b^2}{a}$。　[2] “此以出东门十五步为句率”八句：是说考虑以出东门和东门至东南隅构成的勾股形 ABC，以及南门至东南

隅和南门至木构成的勾股形 EAD，它们相似。出东门 BC 为勾率，记为 a，东门至东南隅 AC 为股率，记为 b，南门至东南隅 AD 为见勾，而 $AD=b$。出南门至木 DE 为股，由勾股相与之势不失本率的原理，$\frac{AD}{DE}=\frac{a}{b}$，利用今有术，则 $DE=\frac{b\times AD}{a}=\frac{b^2}{a}$。[3] 术文是说，$DE=\frac{BC\times BD}{AC}$，见图 9-22。[4]“此以东门南至隅四里半为句率”六句：是说由于以出东门和东门至东南隅构成的勾股形 ABC 与南门至东南隅和南门至木构成的勾股形 BED 相似。以东门至东南隅 BC 为勾率，记为 a，出东门至木 AC 为股率，记为 b，已知南门至东南隅 BD 为见股，出南门至木 DE 为勾，由勾股相与之势不失本率的原理，$\frac{BD}{DE}=\frac{b}{a}$，利用今有术，$DE=\frac{a\times BD}{b}$。[5] 术文是说，记出北门至木 BC 为 a，出西门至见木处 DE，见图 9-23，则邑方 $x=\sqrt{4a\times DE}$。[6]“按”十三句：是说取邑方的 $\frac{1}{2}$，将其自乘，除以一出门步数，就得到另一出门步数。由于出北门 BC（勾率 a）和北门至西北隅 AC（股率 b）构成的勾股形 ABC 与西门至西北隅 AD（作为勾）和西门至木 DE（见股）构成的勾股形 EAD 相似，而 $AD=b$，由勾股相与之势不失本率的原理，$\frac{AD}{DE}=\frac{a}{b}$，利用今有术，$b^2=a\times DE$，居于城邑的一角。邑方为 $2AD$，那么 $(2AD)^2=4a\times DE$。

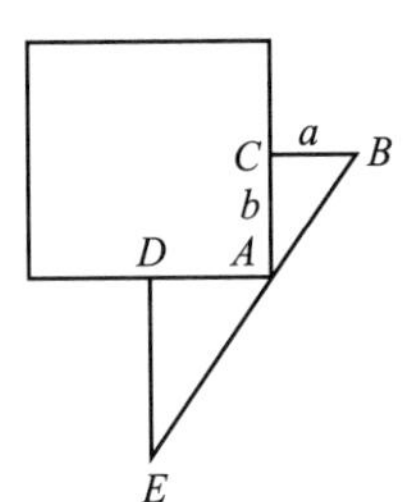

图 9-21　邑方出南门

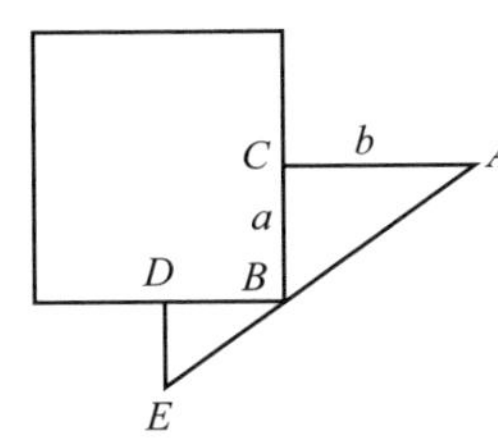

图 9-22　邑长出南门

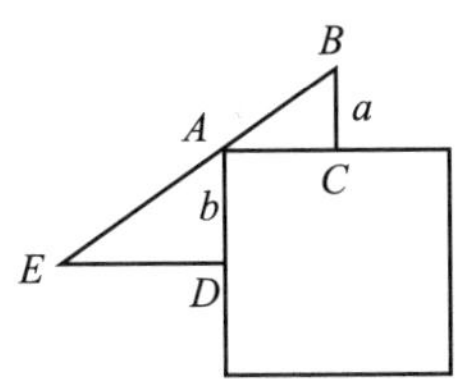

图 9-23　邑方出西门

［点评］

以上三问，《九章算术》的术文都比较抽象，刘徽利用相似勾股形勾股相与之势不失本率的原理证明了《九章算术》术文的正确性。

今有邑方不知大小，各中开门。出北门二十步有木。出南门一十四步，折而西行一千七百七十五步见木。问：邑方几何？

　　荅曰：二百五十步。

这是现存中国古代数学著作中第一次出现含有一次项的二次方程。

这是刘徽以率的思想对解法的推导。

术曰：以出北门步数乘西行步数[1]，倍之，为实。此以折而西行为股[2]，自木至邑南一十四步为句，以出北门二十步为句率，北门至西隅为股率，半广数。故以出北门乘折西行股，以股率乘句之幂。然此幂居半[3]，以西行。故又倍之，合东，尽之也。并出南、北门步数[4]，为从法。开方除之，即邑方。此术之幂[5]，东西如邑方，南北自木尽邑南十四步。之幂：各南、北步为广，邑方为袤，故连两广为从法，并以为隅外之幂也。

［注释］

[1]“以出北门步数乘西行步数”三句：是说以出北门到树的步数乘折西走的步数，加倍，作为实，如图 9-24（1）所示，记

城邑的北门为D，门外之木为B，南门为E，折西处为C，见木处为A，记AC为m，BD为k，则以$2\times BD\times AC=2km$作为实。　[2]“此以折而西行为股”七句：是说勾股形ABC与FBD相似。以AC为股，BC为勾，BD为勾率。此以DF为股率，即半广数。设方城的边长为x，则$DF=\frac{x}{2}$。根据勾股相与之势不失本率的原理，有$\frac{BD}{DF}=\frac{BC}{AC}$，故$BD\times AC=BC\times DF$。以，训为。《玉篇》云“以，为也”。　[3]“然此幂居半”五句：是说此幂占有$\frac{1}{2}$的原因是向西走。所以又加倍，加上东边的幂，才穷尽了整个的幂。以：训因。记出南门EC为l，则$BC=k+x+l$。[4]“并出南、北门步数”四句：是说$BD+CE=k+l$作为从法，即一次项系数。而$km=(k+x+l)\times\frac{x}{2}$。于是得到二次方程$x^2+(k+l)x=2km$。[5]“此术之幂”八句：见图9-24（2），考虑长方形$HKML$之幂，其东西就是城邑的边长，南北是自北门外之木至出南门折西行处。长方形$HKML$面积由三部分组成：长方形$HKGF$，其面积为kx；长方形$PNML$，其面积为lx；城邑$FGNP$，其面积为x^2；总面积为$x^2+(k+l)x$。另外，长方形$IBCA$被对角线AB平分，即勾股形ABC与ABI面积相等。同样，勾股形AFL与AFJ面积相等，勾股形FBD与FBH面积也相等。因此，长方形$FDCL$与$FHIJ$面积相等，长方形$HBCL$与$BDJI$面积也相等。而长方形$HKML$是长方形$HBCL$的面积的2倍，亦即为$BDJI$的面积的2倍。$BDJI$的面积是km，因此得到上述二次方程。按：现存刘徽注中没有长方形$FDCL$与$FHIJ$面积相等的论述，但它是符合刘徽甚至《九章算术》的思想的。北宋贾宪《黄帝九章算经细草》中提出：“直田斜解句股二段，其一容直，其一容方，二积相等。”如图9-25所示，长方形FD与长方形FB面积相等。这是解决勾股重差问题进行出入相补的重要依据。贾宪、杨辉认为是先秦“九数”中“旁要”的方法之一。

这是刘徽以出入相补原理推导上述二次方程。

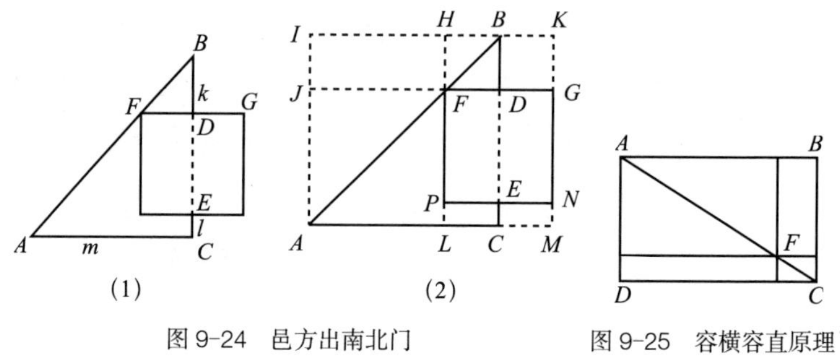

图 9-24　邑方出南北门　　图 9-25　容横容直原理

［点评］

此问给出了现存中国古典数学著作中第一个含有一次项的二次方程。刘徽先后以率的思想和出入相补原理推导了这个方程。在后者的推导中用到了“容横容直”原理。贾宪在《黄帝九章算经细草》中提出了“直田斜解句股二段，其一容直，其一容方，二积相等”，即一个长方形被其对角线分成两个勾股形，则它们分别所容的以对角线上任一点为公共点的正方形与长方形面积相等。杨辉进一步发展为：它们所容的以对角线上任一点为公共点的两长方形，其面积相等。这就是容横容直原理，如图 9-25 所示，长方形 *FD* 与 *FB* 面积相等。贾宪、杨辉认为这是先秦九数“旁要”的内容之一。因此，现存刘徽注中尽管没有这样的论述，但它是符合刘徽乃至《九章算术》的思想的。实际上在《九章算术》时代就应用了这个原理解决勾股形问题。吴文俊认为刘徽用这个原理推导了重差术的解法。

今有邑方一十里，各中开门。甲、乙俱从邑中央而出：乙东出；甲南出，出门不知步数，邪向东北，磨邑隅，适与乙会。率：甲行五，乙行三[1]。问：甲、乙行各几何？

答曰：甲出南门八百步，邪东北行四千八百八十七步半，及乙；

乙东行四千三百一十二步半。

术曰[2]：令五自乘，三亦自乘，并而半之，为邪行率。邪行率减于五自乘者，余为南行率。以三乘五为乙东行率。求三率之意与上甲乙同。置邑方[3]，半之，以南行率乘之，如东行率而一，即得出南门步数。今半方，南门东至隅五里。半邑者，谓为小股也。求以为出南门步数。故置邑方，半之，以南行句率乘之，如股率而一。以增邑方半[4]，即南行。"半邑"者，谓从邑心中停也。置南行步[5]，求弦者，以邪行率乘之；求东行者，以东行率乘之，各自为实。实如法，南行率，得一步。此术与上甲乙同。

此处再一次应用了勾股数组通解公式。

[注释]

[1] 此谓设甲行率为 m，乙行率为 n，则 $m:n=5:3$。

[2] 设南行 OB 为 a，东行 OD 为 b，邪行 BD 为 c，则

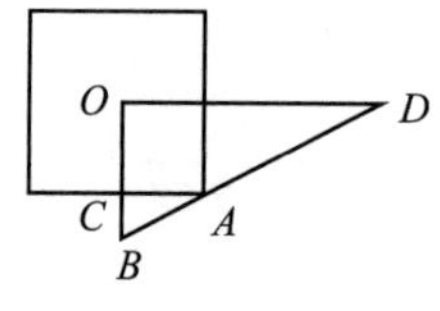

图 9-26　甲乙出邑

$(c+a):b=m:n$，见图 9-26。术文的第一段给出了邪行率 $\frac{1}{2}(m^2+n^2)$，南行率 $\frac{1}{2}(m^2-n^2)$，东行率 mn。得出 $a:b:c=8:15:17$。刘徽指出，求勾、股、弦三率的方法与上甲乙同所立问相同。　[3]“置邑方”五句：是说布置半邑方 AC 即 5 里，由 $CB:AC=OB:OD=a:b=8:15$，利用今有术求出南门里数 $CB=5\text{里}\times a\div b=300\text{步}\times5\times8\div15=800\text{步}$。刘徽将半邑方称为股，将南行率、东行率称为勾率、股率，以更一般的方式阐述解法。　[4] 术文是说出南门步数加邑方得南行，即甲南行 $OB=OC+CB=5\text{里}+800\text{步}=2300\text{步}$。[5] 术文是说，布置甲向南走的步数，如果求弦，就以甲斜着走的率乘之；如果求乙向东走的步数，就以向东走的率乘之，各自作为实。实除以法，即甲向南走的率，分别得到走的步数，亦即由 $CB:AB=OB:BD=a:c=8:17$，利用今有术求出邪行里数 $BD=OB\times c\div a=2300\text{步}\times17\div8=4887\frac{1}{2}\text{步}$。由 $CB:AC=OB:OD=a:b=8:15$，利用今有术求出东行里数 $OD=OB\times b\div a=2300\text{步}\times15\div8=4312\frac{1}{2}\text{步}$。刘徽指出此与甲乙同所立问求邪行、东行的方法相同。

今有木去人不知远近 [1]。立四表，相去各一丈，令左两表与所望参相直。从后右表望之，入前右表三寸。问：木去人几何？

苔曰：三十三丈三尺三寸少半寸。

术曰 [2]：令一丈自乘为实。以三寸为法，实如法而一。此以入前右表三寸为句率[3]，右两表相去一丈为股率，左右两表相去一丈为见句，所问木去人者，见句之股。股率当乘见句，此二率俱一丈，故曰“自乘”之。以三寸为法。实如法得一寸。

今有山居木西[4]，不知其高。山去木五十三里，木高九丈五尺。人立木东三里，望木末适与山峰斜平。人目高七尺。问：山高几何？

答曰：一百六十四丈九尺六寸太半寸。

术曰：置木高[5]，减人目高七尺，此以木高减人目高七尺，余有八丈八尺，为句率。去人目三里为股率，山去木五十三里为见股，以求句。加木之高，故为山高也。余[6]，以乘五十三里为实。以人去木三里为法。实如法而一。所得，加木高，即山高。此术句股之义。

今有井径五尺[7]，不知其深。立五尺木于井上，从木末望水岸，入径四寸。问：井深几何？

答曰：五丈七尺五寸。

术曰[8]：置井径五尺，以入径四寸减之，余，以乘立木五尺为实。以入径四寸为法。实如法得一寸。此以入径四寸为句率[9]，立木五尺为股率，井径之余四尺六寸为见句。问井深者，见句之股也。

[注释]

[1] 如图 9-27 所示，记木为E，四表分别为A，B，C，D。A，D，E在同一直线上，入前右表为CF。 [2] 术文是说，木去人$=(1丈)^2 \div 3寸 = 3333\frac{1}{3}寸$。 [3] 刘徽以勾股形$BFC$中的$CF$为勾率，$BC$为股率；在勾股形$EBA$中，勾$AB$已知，求与之对应的股$AE$。由于勾股形$EBA$与勾股形$BFC$相似，根据勾股相与之势不失本率的原理，利用今有术便求出股。已知勾AB与股率BC都是 1 丈，所以它们相乘为自乘。之，语气词。 [4] 此问是，见图 9-28，记山高为PF，木高为$BE=9丈5尺$，木距山$BQ=53里$，人目高为$AD=7尺$。A，B，P在同一直线上。求山高PF。 [5] “置木高”二句及其刘徽注八句：是说布置树的高度，减去人眼睛的高 7 尺。刘徽则考虑勾股形ABC，$BC=BE-AD=9丈5尺-7尺=8丈8尺$ 为勾率，$AC=3里$为股率。而勾股形BPQ与ABC相似。已知其股$BQ=53里$，根据勾股相与之势不失本率的原理，利用今有术，求与股BQ相应的勾PQ。那么$PQ+QF=PF$高。 [6] “余”七句：是说以其余数乘 53 里，作为实。以人与树的距离 3 里作为法。实除以法。所得到的结果加树高，就是山高。山高$PF=PQ+BE=BC\times BQ\div AC+BE=88尺\times 53里\div 3里+95尺=1554\frac{2}{3}尺+95尺=1649\frac{2}{3}尺$。 [7] 此问是，如图 9-29，记井径为$CD=5尺$，立木为$AC=5尺$。从$A$处望水岸$E$，入径$BC=4寸$，求井深$DE$。[8]“术曰”七句：是说求井深的方法是$DE=(CD-BC)\times AC\div BC=(5尺-4寸)\times 5尺\div 4寸=575寸$。 [9] “此以入径四寸为句率”五句：是说将$BC=4寸$作为勾率，$AC=5尺$作为股率。勾股形

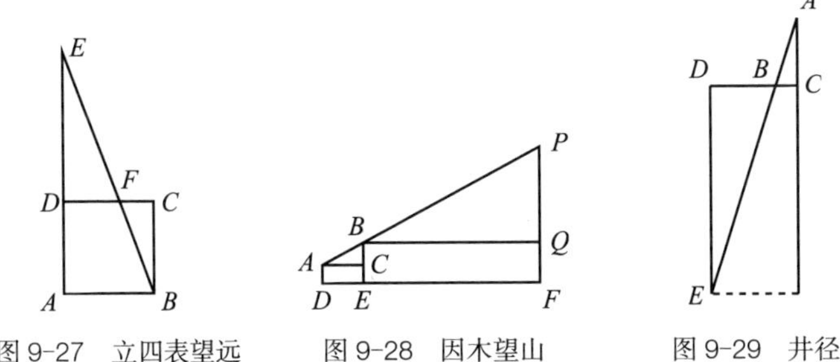

图 9-27　立四表望远　　图 9-28　因木望山　　图 9-29　井径

EBD 的勾 $BD = CD - BC = (5尺 - 4寸) = 4尺\ 6寸$为已知，根据勾股相与之势不失本率的原理，利用今有术，求与勾 BQ 相应的股 DE 便是井深。

［点评］

以上三问，《九章算术》的术文都是具体问题的算草，刘徽利用相似勾股形勾股相与之势不失本率的原理证明了《九章算术》解法的正确性。

今有户不知高、广，竿不知长短。横之不出四尺，从之不出二尺，邪之适出。问：户高、广、袤各几何[1]？

答曰：广六尺，

高八尺，

袤一丈。

术曰[2]：从、横不出相乘，倍，而开方除之。所得，加从不出，即户广；此以户广为

《九章算术》的持竿出户问的术

句，户高为股，户衺为弦。凡句之在股[3]，或矩于表，或方于里。连之者举表矩而端之。又从句方里令为青矩之表[4]，未满黄方。满此方则两端之邪重于隅中，各以股弦差为广，句弦差为衺。故两端差相乘[5]，又倍之，则成黄方之幂。开方除之，得黄方之面。其外之青知[6]，亦以股弦差为广。故以股弦差加，则为句也。加横不出[7]，即户高；两不出加之，得户衺。

文尽管不是细草，但以从不出、横不出阐发解法。刘徽以横不出为勾弦较，从不出为股弦较，带有普遍性，却未改写术文。贾宪则提出抽象性术文："句弦较股弦较求句股法曰：二较相乘，倍之。开平方，为弦和较。加股弦较，为户广之句。以弦和较加句弦较，为户长之股。"此即，$a=\sqrt{2(c-b)(c-a)}+(c-b)$，$b=\sqrt{2(c-b)(c-a)}+(c-b)$。1894年，美国著名数学家L.E.Dickson指出勾股数通解可以表示为$r+s$，$r+t$，$r+s+t$，其中$r^2=2st$是一个完全平方数（Dickson: *History of the Theory of Numbers*.V.II. chap. IV.Chelsen Publishing co. New

［注释］

[1] 衺：通斜。 [2] 持竿出户如图9-30（1）、（2）所示。"术曰"七句及其刘徽注三句：是说根据刘徽注户广为勾，记作a，户高为股，记作b，户邪为弦，记作c，那么从不出就是股弦差$(c-b)$，横不出就是勾弦差$(c-a)$。这是一个由勾弦差、股弦差求勾、股、弦的问题。术文说，勾即户广$a=\sqrt{2(c-b)(c-a)}+(c-b)$。[3]"凡句之在股"四句：是说凡是勾对于股，有时在股的表面成

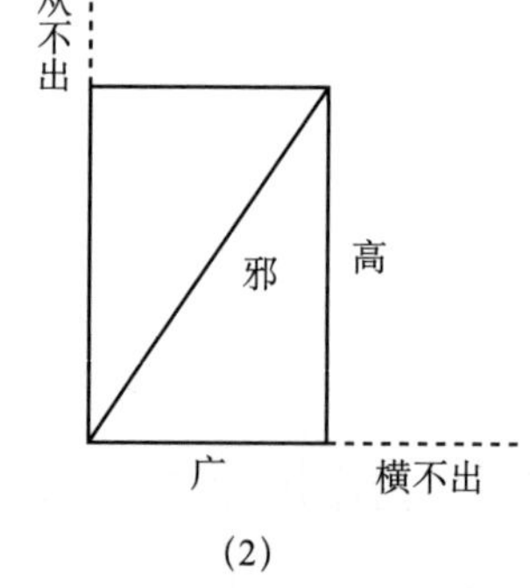

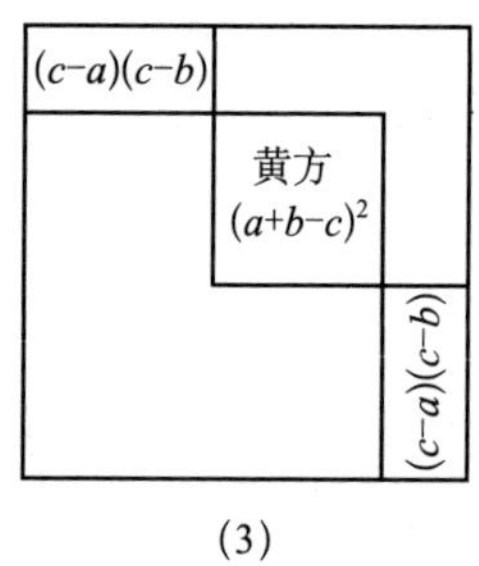

图9-30 持竿出户及由股弦差勾弦差求勾股弦

为折矩，有时在股的里面成为正方形，见图 9-4。如果把它们结合起来，可以取位于表面的折矩而考察它们的两端。举，取，拾取。端，动词，即考虑其折矩的两端。 [4]“又从句方里令为青矩之表”五句：是说将图 9-4（2）中的勾方 a^2 变为青矩 c^2-b^2，其面积仍为 a^2。这相当于将图 9-4（2）转置 180°，叠合到图 9-4（1）上，就变成图 9-30（3）。其中间的黄方没有被填满。填满这个黄方的乃是勾矩和股矩的两端之余在弦方的两隅中与股矩相重合的部分，分别以股弦差 $c-b$ 为广，以勾弦差 $c-a$ 为长。邪（yú），音、义均同“余”。《左氏传·文公元年》“归余于终”，《史记·历书》引作“归邪于终”。裴骃《集解》云“邪，音余”。又云“韦昭曰：邪，余分也。终，闰月也”。 [5]“故两端差相乘”五句：是说黄方之幂 $(a+b-c)^2=2(c-b)(c-a)$。因此黄方之面即其边长 $a+b-c=\sqrt{2(c-b)(c-a)}$，与刘徽在勾股容圆问中提出的一个圆径公式相同。 [6]“其外之青知”四句：是说它外面的青矩也以股弦差 $c-b$ 作为广。所以加上股弦差，就成为勾。知，训者。 [7]“加横不出”四句：是说股即户高 $b=\sqrt{2(c-b)(c-a)}+(c-a)$，弦即户邪 $a=\sqrt{2(c-b)(c-a)}+(c-b)+(c-a)$。这就是已知勾弦差、股弦差求股、弦的公式。

York,1952.）。实际上，在《九章算术》求户高、广、邪的公式中令 $s=(c-b)$，$t=(c-a)$，$r=\sqrt{2(c-b)(c-a)}$，则 $a=r+s$，$b=r+t$，$c=r+s+t$，Dickson 的勾股数通解公式与之完全相同。

［点评］

根据“二郑”《周礼注》，先秦“九数”中没有勾股，到汉初勾股才发展为数学的一个分支。勾股章含有两种体例：一是勾股术、勾股容方、勾股容圆和测邑五术及其例题，一是解勾股形诸题、立四表望远、因木望山、测井深等题。前者是术文统率例题的形式，后者是应用问题集的形式。“二郑”《周礼注》释“九数”中有旁要，三国至宋初的现存史料中未见有关旁要的记载，直到北宋贾宪《黄帝九章算经细草》将勾股容方术称为勾股旁要法。我们据此推测，《九章算术》勾股章采取术文统率例题形式的部分是旁要的内容。张苍、耿寿昌整理《九章算术》时人们的勾股知识已经相当丰富，他们收集其中12道题目，将其纳入旁要。而原旁要12道题目中与勾股有关的有7道，那么24道题目中有19道勾股问题，占了将近80%，将章名改为勾股是顺理成章的。从此，勾股成为中国古典数学的大节目。

除勾股术、勾股容方术、勾股容圆术之外，刘徽指出《九章算术》解勾股形诸题中含有已知勾与股弦差求股、弦，已知勾与股弦和求股、弦，已知勾股差与弦求勾、股，已知勾弦差、股弦差求勾、股、弦等公式，并提出已知勾股和与弦求勾、股的公式。勾股知识在古希腊得到大发展，相对说来中国要晚一些。但在解勾股形方面，中国取得了超过古希腊的成就。《九章算术》所使用的勾股数通解公式比古希腊的丢番都早，而大约与丢番都同时的刘徽证明了这个公式，而且由勾股差与弦求勾、股，由勾弦差、股弦差求勾、股、弦的公式也可以抽象出另外两种勾股数通解公式。从南宋秦九韶《数书九章》(1247)“以勾股差率”列出10次方程看，前者在某个时候已经发展为另一种勾股数通解公式。

主要参考文献

1. 九章筭经　卷一—五　南宋庆元六年（1200）鲍澣之刻本（南宋本）。原本藏上海图书馆 宋刻算经六种　文物出版社 1980 年版

2. 九章筭经　卷一—五　清康熙二十三年（1684）汲古閣主人毛扆影抄本（汲古阁本） 原本今藏台北故宫博物院　1932 年北平故宫博物院影印　收入天禄琳琅丛书

3. 九章筭经　卷三后半卷、卷四　明永乐六年（1408）编定 永乐大典 卷一六三四三、一六三四四抄录　世称大典本　原本藏英国剑桥大学图书馆 永乐大典　中华书局影印本 1960 年版 载永乐大典算书　郭书春主编　中国科学技术典籍通汇·数学卷 第一册　河南教育出版社（大象出版社）1993、2001、2015 年版

4. 九章算术　卷五（约半卷）、卷六—九　杨辉撰《详解九章算法》引　清道光二十年（1842）据石研斋抄本由宋景昌校勘　刻入宜稼堂丛书

5. 九章算术　九卷　戴震辑录校勘　清乾隆三十九年（1774） 清乾隆四十年（1775）文津阁本　现藏国家图书馆 文津阁本四库全书北京商务印书馆影印本 2005 年版

6. 九章算术　九卷　戴震辑录校勘　清乾隆四十九年（1784）文渊

阁本（据戴震辑录校勘本副本抄入） 现藏台北故宫博物院 文渊阁本四库全书 台北商务印书馆影印本 1986 年版

7. 九章算术 九卷 清乾隆四十年（1775）据戴震辑录校勘本的副本排印活字版 收入武英殿聚珍版丛书 其乾隆御览本原藏避暑山庄 今藏南京博物院 中国科学技术典籍通汇·数学卷第一册影印

8. 九章算术 九卷 清乾隆四十二年（1777）戴震据汲古阁本和聚珍版整理 此后由孔继涵刊刻 收入微波榭本算经十书

9. 方程新术草 李锐著 李氏算学遗书 清嘉庆二十四年（1819）刻本

10. 校正《九章算术》及戴氏订讹 汪莱著 衡斋遗书 清光绪十八年（1892）刻本

11. 九章算术细草图说 九卷 李潢著 嘉庆二十五年（1820）由鸿语堂刊刻 中国科学技术典籍通汇·数学卷第 4 册影印

12. 九章算术 九卷 武英殿聚珍版丛书 广雅书局 光绪二十五年（1899）翻刻本

13. 九章算术 九卷 钱宝琮校点 算经十书 中华书局 1963 年版 李俨钱宝琮科学史全集 第 4 册 杜石然、郭书春、刘钝主编 辽宁教育出版社 1998 年版

14. 九章算术（日译本） 刘徽注 川原秀成译 朝日出版社 1980 年版

15. 九章算术 九卷 郭书春汇校 辽宁教育出版社 1990 年版

16. 九章算术校证 九卷 李继闵校证 陕西科学技术出版社 1993 年版

17. 九章算术导读 沈康身著 湖北教育出版社 1996 年版

18. 九章算术 九卷 郭书春点校 传世藏书 海南国际新闻出版中心 1997 年版

19. 译注《九章算术》 郭书春译注 辽宁教育出版社 1998 年版

20. 九章算术 九卷 郭书春点校 郭书春、刘钝点校 算经十书 辽宁

教育出版社 1998 年版 修订本 台北九章出版社 2001 年版

21. Shen Kangshen,John N.Crossley and Anthony W.-C.Lun, *The Nine Chapters on the Art of Mathematics*. Oxford University Press and Science Press, 1999

22. 汇校《九章筭术》(增补版) 郭书春汇校 辽宁教育出版社 台北九章出版社 2004 年版

23. K.Chemla et Guo Shuchun: *LES NEUF CHAPITRES: Le Classique mathématique de la Chine ancienne et ses commentaires*（林力娜、郭书春：中法双语评注本《九章算术》） DUNOD Editeur（巴黎） 2004，2005

24. 九章算术 九卷 郭书春点校 国学备览 首都师范大学出版社 2007 年版

25. 九章筭术译注 九卷 郭书春译注 上海古籍出版社 2009、2010、2013、2014、2015、2017、2018 年版

26. 汉英对照《九章筭术》(*Nine Chapters on the Art of Mathematics*) 郭书春、道本周、徐义保著译 辽宁教育出版社 2013 年版

27. 九章筭术新校 九卷 郭书春汇校 中国科学技术大学出版社 2014 年版

28. 九章算术音义 李籍著 郭书春汇校 九章筭术新校附录二 中国科学技术大学出版社 2014 年版

29. 海岛算经 刘徽撰 郭书春点校 郭书春、刘钝点校 算经十书 辽宁教育出版社 1998 年版 修订本 台北 九章出版社 2001 年版

30. 孙子算经 三卷 佚名 宋刻算经六种 文物出版社 1980 年版

31. 缉古算经 王孝通著 郭书春点校 郭书春、刘钝点校 算经十书 辽宁教育出版社 1998 年版 修订本 台北九章出版社 2001 年版

32. 夏侯阳算经 同上

33. 益古演段 李冶著 郭书春主编 中国科学技术典籍通汇·数学卷 第 1 册 河南教育出版社（大象出版社）1993、2002、2015 年版

34. 九章算法比类大全 吴敬著 郭书春主编 中国科学技术典籍通汇·数学卷 第 2 册 河南教育出版社（大象出版社）1993、2002、2015 年版

35. 算学宝鉴 王文素著 郭书春主编 中国科学技术典籍通汇·数学卷 第 2 册 河南教育出版社（大象出版社）1993、2002、2015 年版

36. 算法统宗 程大位著 郭书春主编 中国科学技术典籍通汇·数学卷 第 2 册 河南教育出版社（大象出版社）1993、2002、2015 年版

37. 千阳县西汉墓中出土算筹 宝鸡市博物馆、千阳县文化馆、自然科学史研究所著 考古 1976 年第 2 期

38. 微积分概念史 波耶著 上海人民出版社 1977 年版

39. 古今数学思想 第 1 册 M. 克莱因著 上海科学技术出版社 1979 年版

40. 科学史集刊 第 11 集 中国科学院自然科学史研究所 地质出版社 1984 年版

41. Homard Eves，*An Introduction to the History of Mathematics* 中译本 数学史概论 修订本 欧阳绛译 山西经济出版社 1986 年版

42. 我国古代数学名著《九章算术》 郭书春著 科技日报 1987 年 10 月 7 日

43. 古代世界数学泰斗刘徽 郭书春 山东科学技术出版社 1992 年版 再修订本 2013 年版 台北明文书局 1995 年版

44. 中国古代科学家传记 杜石然主编 科学出版社 1992 年版

45. 中国科学技术典籍通汇·数学卷 5 册 郭书春主编 河南教育出版社（大象出版社）1993、2002、2015 年版

46. 吴文俊论数学机械化 吴文俊著 山东教育出版社 1995 年版

47. 中国数学通史·上古到五代卷 李迪著 江苏教育出版社 1997 年版

48. 李俨钱宝琮科学史全集 10 卷 杜石然、郭书春、刘钝主编 辽宁教育出版社 1998 年版

49. 阜阳双古堆汉简数术书简论 胡平生著 出土文献研究 第四辑 中华书局 1998 年版

50. 祖冲之科学著作校释 严敦杰著 郭书春整理 辽宁教育出版社 2000 年版 增补版 山东科学 技术出版社 2017 年版

51. 张家山汉简《算数书》注释 彭浩著 科学出版社 2001 年版

52. 数学与数学机械化 林东岱、李文林、虞言林主编 山东教育出版社 2001 年版

53. 从先秦文献和《算数书》看出入相补原理的早期应用 邹大海 中国文化研究 2004 年冬之卷

54. 中国科学技术史·数学卷 郭书春主编 科学出版社 2010、2017 年版

55. 算经之首——九章筭术 郭书春著 海天出版社 2016 年版

56. 论中国古代数学家 郭书春著 海豚出版社 2017 年版

57. 中华大典·数学典 郭书春主编 山东教育出版社 2018 年版

58. 郭书春数学史自选集（上下册） 郭书春著 山东科学技术出版社 2018 年版

59. 论吴文俊的数学史业绩 纪志刚、徐泽林主编 上海交通大学出版社 2019 年版

60. 十三经注疏·周易 阮元校刻 中华书局影印本 1979 年版

61. 十三经注疏·周礼 阮元校刻 中华书局影印本 1979 年版

62. 十三经注疏·论语 阮元校刻 中华书局影印本 1979 年版

63. 十三经注疏·春秋左氏传 阮元校刻 中华书局影印本 1979 年版

64. 十三经注疏·孟子　阮元校刻　中华书局影印本 1979 年版

65. 别录 刘向著　孔颖达《春秋左传注疏》引　阮元校刻　十三经注疏　中华书局影印本 1979 年版

66. 管子校释　颜昌峣著　岳麓书社 1996 年版

67. 老子校释　朱谦之撰　中华书局 1984 年版

68. 庄子集释　郭庆藩辑　中华书局 1961 年版

69. 商君书锥指　蒋礼鸿撰　中华书局 1986 年版

70. 墨子间诂　孙诒让撰　上海书店出版社 1991 年版

71. 荀子简注　章诗同撰　上海人民出版社 1975 年版

72. 史记　司马迁著　中华书局 1959 年版

73. 汉书　班固著　中华书局 1962 年版

74. 后汉书　司马彪著　中华书局 1965 年版

75. 南齐书　萧子显著　中华书局 1972 年版

76. 晋书　房玄龄著　中华书局 1974 年版

77. 隋书　魏征、令狐德棻著　中华书局 1973 年版

78. 旧唐书　刘昫著　中华书局 1975 年版

79. 新唐书　欧阳修著　中华书局 1975 年版

80. 金史　脱脱著　中华书局 1975 年版

81. 扬子法言 扬雄著 二十二子　上海古籍出版社 1986 年版

82. 嵇中散集　卷八　嵇康著　文津阁四库全书　商务印书馆影印本 2005 年版

83. 无名论　何晏著 列子集释·仲尼篇 张湛注 中华书局 1979 年版

84. 老子注　二十二子　上海古籍出版社 1986 年版

85. 文选　萧统著　中华书局 1977 年版

86. 初学记　徐坚著　中华书局 1962 年版

87. 太平御览　卷七五四 李昉、李穆、徐铉编　四部丛刊三编 影印

日本藏南宋蜀刻本　北京　中华书局缩印　1960 年版

88. 梦溪笔谈校证　沈括著　胡道静校证　上海古籍出版社 1987 年版

89. 元丰九域志　王存著　中华书局 1984 年版

90. 广韵　陈彭年等著　上海古籍出版社 1982 年版

91. 玉海　王应麟编　广陵书社 2003 年版

92. 日本国见在书目录 藤原佐世　古典保存会本　1996 年影印

93. 阳武县志　卷一　康熙二十九年（1690 年）纂

94. 中国思想通史　第三卷　侯外庐等著　人民出版社 1957 年版

95. 岳麓书院所藏秦简综述　陈松长著　文物 2009 年第 3 期

96. 张家山汉墓不会是张苍墓　黄展岳著　中国文物报　1994 年 5 月 1 日

97. 中国古代度量衡图集　国家计量总局编　文物出版社 1984 年版

98. 秦汉法制史考论　堀毅著　法律出版社 1988 年版

《中华传统文化百部经典》已出版图书

书　名	解读人	出版时间
周易	余敦康	2017 年 9 月
尚书	钱宗武	2017 年 9 月
诗经（节选）	李　山	2017 年 9 月
论语	钱　逊	2017 年 9 月
孟子	梁　涛	2017 年 9 月
老子	王中江	2017 年 9 月
庄子	陈鼓应	2017 年 9 月
管子（节选）	孙中原	2017 年 9 月
孙子兵法	黄朴民	2017 年 9 月
史记（节选）	张大可	2017 年 9 月
传习录	吴　震	2018年11月
墨子（节选）	姜宝昌	2018年12月
韩非子（节选）	张　觉	2018年12月
左传（节选）	郭　丹	2018年12月
吕氏春秋（节选）	张双棣	2018年12月
荀子（节选）	廖名春	2019 年 6 月
楚辞	赵逵夫	2019 年 6 月
论衡（节选）	邵毅平	2019 年 6 月
史通（节选）	王嘉川	2019 年 6 月
贞观政要	谢保成	2019 年 6 月
战国策（节选）	何　晋	2019年12月
黄帝内经（节选）	柳长华	2019年12月
春秋繁露（节选）	周桂钿	2019年12月
九章算术	郭书春	2019年12月
齐民要术（节选）	惠富平	2019年12月
杜甫集（节选）	张忠纲	2019年12月
韩愈集（节选）	孙昌武	2019年12月
王安石集（节选）	刘成国	2019年12月
西厢记	张燕瑾	2019年12月
聊斋志异（节选）	马瑞芳	2019年12月